Viktoria Caroline Tonn

Festphasen-gebundene cycloSal-Nucleotide

Viktoria Caroline Tonn

Festphasen-gebundene cycloSal-Nucleotide

Synthese phosphorylierter Biomoleküle

Südwestdeutscher Verlag für Hochschulschriften

Impressum/Imprint (nur für Deutschland/only for Germany)
Bibliografische Information der Deutschen Nationalbibliothek: Die Deutsche Nationalbibliothek verzeichnet diese Publikation in der Deutschen Nationalbibliografie; detaillierte bibliografische Daten sind im Internet über http://dnb.d-nb.de abrufbar.
Alle in diesem Buch genannten Marken und Produktnamen unterliegen warenzeichen-, marken- oder patentrechtlichem Schutz bzw. sind Warenzeichen oder eingetragene Warenzeichen der jeweiligen Inhaber. Die Wiedergabe von Marken, Produktnamen, Gebrauchsnamen, Handelsnamen, Warenbezeichnungen u.s.w. in diesem Werk berechtigt auch ohne besondere Kennzeichnung nicht zu der Annahme, dass solche Namen im Sinne der Warenzeichen- und Markenschutzgesetzgebung als frei zu betrachten wären und daher von jedermann benutzt werden dürften.

Coverbild: www.ingimage.com

Verlag: Südwestdeutscher Verlag für Hochschulschriften GmbH & Co. KG
Heinrich-Böcking-Str. 6-8, 66121 Saarbrücken, Deutschland
Telefon +49 681 37 20 271-1, Telefax +49 681 37 20 271-0
Email: info@svh-verlag.de

Zugl.: Hamburg, Universität Hamburg, Diss., 2011

Herstellung in Deutschland (siehe letzte Seite)
ISBN: 978-3-8381-3241-9

Imprint (only for USA, GB)
Bibliographic information published by the Deutsche Nationalbibliothek: The Deutsche Nationalbibliothek lists this publication in the Deutsche Nationalbibliografie; detailed bibliographic data are available in the Internet at http://dnb.d-nb.de.
Any brand names and product names mentioned in this book are subject to trademark, brand or patent protection and are trademarks or registered trademarks of their respective holders. The use of brand names, product names, common names, trade names, product descriptions etc. even without a particular marking in this works is in no way to be construed to mean that such names may be regarded as unrestricted in respect of trademark and brand protection legislation and could thus be used by anyone.

Cover image: www.ingimage.com

Publisher: Südwestdeutscher Verlag für Hochschulschriften GmbH & Co. KG
Heinrich-Böcking-Str. 6-8, 66121 Saarbrücken, Germany
Phone +49 681 37 20 271-1, Fax +49 681 37 20 271-0
Email: info@svh-verlag.de

Printed in the U.S.A.
Printed in the U.K. by (see last page)
ISBN: 978-3-8381-3241-9

Copyright © 2012 by the author and Südwestdeutscher Verlag für Hochschulschriften GmbH & Co. KG and licensors
All rights reserved. Saarbrücken 2012

Die vorliegende Arbeit wurde am Institut für Organische Chemie der Universität Hamburg im Arbeitskreis von Prof. Dr. C. Meier in der Zeit von August 2007 bis März 2011 angefertigt.

1. Gutachter: Prof. Dr. C. Meier

2. Gutachter: Prof. Dr. Dr. h. c. mult. Wittko Francke

Datum der Disputation: 15.07.2011

Geschüttelt, nicht gerührt.

James Doublebond

DANKSAGUNG

Mein Dank gilt Herrn Prof. Dr. C. Meier für den gewährten Freiraum bei der Durchführung dieser Arbeit, stets unterstützt und begleitet von interessanten Diskussionen sowie Anregungen. Zudem danke ich für die hervorragenden experimentellen Bedingungen zur Durchführung dieser Arbeit.

Herrn Prof. Dr. Dr. h. c. mult. Wittko Francke danke ich für die freundliche Übernahme des Zweitgutachtens, sowie Frau Dr. Brita Werner und Herrn Prof. Dr. Ulrich Hahn für die Teilnahme am Dissertationskolloquium.

Ich danke den Teams der NMR-Abteilungen von Dr. E. T. K. Haupt und Dr. T. Hackel/ Dr. V. Sinnwell für Messung zahlreicher NMR-Spektren sowie den Mitarbeitern der Massenabteilung für die Messung vieler Massenspektren.

Weiterhin danke ich allen Studenten, die mich im Rahmen ihrer Praktika bei experimentellen Durchführungen unterstützt haben.

Der Labormannschaft von 515 danke ich für die wohlfühlige Arbeitsatmosphäre, die gute Zusammenarbeit und viele lustige Stunden: danke an Svenja Warnecke, Saskia Wolf, Claudia Worthmann und Tilmann Schulz.

Dem Arbeitskreis (sowie auch vielen Ehemaligen, SW, HJ, UG, JT, MJ, SJ) danke ich für die schöne Zeit, die ständige Hilfsbereitschaft sowie das angenehme Arbeitsklima. Danke an Johanna Huchting für viele Erheiterungen durch Wort und Witz. Ein spezieller und herzlicher Dank für ihre besondere Unterstützung in den letzten Jahren gilt Nathalie Lunau und Svenja Warnecke. Sören Cortekar danke ich für den Rückhalt über die vielen Jahre und die stets positive Zuversicht.

Für die intensive und kritische Durchsicht dieser Arbeit geht ein großer Dank an Svenja Warnecke, Marcus Schröder und Saskia Wolf.

Neben manch chemischer Diskussion danke ich Marcus Schröder sehr für das ständige Erfreuen, das Verständnis und das liebevolle Dabeisein beim Anfertigen dieser Arbeit.

Meinen Eltern danke ich ganz herzlich für ihre uneingeschränkte, mitfühlende und selbstlose Unterstützung während meines gesamten Studiums und der Promotion.

ABKÜRZUNGEN UND SYMBOLE

A	Adenosin (Nucleosid)
	Adenin (Nucleobase)
AAV	Allgemeine Arbeitsvorschrift
Abb.	Abbildung
abs.	absolut
Ac	Acetyl
AcOH	Essigsäure
Acc	Acceptor
ACV	Acyclovir
AG	Abgangsgruppe
AIDS	Acquired Immunodeficiency Syndrome
AM-PS	Aminomethylpolystyrol
Äq.	Moläquivalente
AZT	3'-Azido-3'-desoxythymidin
B	Nucleobase
ber.	berechnet
Bn	Benzyl
BVdU	(*E*)-5-(2-Bromvinyl)-2'-desoxyuridin
Bz	Benzoyl
C	Cytidin (Nucleosid)
	Cytosin (Nucleobase)
carba-dT	*carba*-Thymidin
$CDCl_3$	deuteriertes Chloroform
CPG	controlled pore glass
*cyclo*Sal	*cyclo*Saligenyl
δ	chemische Verschiebung
d	Desoxy (Nucleoside)
d	Dublett (NMR)

d	Tag(e)
2'-dA	2'-Desoxyadenosin
DBU	1,8-Diazabicyclo[5.4.0]undec-7-en
2'-dC	2'-Desoxycytidin
DC	Dünnschichtchromatographie
DCC	Dicyclohexylcarbodiimid
dd	Doppeldublett (NMR)
ddd	Dreichfachdublett (NMR)
dest.	destilliert
2'-dG	2'-Desoxyguanosin
DIAD	Di*iso*propylazodicarboxylat
DIC	*N,N'*-Di*iso*propylcarbodiimid
DIPEA	Di*iso*propylethylamin
DMAP	4-(Dimethylamino)pyridin
DMF	*N,N*-Dimethylformamid
DMSO-d_6	deuteriertes Dimethylsulfoxid
DNA	deoxyribonucleic acid
D_2O	Deuteriumoxid
DP	Diphosphat
dt	Doppeltriplett
d4T	3'-Desoxy-2',3'-didehydrothymidin
E. coli	Escherichia coli
EE	Ethylacetat
ESI$^-$	Electrospray Ionisation, negativ Modus
ESI$^+$	Electrospray Ionisation, positiv Modus
FAB	fast atom bombardement
gef.	gefunden
ges.	gesättigt
h	Stunde(n)

HATU	O-(7-Azabenzotriazol-1-yl)-N,N,N',N'-tetramethyluroniumhexafluorophosphat
HIV	Human Immunodeficiency Virus
HOBt	1-Hydroxybenzotriazol
HPLC	High Performance Liquid Chromatography
HR	high resolution
HSV	Herpes-Simplex-Virus
Hz	Hertz
i	Ipso
i	als Index: an Aminomethylpolystyrol immobilisiert
IR	Infrarot
Imm.	Immobilisierung
J	skalare Kern-Kern-Kopplungskonstante
konz.	konzentriert
m	milli
m	Multiplett (NMR)
m	*meta*
µ	mikro
M	Molarität, mol/L
MeCN	Acetonitril
MeOH	Methanol
MHz	Megahertz
min	Minute(n)
MP	Monophosphat
MS	Massenspektrometrie
N	Normal
NDP	Nucleosid-5'-diphosphat
(*N*)-MCT	*Northern*-Methano-*carba*-Thymidin
NMP	Nucleosid-5'-monophosphat
NMR	Nuclear Magnetic Resonanz

Np$_n$N$^{(\cdot)}$	Dinucleosid-5',5'-oligophosphate
NTP	Nucleosid-5'-triphosphat
Nu	Nucleophil
o	*ortho*
p	*para*
PE	Petrolether
PEG	Polyethylenglykol
PEG-i	als Index: an PEG immobilisiert
pH	negativ dekadischer Logarithmus der Protonenkonzentration
ppm	parts per million
PS	Polystyrol
q	Quadruplett (NMR)
RNA	ribonucleic acid
RP	reversed phase
Rt	Raumtemperatur
RT	Reverse Transkriptase
s	Singulett (NMR)
SG	Schutzgruppe
Smp.	Schmelzpunkt
SPOS	Solid Phase Organic Synthesis
SPPS	Solid Phase Peptide Synthesis
Succ	Succinyl
t	Triplett (NMR)
t	Zeit
T	Thymidin (Nucleosid)
	Thymin (Nucleobase)
tert	tertiär
TBAF	Tetra-*n*-butylammoniumfluorid
TBAH	Tetra-*n*-butylammoniumhydroxid

TBDMS	*tert*-Butyldimethylsilyl
TBTU	*O*-(Benzotriazol-1-yl)-*N,N,N',N'*-tetramethyluroniumtetrafluoroborat
TCA	Trichloressigsäure
TEAB	Tetraethylammoniumbicarbonat
THF	Tetrahydrofuran
TMOF	Trimethylorthoformiat
TMSCl	Trimethylsilylchlorid
TP	Triphosphat
TPP	Triphenylphosphin
U	Uridin (Nucleosid)
	Uracil (Nucleobase)
v/v	Volumen/ Volumen
VZV	Varizella Zoster Virus

INHALTSVERZEICHNIS

1 Einleitung 1
2 Kenntnisstand 4
    2.1   Das *cyclo*Sal-Konzept 4
    2.2   Darstellung phosphorylierter Nucleoside und Phosphat-verbrückter Biokonjugate in Lösung 7
        2.2.1   Synthesestrategien zu Nucleosid-5'-triphosphaten 7
        2.2.2   Synthesestrategien zu Nucleosid-5'-diphosphatpyranosen 11
    2.3   Darstellung phosphorylierter Nucleoside und Phosphat-verbrückter Biokonjugate an der Festphase 14
        2.3.1   Allgemeines zu Festphasensynthesen 15
        2.3.2   Synthesestrategien zu phosphorylierten Biomolekülen an der Festphase 17
3 Aufgabenstellung 22
4 Resultate und Diskussion 24
    4.1   Synthesestrategie 24
    4.2   Darstellung Linker-verknüpfter *cyclo*Sal-Nucleotide 25
        4.2.1   Anknüpfung des Succinyl-Linkers an 3'-OH freie *cyclo*Sal-Nucleotide ... 25
        4.2.2   Darstellung 5'-OH freier 2'- oder 3'-O-Succinyl-Nucleoside 29
        4.2.3   Synthese der *cyclo*Sal-Nucleotide 34
            4.2.3.1   Darstellung der substituierten Salicylalkohole 35
            4.2.3.2   Darstellung der substituierten Saligenylchlorphosphite 37
            4.2.3.3   Synthese von 2'- und/ oder 3'-OH freien *cyclo*Sal-Nucleotiden ... 38
            4.2.3.4   Synthese von *cyclo*Sal-Nucleotiden aus 2'- oder 3'-O-Succinyl-Nucleosiden 45
    4.3   Umsetzungen von *cyclo*Sal-Nucleotiden an der festen Phase AM-PS 51
        4.3.1   Darstellung der Nucleophile 52
        4.3.2   Generelles zur Festphasensynthese an Aminomethylpolystyrol 57
        4.3.3   Immobilisierung von *cyclo*Sal-Nucleotiden 59
            4.3.3.1   Immobilisierung von (2'-Desoxy-) Ribonucleosiden über den Succinyl-Linker 61
            4.3.3.2   Immobilisierung von Ribonucleosiden über den Acetal-Linker 67
        4.3.4   Darstellung von Nucleosid-5'-di- und -triphosphaten 69
        4.3.5   Darstellung von Nucleosiddiphosphat-Zuckern 87
        4.3.6   Darstellung von Dinucleosid-5',5'-diphosphaten 100
        4.3.7   Darstellung von Nucleosid-5'-alkylphosphaten 104
    4.4   Immobilisierung von Nucleosiden über die Nucleobase 106
        4.4.1   Anknüpfung über die Pyrimidin-Nucleobase 106
        4.4.2   Anknüpfung über die Purin-Nucleobase 113
5 Zusammenfassung 119
6 Summary 125
7 Ausblick 128

8 Experimentalteil 132

8.1 Allgemeines 132
8.1.1 Reagenzien 132
8.1.2 Lösungsmittel 132
8.1.3 Absolute Lösungsmittel 133
8.1.4 Chromatographie 133
8.1.5 Spektroskopie 134
8.1.6 Spektrometrie 135
8.1.7 Geräte 135

8.2 Synthesen 136
8.2.1 Allgemeine Arbeitsvorschriften 136
8.2.2 Synthese funktionalisierter Nucleoside 143
8.2.2.1 Synthese verschieden geschützter Nucleoside 143
8.2.2.2 DMTr-Schützung von Nucleosiden 149
8.2.2.3 Synthese 2'- oder 3'-O-Succinyl-verknüpfter Nucleoside ... 153
8.2.3 Synthese der Salicylalkohole 161
8.2.4 Synthese der Saligenylchlorphosphite 165
8.2.5 Synthese von cycloSal-Nucleotiden 167
8.2.5.1 Synthese von 2', 3'-O-geschützten cycloSal-Nucleotiden 167
8.2.5.2 Synthese von 2'- und/ oder 3'-OH freien cycloSal-Nucleotiden 169
8.2.5.3 Synthese von 2'- oder 3'-O-Succinyl-verknüpften cycloSal-Nucleotiden .. 178
8.2.6 Synthese der Nucleophile 191
8.2.7 Synthese von 6-(Formyl-phenoxy)hexansäure **147** 199
8.2.8 Synthese der β-Hydroxythioether-Linker **174** und **185** 201
8.2.9 Festphasensynthesen an Aminomethylpolystyrol 207
8.2.9.1 Synthese der Nucleosid-5'-diphosphate 207
8.2.9.2 Synthese der Nucleosid-5'-triphosphate 213
8.2.9.3 Synthese von Nucleosid-5'-diphosphat-Zuckern 220
8.2.9.4 Synthese von Dinucleosid-5',5'-diphosphaten 223
8.2.9.5 Immobilisierung und Umsetzung von 2', 3'-OH freien cycloSal-Nucleotiden 226
8.2.9.6 Immobilisierung und Reaktionen des β-Hydroxythioether-Linkers **174** 228

9 Gefahrstoffverzeichnis 233
10 Literaturverzeichnis 239

1 Einleitung

Phosphorylierte Biomoleküle sind in lebenden Organismen zahlreich und in verschiedensten Formen vertreten und essentiell für viele biologische Prozesse. So besitzen sie einerseits wichtige biologische Funktionen und dienen andererseits zur Aufklärung von Eigenschaften der mit ihnen in Kontakt tretenden Verbindungen (z.b. Enzyme). Eine wichtige Gruppe stellen die 2'-Desoxy- und Ribonucleosid-5'-triphosphate (dNTPs **1a**, NTPs **1b**, Abb. 1) dar. Sie sind Substrate der DNA- bzw. RNA-Polymerasen und damit Überträger der genetischen Information, welche in den Stufen DNA-Replikation, Transkription sowie Translation exprimiert wird. Zudem stellt Adenosin-5'-triphosphat **2** (ATP) in dem ATP-ADP-Zyklus den wichtigsten Energielieferanten in biologischen Systemen dar. Modifizierte Nucleosid-5'-triphosphate sind darüber hinaus von Interesse, da einige antivirale Aktivität aufweisen. Nucleoside sowie ihre modifizierten Derivate müssen als Triphosphate vorliegen, um in einen wachsenden DNA-Strang eingebaut zu werden. Dort eingebaut, können Nucleosidanaloga ihre antivirale Aktivität entfalten. Die Modifikation kann dabei an der Ribose (z.B. bei 3'-Desoxy-2',3'-didehydrothymidin, d4T **3**, oder 3'-Azido-3'-desoxythymidin, AZT **4**) oder der Nucleobase (z.B. bei (E)-5-(2-Bromvinyl)-2'-desoxyuridin, BVdU **5**) vorliegen. Die Triphosphate ersterer zeigen antivirale Aktivität gegenüber dem HI-Virus (Human Immunodeficiency Virus), BVdU-5'-triphosphat **6** (BVdUTP) gegenüber dem Herpes-Simplex-Virus (HSV, besonders VZV). (d)NTPs mit Modifikation in der Triphosphat-Einheit werden für Studien von Struktur und Mechanismus der (d)NTP-bindenden Proteine und Enzyme (Polymerasen) benötigt. Beispielsweise wurden β,γ-Methylen- und halogenierte Analoga von 2'-dGTP verwendet (**7**), um den Einfluss von Abgangsgruppen auf die Aktivität der DNA-Polymerase β zu testen.[1]

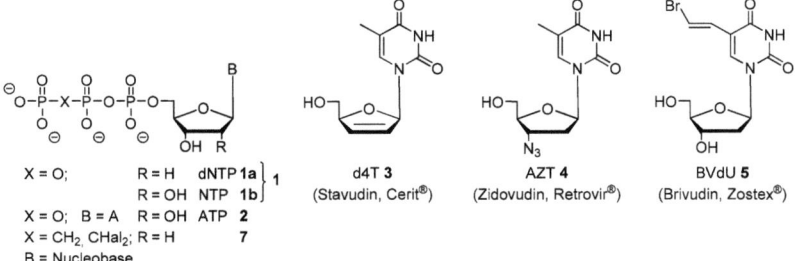

Abb. 1: Natürliche und modifizierte Nucleosid-5'-triphosphate sowie antiviral aktive Nucleosidanaloga

Einleitung

Nucleosid-5'-diphosphat (NDP) - Zucker **8** dienen als Glycosyl-Donatoren in der Biosynthese von Oligosacchariden, wobei der Glycosyl-Teil enzymtisch auf die wachsende Kette übertragen wird.[2] Für Studien der Biosynthese von Oligosacchariden gibt es großen Bedarf an diesen Verbindungen. Ebenso können sie als Enzyminhibitoren sowie zur Assay-Entwicklung dienen. Dinucleosid-5',5'-oligophosphate **9** ($Np_nN^{(*)}$) dienen als Substrate für verschiedene DNA-Polymerasen, sowohl viralen, bakteriellen oder humanen Ursprungs. So zeigte sich beispielsweise, dass Thymidin-Adenosin-5',5'''-tri-, -tetra- und -pentaphosphate Substrate für die HIV Reverse Transkriptase (RT) sowie für die *E.coli* DNA-Polymerase I und *E.coli* RNA Polymerase sind.[3]

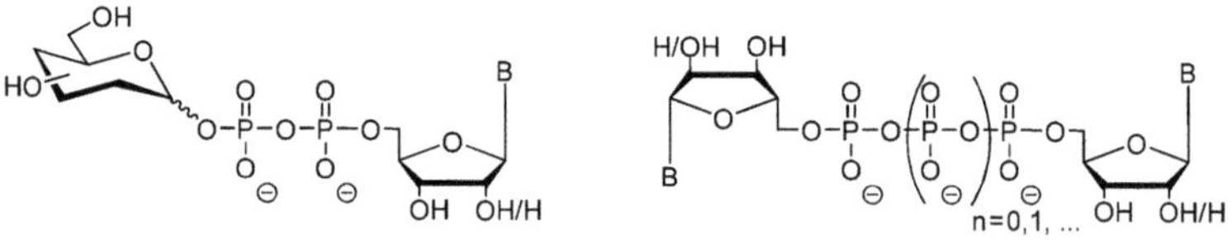

NDP-Zucker **8**

B = Nucleobase

Dinucleosid-5',5'-oligophosphate **9**

Abb. 2: Grundstruktur von NDP-Zuckern **8** und Dinucleosid-5',5'-oligophosphaten **9**

Aufgrund des großen Interesses an den vorgestellten Verbindungen wird seit Jahrzehnten versucht, effiziente und generell anwendbare Methoden für ihre Darstellung zu entwickeln. Diesbezüglich wurden vor allem Synthesestrategien für Reaktionen in Lösung etabliert, wobei die Edukte und Reagenzien ein homogenes Reaktionsmedium bilden. Dabei stellt vor allem die Isolierung und Reinigung der sehr polaren und hydrophilen Verbindungen ein großes Problem und den die Ausbeute limitierenden Schritt dar. Als eine neue Methode zur Synthese und Reinigung polarer Verbindungen stellte *R. B. Merrifield* 1963 die Festphasensynthese von Peptiden vor, nach der Peptidsequenzen an einem unlöslichen, festen Träger synthetisiert und Reagenzien durch Waschvorgänge einfach entfernt werden können.[4] Das gewaschene Produkt wird im Anschluss einfach abgespalten, wodurch die Probleme der Reinigung in Lösung umgangen werden. Lange Zeit wurden überwiegend Oligomere wie Peptide, Oligosaccharide und Oligonucleotide auf diese Weise hergestellt. Nach und nach rückte auch die Festphasensynthese von kleinen, organischen Molekülen immer mehr in den Vordergrund, da sich herausstellte, dass sich nahezu alle Standardreaktionen der Organischen Chemie ebenfalls an der Festphase durchführen lassen und somit auch hier die Vorteile der Festphasensynthese nutzbar

Einleitung

sind. Im Hinblick auf die Wirkstofffindung ist die Entwicklung der Kombinatorischen Chemie ein bedeutender Schritt gewesen, da so eine Molekülvielfalt hergestellt und als Verbindungsbibliothek angelegt werden kann, aus welcher durch Screening und Labelling pharmazeutisch interessante Moleküle gefunden werden können.[5]

Somit ist die Darstellung der oben beschriebenen Verbindungen mittels Festphasensynthese einerseits hinsichtlich des immensen Vorteils der Reinigung von großem Interesse. Zudem eröffnen im Labormaßstab erprobte und optimierte Reaktionen den Übergang zur Automatisierung, was auch hinsichtlich der Auffindung von antiviral aktiven Verbindungen Bedeutung erlangen könnte.

2 Kenntnisstand

Die Synthesen von phosphorylierten Nucleosiden und Phosphat-verbrückten Biokonjugaten basieren häufig auf der Reaktion aktivierter Nucleosid-5'-monophosphate mit reaktiven Nucleophilen, wobei die aktivierende Gruppe durch das Nucleophil substituiert wird. In der Literatur finden sich als aktivierte Nucleosid-5'-monophosphate häufig Nucleosid-5'-morpholidate **10**, -imidazolidate **11** und -amidate **12**. Die wichtige Klasse der *cyclo*Sal-Nucleotide **13** als aktivierte Nucleotide wird in unserer Arbeitsgruppe u.a. als Aktivestersystem eingesetzt. Die Aktivierung basiert auf dem *cyclo*Sal-Konzept, welches im nächsten Kapitel vorgestellt wird.

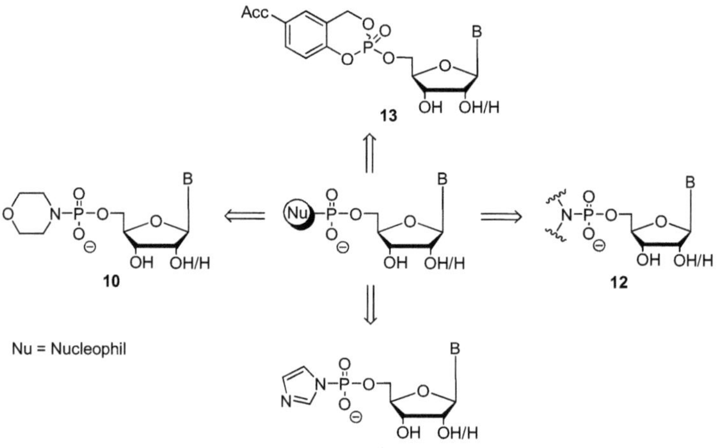

Abb. 3: Aktivierung von Nucleosid-5'-monophosphaten

2.1 Das *cyclo*Sal-Konzept

Einige Analoga von Nucleotiden zeigen antivirale Aktivität, weshalb ihre Applikation von großem pharmakologischem Interesse ist. Das *cyclo*Sal-Konzept wurde ursprünglich als Transport- und Freisetzungssystem für solch antiviral aktive Nucleotidanaloga entwickelt. Bei viralen Infektionen ist ein Therapieansatz, die Replikation der viralen DNA zu stoppen und somit die Produktion neuer Viruspartikel und die Ausbreitung des Virus zu verhindern. Die Nucleosidanaloga d4T **3** und AZT **4** zeigen in phosphorylierter Form antivirale Aktivität gegen das HI-Virus (Human Immunodeficiency Virus). Die Reverse Transkriptase (RT) des HI-Virus besitzt im Gegensatz zu humanen DNA-Polymerasen keine *proof-reading* Funktion, sodass Nucleosidanaloga nicht erkannt und somit nicht eliminiert werden. Nach dem Einbau von **3** oder **4** in die virale DNA ist aufgrund des Fehlens der 3'-OH-Gruppe keine Kettenverlängerung in 3'-Richtung mehr möglich, sodass die Transkription an dieser Stelle abbricht, worauf ihre antivirale Aktivität beruht.[6] Um in einen wachsenden DNA-Strang eingebaut werden zu können, müssen Nucleoside in die entsprechenden Triphosphate überführt werden. Die durch Enzyme katalysierten Phosphorylierungen können bei modifizierten Substraten jedoch gehemmt sein, so im Fall von d4T **3** die erste Phosphorylierung zum d4TMP und im Fall von AZT **4** die zweite Phosphorylierung zum AZTDP. Es wäre bezüglich d4T **3** also sinnvoll, direkt d4TMP zu verabreichen, um den gehemmten Schritt zu umgehen. Da NMPs jedoch bei physiologischem pH-Wert als Dianion vorliegen und somit sehr polar sind, ist ihre Membrangängigkeit schlecht.[7] Deshalb sollten sie lipophil maskiert werden, um die Membran passieren zu können. Danach sollte die Maske in der Zelle abgespalten werden, um dort das NMP freizusetzen. Diesen Ansatz verfolgt das 1996 von *Meier et al.* entwickelte *cyclo*Sal-Konzept (Sal = Saligenyl), das als Prodrug-System entwickelt wurde und die cyclische, bifunktionelle Saligenyleinheit als Maskierung des Dianions vorsieht.[8]

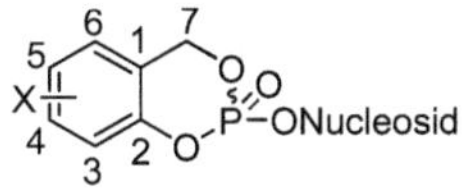

X = Donator oder Acceptor,
z.B. H, Alkyl, Hal, NO$_2$

Abb. 4: Grundgerüst eines *cyclo*Saligenyl-Nucleotids

Die Nummerierung der *cyclo*Sal-Einheit erfolgt dabei nicht nach IUPAC, sondern ist intern festgelegt worden. Für die Freisetzung des NMPs in der Zelle ist einzig der physiologische pH-Wert verantwortlich, bei dem die *cyclo*Sal-Nucleotide hydrolysieren (wie in Abb. 5 gezeigt). Dass die Freisetzung nur auf einer chemischen Hydrolyse basiert, ist eine Besonderheit gegenüber anderen Prodrug-Systemen, bei denen die Aktivierung enzymatisch erfolgt oder zwei Aktivierungen zur Abspaltung von zwei einzelnen Masken erfolgen müssen. Die Geschwindigkeit der NMP-Freisetzung hängt mit der Stabilität der *cyclo*Sal-Nucleotide zusammen, welche durch den Substituenten X am aromatischen Ring beeinflussbar ist. Donatoren in der 3- oder 5-Position erhöhen die Stabilität, Acceptoren in 5-Position erniedrigen letztere. *Cyclo*Sal-Phosphattriester **13** weisen drei differenzierbare Phosphatester-bindungen auf, aufgrund derer ein selektiver Hydrolysemechanismus ablaufen kann.[9]

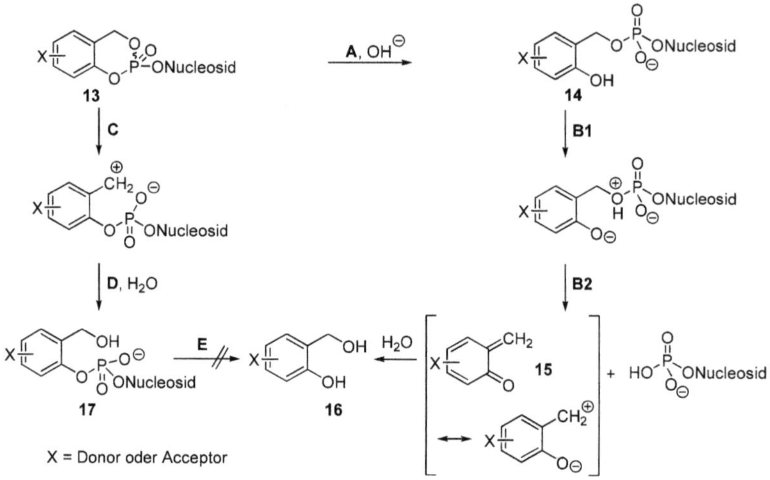

Abb. 5: Hydrolysemechanismus eines *cyclo*Sal-Nucleotids **13**

Ein unter physiologischen Bedingungen vorhandenes Hydroxid-Ion greift am Phosphoratom des *cyclo*Sal-Nucleotids **13** nucleophil an (Schritt A), woraufhin bevorzugt die Phenylesterbindung bricht, sodass ein 2-Hydroxybenzylphosphat-diester **14** entsteht. Grund dafür, dass diese Bindung bevorzugt bricht, ist die gute Austrittsgruppe Phenolat. Nach einem intramolekularen Protonentransfer (Schritt B1) findet ein spontaner C-O-Bindungsbruch statt (Schritt B2), wobei das NMP sowie ein 2-Chinonmethid **15** entstehen, das mit Wasser zum substituierten Salicylalkohol **16** reagiert. Auch möglich - wenn auch stark verlangsamt aufgrund des schwachen Phosphat-Substituenten in *ortho*-Stellung - ist die Spaltung der Benzylphosphatester-bindung zum 2-Hydroxymethyl-phenylphosphatdiester **17** (Schritt C und D), der aufgrund der negativen Ladung an der Phosphatgruppe sowohl stabil gegenüber einem weiteren Angriff als auch einer enzymatischen Spaltung ist (Schritt E). Dass ein Phenylphosphatdiester anscheinend dennoch öfter bei Reaktionen von *cyclo*Sal-Nucleotiden gebildet wird, wird in den weiteren Kapiteln noch mehrfach thematisiert werden.

Das *cyclo*Sal-Konzept wurde als Pronucleotid-Konzept auf verschiedene Nucleosidanaloga angewendet: d4T **3**[10], ddA und d4A[11], das acyclische Nucleosidanalogon ACV[12], Abacavir und Carbovir[13] und BVdU **5**[14].

Zudem wurde das *cyclo*Sal-Konzept im Laufe der Jahre weiter entwickelt. So wurden beispielsweise Masken entwickelt, welche zwei NMPs gleichzeitig maskieren können, sodass das Maske:Wirkstoff-Verhältnis 1:2 ist, was der Akkumulierung der abgespaltenen Maske in der Zelle entgegenwirkt.[15-17] Zudem wurden „lock-in"-modifizierte *cyclo*Sal-Nucleotide entwickelt, bei denen enzymatisch spaltbare Gruppen an dem aromatischen System angebracht sind, welche eine hohe Stabilität außerhalb der Zelle und Labilität innerhalb der Zelle aufweisen sollen, sodass die selektive Freisetzung des NMPs in der Zelle durch Enzyme ermöglicht werden soll.[18] In den letzten Jahren konnte gezeigt werden, dass *cyclo*Sal-Nucleosidmonophosphate (*cyclo*Sal-NMPs) nicht ausschließlich als Prodrugs verwendet werden können, sondern auch als Aktivester, die mit anderen Nucleophilen anstatt Hydroxid zu verschiedensten Biomolekülen reagieren. Auf die Anwendungen der *cyclo*Sal-Nucleotide als Aktivester wird in den folgenden Kapiteln eingegangen.

2.2 Darstellung phosphorylierter Nucleoside und Phosphat-verbrückter Biokonjugate in Lösung

In diesem Kapitel soll ein kurzer Einblick in verschiedene, literaturbekannte Synthesestrategien zur Darstellung bestimmter Biomoleküle in Lösung gegeben werden, d.h. die Edukte, Reagenzien und Lösungsmittel bilden eine homogene Phase.

2.2.1 Synthesestrategien zu Nucleosid-5'-triphosphaten

Klassische Arbeiten zur Darstellung von (2'-Desoxy-) Nucleosid-5'-triphosphaten gehen auf *J. Ludwig* zurück, der die Aktivierung als Nucleosid-5'-phosphordichloridat nach *M. Yoshikawa* nutzte,[19] um dies mit Bis-(tri-*n*-butylammonium)pyrophosphat über ein cyclisches Intermediat **18** zum (d)NTP **1** umzusetzen („one-pot, three step"-Methode).[20] Ausbeuteeinbußen entstehen dadurch, dass die Phosphorylierung nicht regioselektiv verläuft und dass die Umsetzung zum (d)NTP **1** nicht quantitativ ist.

Zudem ist die Anwendung der Methode auf funktionalisierte Nucleoside stark eingeschränkt.

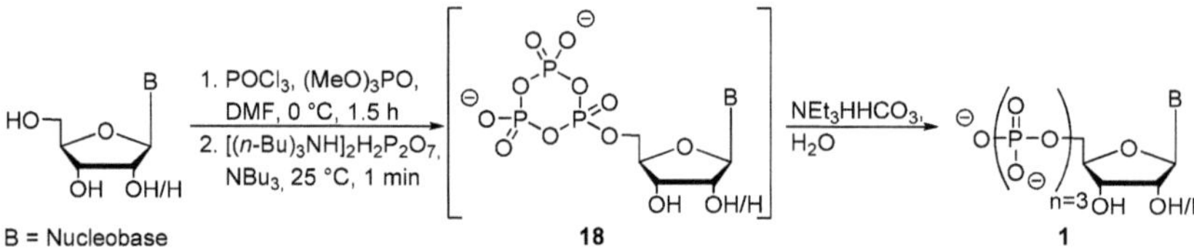

Abb. 6: (d)NTP-Synthese nach *J. Ludwig* basierend auf Nucleosid-5'-dichloridaten nach *M. Yoshikawa*

Weit verbreitet ist außerdem die Methode nach *J. Ludwig* und *F. Eckstein*, die auf der Reaktion von einem geschützten Nucleosid mit 4*H*-1,3,2-Benzodioxaphosphorin-4-on **19** zum aktivierten Phosphit **20** basiert, welches dann mit Bis-(tri-*n*-butylammonium)-pyrophosphat zum cyclischen Intermediat **21** reagiert. Nach Oxidation und basischer Hydrolyse entsteht das (d)NTP **1**.[21] Verschiedene Nucleosid-5'-triphosphate sowie auch 1-Thio-triphosphate (bei Zugabe von S_8 zu **21** und anschließender Hydrolyse) konnten so in Ausbeuten von 60 - 75% hergestellt werden.

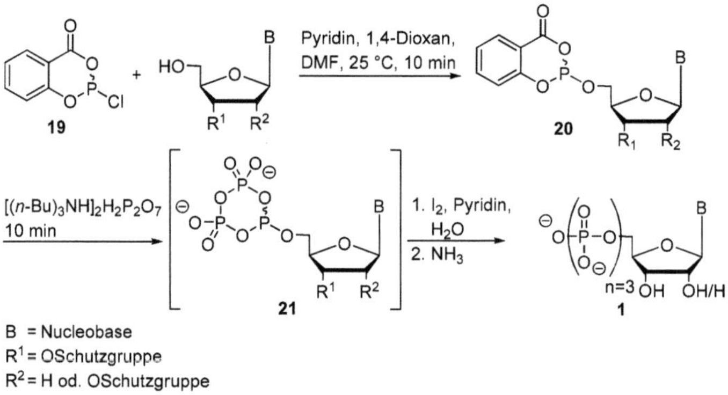

Abb. 7: (d)NTP-Synthese nach *J. Ludwig* und *F. Eckstein*

Die Aktivierung als Imidazolidat **11** nach *D. E. Hoard* und *D. G. Ott* basiert auf Nucleosid-5'-monophosphaten, die mit Carbonyldiimidazol aktiviert werden und mit Tri-*n*-butylammonium-pyrophosphat zum dNTP **1a** reagieren, wobei die Ausbeuten zwischen 20 und 70% schwanken.[22]

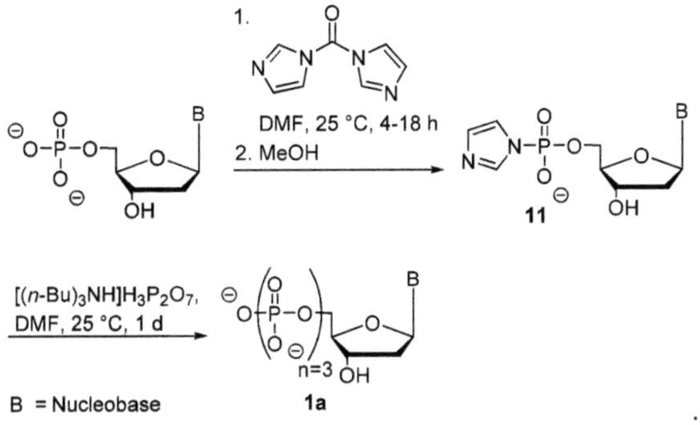

Kenntnisstand

Abb. 8: Imidazolidat-Aktivierung nach *D. E. Hoard und D. G. Ott*

Neuere Arbeiten verwenden Tetra-*n*-butylammonium als Gegenion des Pyrophosphats, dessen Umsetzung z.B. nach *Wu et al.* mit einem hoch reaktiven Pyrrolidinium-Phosphoramidat Zwitterion-Intermediat **22** in kurzen Reaktionszeiten zum (d)NTP **1** erfolgt.[23] Die Ausbeuten sind mit 55 - 77% gut, jedoch ist die vierstufige Synthese des Phosphoramidat-Precursors **23** relativ aufwendig.

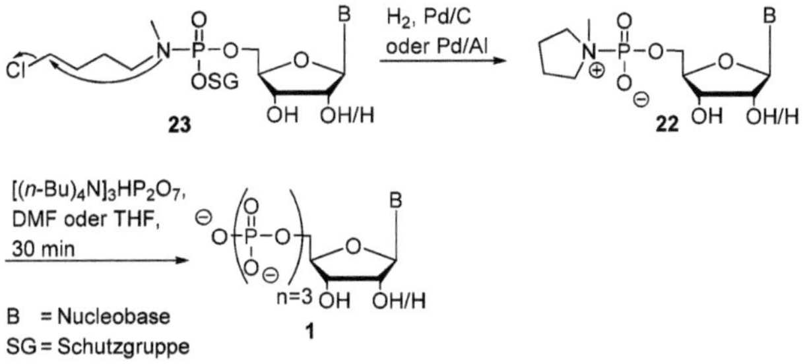

Abb. 9: Phosphoramidat-Aktivierung nach *Wu et al.*

Sun et al. beschreiben die Darstellung von 5'-*H*-Phosphonaten **24**, welche nach Umsetzung mit Trimethylsilylchlorid (TMSCl) und Oxidation mit Iod ein postuliertes Pyridinium-phosphoramidat **25** liefern, das mit Tris-(tetra-*n*-butylammonium)pyrophosphat schnell zum entsprechenden NTP **1b** reagiert („one-pot"-Reaktion).[24] Die Ausbeuten von 26 - 41% sind moderat, das 5'-*H*-Phosphonat muss zunächst synthetisiert werden und die Reinigung der NTPs verläuft über Sephadex gefolgt von HPLC und liefert dann erst Reinheiten von **1b** von >90%.

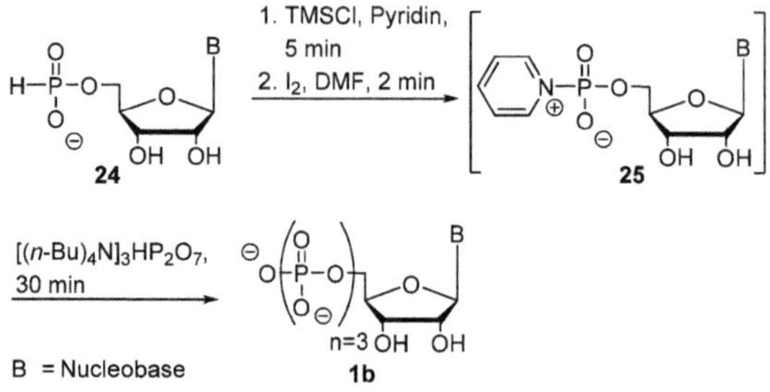

Abb. 10: 5'-*H*-Phosphonate **24** als Vorläufer von NTPs nach *Sun et al.*

Viele der Methoden sind nicht auf verschiedene Nucleoside anwendbar, sodass ein großer Bedarf nach einer universellen Methode bestand. Die in unserem Arbeitskreis entwickelte Methode nach S. Warnecke zur Darstellung von (d)NDPs und (d)NTPs beruht auf der Verwendung der *cyclo*Sal-Nucleotide als aktivierte NMPs zur Umsetzung mit den entsprechenden Phosphatsalzen als Nucleophile (Abb. 11).[25,26] Es wurden 5-Nitro-*cyclo*Sal-NMPs der Nucleoside Thymidin, Adenosin, Guanosin, Cytosin, Uridin und der Analoga BVdU **5**, *carba*-dT und (*N*)-MCT mit Bis-(tetra-*n*-butylammonium)hydrogenphosphat **26** bzw. Tris-(tetra-*n*-butylammonium)hydrogen-pyrophosphat **27a** zu den entsprechenden Di- und Triphosphaten in Ausbeuten von 11-83% umgesetzt. Die *cyclo*Sal-Nucleotide wurden als Rohprodukte eingesetzt, in einer Reaktionszeit von 16 h umgesetzt und die Rohprodukte von Schutzgruppen befreit. Im Anschluss wurden die Rohprodukte durch Ionenaustauschchromatographie an DOWEX (50WX8) mit Gegenionen versehen, die geeigneter als (*n*-Bu)$_4$N-Ionen für die anschließende Chromatographie an RP-18 Silicagel waren (NH$_4^+$).

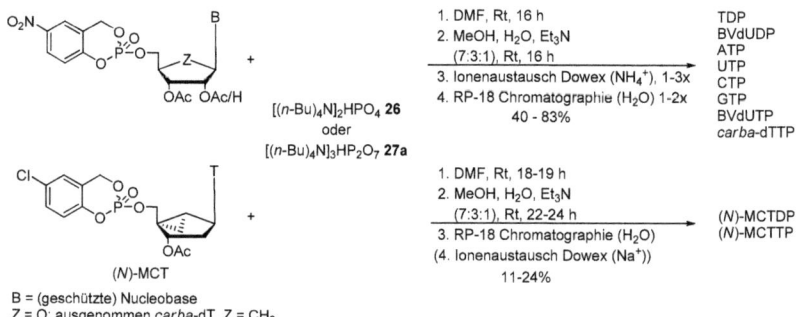

Abb. 11: *cyclo*Sal-Nucleotide zur (d)NDP- und (d)NTP-Synthese

Die Methode zeichnet sich vor allem durch die generelle Anwendbarkeit sowie kurze Reaktionszeiten aus. Generell ist die Reinigung von (d)NDPs und (d)NTPs oft zeitaufwendig und langwierig, da nach dem Ionenaustausch die Abtrennung der überschüssigen Phosphatsalze sowie der Nebenprodukte oft mehrfache Chromatographie erfordert, was Ausbeuteverluste mit sich bringt. Die eben beschriebenen Schwierigkeiten machen natürlich vor allem die Darstellung größerer Mengen dieser Verbindungen problematisch, da größere Mengen an Reagenzien und Nebenprodukten noch schwieriger abzutrennen sind und auch die Reinigung per HPLC dann keine nutzbare Reinigungsmethode mehr darstellt.

2.2.2 Synthesestrategien zu Nucleosid-5'-diphosphatpyranosen

Nucleosid-5'-diphosphat (NDP) - Zucker **8** können chemisch oder enzymatisch dargestellt werden, wobei der chemische Weg generell zwei Möglichkeiten der Verbindung für die Pyrophosphat-Brücke vorsieht (Abb. 12). Meistens erfolgt die Synthese aus einem aktivierten Nucleosid-5'-monophosphat **28** und einem Glycosylphosphat **29** (Weg A), da auf diese Weise Homodimerbildung unterdrückt wird und die Reaktionen bei relativ niedrigen Temperaturen durchgeführt werden können. Eine Alternative stellt die Umsetzung eines Nucleosid-5'-diphosphats **30** mit einem aktivierten Zucker **31** dar (Weg B).[27]

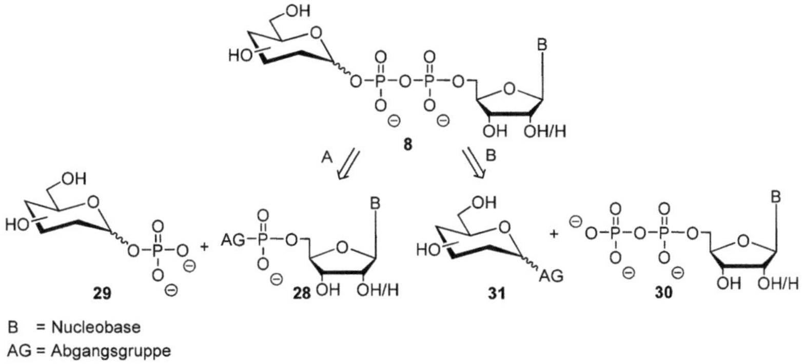

B = Nucleobase
AG = Abgangsgruppe

Abb. 12: Generelle Synthesestrategien zur Darstellung von NDP-Zuckern

Ein Beispiel für Route A stellt die weit verbreitete Morpholidat-Methode nach *J. G. Moffatt* und *H. G. Khorana* dar, bei welcher die Aktivierung des NMPs als Morpholidat **10** erfolgt.[28,29] Auf diese Weise konnte eine Vielzahl von Purin- und

Pyrimidin-haltigen Zuckernucleotiden in guten Ausbeuten von 63 - 70% dargestellt werden, die allerdings in unserem Arbeitskreis nicht reproduziert werden konnten.[30]

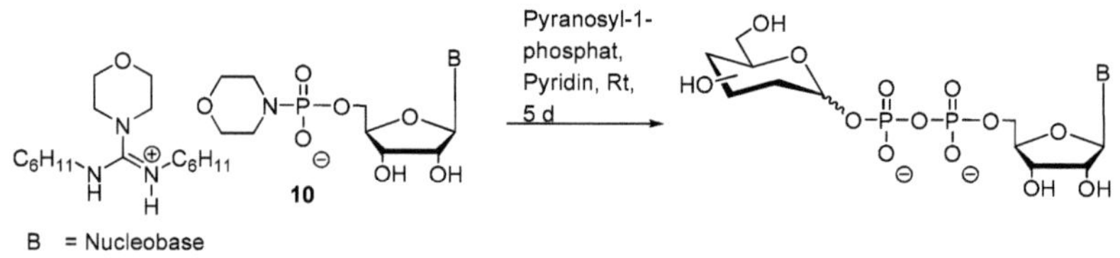

Abb. 13: Morpholidat-Methode zur NDP-Zucker-Synthese nach *J. G. Moffatt* und *H. G. Khorana*

Nachteilig an dieser Methode ist die lange Reaktionszeit (oft 5 d), welche durch den Einsatz von 1*H*-Tetrazol als Katalysator nach *V. Wittmann* und *C. H. Wong* auf 1 - 2 d verkürzt werden soll.[31] Generell ist ein großer Vorteil der Methoden, die Route A folgen, dass die Konfiguration am anomeren Zentrum des Zuckers im Produkt durch das Zuckerphosphat vorbestimmt ist.

Als Vertreter der Route B (Abb. 12) seien die Arbeiten von *M. Arlt* und *O. Hindsgaul* genannt, die Synthesen von NDP-Zuckern durch Glycosylierung von NDPs beschreiben (Halogenose-Methode).[32] Nachteilig sind die geringen bis moderaten Ausbeuten (10 - 30% über 3 Stufen) sowie die nicht vorhandene Kontrolle der Stereochemie der Glycosylierung (α/ β-Verhältnis zwischen 1:1 und 3:1). Durch andere Schutzgruppen am Zuckerphosphat konnten *S. C. Timmons* und *D. L. Jakeman* die Konfiguration der UDP- und GDP-Konjugate von α-D-Mannose und β-L-Fucose bestimmen und diese als reine Anomere erhalten. Die Ausbeuten waren jedoch gering (31 - 38% über 2 Stufen), und die Übertragung auf andere NDP-Konjugate könnte problematisch sein.[33] Abb. 14 zeigt die Darstellung von GDP-β-L-Fucose **32** ausgehend von geschützter L-Fucose **33** nach den soeben beschriebenen Methoden.[27]

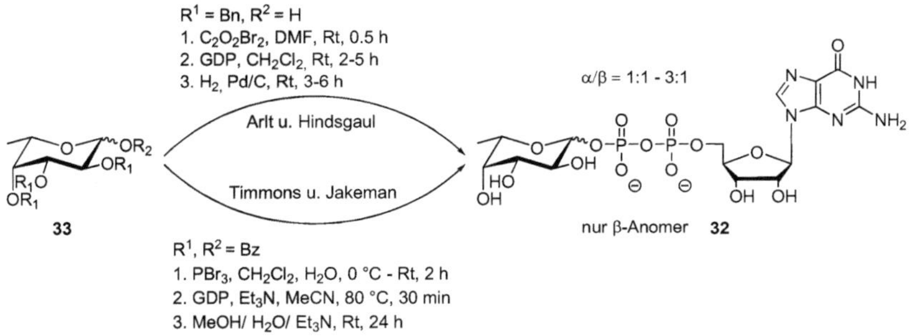

Kenntnisstand

R¹ = Bn, R² = H
1. C₂O₂Br₂, DMF, Rt, 0.5 h
2. GDP, CH₂Cl₂, Rt, 2-5 h
3. H₂, Pd/C, Rt, 3-6 h

α/β = 1:1 - 3:1

Arlt u. Hindsgaul

Timmons u. Jakeman

33

R¹, R² = Bz
1. PBr₃, CH₂Cl₂, H₂O, 0 °C - Rt, 2 h
2. GDP, Et₃N, MeCN, 80 °C, 30 min
3. MeOH/ H₂O/ Et₃N, Rt, 24 h

nur β-Anomer **32**

Abb. 14: Glycosylierung von GDP

Mit Blick auf enzymatische Synthesen sind als Vorteile die hohe Regio- und Stereospezifität zu nennen. Eine enzymatische Methode nach *Thiem et al.* zur Synthese von GDP-β-L-Fucose **32** beinhaltet die Reaktion von ungeschützter L-Fucose mit GTP, wobei L-Fucose zunächst unter Verwendung von ATP **2** und Katalyse durch die Fucokinase phosphoryliert wird und dann unter Katalyse von der GDP-fucose-pyrophosphorylase und Pyrophosphat-Abspaltung mit dem GTP zu GDP-β-L-fucose **32** reagiert.[34,35] Jedoch setzt diese Methode die Verfügbarkeit der teils kostenintensiven Enzyme voraus, und die Ausbeute ist mit 22% nur moderat. Da bei enzymatischen Reaktionen der erfolgreiche Einsatz von Analoga des Zuckers oder des Nucleosids aufgrund der hohen Substratspezifität des Enzyms unwahrscheinlich ist, sind die Reaktionen somit auf natürliche Nucleoside beschränkt.

Somit ist auch hier der Bedarf nach einer generell anwendbaren Methode gegeben, weshalb das *cyclo*Sal-Aktivestersystem auf die Synthese von NDP-Zuckern durch Umsetzung von *cyclo*Sal-Nucleotiden mit Zuckerphosphaten angewandt wurde. Erste Arbeiten dazu gehen auf *S. Wendicke* zurück, welche das gleichzeitige Zusammenfügen von einem *cyclo*Sal-Nucleotid mit einem Zuckerphosphat bei 50 °C vorsehen und Ausbeuten der NDP-Zucker von 21 - 56% ergaben.[36,37] Eine Optimierung der Reaktionsbedingungen nach *S. Wolf* sieht zunächst das intensive Trocknen der Edukte erst im Vakuum und anschließend, gelöst in DMF, über aktiviertem Molsieb vor. Zudem sollen 2 Äquivalente des Zuckerphosphats zum 5-Nitro-*cyclo*Sal-Nucleotid getropft werden und die Reaktion bei Raumtemperatur durchgeführt werden. Nach diesem Syntheseprotokoll wurde eine Vielzahl von NDP-Zuckern in der Arbeitsgruppe dargestellt, wobei die Stereoinformation des anomeren Kohlenstoffatoms C1 des Zuckers im NDP-Zucker durch das verwendete Zuckerphosphat vorgegeben war. Auch 5-Methylsulfonyl (MeSO$_2$)-substituierte cycloSal-Nucleotide wurden für NDP-Zucker-Synthesen erfolgreich eingesetzt. Die Methode ist auf alle natürlichen Nucleoside sowie Analoga übertragbar, und auch verschiedenste Zucker können verwendet werden.[38,39] Auf die Verwendung der alkalischen Phosphatase bei Einsatz von 5-MeSO$_2$-cycloSal-Nucleotiden wird in Kapitel 4.3.5 (S. 87) näher eingegangen.

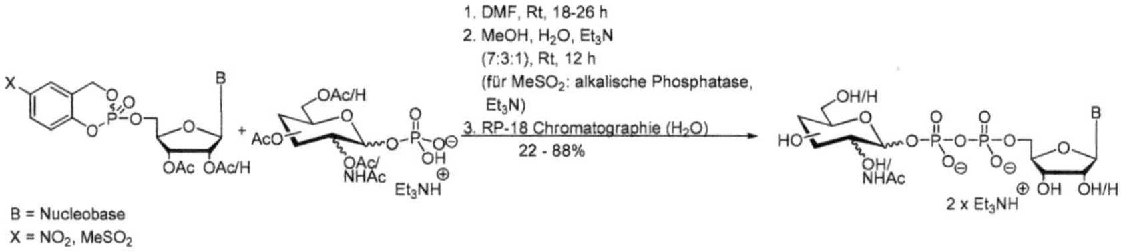

Abb. 15: cycloSal-Nucleotide zur NDP-Zucker-Synthese

Zudem konnte das cycloSal-Konzept von S. Warnecke erfolgreich zur Darstellung von Dinucleosid-5',5'-di-, -tri- und -tetraphosphaten eingesetzt werden. Dazu wurden 5-Nitro-cycloSal-Nucleotide mit den entsprechenden Nucleosid-5'-mono-, -di- und -triphoshaten umgesetzt und die Produkte in Ausbeuten von 40 - 60% erhalten.[25,26]

Hier zeigt sich erneut, dass eine Acceptor-substituierte cycloSal-Einheit das Phosphoratom eines NMPs sehr gut aktiviert, und dass das Konzept vor allem durch seine vielfältige Anwendbarkeit überzeugt. Jedoch ist auch bei diesen polaren Verbindungen oft mehrfache Chromatographie nötig, um die Zielverbindungen rein zu erhalten, wie auch am Ende des letzten Kapitels für die (d)NTPs beschrieben.

2.3 Darstellung phosphorylierter Nucleoside und Phosphat-verbrückter Biokonjugate an der Festphase

In diesem Kapitel wird ein Ausschnitt literaturbekannter Synthesestrategien zur Darstellung phosphorylierter Biomoleküle vorgestellt, bei denen die Immobilisierung eines Edukts oder Reagenzes an einer Festphase genutzt wird, um bestimmte Vorteile gegenüber Reaktionen in Lösung zu erreichen. In diesem Zusammenhang werden nur Reaktionen an unlöslichen Festphasen vorgestellt, bei denen demnach heterogene Reaktionsbedingungen herrschen. Bevor diese Synthesen näher beschrieben werden, sollen kurz gängige Begriffe der Festphasenchemie erläutert werden.

Kenntnisstand

2.3.1 Allgemeines zu Festphasensynthesen

Der Übergang zur Festphasensynthese wurde 1963 durch die Festphasenpeptidsynthese von *R. B. Merrifield* geschaffen (Solid Phase Peptide Synthesis, SPPS),[4] die später auch automatisiert für die Synthese von Polypeptiden angewendet werden konnte.[40] Seitdem können verschiedene Moleküle wie Oligonucleotide[41] und Oligosaccharide[42] automatisiert an einer Festphase dargestellt werden (Solid Phase Organic Synthesis, SPOS). Das Prinzip der heterogenen Festphasensynthese ist in Abb. 16 gezeigt. Weg A startet mit einem Edukt, das über einen Linker mit einem unlöslichen Träger, der Festphase, kovalent verbunden ist. Im Unterschied zu Reaktionen in Lösung bleibt das Edukt während der Reaktion mit einem zugefügten Reagenz an der Festphase immobilisiert. Danach wird das Intermediat durch einfache Waschvorgänge mit geeigneten Lösungsmitteln von Reagenzüberschüssen befreit. Je nach Syntheseplan wird das immobilisierte Intermediat auf analoge Weise weiter umgesetzt, bis das gewünschte, noch immer an den Träger gebundene Zielmolekül dargestellt ist. Durch geeignete Abspaltbedingungen wird das Produkt schließlich vom Linker abgespalten, der an der Festphase verbleiben sollte, sodass im Idealfall nach Entfernen der Abspaltlösung das Zielmolekül in hoher Reinheit vorliegt. Alternativ ist es auch möglich, Reagenzien an der Festphase zu immobilisieren und mit einem gelösten Edukt umzusetzen (Weg B). Dabei ist der Vorteil, dass nicht umgesetztes Edukt durch Waschen entfernt werden kann.

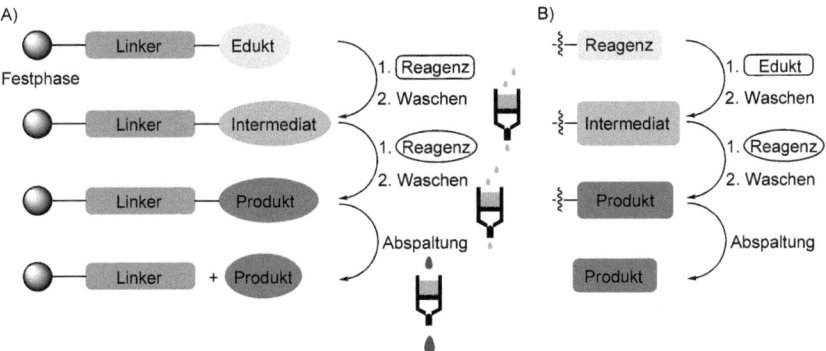

Abb. 16: Schematische Darstellung einer heterogenen Festphasenreaktion

Kenntnisstand

Große Vorteile gegenüber Reaktionen in Lösung stellen dabei die Möglichkeit zur Verwendung von Reagenzien im großen Überschuss, die einfachen Waschvorgänge und die Aussicht auf ein Molekül in hoher Reinheit dar, welches vorliegt, wenn alle Reaktionen an der Festphase nahezu quantitativ verlaufen. Selbst wenn das Produkt im Anschluss noch gereinigt werden muss, so ist es dafür bereits von den Reagenzien befreit, was eine Reinigung stark vereinfachen kann.

Als polymerer Träger wird häufig Polystyrol (PS) verwendet, das mit 1 - 5% Divinylbenzol quervernetzt ist, um dem Harz mechanische Festigkeit, Unlöslichkeit sowie ein Zusammenhalten der Ketten zu verleihen. Je nach Zufügen bestimmter Additive können verschieden funktionalisierte PS-Derivate hergestellt werden.[43] In geeigneten Lösungsmitteln quellen diese Harze auf, wodurch anschließend Reagenzien und Lösungsmittel in die polymere Matrix des Harzes eindringen können. Polystyrol-Derivate zeigen großes Quellverhalten in dipolaren, aprotischen Lösungsmitteln wie THF und DMF, und geringes Quellverhalten in Alkanen, protischen Lösungsmitteln (z.B. Alkohole) oder Wasser. Außerdem weisen PS-Derivate eine hohe Beladung auf (mmol-Bereich), sind jedoch nur begrenzt hitzestabil (105 - 130 °C).[44] TentaGel oder PEG (Polyethylenglykol)-PS-Harze quellen aufgrund polarer PEG-Einheiten in polaren Lösungsmitteln wie Wasser oder Alkoholen besser.[45] Ebenfalls weit verbreitet ist CPG (controlled pore glass), das standardmäßig als Träger für die automatisierte DNA-Festphasen-Synthese verwendet wird.[41] Neben seiner großen Stabilität gegenüber Temperatur, Druck und aggressiven Reagenzien weist es jedoch nur eine geringe Beladung auf (μmol-Bereich).[46] Ein Linker muss unter Bedingungen zu spalten sein, unter denen auch das Produkt stabil ist. Basenstabile Linker sind z.B. der Wang[47]-, Sasrin[48]-, Trityl[49]- oder Rink[50]-Linker. Es gibt auch basenlabile Linker, die durch Verseifung[51] (z.B. der für die automatisierte DNA-Festphasen-Synthese verwendete Succinyl-Linker **34** oder der Oxalyl-Linker **35**) oder β-Eliminierung[52] (Linker mit Sulfon-Funktion, **36**) zu spalten sind (Abb. 17).

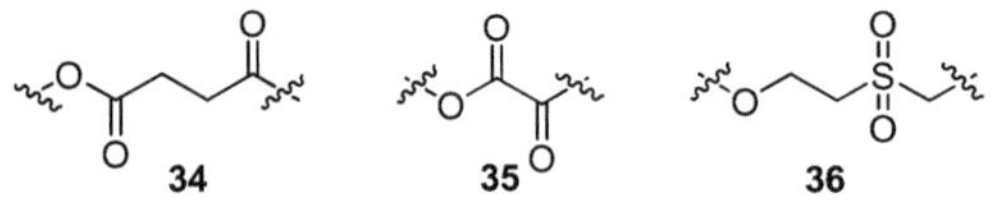

Abb. 17: Basenlabile Linker

Zudem besteht bei Festphasensynthesen der große Vorteil, dass die Reaktionsschritte automatisiert werden können. Bei Vorhandensein der dafür benötigten

Kenntnisstand

Laborausstattung können dann Substanzbibliotheken angelegt werden, und durch systematisches Screening kann z.b. die Suche nach Therapeutika stark vereinfacht werden.[5]

2.3.2 Synthesestrategien zu phosphorylierten Biomolekülen an der Festphase

Frühe Arbeiten zu NTP-Synthesen an der Festphase gehen auf *Gaur et al.* zurück, nach denen an CPG immobilisierte 5'-OH freie 2'-O-Methyl-ribonucleoside **37** unter *Ludwig/ Eckstein*-Bedingungen[21] aktiviert und zu 2'-O-Methylribonucleosid-5'-triphosphaten **38** umgesetzt werden.[53] Nach Reinigung der Rohprodukte bei 4 °C an Sephadex wurden moderate Ausbeuten von 60 - 65% erreicht. Mit Schwefel als Oxidanz konnten 5'-O-(1-Thio)-NTPs in Ausbeuten von 40 - 45% dargestellt werden.

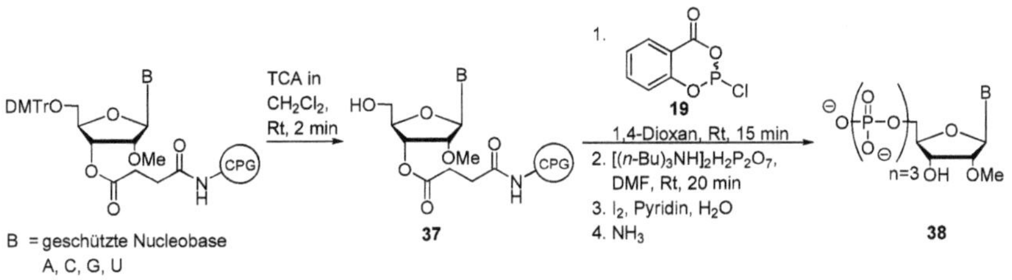

Abb. 18: Festphasensynthese von 2'-O-Methyl-NTPs **38** nach *Gaur et al.*

Lebedev et al. nutzen ebenfalls obige Ludwig/ Eckstein-Bedingungen, um 2'-Desoxyoligonucleotide mit 5'-Triphosphat-Ende darzustellen.[54] Nach Reinigung mittels HPLC wurden die Produkte in geringen Ausbeuten (15 - 30%) erhalten.

Ebenfalls auf den Ludwig/ Eckstein-Bedingungen basieren Arbeiten von *Schoetzau et al.*, welche die Anknüpfung von 2'- oder 3'-Azido-Nucleosiden an ein Triphenylphosphin-funktionalisiertes Polystyrol-Harz **39** beschreiben.[55] Abb. 19 zeigt das Syntheseschema anhand von AZT **4**, welches in 3'-Amino-TTP **40** überführt wird. Die Methode liefert Ausbeuten von 70 - 75%, ist jedoch auf 2'- oder 3'-Azido-funktionalisierte Nucleoside als Edukte beschränkt.

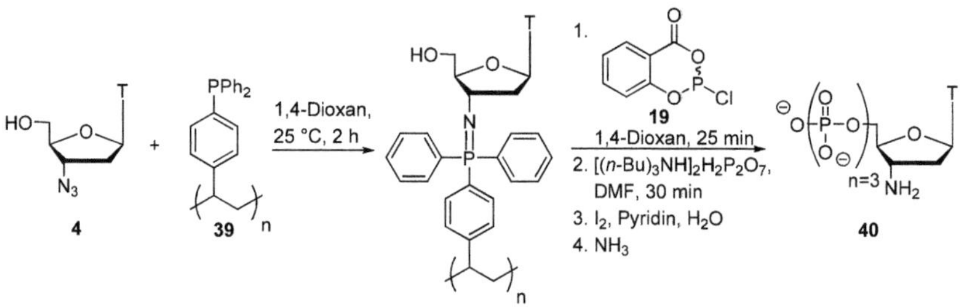

Kenntnisstand

Abb. 19: Festphasensynthese von 3'-Amino-TTP **40** nach *Schoetzau et al.*

Viele Arbeiten basieren auf immobilisierten Nucleosiden, welche an der Festphase aktiviert und dort auch weiter umgesetzt werden. Es ist jedoch auch möglich, Reagenzien an der Festphase zu immobilisieren. Dazu wurden Arbeiten zur Synthese verschiedenster phosphorylierter Nucleoside und Kohlenhydrate von *Y. Ahmadibeni* und *K. Parang* veröffentlicht. So können Monophosphate sowie Monothiophosphate von Nucleosiden und Kohlenhydraten,[56-58] Di- und Triphosphate sowie Trithiophosphate von Nucleosiden und Kohlenhydraten,[59] Nucleosid-β-triphosphate,[60] sowie Nucleosid-5'-mono-, -di- und -triphosphoramidate[61] durch Immobilisierung geeigneter Phosphitylierungsreagenzien an funktionalisierten Polystyrol-Harzen dargestellt werden. Die Di- und Triphosphatsynthese von Nucleosiden und Zuckern ist in Abb. 20 gezeigt.[59] Die immobilisierten Di- und Triphosphitylierungsreagenzien **41** werden zuvor in Lösung hergestellt und anschließend immobilisiert, und für die Reaktion zu den Phosphittriestern **42** können ungeschützte Nucleoside und Zucker eingesetzt werden, was ein großer Vorteil gegenüber anderen Methoden ist. Die Oxidation der Phosphite **42** zu Phosphaten **43** erfolgt mit *tert*-Butylhydroperoxid (*t*BuOOH) und die Abspaltung der β-Cyanoethylgruppen mit 1,8-Diazabicyclo[5.4.0]undec-7-en (DBU). Das immobilisierte Produkt **44** wird mit Trifluoressigsäure (TFA) sauer vom Harz abgespalten und liefert die Nucleosid-di- und -triphosphate in Reinheiten von 69 - 91% und Ausbeuten von 42 - 84%.

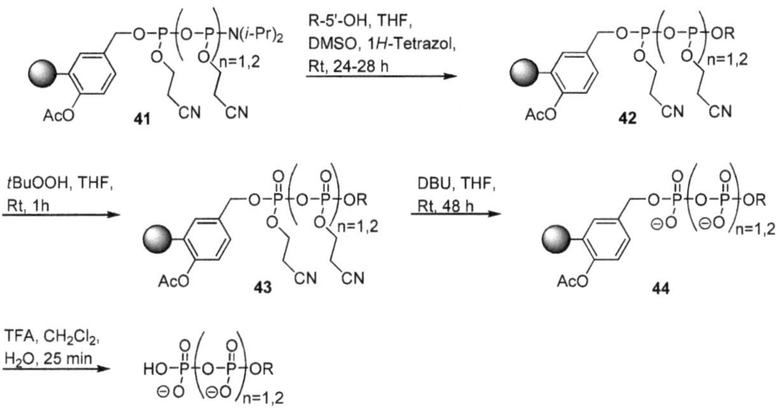

Kenntnisstand

Abb. 20: Immobilisierte Di- und Triphosphitylierungsreagenzien **41** zur Di- und Triphosphatsynthese von Nucleosiden und Zuckern

Vorteile sind die hohe Regioselektivität, die Monosubstitution sowie die Möglichkeit zum Entfernen unreagierter Edukte durch einfaches Waschen. Die immobilisierten Di- und Triphosphitylierungsreagenzien **41** müssen jedoch zunächst in einer fünfstufigen Synthese hergestellt werden. Zudem müssen die Nucleoside und Kohlenhydrate unter den harschen Oxidations- sowie Abspaltbedingungen für die Schutzgruppen stabil sein.

Abb. 21 zeigt die bereits erwähnte Phosphoramidatsynthese. Dazu wurde ein *cyclo*Sal-Phosphitylierungsreagenz immobilisiert (**45**, Weg A), welches nach der Reaktion zum Phosphit- **46** bzw. Phosphattriester **47** einen nucleophilen Angriff am Phosphoratom ermöglicht und Nucleosid-5'-monophosphoramidate **48** bei Abspaltung mit Ammoniak lieferte. Ein analoger Weg (B) führt über immobilisierte Di- oder Triphosphate **49** mit *cyclo*Sal-Einheit am β- bzw. γ-Phosphoratom, was bei der Abspaltung Zugang zu Nucleosid-5'-di- oder -triphosphoramidaten **50** ermöglicht.[61] Die Produkte wurden in guten Reinheiten von 68 - 92% und nach Reinigung an C18 Sep-Pak Ausbeuten von 52 - 73% erhalten. Allerdings finden bei dieser Methode viele Reaktionsschritte an der Festphase statt, wodurch die Übertragung auf andere Edukte oder die Darstellung anderer Verbindungsklassen problematisch, da nicht überprüfbar sein könnte.

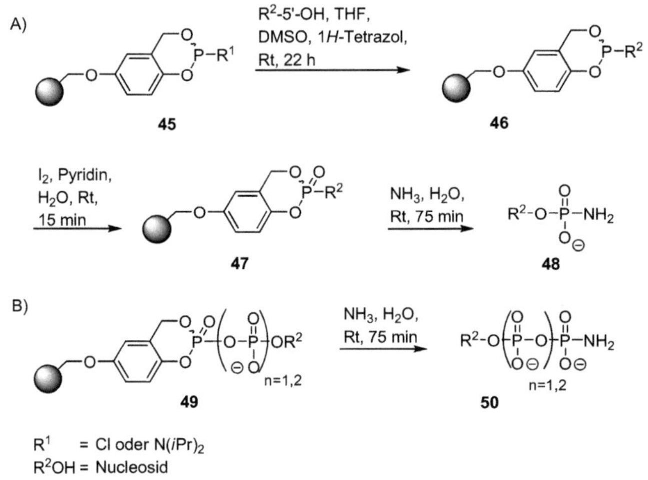

Kenntnisstand

Abb. 21: Mono-, Di- und Triphosphoramidatsynthese nach *Y. Ahmadibeni* und *K. Parang*

Auch Dinucleosid-5',5'-oligophosphate **9** lassen sich nach *Y. Ahmadibeni* und *K. Parang* darstellen.[62] Dafür werden erneut immobilisierte Phosphitylierungsreagenzien **51** verwendet, die zwei Phosphoramidit-Funktionen für Kupplungen mit ungeschützten Nucleosiden aufweisen. Je nach Abstand dieser scheint die Synthese verschieden Phosphat-verbrückter Dinucleoside **9** in Ausbeuten von 59 - 78% möglich zu sein, wobei die Methode auf eine Homodimerbildung begrenzt ist.

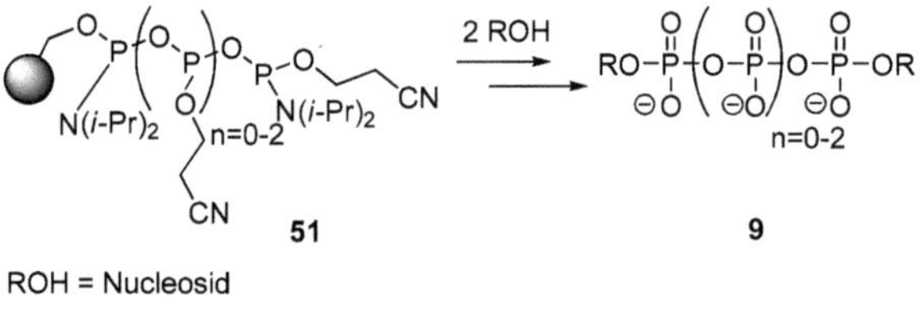

Abb. 22: Syntheseschema der Dinucleosid-5',5'-oligophosphatsynthese nach *Y. Ahmadibeni* und *K. Parang*

Allerdings weisen die Signale der ^{31}P-NMR-Spektren der vermeintlich entstandenen Produkte unübliche chemische Verschiebungen der Phosphoratome auf. Bei Tri- und Tetraphosphat-verbrückten Dinucleosiden sollten die „innen" liegenden, von je zwei Phosphaten umgebenen Phosphoratome (β bei Tri- und β und β' bei Tetraphosphaten) chemische Verschiebungen von ca. -23 ppm aufweisen. Das wurde zudem in unserer Arbeitsgruppe von *S. Warnecke* anhand eingens synthetisierter

Dinucleosid-5',5'-tri- und -tetraphosphate festgestellt.[25,26] Nach *Y. Ahmadibeni* und *K. Parang* weisen diese Phosphoratome ein Dublett bei ca. -13 ppm auf, was nicht erklärbar ist, und bezüglich der Tetraphosphate eher auf das Vorliegen von Nucleosid-5'-diphosphaten hindeutet.

Aufgabenstellung

3 Aufgabenstellung

Das Ziel dieser Arbeit war es, erstmalig *cyclo*Sal-Nucleotide an einer Festphase zu immobilisieren und durch Umsetzung mit Nucleophilen verschiedene Verbindungsklassen zu erschließen. In Abb. 23 ist der allgemeine Syntheseplan ausgehend von 5-Acceptor-substituierten Ribo- und 2'-Desoxyribonucleotiden gezeigt. Da die Durchführung dieser Reaktionen in Lösung das Problem der Reinigung der polaren Verbindungen mit sich brachte, sollten nun die für Festphasensynthesen charakteristischen Waschvorgänge die Isolierung des Produktes durch einfache Abtrennung der Reagenzien ermöglichen.

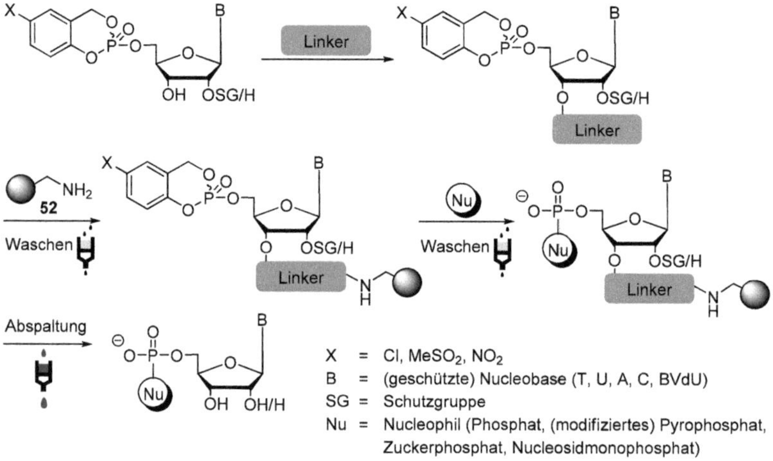

Abb. 23: Syntheseplan für die Festphasensynthese phosphorylierter Biomoleküle

X = Cl, MeSO$_2$, NO$_2$
B = (geschützte) Nucleobase (T, U, A, C, BVdU)
SG = Schutzgruppe
Nu = Nucleophil (Phosphat, (modifiziertes) Pyrophosphat, Zuckerphosphat, Nucleosidmonophosphat)

So sollte als Modellverbindung 5-Chlor-*cyclo*Sal-thymidinmonophosphat mit einem geeigneten Linker versehen und an der unlöslichen Festphase Aminomethylpolystyrol **52** immobilisiert werden. Ausgehend von dem immobilisierten *cyclo*Sal-Nucleotid sollten zunächst die Nucleosid-5'-di- und -triphosphat-Synthese sowie die Nucleosid-5-diphosphat-Zucker-Synthese an der Festphase optimiert werden. Für die (d)NDP- und (d)NTP-Synthesen sollte die Aktivierung des *cyclo*Sal-Nucleotids mit Chlor als Substituent ausreichen, um hohe Umsetzungen mit Phosphat- und Pyrophosphat-Salzen in kurzen Reaktionszeiten zu erzielen, da diese reaktive Nucleophile darstellen. Die optimierten Reaktionsbedingungen sollten dann auf die Di- und Triphosphat-Synthesen anderer Nucleoside übertragen werden (Ribonucleosid

Aufgabenstellung

Uridin, Purin-Nucleosid 2'-Desoxyadenosin, anderes Pyrimidin-Nucleosid 2'-Desoxycytidin, Nucleosidanalogon BVdU **5**), um eine generelle Anwendbarkeit der Synthesemethode zu demonstrieren. Für die Umsetzung mit weniger reaktiven Nucleophilen wie Zuckerphosphaten (als Modellverbindung sollte Tetra-*O*-acetyl-β-D-glucose-1-phosphat dienen) sollte neben Chlor auch der Einsatz von *cyclo*Sal-Nucleotiden mit stärker aktivierenden Substituenten wie Methylsulfonyl oder Nitro erprobt werden. Ferner sollten auch Ribonucleosid-diphosphat-Zucker sowie α-verknüpfte NDP-Zucker an der Festphase dargestellt werden. Auch Dinucleosid-5',5'-oligophosphate **9** sowie Nuclesid-5'-triphosphatanaloga **7** waren wünschenswerte, zu erschließende Verbindungsklassen der Festphasensynthese in dieser Arbeit.

Bei all diesen Festphasenreaktionen konnte der Verlauf sowie der Erfolg der Teilschritte nicht analysiert werden, sodass erst die Abspaltung des Produktes Aussage über die Summe der Erfolge der einzelnen Schritte erlaubte. Es wurde angestrebt, eine möglichst hohe Reinheit der Rohprodukte nach Abspaltung von der Festphase zu erhalten. Dafür sollten zunächst geeignete Immobilisierungsbedingungen für alle *cyclo*Sal-Nucleotide geschaffen werden, da intakte immobilisierte Edukte die Bedingung für die Synthese von Zielmolekülen in hoher Reinheit sind. Darüber hinaus sollten die immobilisierten *cyclo*Sal-Nucleotide in möglichst hoher Umsetzung mit dem jeweiligen Nucleophil reagieren. Zudem mussten die Produkte stabil unter den Abspaltbedingungen sein, und die für die Reaktionen notwendigen Schutzgruppen sollten möglichst keine zusätzlichen Nebenprodukte im Rohprodukt darstellen.

Ein weiteres Ziel war es, einen in eigenen Vorarbeiten eingeschlagenen Syntheseweg zur Immobilisierung von *cyclo*Sal-Ribonucleotiden über ihre 2'- und 3'-OH-Gruppen auf ein 5-Acetyl-*cyclo*Sal-Nucleotid zu übertragen, um dessen Eignung zur Umsetzung an der Festphase zu erproben.

Wünschenswert war auch die Anknüpfung der *cyclo*Sal-Nucleotide über ihre Nucleobase, um z.B. auch Nucleosidanaloga wie d4T **3** oder AZT **4** immobilisieren und umsetzen zu können, die keine 3'-OH-Gruppe zur Anknüpfung des Linkers besitzen.

4 Resultate und Diskussion

4.1 Synthesestrategie

Die phosphorylierten Nucleoside (d)NDPs **30**, (d)NTPs **1** sowie Phosphat-verbrückte Biokonjugate - NDP-Zucker **8** und Dinucleosid-5',5'-oligophosphate **9** - sollten durch Umsetzung immobilisierter *cyclo*Sal-Nucleotide **54** mit den entsprechenden Nucleophilen an der festen Phase und anschließender Abspaltung von dieser synthetisiert werden (Abb. 24).

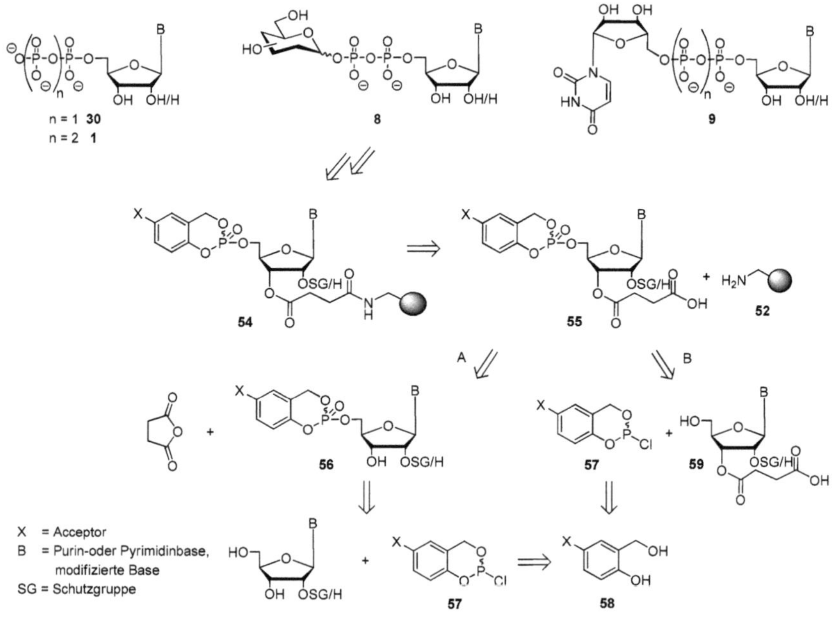

Abb. 24: Retrosyntheseschema zur Darstellung der Zielverbindungen

Dazu sollten zunächst die *cyclo*Sal-Verbindungen 3'-O-Succinyl-verknüpfter 2'-Desoxyribonucleoside sowie 2'- oder 3'-O-Succinyl-verknüpfter Ribonucleoside **55** hergestellt und anschließend mit der unlöslichen Festphase Aminomethylpolystyrol **52** über eine Amidbindung verbunden werden. Ribonucleoside werden bezüglich Schutzgruppe und Linker an der 2'- und 3'-Position als Gemisch erhalten, wobei diese zur Vereinfachung hier nur als 3'-O-Succinyl-verknüpfte Nucleoside bezeichnet

Resultate und Diskussion

werden und erst im Folgenden näher beschrieben werden (Kapitel 4.2.2, S. 29). Die Succinyl-verknüpften *cyclo*Sal-Nucleotide **55** lassen sich nach zwei Syntheserouten darstellen (Abb. 24). Route A beinhaltet die Reaktion von Bernsteinsäureanhydrid mit der 3'-OH-Gruppe eines *cyclo*Sal-Nucleotids **56**, welches zuvor aus einem Nucleosid und einem 5-Acceptor-substituierten Saligenylchlorphosphit **57**, darstellbar durch Cyclisierung des entsprechenden Salicylalkohols **58**, hergestellt werden sollte. Alternativ ermöglicht Route B die Umsetzung eines bereits 3'-O-Succinyl-verküpften Nucleosids **59** mit einem Saligenylchlorphosphit **57**. Welche der zwei Routen geeigneter ist, sollte sich herausstellen.

In eigenen vorangegangenen Arbeiten konnte gezeigt werden, dass sich Thymidin-5'-triphosphat **60** aus festphasengebundenem 5-Chlor-*cyclo*Sal-3'-O-succinyl-thymidinmonophosphat darstellen lässt.[63] Die dort angewandte Synthesestrategie beinhaltete jedoch eine *cyclo*Sal-Phosphattriestersynthese an der festen Phase, ausgehend von einem immobilisierten 5'-OH freien Nucleosid. Damit die abgespaltenen Zielmoleküle eine hohe Reinheit aufweisen, sollten möglichst alle immobilisierten Moleküle vollständig zu den Zielmolekülen umgesetzt werden. Da eine *cyclo*Sal-Phosphattriestersynthese jedoch nicht quantitativ verläuft, wurden nach dieser Syntheseroute neben dem Zielmolekül auch nicht umgesetztes 5'-OH freies Nucleosid sowie Nucleosid-5'-monophosphat (NMP) als Nebenprodukte erhalten. Im Gegensatz zu der geringen Effizienz dieser Syntheseroute sowie der niedrigen Reinheit des Zielmoleküls nach der Abspaltung sollte die hier beschriebene Immobilisierung eines *cyclo*Sal-Nucleotids als reines Ausgangsmolekül für die Umsetzung an der Festphase Zielmoleküle in höherer Reinheit liefern.

4.2   Darstellung Linker-verknüpfter *cyclo*Sal-Nucleotide

4.2.1   Anknüpfung des Succinyl-Linkers an 3'-OH freie *cyclo*Sal-Nucleotide

In diesem Kapitel wird die Anknüpfung des Succinyl-Linkers an 2'- oder 3'-OH freie *cyclo*Sal-Nucleotide beschrieben (Route A, Abb. 24, S. 24). Auf die Synthese der dafür als Edukte eingesetzten *cyclo*Sal-Nucleotide wird in Kapitel 4.2.3.3 (S. 38) eingegangen.

Resultate und Diskussion

Als Linker für die 3'-Position von 2'-Desoxyribonucleosiden sowie für die 2'- oder 3'-Position von Ribonucleosiden sollte der basenlabile Succinyl-Linker dienen, unter dessen Abspaltbedingungen (25%-iger wäss. NH_3, 50 °C, 2 h) die Zielmoleküle stabil sein sollten. Dieser Linker wurde in eigenen Vorarbeiten erfolgreich an die 3'-OH-Gruppe von 5'-*O*-DMTr-thymidin **61** gebunden.[63] Dafür wurde **61** in absolutem Dichlormethan gelöst, mit 1.5 Äquivalenten Bernsteinsäureanhydrid und 3 Äquivalenten Triethylamin 17 h bei Raumtemperatur gerührt und das Reaktionsgemisch anschließend mit 0.5 M Triethylammoniumphosphatpuffer gewaschen sowie die wässrige Phase mit Dichlormethan extrahiert.[64] Nach Entfernen des Lösungsmittels konnte das Produkt als Triethylammonium-Salz **62a** in 93% Ausbeute erhalten werden.

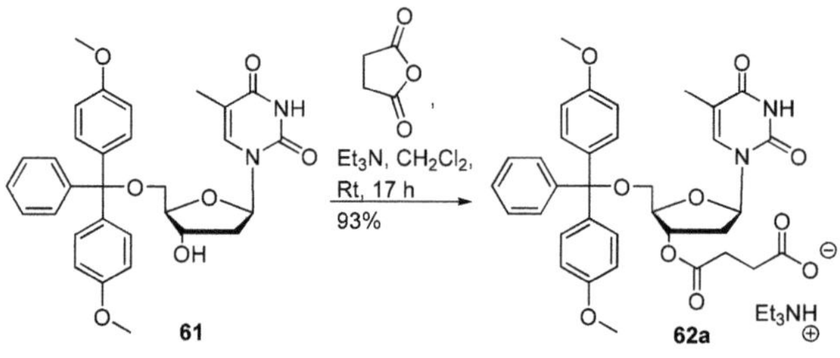

Abb. 25: Darstellung von Triethylammonium-5'-*O*-DMTr-thymidin-3'-*O*-succinat **62a**

Im Folgenden wird die Optimierung der Reaktionsbedingungen für die Darstellung von 5-Chlor-*cyclo*Sal-3'-*O*-succinyl-thymidinmonophosphat **63** auf Basis der erprobten Reaktionsbedingungen beschrieben.

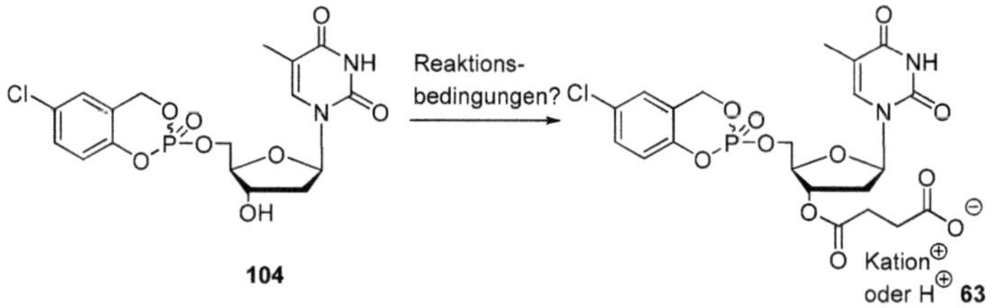

Abb. 26: Modellschema zur Optimierung der 3'-*O*-Succinyl-Anknüpfung an *cyclo*Sal-Nucleotid **104**

Zunächst wurde aufgrund der Basenlabilität von *cyclo*Sal-Nucleotiden auf Triethylamin verzichtet. Mittels Dünnschichtchromatographie konnte auch nach 17 h kein Umsatz des Edukts **104** festgestellt werden, woraufhin schrittweise bis zu 3 Äquivalente Triethylamin sowie erneut 1.5 Äquivalente Bernsteinsäureanhydrid

Resultate und Diskussion

zugegeben wurden. Nach erneut 17 h war kein Edukt mehr vorhanden. Aufgrund der Basenlabilität des Triesters wurde die organische Phase mit einem 0.5 M Natriumacetatpuffer, pH = 5, gewaschen. Das ^{31}P-NMR-Spektrum der organischen Phase zeigte hauptsächlich Signale verschiedener, unbekannter Nebenprodukte. In einem weiteren Reaktionsansatz wurden die für DMTr-T **61** erprobten Reaktionsbedingungen (Abb. 25, S. 26) angewandt (1 Äquivalent Triester **104**, 1 Äquivalent Bernsteinsäureanhydrid, 3 Äquivalente Triethylamin), woraufhin ein vollständiger Umsatz des Edukts nach 21 h festgestellt werden konnte und das ^{31}P-NMR-Spektrum des Rückstands der organischen Phase ein Verhältnis von Thymidin-5'-monophosphat (TMP) zum Produkt von 1.0:0.5 ergab. Nucleosid-5'-monophosphate sind häufige Hydrolyseprodukte von *cyclo*Sal-Triestern, da letztere im Wässrigen oder Basischen hydrolysiert werden. Eine analoge Durchführung wie die zuletzt beschriebene, wobei auf das Extrahieren verzichtet wurde und stattdessen das Lösungsmittel direkt im Vakuum entfernt wurde, lieferte erneut ein Rohprodukt, dessen chromatographische Reinigung als Triethylammonium-Salz ebenfalls scheiterte, da die Elutionszeit während der Chromatographie zu lang war, sodass der Triester zerfiel. Somit wurde nach Reaktionsbedingungen verlangt, die eine kürzere Reaktionszeit des Triesters mit Bernsteinsäureanhydrid ermöglichen, um den Zerfall des Triesters während der Reaktion zu vermeiden sowie die Darstellung des Produkts in der protonierten Form (**63**) zu ermöglichen, welche besseres chromatographisches Verhalten zeigen sollte. Am erfolgreichsten erwies sich die Verwendung von 1 Äquivalent DBU als Base. Aufgrund der Hydrolyseempfindlichkeit von Acceptor-substituierten *cyclo*Sal-Verbindungen mussten wasserfreie Bedingungen unbedingt eingehalten werden. Nach kurzer Reaktionszeit wurde durch Zugabe von 2 Äquivalenten Essigsäure einerseits die Carboxylfunktion protoniert sowie andererseits das Reaktionsgemisch beim anschließenden Waschen mit Wasser im sauren pH-Bereich gehalten und somit die Triesterfunktion vor Hydrolyse geschützt. Nach Extraktion der wässrigen Phase mit Dichlormethan und Entfernen des Lösungsmittels wurden Rückstände von Essigsäure durch mehrfaches Coevaporieren zunächst mit Toluol und dann mit Dichlormethan entfernt. Verschiedene 5-Chlor-substituierte *cyclo*Sal-Nucleotide wurden auf diese Weise erfolgreich 3'-O-Succinyl- (für 2'-Desoxynucleotide) bzw. 2'- oder 3'-O-Succinyl- (für Ribonucleotide) verknüpft.

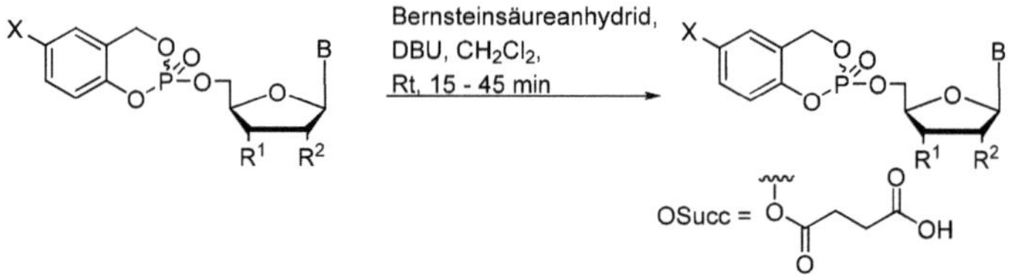

Resultate und Diskussion

	B	R¹	R²	X
104	T	OH	H	Cl
105	T	OH	H	Acetyl
107	U	OH	↔ OAc	Cl
110	A^(N(Bz)2)	OH	H	Cl
111	BVdU	OH	H	Cl

63 mit R¹ = OSucc	81%
64 mit R¹ = OSucc	/
65 mit R¹ od. R² = OSucc	82%
66 mit R¹ = OSucc	74%
67 mit R¹ = OSucc	75%

Abb. 27: Anknüpfung des Succinyl-Linkers an die 2'- oder 3'-O-Position von *cyclo*Sal-Nucleotiden

Die dünnschichtchromatographische Kontrolle zeigte nach 15 - 45 min - je nach Ansatzgröße und *cyclo*Sal-Nucleotid - den vollständigen Umsatz des Edukts. Es wurden Rohprodukte von **63-67** erhalten, welche im ^{31}P-NMR-Spektrum nur die gewünschten Signale der Diastereomere der Phosphattriester zeigten. Dem ^{1}H-NMR-Spektrum eines Rohprodukts ließ sich entnehmen, dass DBU-Salze durch Ausschütteln komplett entfernt wurden und dass geringe Rückstände von Bernsteinsäureanhydrid die einzige Verunreinigung des nicht chromatographierten, gewünschten Produkts darstellten. Die Anknüpfung des Linkers an 5-Acetyl-*cyclo*Sal-TMP **105** war gemäß DC-Kontrolle erfolgreich und quantitativ, dennoch zerfiel das Produkt anscheinend beim Extrahieren. Deshalb wurde bei einem weiteren Reaktionsansatz das Lösungsmittel nach der Essigsäurezugabe entfernt und der Rückstand im Anschluss chromatographiert. Auch dabei zerfiel das Produkt, laut ^{31}P-NMP-Spektrum vermutlich zum Phenylphosphatdiester **142** (zu dessen Struktur siehe Abb. 55, S. 62).

Außerdem konnte dem ^{1}H-NMR-Spektrum der Produkte auch das Verhältnis von Produkt zu Bernsteinsäureanhydrid entnommen werden (die vier Protonen von Bernsteinsäureanhydrid erzeugen ein Signal (Singulett) bei 2.89 ppm in DMSO-d_6), woraufhin die tatsächliche Ausbeute an Produkt berechnet werden konnte (Formel dazu siehe Abb. 107, S. 153). Aufgrund des großen Massenunterschieds von *cyclo*Sal-Nucleotid und Bernsteinsäureanhydrid unterscheidet sich die tatsächliche Ausbeute an Produkt jedoch nur sehr wenig von der ausgewogenen. Beispielsweise wurde bei der Synthese von 5-Chlor-*cyclo*Sal-3'-O-succinyl-thymidinmonophosphat **63** eine Verunreinigung von 9% durch Bernsteinsäureanhydrid festgestellt. Nach Berechnung führt das zu einer um 2% geringeren Ausbeute. Für Verunreinigungen

Resultate und Diskussion

≤ 5% durch Bernsteinsäureanhydrid wurde diese Berechnung somit nicht durchgeführt. Die in Abb. 27 dargestellten Reaktionen wurden mehrfach durchgeführt, wobei der prozentuale Rückstand von Bernsteinsäureanhydrid nicht abhängig von der Ansatzgröße war. Beim späteren Anknüpfen von Rohprodukten, welche nur Bernsteinsäureanhydrid als Verunreinigung aufwiesen, an die Festphase zeigte sich jedoch, dass die Rückstände die Immobilisierung nicht störten. Erfreulich war, dass die umgesetzten Triester nach dieser Reaktion nicht gereinigt werden mussten, sondern direkt immobilisiert werden konnten.

Es konnten demnach die 2'- oder 3'-*O*-Succinyl-verknüpften *cyclo*Sal-Nucleotide **63** und **65-67** durch Anknüpfen des Succinyl-Linkers an die *cyclo*Sal-Nucleotide **104**, **107**, **110** und **111** in guten Ausbeuten von 74 - 81% dargestellt werden.

4.2.2 Darstellung 5'-OH freier 2'- oder 3'-*O*-Succinyl-Nucleoside

Im Folgenden soll auf die Synthese von 2'- oder 3'-*O*-Succinyl-Nucleosiden eingegangen werden, welche an der 5'-OH-Position frei für die Anknüpfung der *cyclo*Sal-Einheit sind (Route B, Abb. 24, S. 24). Von den Nucleosiden Thymidin, Uridin **68**, 2'-Desoxyadenosin **70**, 2'-Desoxycytidin **71** und dem Nucleosidanalogon (*E*)-5-(2-Bromvinyl)-2'-desoxyuridin (BVdU) **5** sollten die 5'-OH freien und 3'-*O*-Succinyl-geschützten Verbindungen synthetisiert werden. Dafür wurden die Nucleoside zunächst an der 5'-*O*-Position Dimethoxytrityl (DMTr)-geschützt, um im Anschluss den Succinyl-Linker an der 3'-*O*-Position anzuknüpfen. Die Abspaltung der 5'-*O*-DMTr-Gruppe lieferte dann die gewünschten 2'- oder 3'-*O*-Succinyl-Nucleoside (Abb. 28).

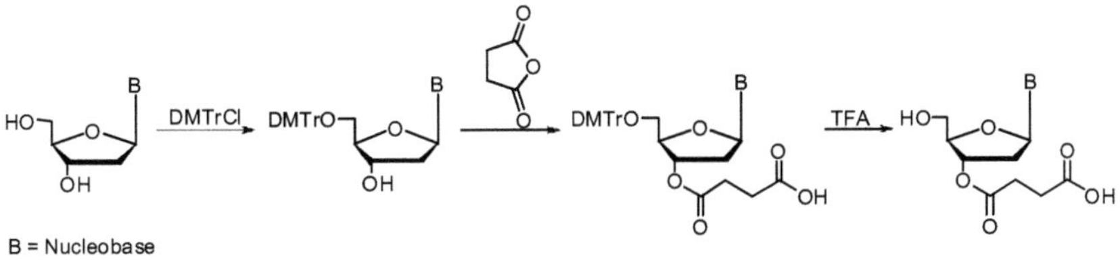

Abb. 28: Allgemeines Reaktionsschema zur Synthese von 2'- oder 3'-*O*-Succinyl-Nucleosiden (am Beispiel von 2'-Desoxyribonucleosiden)

Bei einigen Nucleosiden waren jedoch zusätzliche Schutzgruppen nötig, um die nachfolgenden Synthesen erfolgreich durchführen zu können. An diese Schutz-

Resultate und Diskussion

gruppen waren folgende Anforderungen gestellt: sie sollten stabil sein während der DMTr-Schützung, der Linkeranknüpfung, der DMTr-Entschützung und der *cyclo*Sal-Triestersynthese, sowie abspaltbar vor der Umsetzung des immobilisierten Triesters zum Zielmolekül, um durch Waschen entfernt werden zu können, oder gleichzeitig mit dem Zielmolekül, wenn das dabei entstehende Nebenprodukt leicht von dem Produkt separierbar ist.

Uridin **68** sollte aufgrund seiner zwei OH-Gruppen der 2'- und 3'-Position an einer dieser geschützt werden, damit die Anknüpfung des Linkers an der entsprechend anderen erfolgen konnte. Hierfür wurde die Acetyl-Schutzgruppe gewählt, da das etablierte Syntheseprotokoll zur Darstellung von NDP-Zuckern zur Entfernung der Acetyl-Schutzgruppen am Zucker mild basische Reaktionsbedingungen beschreibt (CH_3OH/ H_2O/ Et_3N, 7:3:1, v/v/v, 16 h bei Raumtemperatur)[39], unter denen auch die Acetyl-Schutzgruppe am Nucleosid abgespalten werden sollte. Somit sollten bei einer Festphasensynthese, bei der Acetyl-Schutzgruppen am Nucleosid und/ oder am angreifenden Nucleophil vorhanden sind, diese gleichzeitig zu entfernen sein. Das dabei entstehende Nebenprodukt ist Essigsäuremethylester (wenn Methanolat angreift), welcher aufgrund seines niedrigen Siedepunktes (56 °C) leicht im Vakuum entfernbar sein sollte, oder Essigsäure (wenn Hydroxid angreift), die ebenfalls durch Coevaporieren mit Toluol und Dichlormethan entfernbar ist. Dass diese Reaktionsbedingungen zudem als Abspaltbedingungen für den Succinyl-Linker dienen, wird in Kapitel 4.3.4 (S. 69) näher erläutert werden.

Die 2'- oder 3'-*O*-Acetylschützung von Uridin **68** wurde in Trimethylorthoacetat unter Zusatz von *para*-Toluolsulfonsäure durchgeführt (Abb. 29). Nach zweistündiger Reaktionszeit wurde mit wässriger Ammoniak-Lösung neutralisiert und das Lösungsmittel entfernt. Durch erneutes Ansäuern mit verdünnter Essigsäure wurde das als Intermediat gebildete Acetal hydrolysiert und das Rohprodukt im Anschluss am Chromatotron gereinigt. Das Produkt wurde als Gemisch von 2'- und 3'-*O*-acetyliertem Uridin (**69a,b**) in einer guten Ausbeute von 74% erhalten, wobei das als Nebenprodukt gebildete, auch an 5'-*O*-Position acetylierte Uridin zu Ausbeuteverlusten geführt hat.

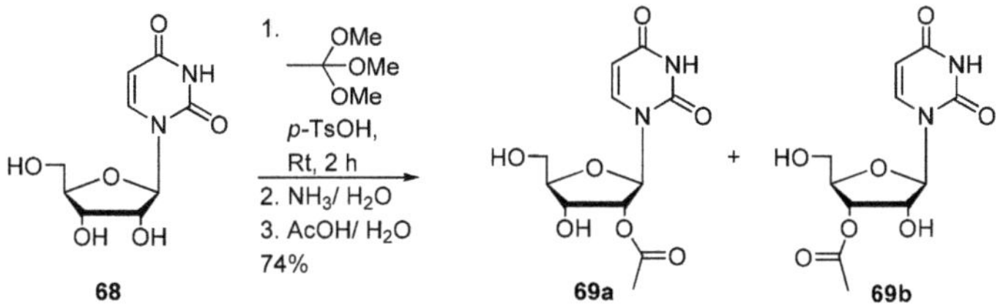

Resultate und Diskussion

Abb. 29: 2'- oder 3'-*O*-Acetylierung von Uridin **68**

Auf die Schützung der Aminogruppe von 2'-Desoxyadenosin **70** wurde für die hier beschriebene Syntheseroute B verzichtet, da sich, wie in folgenden Kapiteln beschrieben wird, keine der für 2'-dA erprobten Schutzgruppen sowohl als geeignet für die Triestersynthese als auch für eine einfache und schnelle Entfernung nach Abspaltung des Zielmoleküls von der Festphase erwies. Zudem erwies sich die Aminogruppe von 2'-dA **70** in dem später beschriebenen Versuch zur Linkeranknüpfung an diese (s. Kapitel 4.4.2, S. 113) als unreaktiver im Vergleich zur Aminogruppe von 2'-Desoxycytidin **71**, sodass an dieser Stelle eine Syntheseroute ohne Schutzgruppe eingeschlagen wurde.

Die Aminogruppe von 2'-Desoxycytidin **71** hingegen sollte geschützt werden, um Konkurrenzreaktionen dieser mit den Aminogruppen der Festphase Aminomethylpolystyrol **52** während der Immobilisierung des *cyclo*Sal-Nucleotids zu vermeiden. Dazu wurde zunächst eine Schützung mit der Formamidin-Schutzgruppe durchgeführt, welche auf Stufe der Succinyl-Linker-Abspaltung (25%-iger wäss. NH$_3$, 50 °C, 2 h) ebenfalls abgespalten werden sollte. Es wurden literaturbekannte[65] und von *N. Böge* überarbeitete Reaktionsbedingungen angewandt.[66] 2'-Desoxycytidin **71** wurde in absolutem Pyridin gelöst und mit *N,N*-Dimethylformamiddiethylacetal bei Raumtemperatur 18 h bis zur vollständigen Umsetzung des Edukts gerührt. Bei der anschließenden säulenchromatographischen Aufarbeitung von **72** (CH$_2$Cl$_2$/ MeOH-Gradient 10 - 25%) wurde eine Rückbildung des Edukts beobachtet (Abb. 30). Schließlich wurde auch für die Aminofunktion von 2'-Desoxycytidin **71** die DMTr-Schutzgruppe gewählt, da diese sauer abspaltbar ist und somit vom immobilisierten *cyclo*Sal-Nucleotid vor dessen Umsetzung zum Zielmolekül abgespalten und durch Waschen entfernt werden sollte.

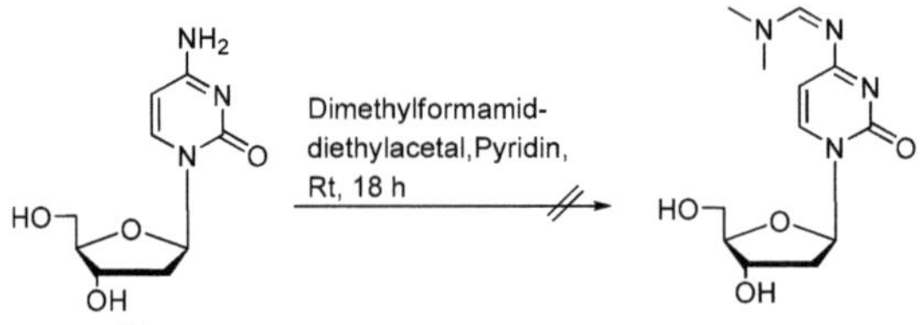

Resultate und Diskussion

Abb. 30: Versuch der Darstellung von N^6-Formamidin-2'-desoxycytidin **72**

Für die DMTr-Schützung wurden die Nucleoside **69-71** bzw. das Analogon **5** in absolutem Pyridin mit DMTrCl und einer katalytischen Menge 4-(Dimethylamino)-pyridin (DMAP) sowie Triethylamin versetzt und bei Raumtemperatur 60 - 85 min gerührt, wobei die Reaktionszeit von **69** mit 18 h eine Ausnahme darstellte. Abbruch der Reaktionen erfolgte durch Zugabe von Methanol, außer im Fall der doppelten DMTr-Schützung von 2'-dC **71**. Diese erfolgte nach einer literaturbekannten Vorschrift und beinhaltete direktes Waschen der mit Ethylacetat versetzten organischen Phase mit Natriumhydrogencarbonat-Lösung sowie Extraktion dieser mit Ethylacetat.[67] Die DMTr-geschützten Produkte **73-76** wurden nach Reinigung am Chromatotron unter Zusatz von 0.1% Triethylamin zum Eluent (CH$_2$Cl$_2$/ MeOH 0 - 20%, v/v) in guten Ausbeuten erhalten, wobei das zusätzlich an 3'- (für U: oder 2'-) -O-DMTr-geschützte Nucleosid das die Ausbeute limitierende Nebenprodukt darstellte (Abb. 31).

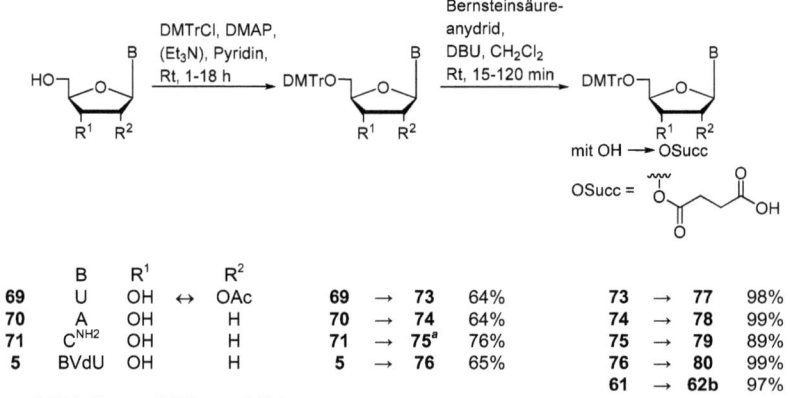

	B	R¹	R²								
69	U	OH	↔ OAc	69	→	73	64%	73	→	77	98%
70	A	OH	H	70	→	74	64%	74	→	78	99%
71	C^{NH2}	OH	H	71	→	75ᵃ	76%	75	→	79	89%
5	BVdU	OH	H	5	→	76	65%	76	→	80	99%
								61	→	62b	97%

ᵃ: auch NH$_2$-Gruppe DMTr-geschützt

Abb. 31: DMTr-Schützung sowie 3'-oder 2'-O-Succinyl- Anknüpfung an Nucleoside

Resultate und Diskussion

Die Anknüpfung des Succinyl-Linkers an **73-76** sowie an 5'-*O*-DMTr-thymidin **61** erfolgte analog des in Kapitel 4.2.1 beschriebenen Syntheseprotokolls, und die 5'-*O*-DMTr- sowie 3'-*O*-Succinyl-verknüpften Nucleoside **62b**, **77-80** konnten in sehr guten Ausbeuten von 88 - 99% nach Extraktion erhalten werden (Abb. 31). Auffällig ist, dass die Rückstände an Bernsteinsäureanhydrid wesentlich geringer ausfielen (**62b**, **77-79**: 0 - 5%, lediglich für **80** 9% Rückstand) als bei Anknüpfung an die *cyclo*Sal-Nucleotide (Kapitel 4.2.1). Somit wurde die tatsächliche Ausbeute nicht wie in Kapitel 4.2.1 durch die im Anhang befindliche Formel berechnet, weil sich im Fall von 9% Verunreinigung von Bernsteinsäureanhydrid die tatsächliche von der ausgewogenen Ausbeute nur um 1% unterscheidet.

Um die Edukte für die *cyclo*Sal-Triestersynthese zu erhalten, musste nun noch die 5'-*O*-DMTr-Schutzgruppe von **62b**, **77-80** entfernt werden. Die zu entschützende Verbindung wurde dazu in Dichlormethan gelöst, mit Trifluoressigsäure (TFA) versetzt und bei Raumtemperatur bis zur vollständigen Entschützung gerührt (Abb. 32). Zum Abfangen des DMTr-Kations wurde Methanol zugefügt und das Lösungsmittel entfernt. Alternativ konnte auch direkt ein Dichlormethan/ Methanol-Gemisch (7:3, v/v) als Lösungsmittel eingesetzt werden, hinsichtlich der Reaktionszeiten und Ausbeuten waren keine Unterschiede zu erkennen. Zur selektiven Entschützung der 5'-*O*-DMTr-Schutzgruppe von **79** unter Erhalt der N^4-DMTr-Gruppe wurde ein Syntheseprotokoll entwickelt, welches den Abbruch der per Dünnschichtchromatographie verfolgten Reaktion genau nach der 5'-Entschützung und vor der N^4-Entschützung vorsieht. Dazu wurde **79** im Dichlormethan/ Methanol-Gemisch (7:3, v/v) gelöst, mit 6% TFA versetzt, genau 8 min gerührt und die Lösung direkt mit methanolischer Ammoniak-Lösung neutralisiert. Auf Entfernung der Lösungsmittel folgte die Entfernung der Salze durch Ausschütteln mit Ethylacetat und Wasser sowie eine chromatographische Reinigung, wonach **84** isoliert wurde. Generell war beim Entfernen der Lösungsmittel direkt nach der Entschützung mit TFA oft zu beobachten, dass trotz Methanolzugabe eine Rückbildung des Edukts stattfand. Deshalb ist es ratsam, Toluol vor dem Einrotieren zuzufügen sowie das Entfernen relativ schnell durchzuführen, um ein Aufkonzentrieren der TFA zu vermeiden. Nach der Reinigung der Rohprodukte am Chromatotron (CH_2Cl_2/ MeOH-Gradient 0 - 10%) konnten die 5'-*O*-entschützten Verbindungen **81-85** in 71 - 99% Ausbeute erhalten werden.

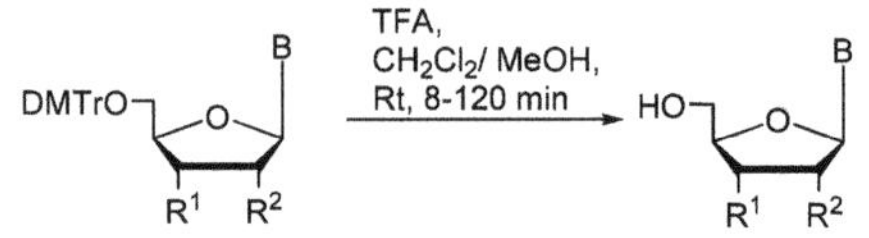

Resultate und Diskussion

	B	R¹	R²		
62b	T	OSucc	H	81	71%
77	U	OSucc ↔	OAc	82	85%
78	A	OSucc	H	83	99%
79	C^{NHDMTr}	OSucc	H	84	89%
80	BVdU	OSucc	H	85	99%

Abb. 32: 5'-*O*-DMTr-Entschützung von 2'- oder 3'-*O*-Succinyl-verknüpften Nucleosiden

4.2.3 Synthese der *cyclo*Sal-Nucleotide

Die Synthese der 3'-*O*-Succinyl-verknüpften *cyclo*Sal-Nucleotide der allgemeinen Struktur **55** wurde, wie bereits zu Beginn des Kapitels 4 beschrieben, nach zwei Routen durchgeführt (Abb. 24, S. 24), wobei der zweite Teil von Route A bereits ausführlich in Kapitel 4.2.1 erläutert wurde (S. 25). In Abb. 33 ist erneut ein Überblick über die Routen A und B gegeben. In diesem Kapitel soll auf die Synthese der Edukte von Route A, der 3'-OH freien *cyclo*Sal-Nucleotide der allgemeinen Struktur **56**, sowie auf die Synthese der Produkte von Route B mit allgemeiner Struktur **55** näher eingegangen werden.

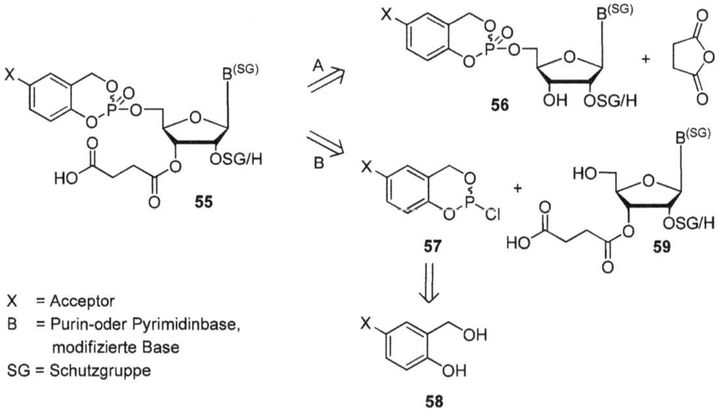

X = Acceptor
B = Purin-oder Pyrimidinbase, modifizierte Base
SG = Schutzgruppe

Abb. 33: Retrosyntheseschema zur Darstellung der 3'-*O*-Succinyl-verknüpften *cyclo*Sal-Nucleotide

Als Modellverbindung für die später folgenden Festphasenreaktionen sollten 5-Chlor-substituierte *cyclo*Sal-Nucleotide dienen, da die Aktivierung der Phosphorzentren dieser Verbindungen ausreichen sollte, um Umsetzungen mit reaktiven Nucleophilen (Phosphat, Pyrophosphat) in kurzen Reaktionszeiten durchführen zu können. Für Umsetzungen mit vergleichsweise unreaktiveren Nucleophilen sollten Substituenten mit einem stärkeren negativen induktiven Effekt als Chlor eingesetzt werden (Methylsulfonyl: MeSO$_2$, Nitro: NO$_2$), um auch diese Umsetzungen in kurzen Reaktionszeiten durchführen zu können. Dafür mussten zunächst die 5-Chlor-, 5-MeSO$_2$- und 5-NO$_2$-substituierten Salicylalkohole synthetisiert werden, um diese im Anschluss zu reaktiven Chlorphosphiten umzusetzen.

4.2.3.1 Darstellung der substituierten Salicylalkohole

Die Darstellung von 5-Chlorsalicylalkohol **86** erfolgte durch Reduktion von 5-Chlorsalicylsäure mit einem Boran-THF-Komplex bei 0 °C in absolutem THF.[68] Nach vorsichtiger Zerstörung des überschüssigen Borans und Ausschütteln mit Ethylacetat und Wasser ergab die Umkristallisation aus Petrolether das Produkt **86** in einer sehr guten Ausbeute von 96%.

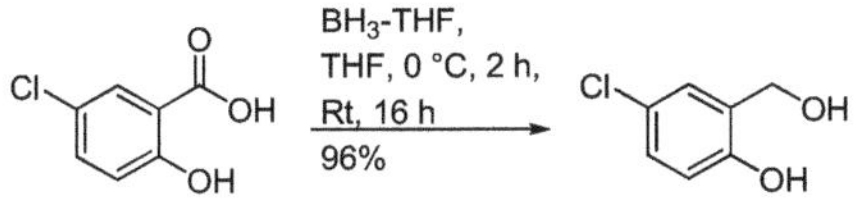

Abb. 34: Darstellung von 5-Chlorsalicylalkohol **86**

Die Darstellung des 5-Methylsulfonylsalicylalkohols **87** erfolgte nach einer von *T. Zismann* optimierten Synthesevorschrift über das Dioxaborin **88**, welches durch Umsetzung von 4-Methylmercaptophenol **89** mit Phenylboronsäure und *para*-Formaldehyd unter saurer Katalyse durch Propionsäure in einer Dean-Stark-Apparatur hergestellt wurde.[39,69] Die Zugabe von *para*-Formaldehyd erfolgte portionsweise, und das bei der Reaktion entstandene Wasser wurde per Wasserabscheider abgetrennt. Das Rohgemisch wurde dann in Essigsäure suspendiert, vorsichtig mit 30%-igem Wasserstoffperoxid versetzt und bei 45 °C zwei Tage bis zur vollständigen Umsetzung des Borins **88** gerührt, wobei in dieser Zeit noch zweimal 30%-iges Wasserstoffperoxid zugefügt wurde, weil dieses bei längerem Erhitzen zerfällt. Wasserstoffperoxid oxidiert dabei sowohl die Sulfid-Funktion zum Sulfon als auch den Phenylrest zum Nebenprodukt Phenol. Nach Zugabe von Eiswasser und Extraktion der wässrigen Phase mit Ethylacetat wurden überschüssige Peroxide durch intensives Waschen mit Natriumhydrogensulfit-Lösung zerstört. Das Rohprodukt wurde am Chromatotron gereinigt und **87** anschließend in einer guten Ausbeute von 57% über zwei Stufen erhalten.

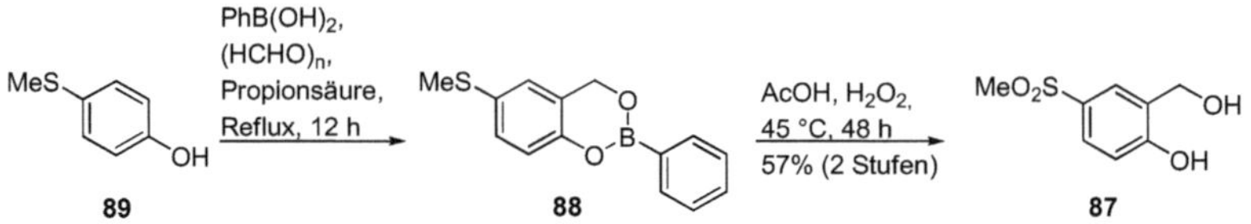

Abb. 35: Darstellung von 5-Methylsulfonylsalicylalkohol **87**

5-Nitrosalicylalkohol **90** wurde durch Reduktion von 5-Nitrosalicylaldehyd mit Natriumborhydrid in 99.8%-igem Ethanol bei Raumtemperatur erhalten.[70] Nach Umkristallisation aus Wasser fiel das Produkt **90** aus und wurde in einer guten Ausbeute von 79% erhalten.

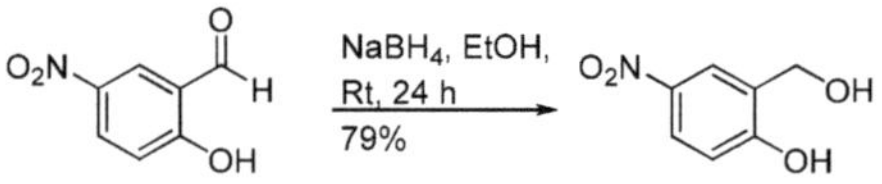

Abb. 36: Darstellung von 5-Nitrosalicylalkohol **90**

5-Acetylsalicylalkohol **91** war nach Reaktionsbedingungen zugänglich, die von *N. Gisch* optimierten wurden, und den Weg über das Intermediat **92** durch Chlormethylierung von *para*-Hydroxybenzophenon **93** vorsahen.[71] Dazu wurde **93** in konzentrierter Salzsäure bei 50 °C gelöst und mit *para*-Formaldehyd-Lösung versetzt.[72] Der dabei ausgefallene Feststoff **92** wurde getrocknet, in THF gelöst und mit Calciumcarbonat versetzt.[73] Ansäuern lieferte das Produkt **91**, welches nach Extraktion mit Ethylacetat säulenchromatographisch gereinigt wurde. Es konnte eine mäßige Ausbeute von 35% über 2 Stufen erreicht werden, die jedoch steigerbar sein sollte, da von *N. Gisch* eine Ausbeute von 62% über beide Stufen erreicht wurde.

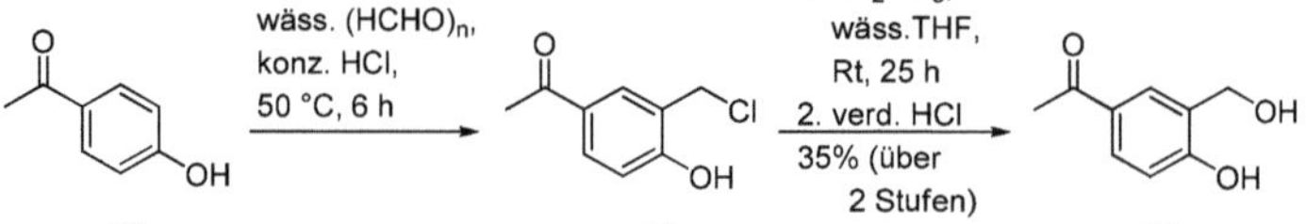

Abb. 37: Darstellung von 5-Acetylsalicylalkohol **91**

Resultate und Diskussion

Bei Vergleich der Synthesen der Salicylalkohole **86**, **87**, **90** und **91** wird ersichtlich, dass die 5-Chlor- und 5-NO$_2$-substituierten Salicylalkohole einfacher und in besseren Ausbeuten darstellbar sind als 5-MeSO$_2$- sowie 5-Acetyl-substituierte. Dennoch sind alle Verbindungen in größeren Mengen darstellbar und stehen im Anschluss für eine Vielzahl von Versuchen bereit. Somit sollte hinsichtlich der Eignung der verschiedenen *cyclo*Sal-Nucleotide als Aktivester nicht die Zugänglichkeit des Salicylalkohols zur Bewertung herangezogen werden.

4.2.3.2 Darstellung der substituierten Saligenylchlorphosphite

Die Synthese der 5-substituierten Saligenylchlorphoshite erfolgte nach einem etablierten Verfahren.[8] Die Salicylalkohole **86**, **87**, **90** und **91** wurden zunächst gründlich im Vakuum getrocknet und anschließend in absolutem Diethylether gelöst, wobei im Fall der 5-MeSO$_2$- und 5-Acetylsalicylalkohole **87** und **91** zudem absolutes THF zu deren vollständiger Lösung nötig war. Phosphortrichlorid wurde bei tiefer Temperatur (-40 °C) zu der Lösung getropft. Zu der Reaktionslösung wurde anschließend langsam eine Lösung von absolutem Pyridin in absolutem Diethylether getropft. Anschließende Lagerung des Reaktionsgemisches bei 8 °C sollte das Ausfallen des bei der Reaktion entstehenden Pyridiniumchlorids vervollständigen. Dieses wurde im Folgenden durch Schlenkfiltration abgetrennt und die Produkte nach Entfernen der Lösungsmittel im Vakuum als luft- und feuchtigkeitsempfindliche Rohprodukte erhalten, die nicht weiter gereinigt wurden. Es wurde zuvor vermutet, dass der Zusatz von THF zu Beginn der Reaktion im Fall der 5-MeSO$_2$- und 5-Acetylsalicylalkohole **87** und **91** die Löslichkeit des Nebenproduktes Pyridiniumchlorid im Lösungsmittel begünstigte, welches somit zu einem größeren Anteil in den Rohprodukten vorhanden sein sollte. Die ^{1}H-NMR-spektroskopische Analyse bestätigte dies, jedoch nur in geringem Maß (die Anteile von Pyridiniumchlorid in den Rohprodukten waren für **94** 2%, **96** 3%, **95** 7%, und **97** 13%). Die Ausbeuten der mehrfach durchgeführten Synthesen von **94-96** verliefen in deutlich höheren Ausbeuten, wenn die 1.5 fache Menge an Äquivalenten PCl$_3$ und Pyridin im Vergleich zum Standardsyntheseprotokoll verwendet wurde. Die Synthese des 5-MeSO$_2$-Saligenylchlorphoshits **95** lieferte über mehrere Reaktionsansätze nur mäßige Ausbeuten (17 - 48%). Erst die Verwendung des oben beschriebenen Überschusses an PCl$_3$ und Pyridin und eine intensive Trocknung des Salicylalkohols **87** (zunächst im Vakuum nach Coevaporieren mit Pyridin statt Acetonitril gefolgt von mehrstündiger Lagerung von **87**, gelöst in Et$_2$O/ THF, über aktiviertem Molsieb 4Å führte zu einer guten Ausbeute von 77%.

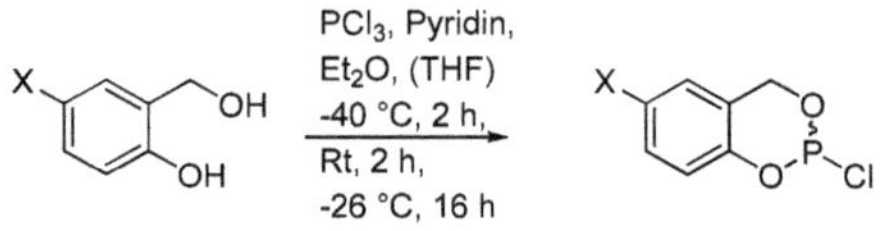

	X		
86	Cl	94	86%
87	MeSO$_2$	95	77%
90	NO$_2$	96	66%
91	Acetyl	97	81%

Abb. 38: Darstellung der 5-Acceptor-substituierten Saligenylchlorphosphite **94-97**

Nach Erhalt der reaktiven Chlorphosphite **94-97** konnte mit der Synthese der *cyclo*Sal-Nucleotide begonnen werden.

4.2.3.3 Synthese von 2'- und/ oder 3'-OH freien cycloSal-Nucleotiden

Im Folgenden wird auf die Synthese von 2'- oder 3'-OH freien *cyclo*Sal-Nucleotiden eingegangen, welche direkt aus den entsprechenden 2'- oder 3'-OH freien Nucleosiden dargestellt wurden. Hierzu zählen alle Verbindungen, die als Edukte für Route A (Kapitel 4.2.1, S. 25) eingesetzt wurden. Danach werden auch Synthesen von 2'- und 3'-OH freien *cyclo*Sal-Nucleotiden beschrieben, deren weitere Verwendung in späteren Kapiteln erläutert werden wird.

Die im Folgenden beschriebenen *cyclo*Sal-Triestersynthesen wurden für die Nucleoside Thymidin **103**, Uridin **68** und 2'-Desoxyadenosin **70** durchgeführt, wobei letzteres auch geschützt eingesetzt werden sollte. Als Schutzgruppen für die NH$_2$-Gruppe von 2'-dA **70** sollten die Acetyl- und die Benzoyl-Schutzgruppe erprobt werden, um Konkurrenz der NH$_2$-Gruppe mit den Aminogruppen der festen Phase Aminomethylpolystyrol **52** bei der Immobilisierung zu verhindern. Sie sollten unter den Spaltbedingungen des Succinyl-Linkers (25%-iger wäss. NH$_3$, 50 °C, 2 h) ebenfalls abgespalten werden. Für die N^6-Acetyl-Schützung der Nucleobase von 3',5'-*O*-Bis-(*tert*-butyldimethylsilyl)-2'-desoxyadenosin **98** wurde letzteres in Pyridin mit einem Überschuss Essigsäureanhydrid umgesetzt. Nach säulenchromatographischer Reinigung wurde das N^6-acetylierte Produkt **99** in 13% Ausbeute erhalten sowie Mischfraktionen von Produkt und Edukt. Diese wurden erneut

Resultate und Diskussion

acetyliert, jedoch mit Acetylchlorid. Nach 4.5 h zeigte eine DC-Kontrolle die hauptsächliche Bildung des Produktes **99**, sodass aufgearbeitet und das Rohprodukt am Chromatotron gereinigt wurde. So wurde **99** in einer Ausbeute von 47% nach beiden Reaktionsdurchführungen erhalten. Die Entschützung der TBDMS-Gruppen erfolgte mit Triethylamintrihydrofluorid in Tetrahydrofuran und Dichlormethan bei Raumtemperatur.[26] Nach 20 h wurde laut DC-Kontrolle eine komplette Umsetzung von **99** festgestellt, woraufhin aufgearbeitet und das Rohprodukt am Chromatotron gereinigt wurde, was zu einer sehr guten Ausbeute des Prdoukts **100** von 96% führte.

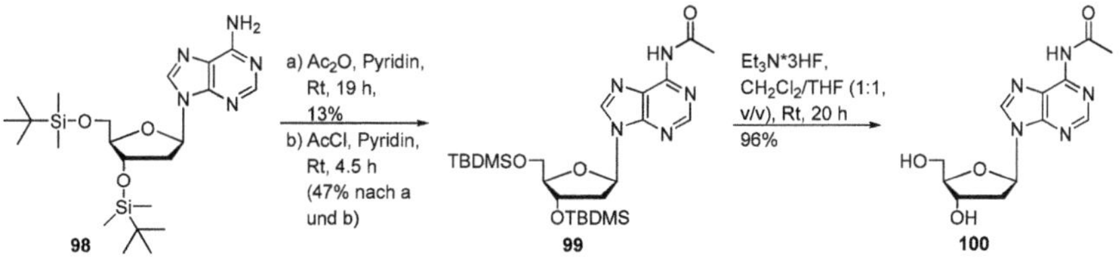

Abb. 39: N^6-Acetyl-Schützung von 3',5'-O-Bis-(TBDMS)-2'-dA **98**

Für die Benzoyl-Schützung von 3',5'-O-Bis-(TBDMS)-2'-dA **98** wurde dieses in absolutem Pyridin gelöst und mit einem Überschuss Benzoylchlorid bei Raumtemperatur versetzt. Nach Aufarbeitung und säulenchromatographischer Reinigung wurde das gewünschte Produkt **101** in einer sehr guten Ausbeute von 91% erhalten. Um während der TBDMS-Entschützung die Abspaltung der Benzoyl-Gruppen zu vermeiden, wurde eine Lösung aus Tetra-*n*-butylammoniumfluorid (TBAF) und konzentrierter Essigsäure hergestellt und unter Kühlung zu in THF gelöstem **101** gegeben. Nach der vollständigen Entschützung von **101** (DC-Kontrolle) wurde aufgearbeitet und das Produkt **102** säulenchromatographisch gereinigt.

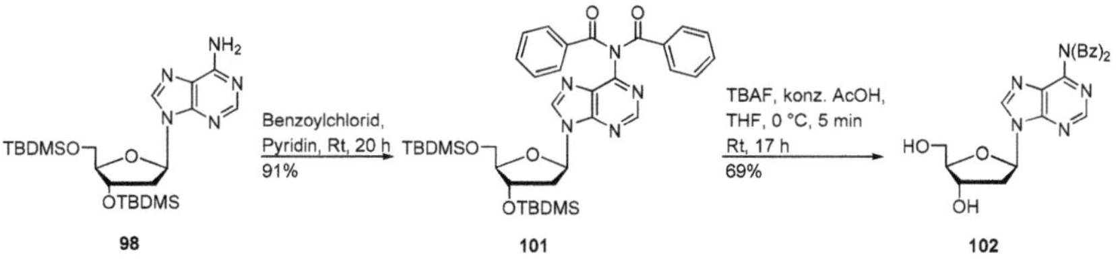

Abb. 40: Synthese von N^6-Dibenzoyl-2'-dA **102** über N^6-Dibenzoyl-3',5'-O-Bis-(TBDMS)-2'-dA **101**

Somit standen zwei an der Nucleobase geschützte 2'-dA-Verbindungen (**100**, **102**) für die *cyclo*Sal-Triestersynthese bereit.

Resultate und Diskussion

Ursprünglich wurden *cyclo*Sal-Nucleotide nach einem etablierten Verfahren dargestellt, bei dem das Nucleosid mit dem entsprechenden Saligenylchlorphosphit und Di*iso*propylethylamin (DIPEA) als Base bei -20 °C umgesetzt wird.[10] Anschließende Oxidation von Phosphit- zu Phosphattriester erfolgte mit *tert*-Butylhydroperoxid. Für die auf diese Weise generierten Verbindungen ist eine chromatographische Reinigung vonnöten, was bei hydrolyseempfindlichen *cyclo*Sal-Nucleotiden generell Ausbeuteverluste mit sich bringt, insbesondere je elektronenziehender der Substituent in der 5-Position der *cyclo*Sal-Einheit ist. Da eine chromatographische Reinigung von den sehr hydrolyseempfindlichen 5-NO$_2$-substituierten *cyclo*Sal-Nucleotiden - wenn überhaupt - nur in sehr schlechten Ausbeuten möglich war, stellte eine neu entwickelte Synthesemethode nach S. Warnecke den Durchbruch hinsichtlich des Zugangs zu diesen Verbindungen dar. Danach erfolgt die Oxidation des Phosphittriesters durch Zugabe des in kaltem Wasser gelösten gemischten Salzes Oxone® (2KHSO$_5$·KHSO$_4$·K$_2$SO$_4$).[25,26] Nach Ausschütteln des Reaktionsgemisches mit Ethylacetat und kaltem Wasser und Entfernen des Lösungsmittels werden Rohprodukte erhalten, die meist hohe Reinheit gemäß NMR-Spektren aufweisen. Rückstände von anorganischen Salzen in den Rohprodukten können jedoch bei Aufarbeitung auf diese Weise nicht ausgeschlossen werden. Optimiert ist dieses Syntheseprotokoll auf (2'- und) 3'-*O*-geschützte Nucleoside, bei welchen eine Schutzgruppe an der (2'- und) 3'-*O*-Position eine zusätzliche *cyclo*Sal-Veresterung an diesen Positionen verhindert. Zudem ermöglichen Schutzgruppen an den freien OH-Gruppen die Löslichkeit in dem nach dem Syntheseprotokoll zu verwendenden Lösungsmittel Acetonitril. Für die Synthese der gewünschten 2'- oder 3'-OH freien *cyclo*Sal-Nucleotide ergaben sich somit folgende Schwierigkeiten:

- aufgrund der freien 2'- oder 3'-OH-Gruppen sowie der NH$_2$-Gruppe im Fall von 2'-Desoxyadenosin **70** lösten sich die Nucleoside nur unter Zusatz von Dimethylformamid, dessen Einfluss auf den Erfolg der Synthesen unklar war;
- die Äquivalente an Saligenylchlorphosphit sollten möglichst gering sein, um die Bildung des doppelt *cyclo*Sal-veresterten Nucleosids (5'- und 3'-*O*-*cyclo*Sal) zu verhindern;

Resultate und Diskussion

- auch bei sehr gut verlaufenden Reaktionen, in denen hauptsächlich das gewünschte Produkt generiert wurde, wurde zum geringen Anteil auch doppelt geschützter Triester erhalten, was eine chromatographische Reinigung der Rohprodukte erforderte, die wiederum Ausbeuteverluste mit sich brachte.

Abb. 41 zeigt die Synthesen der 2'- oder 3'-OH freien *cyclo*Sal-Nucleotide, die gemäß des Syntheseprotokolls nach *S. Warnecke* durchgeführt wurden, mit der Änderung, dass meist geringere Mengen an Chlorphosphit und DIPEA (je 1.1 - 1.3 statt je 2 Äquivalente) verwendet wurden und dass DMF zur Lösung der Nucleoside, außer für **69**, zugefügt wurde. Die Triester wurden aufgrund ihrer Chiralität am Phosphoratom als Gemisch zweier Diastereomere erhalten. Im Fall des Nucleosids Uridin wurde ein Gemisch aus 2'- und 3'-O-Acetyluridin **69a,b** eingesetzt, woraufhin theoretisch zwei Paare zweier Diastereomere entstehen. Das ^{31}P-NMR-Spektrum zeigte jedoch nur drei Signale, da vermutlich Signale zusammen fielen. Die angegebenen Ausbeuten beziehen sich auf die am Chromatotron gereinigten Produkte.

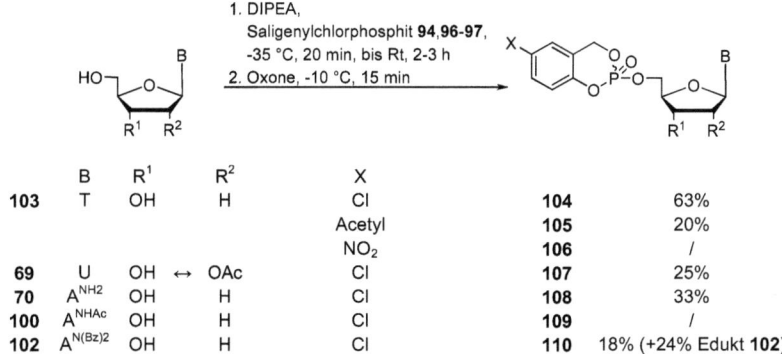

	B	R^1	R^2	X		
103	T	OH	H	Cl	104	63%
				Acetyl	105	20%
				NO$_2$	106	/
69	U	OH	↔ OAc	Cl	107	25%
70	A^{NH2}	OH	H	Cl	108	33%
100	A^{NHAc}	OH	H	Cl	109	/
102	A$^{N(Bz)2}$	OH	H	Cl	110	18% (+24% Edukt **102**)

Abb. 41: Synthese der (2'- und/ oder) 3'-OH freien *cyclo*Sal-Nucleotide nach der P(III)-Route mit Oxidation durch Oxone®

Die mit der geringsten Ausbeute (18%) verlaufende Reaktion zu **110** wurde nur in DMF durchgeführt. Ob die Verwendung von DMF großen Einfluss auf das Gelingen einer Reaktion hat, ist noch ungeklärt, da das schwierige chromatographische Verhalten der Triester der die Ausbeute limitierende Schritt ist. Das zeigte sich auch in der Tatsache, dass bei der Überprüfung des Verlaufs der Reaktionen mittels DC das gewünschte Produkt das Hauptprodukt darstellte, sich aber nach Reinigung am Chromatotron nur mäßige Ausbeuten ergaben. Zum Zeitpunkt der Durchführung der

Resultate und Diskussion

Synthesen wurde dem Eluent bei chromatographischer Reinigung noch 0.1% Essigsäure zugefügt, um eine Hydrolyse des Triesters zu verhindern. Aufgrund ihrer freien 2'- bzw. 3'-OH-Gruppe - und im Fall von **108** aufgrund der freien NH$_2$-Gruppe - eluierten die Triester langsamer als geschützte. Es wurde beobachtet, dass die Triester während der Reinigung am Chromatotron zum Teil zerfielen, umso mehr, je elektronegativer der Acceptor X war. Beispielsweise verlief die Synthese von 5-Nitro-*cyclo*Sal-TMP **106** mit quantitativer Umsetzung gemäß DC-Kontrolle, und auch das ^{31}P-NMR-Spektrum des Rohproduktes zeigte neben dem Produkt nur das 3',5'-*O*-doppelt *cyclo*Sal-geschützte Nucleosid als Nebenprodukt. Dennoch führte die chromatographische Reinigung zunächst zum fast vollständigen Zerfall, vermutlich zu TMP, und letztlich zu keinem sauberen Produkt. Später sollte sich zeigen, dass ein größerer Anteil an Essigsäure die Stabilität der Triester erhöht (Kapitel 4.2.3.4, S. 45).

Die Synthese von **108** aus ungeschütztem 2'-dA **70** war problematisch, da sich der Triester **108** beim Ausschütteln sowohl in der wässrigen als auch in der organischen Phase löste, sodass auch nach mehrmaligem Extrahieren der wässrigen Phase dennoch Produkt in dieser verblieb. Die Umsetzung von *N^6*-Acetyl-2'-desoxyadenosin **100** führte zu verschiedenen Produkten, und auch nach Reinigung des Rohgemisches am Chromatotron konnte das gewünschte Produkt nicht isoliert werden. Alle erhaltenen Fraktionen wiesen zu viele Signale aromatischer Protonen auf, sodass vermutet wurde, dass neben der 5'- und 3'-*O*-Position auch die NHAc-Funktion von **100** *cyclo*Sal-verestert worden sein könnte. Aus *N^6*-Dibenzoyl-geschütztem 2'-dA **102** hingegen gelang die Synthese des Triesters **110**.

5-Chlor-*cyclo*Sal-BVdU-monophosphat **111** wurde nach dem ursprünglichen Syntheseprotokoll durch Oxidation mit *tert*-Butylhydroperoxid synthetisiert, da zu diesem Zeitpunkt nicht bekannt war, ob die Bromvinyleinheit der Nucleobase stabil gegenüber den Oxidationsbedingungen von Oxone® ist. Jedoch zeigte sich bei dünnschichtchromatographischer Verfolgung der Reaktion bereits nach 15 min die Bildung des 3',5'-*O*-doppelt *cyclo*Sal-geschützten Nucleosids. Nach Reinigung am Chromatotron konnte **111** jedoch mit einer Ausbeute von 38% erhalten werden.

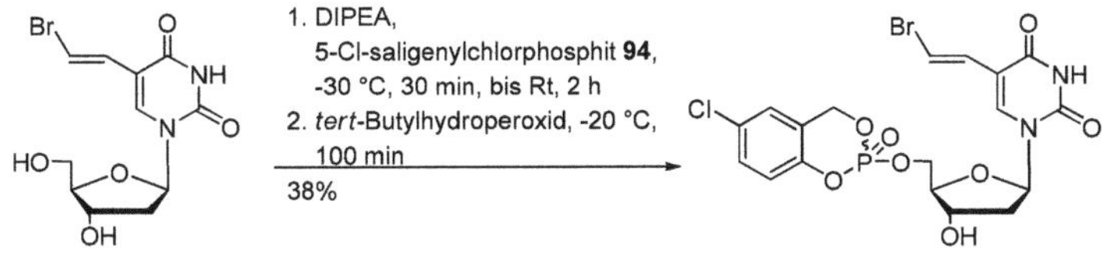

Resultate und Diskussion

Abb. 42: Synthese von 5-Chlor-*cyclo*Sal-BVdUmonophosphat **111** nach der P(III)-Route durch Oxidation mit *tert*-Butylhydroperoxid

Die Synthese von 5-Chlor-*cyclo*Sal-2'- oder 3'-O-acetyl-uridinmonophosphat **107** wurde außerdem nach einem Syntheseprotokoll durchgeführt, welches die Reaktion des Nucleosids mit einem substituierten Saligenylphosphorchloridat bei -40 °C in absolutem Pyridin vorsieht. Auf diese Weise wurden schon erfolgreich *cyclo*Sal-Nucleotide synthetisiert.[74,75] Da Phosphor(V)-Reagenzien weniger reaktiv als Phosphor(III)-Reagenzien sind, sollten sie bevorzugt mit der 5'-OH Gruppe reagieren. Somit wurden 1.5 Äquivalente des 5-Chlor-saligenylphosphorchloridats **112** eingesetzt, welches aus 5-Chlorsalicylalkohol **86**, Phosphorylchlorid (POCl$_3$) und Triethylamin in Diethylether bei -60 °C hergestellt werden kann.[74] Laut dünnschicht-chromatographischer Verfolgung der Reaktion fand jedoch auch hier die Bildung des '3',5'-O-doppelt geschützten Nucleosids statt, und nach Reinigung am Chromatotron konnte **107** mit einer Ausbeute von 23% erhalten werden. Generell scheint das Verwenden des Gemisches **69** keinen negativen Einfluss auf die Triestersynthese zu haben, weder bei der P(III)- noch bei der P(V)-Route.

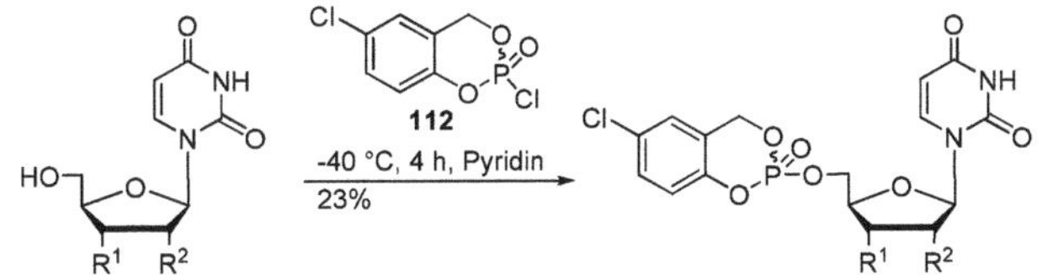

Abb. 43: Synthese von 5-Chlor-*cyclo*Sal-2'- oder 3'-O-acetyl-uridinmonophosphat **107** nach der P(V)-Route

Allgemein bleibt festzuhalten, dass die Synthesen der *cyclo*Sal-Phosphattriester **104**, **105**, **107**, **108**, **110** und **111** aus 2'- oder 3'-OH freien Nucleosiden in nur mäßigen Ausbeuten verliefen. Eine Ausnahme stellt hier lediglich die mit Abstand am häufigsten durchgeführte Synthese der Modellverbindung 5-Chlor-*cyclo*Sal-thymidin-

Resultate und Diskussion

monophosphat **104** dar. Gründe dafür waren einerseits das als Nebenprodukt gebildete, an 5'- und 3'-*O*-doppelt *cyclo*Sal-veresterte Nucleosid und andererseits das schwierige chromatographische Verhalten der 2'- und/ oder 3'-OH freien Triester. Dennoch standen die Triester nun zur Anknüpfung des Succinyl-Linkers bereit, die bereits in Kapitel 4.2.1 (S. 25) beschrieben wurde.

Auch der Zugang zu 2'- und 3'-OH freien 5-Acceptor-substituierten-*cyclo*Sal-uridin-monophosphaten war erwünscht, auf deren Anwendung in Kapitel 4.3.3.2 (S. 67) und Kapitel 4.3.7 (S. 104) näher eingegangen wird. Dazu wurden zunächst die 2',3'-*O*-Cyclopentyl-geschützten und 5-Acceptor-substituierten *cyclo*Sal-UMPs **113-115** synthetisiert. Dafür benötigtes 2',3'-*O*-Cyclopentyluridin **116** wurde nach einem literaturbekannten Verfahren generiert.[76,77,63] 5-Chlor-*cyclo*Sal-2',3'-*O*-cyclopentyl-UMP **113** wurde gemäß der oben beschriebenen P(III)-Methode unter Einsatz von je 2 Äquivalenten des Chlorphosphits **94** und DIPEA synthetisiert, die anschließende Oxidation erfolgte mit Oxone®. Laut dünnschichtchromatographischer Analyse waren im Rohprodukt nur das Produkt sowie Spuren des Edukts vorhanden, sodass das Rohprodukt direkt zur Entschützung eingesetzt wurde. Dazu wurde es mit einer Lösung aus Acetonitril/ Wasser 5:1 (v/v) und 22 % TFA versetzt, wobei nach 1 h ein farbloser Feststoff ausfiel, der filtriert, mit Wasser gewaschen und lyophilisiert wurde. Das entschützte Produkt **117** konnte so mit einer guten Ausbeute von 55% über zwei Stufen gewonnen werden. Die Synthese von 5-NO$_2$-*cyclo*Sal-2',3'-*O*-cyclopentyl-uridinmonophosphat **114** erfolgte analog der von **113**. Das ^{31}P-NMR-Spektrum des Rohproduktes zeigte zwar die Bildung von **114** als Hauptprodukt, was auch durch massenspektrometrische Analyse bestätigt wurde, jedoch waren auch Verunreinigungen zu erkennen. Das Rohprodukt wurde dennoch direkt zur oben beschriebenen Entschützung eingesetzt. Diese zeigte nach 4 h komplette Umsetzung des Edukts an, wobei unklar war, ob das entschützte Produkt **118** entstanden, der Triester zerfallen oder der Triester zwar entschützt, aber auf der DC-Folie zerfallen war. Das ^{31}P-NMR-Spektrum des Rohproduktes von **118** zeigte hauptsächlich die Bildung von Uridin-5'-monophosphat und nur wenig Triester. Das NMR-Spektrum wurde jedoch in DMSO-d_6 aufgenommen, welches Wasser enthält. Möglicherweise ist der Triester darin zerfallen. Letztlich bleibt ungeklärt, ob die zwar wässrigen, aber auch sauren Bedingungen der Entschützung den Nitro-Triester **114** bzw. **118** hydrolysiert haben. Auf die chromatographische Reinigung des

Resultate und Diskussion

Rohproduktes wurde aufgrund seiner Polarität durch die freien 2'- und 3'-OH-Gruppen in Kombination mit der Instabilität als 5-Nitro-*cyclo*Sal-Triester verzichtet.

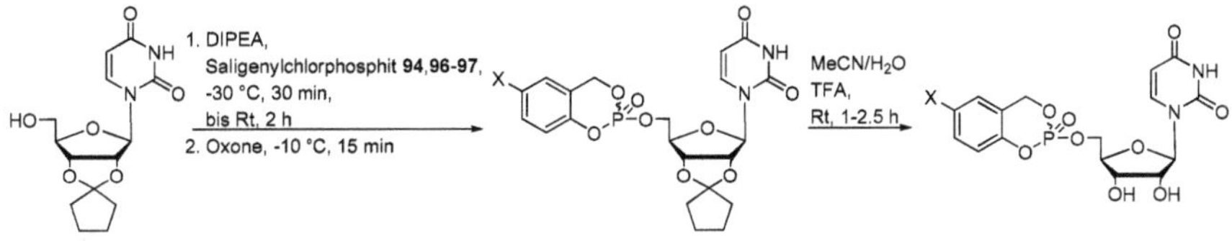

	X				
116	**113**	Cl	Rohprodukt	**117**	55% (über 2 Stufen)
	114	NO$_2$	Rohprodukt	**118**	/
	115	Acetyl	25%	**119**	52%

Abb. 44: Synthesen von Acceptor-substituierten 2',3'-O-Cyclopentyl-geschützten *cyclo*Sal-UMPs **113-115** sowie der 2',3'-O-entschützten Produkte **117,119**

5-Acetyl-*cyclo*Sal-2',3'-O-cyclopentyl-UMP **115** wurde analog zu **113, 114** generiert, allerdings mit nur 1.5 Äquivalenten des Chlorphosphits. Obwohl die dünnschichtchromatographische Analyse hauptsächlich die Bildung des gewünschten Produkts ergab, musste das Rohprodukt von **115** zur Abtrennung weniger Nebenprodukte chromatographisch gereinigt werden, was zu großen Ausbeuteverlusten führte, sodass **115** mit einer Ausbeute von nur 25% isoliert werden konnte. Die Entschützung wurde analog zu der Synthese von **117** durchgeführt. Mittels Dünnschichtchromatographie konnte erst nach 2.5 h die komplette Entschützung von **115** festgestellt werden. Das gewünschte Produkt **119** fiel in diesem Fall jedoch nicht aus, sondern musste zunächst vom Lösungsmittel befreit werden, bevor der Rückstand säulenchromatographisch gereinigt werden konnte. Bezogen auf die Entschützung und Reinigung dieses labilen Triesters **119** ist die Ausbeute von 52% gut, bezogen auf die zwei Stufen jedoch mit 13% deutlich geringer als im Fall des 5-Chlor-substituierten Triesters **117** mit 55%.

4.2.3.4 Synthese von cycloSal-Nucleotiden aus 2'- oder 3'-O-Succinyl-Nucleosiden

Da die Synthesen der *cyclo*Sal-Phosphattriester **104, 105, 107, 108, 110** und **111** aus 2'- oder 3'-OH freien Nucleosiden meist nur in mäßigen Ausbeuten verliefen, sollte Route B zur Darstellung 2'- oder 3'-O-Succinyl-verknüpfter *cyclo*Sal-Nucleotide weiter verfolgt werden (Abb. 24, S. 24). Dazu dienten als Ausgangsverbindungen die bereits synthetisierten 2'- oder 3'-O-Succinyl-Nucleoside **81-85** (Kapitel 4.2.2, S. 29). Die Route B sollte folgende Vorteile bieten:

Resultate und Diskussion

- der Linker an der 2'- oder 3'-O-Position sollte als Schutzgruppe dienen und somit die doppelte Anknüpfung der *cyclo*Sal-Einheit an die 5'- und 2'- oder 3'-O-Position verhindern;

- da die (2'- und) 3'-O-Positionen nun geschützt vorlagen, konnte die Anzahl an Äquivalenten des Saligenylchlorphosphits und DIPEA erhöht werden, woraus höhere Ausbeuten resultieren sollten;

- zudem sollten die 2'- oder 3'-O-Succinyl-Nucleoside **81-85** besser in Acetonitril löslich sein als die ungeschützten Nucleoside (Route A), womit die Reaktionsbedingungen dann stärker den des literaturbekannten Syntheseprotokolls entsprächen.

Die Durchführung der 5-Chlor-, 5-Methylsulfonyl- und 5-Nitro-Triestersynthesen erfolgte analog dem in Kapitel 4.2.3.3 beschriebenem Syntheseprotokoll nach S. Warnecke.[25,26] Wie erwartet lösten sich die 2'- oder 3'-O-Succinyl-Nucleoside **81-85** gut in Acetonitril, meist war nur sehr wenig DMF zur vollständigen Löslichkeit nötig. Sogar Moleküle mit polaren Gruppen wie der Aminogruppe von 3'-O-Succinyl-2'-desoxyadenosin **83** benötigten nur verhältnismäßig wenig DMF (10% v/v) verglichen mit der Synthese von 5-Chlor-*cyclo*Sal-2'-desoxyadenosin **108** aus ungeschütztem 2'-dA **70** (50% v/v). Die Äquivalente der Base DIPEA wurden erhöht gegenüber den Synthesen aus ungeschützten Nucleosiden (von 1.1 - 1.3 auf 2 Äquivalente). Sollte DIPEA auch die Säuregruppe des Linkers deprotoniert haben, war mit 2 Äquivalenten Base auch das Abfangen der bei der Reaktion entstandenen HCl sichergestellt. Die Umsetzungen zu den Phosphittriestern wurden dünnschichtchromatographisch verfolgt. Laut DC war wie gewünscht die Bildung von meist nur einem neuen Spot zu erkennen, dem gewünschten einfach substituierten *cyclo*Sal-Triester. Die Säuregruppe des Linkers schien das Saligenylchlorphosphit nicht nucleophil anzugreifen, es konnte keine Bildung eines doppelt *cyclo*Sal-geschützten Nucleosids festgestellt werden. Es empfiehlt sich für die Dünnschichtchromatographie, dem Laufmittel mindestens 1% Essigsäure (v/v) zuzufügen, da auf diese Weise die Bildung der polaren Zerfallsprodukte (NMPs, Phenylphosphatdiester **142**, zu dessen Struktur siehe Abb. 55, S. 62) selbst labiler Verbindungen wie 5-Methylsulfonyl- und 5-Nitro-substituierter *cyclo*Sal-Triester verhindert wird. Nach 2 - 3 h wurde meist der komplette Umsatz der Edukte **81-85** beobachtet, obwohl nach Zugabe des jeweiligen Saligenylchlorphosphits (**94-96**) oft eine trübe Lösung

Resultate und Diskussion

entstanden war. Oxidation und Extraktion verliefen analog dem literaturbekannten Syntheseprotokoll, wobei sich das Extrahieren mit Ethylacetat und Waschen der organischen Phase mit Wasser als einfacher herausstellte als unter DMF-Zusatz sowie bei Molekülen mit freien 2'- oder 3'-OH-Gruppen (Route A, Kapitel 4.2.3.3, S. 38). Sowohl die 2'- oder 3'-O-Acetyl-Schutzgruppe der Triester von Uridin, **65** und **122**, als auch die N^6-DMTr-Schutzgruppe des Triesters von 2'-Desoxycytidin, **124**, waren stabil unter den sauren Bedingungen von Oxone® (pH = 1-2). 5-Chlor-substituierte *cyclo*Sal-Triester ließen sich unproblematisch extrahieren, sie waren auch über längere Zeit in der organischen Phase stabil und die ^{31}P-NMR-Spektren zeigten meist nur die Signale der zwei Diastereomere der Produkte (bzw. drei Signale für die zwei mal zwei Diastereomere von *cyclo*Sal-UMP **65**, da vermutlich Signale zusammen fielen).

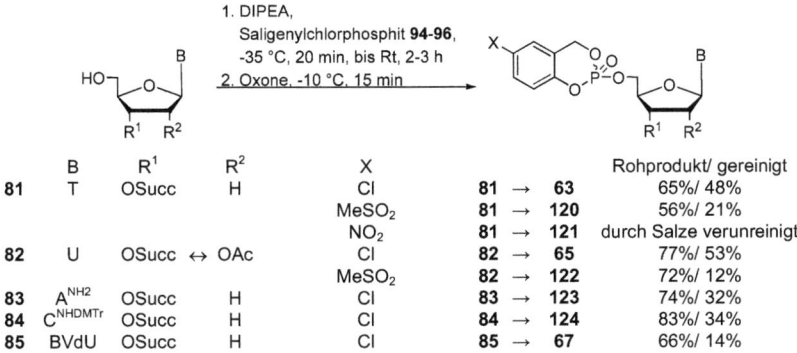

Abb. 45: Synthese der 2'- oder 3'-O-Succinyl-*cyclo*Sal-Nucleotide nach der P(III)-Route mit Oxidation durch Oxone®

Die Rohprodukte 5-Chlor-substituierter *cyclo*Sal-Triester von 3'-O-Succinyl-thymidin, **63**, 2'- oder 3'-O-Acetyl-2'- oder -3'-O-succinyl-uridin, **65**, 3'-O-Succinyl-2'-desoxyadenosin, **123**, N^4-DMTr-3'-O-succinyl-2'-desoxycytidin, **124**, und 3'-O-Succinyl-BVdU, **67**, wurden in Ausbeuten von 66 - 83% erhalten (Abb. 45). Diese Ausbeuten beziehen sich auf Rohprodukte, welche hohe Reinheit im ^{31}P-NMR-Spektrum aufweisen, für die jedoch Rückstände anorganischer Salze, welche in NMR-Spektren nicht sichtbar wären, nicht ausgeschlossen werden konnten. Deshalb wurden die Triester zudem am Chromatotron gereinigt. *Cyclo*Sal-Triester zeigen generell instabiles Verhalten während der Chromatografie, wobei 5-Chlor-substituierte Verbindungen stabiler und somit deutlich einfacher zu chromato-

Resultate und Diskussion

graphieren sind verglichen mit 5-Methylsulfonyl- und 5-Nitro-substituierten. Als deutlicher Vorteil erwies sich die Zugabe von 1% Essigsäure zum Eluenten (für Reinigung von **65, 120, 122** und **123**), es wurde dabei weniger Zerfall der Triester zu Nucleosidmonophosphaten beobachtet als mit 0.1 - 0.2%, was die Reinigung von 5-MeSO$_2$-substituierten *cyclo*Sal-Nucleotiden **120, 122** sowie von 5-Chlor-*cyclo*Sal-UMP **65**, welches erstaunlicherweise sehr labil ist, am Chromatotron erst möglich machte. Zu entsprechendem NMP zerfallener Triester eluiert nicht, sondern verbleibt auf der Chromatotronplatte.

Die 5-Methylsulfonyl-substituierten *cyclo*Sal-Triester **120** und **122** hingegen zeigten bereits Instabilität während der Extraktion. Zügiges, zweimaliges Extrahieren der wässrigen Phase sowie Entfernen des Lösungsmittels führte zu Rohprodukten, deren ^{31}P-NMR-Spektren meist nur die gewünschten Signale der Diastereomere des Produkts aufwiesen (Abb. 46, oben). Mehrfaches Extrahieren hingegen führte schon zu starkem Zerfall der Produkte (Abb. 46, unten).

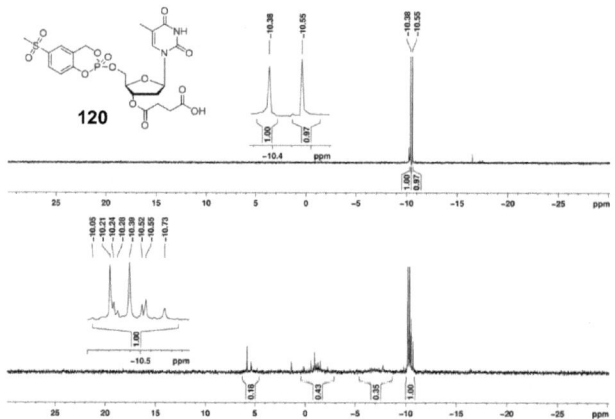

Abb. 46: ^{31}P-NMR-Spektren des Rohproduktes von **120** nach zweimaligem Extrahieren (oben) sowie nach mehrmaligem Extrahieren (unten)

An dieser Stelle ist zu erwähnen, dass wiederholt der Zerfall von 5-Methylsulfonyl-*cyclo*Sal-Nucleotiden in deuteriertem Dimethylsulfoxid (zur Aufnahme von NMR-Spektren), welches sehr hygroskopisch ist, festgestellt wurde. Zuvor wurden einige Reaktionen als gescheitert erklärt, deren Rohprodukte vielleicht lediglich in deuteriertem Dimethylsulfoxid zerfallen sind. Aufgrund dessen wurde seitdem zur

Resultate und Diskussion

Aufnahme der NMR-Spektren kommerziell erhältliches, wasserfreies deuteriertes Dimethylsulfoxid verwendet. Unter Einhalten dieser Bedingungen konnten 5-Methylsulfonyl-3'-O-succinyl-TMP **120** sowie 5-Methylsulfonyl-2'- oder -3'-O-acetyl-2'- oder- 3'-O-succinyl-UMP **122** in hoher Reinheit bezüglich der ^{31}P-NMR-Spektren erhalten werden (56 und 72% Ausbeute der Rohprodukte). Bei Bedarf konnten die Rohprodukte auch am Chromatotron gereinigt werden (siehe oben).

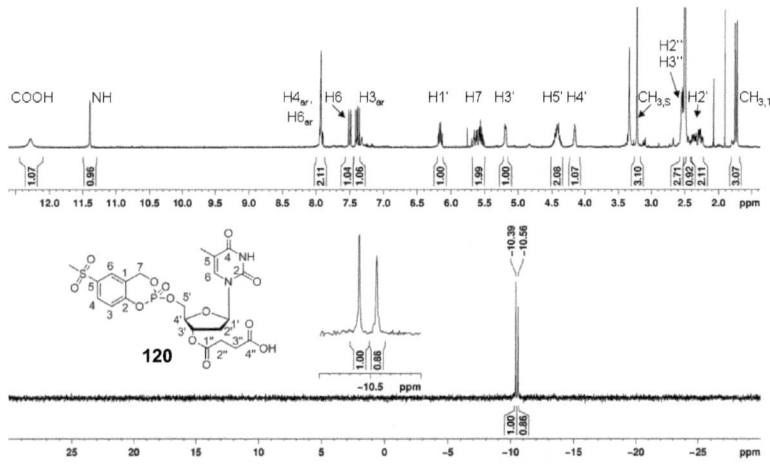

Abb. 47: ^{1}H-NMR (oben) und ^{31}P-NMR (unten)-Spektrum von gereinigtem 5-Methylsulfonyl-*cyclo*Sal-3'-O-succinyl-TMP **120**

Die reproduzierbare Darstellung von isoliertem 5-Nitro-*cyclo*Sal-3'-O-succinyl-thymidinmonophosphat **121** erwies sich jedoch als schwieriger. Ein Ansatz nach dem oben beschriebenen Syntheseprotokoll zeigt mittels DC-Kontrolle nahezu vollständigen Umsatz des Edukts **81** sowie Produktbildung an und führte nach Extraktion zu einem Rohprodukt, welches zwar hohe Reinheit gemäß des ^{31}P-NMR-Spektrums aufwies, jedoch eine berechnete Ausbeute >100% ergab, was auf Salzrückstände, vermutlich von Oxone®️ resultierend, zurückzuführen ist. Dennoch wurde es zur Immobilisierung und Umsetzung an der festen Phase verwendet (Kapitel 4.3.3.1, S. 61). Wiederholte Reaktionsansätze zeigten ebenfalls eine Bildung des Produktes **121** (DC-Kontrolle), wiesen im ^{31}P-NMR-Spektrum jedoch eine Vielzahl von neuen, unerwünschten Verbindungen auf (zwischen 0 und -1.5 ppm bzw. zwischen 10 und -11 ppm). Ob diese auf den Zerfall sogar in wasserfreiem deuterierten Dimethylsulfoxid zurückzuführen sind, ist unklar. Später erfolgtes Immobilisieren dieser laut ^{31}P-NMR-Spektrum zerfallenen Rohprodukte an die Festphase und Umsetzung zu Zielmolekülen sollte Aufschluss darüber geben, ob 5-Nitro-*cyclo*Sal-3'-*O*-succinyl-TMP **121** tatsächlich zerfallen war.

5-Nitro-*cyclo*Sal-3'-*O*-succinyl-thymidinmonophosphat **121** wurde auch am Chromatotron gereinigt, jedoch zeigte das ^{31}P-NMR-Spektrum der gereinigten Verbindung vier statt der zwei Signale der Diastereomere im Bereich -10 bis -11 ppm der gewünschten Diastereomere. Die Vermutung, dass in diesem Fall ein 3',5'-*O*-doppelt *cyclo*Sal-verestertes Thymidin entstanden war, wurde durch das ^{1}H-NMR-Spektrum widerlegt, da dies die Signale der *cyclo*Sal-Maske zu denen des Nucleosids im Verhältnis 1:1 zeigte. Zudem wurde **121** durch die zugehörige hochaufgelöste Masse identifiziert. Es war es dennoch erfreulich, einen 5-Nitro-substiuierten und 3'-*O*-Succinyl-verknüpften *cyclo*Sal-Triester **121** als Rohprodukt darstellen zu können und dessen Verankerung mit der Festphase zu erproben.

Die große Relevanz der Reinheit der *cyclo*Sal-Triester liegt darin begründet, dass sie in folgenden Reaktionen an die Festphase gebunden werden sollten. Nach ihrer Umsetzung zu den gewünschten Zielmolekülen werden diese abgespalten, wobei natürlich alle mittels Succinyl-Linker verankerten Moleküle abgespalten werden. Würden für die Immobilisierung bereits Zerfallsprodukte eines *cyclo*Sal-Triesters verwendet werden, wären Nebenprodukte nach der Abspaltung vorprogrammiert.

Bei Vergleich der beiden vorgestellten Syntheserouten A und B zu 2'- oder 3'-*O*-Succinyl-verknüpften *cyclo*Sal-Nucleotiden bietet Route B deutliche Vorteile:

- die 2'- oder 3'-*O*-Succinyl-Nucleoside sind leicht und in guten Ausbeuten darstellbar;

- die *cyclo*Sal-Triestersynthesen sind zuverlässiger durchführbar, da keine doppelte *cyclo*Sal-Veresterung (wie im Fall von 2'- oder 3'-*O*-ungeschützten Nucleosiden) stattfinden kann;

- die Triester können ohne chromatographische Reinigung als Rohprodukte für die Immobilisierung eingesetzt werden, wenn sie gemäß NMR-Spektren hohe Reinheit aufweisen.

4.3 Umsetzungen von *cyclo*Sal-Nucleotiden an der festen Phase AM-PS

Nach der erstmaligen und erfolgreichen Darstellung verschiedenster 2'- oder 3'-O-Succinyl-verknüpfter *cyclo*Sal-Nucleotide sollten diese nun an einer unlöslichen Festphase immobilisiert und zu den gewünschten Zielmolekülen umgesetzt werden. Die Motivation, *cyclo*Sal-Nucleotide an einer Festphase zu immobilisieren und dort umzusetzen, hatte ihren Ursprung in der oft mehrfachen und zeitaufwendigen Reinigung phosphorylierter Nucleoside und Phosphat-verbrückter Biokonjugate nach Synthese dieser in Lösung. Vor allem der Überschuss an verwendetem Nucleophil war in Lösung häufig schwierig abzutrennen, woraus mehrfache Chromatographie gefolgt von Ausbeuteverlusten resultierten. Synthesen an unlöslichen Festphasen wie Aminomethylpolystyrol **52** bieten den großen Vorteil, dass Reagenzien im großen Überschuss verwendet werden können, da sie im Anschluss durch Waschvorgänge einfach entfernt werden können. Da das umzusetzende Edukt immobilisiert ist, kann kein Verlust des Edukts, der Intermediate oder der immobilisierten Produkte stattfinden, da das Harz durch Filtration komplett erhalten bleibt. Somit war es das Ziel, mit einer möglichst effektiven Methode den Zugang zu einer Vielzahl von Verbindungen zu ermöglichen, welche eine hohe Reinheit ohne aufwendige Reinigung aufweisen. Selbst Zielverbindungen mit wenigen Prozent Nebenprodukten sind direkt für biochemische Tests einsetzbar, da diese bei enzymatischen Reaktionen vom verwendeten Enzym unbeachtet bleiben und die Reaktion nicht weiter stören.

Um die bereits in Lösung erfolgreich angewandte Strategie der Verwendung von *cyclo*Sal-Nucleotiden als Aktivester[25,26,36,37,38,39] auf Festphasenreaktionen übertragen zu können, mussten einige Aspekte bedacht werden:

- die an der unlöslichen Festphase Aminomethylpolystyrol **52** immobilisierten Moleküle können nicht analysiert werden, NMR-Spektroskopie sowie Massenspektrometrie sind - anders als bei Reaktionen an löslichen Festphasen wie Polyethylenglykol **191** (Kapitel 4.4.2, S. 113) - nicht möglich. Somit sind die Erfolge von Immobilisierung des *cyclo*Sal-Nucleotids, Umsetzung zum Zielmolekül, Abspaltung von Schutzgruppen sowie Abspaltung vom Träger als

Summe in Form der Reinheit und der Menge des abgespaltenen Zielmoleküls zu erkennen und zu bewerten;

- es mussten für alle drei Teilschritte - Immobilisierung, Umsetzung, Abspaltung - Reaktionsbedingungen geschaffen werden, unter denen die Edukte, Intermediate bzw. Produkte stabil sind. Instabilität während eines Schrittes ist sonst erst nach Abspaltung in der Summe der Erfolge sichtbar;

- da es bei Festphasenreaktionen nicht möglich ist, Nebenprodukte oder nicht umgesetztes Edukt vor der Abspaltung zu entfernen, war es von enormer Bedeutung, eine möglichst quantitative Umsetzung des immobilisierten *cyclo*Sal-Nucleotids zum Produkt zu erreichen.

Die Reinheit der Rohprodukte konnte dem jeweiligen ^{31}P-NMR-Spektrum entnommen werden, da alle von der Festphase abgespaltenen Moleküle, auch möglicherweise entstandene Nebenprodukte, phosphorhaltig waren. Aus dem ^{1}H-NMR-Spektrum konnte die Anzahl an Gegenionen entnommen werden. Wenn bezüglich einer Reaktion beschrieben ist, dass die Menge an Rohprodukt der erwarteten entsprach, wurde die erwartete aus der Molmasse des Anions und der entsprechenden Gegenionen berechnet, wobei dadurch nicht ausgeglichene positive Ladung durch Protonen ergänzt wurde. Da nach jeder Abspaltung eine andere Anzahl an Gegenionen erhalten wurde, werden die phosphorylierten Nucleoside in den Abbildungen meist ohne Gegenionen gezeigt.

Für eine möglichst hohe Umsetzung des immobilisierten *cyclo*Sal-Nucleotids war einerseits die Reaktivität des Phosphorzentrums des *cyclo*Sal-Nucleotids wichtig, weshalb die Synthesestrategie von dem als Modellverbindung verwendeten 5-Chlor-substituierten *cyclo*Sal-Nucleotid auf jene mit stärker aktivierenden Substituenten (MeSO$_2$, NO$_2$) übertragen werden sollte. Andererseits war für eine effektive Umsetzung die Reaktivität des Nucleophils von großer Bedeutung. Im ersten Teil des folgenden Kapitels wird auf die Darstellung der Nucleophile näher eingegangen.

4.3.1 Darstellung der Nucleophile

Für die Umsetzung der immobilisierten *cyclo*Sal-Nucleotide sollten die in Abb. 48 gezeigten Nucleophile zum Einsatz kommen, um entsprechende Verbindungsklassen zu erschließen.

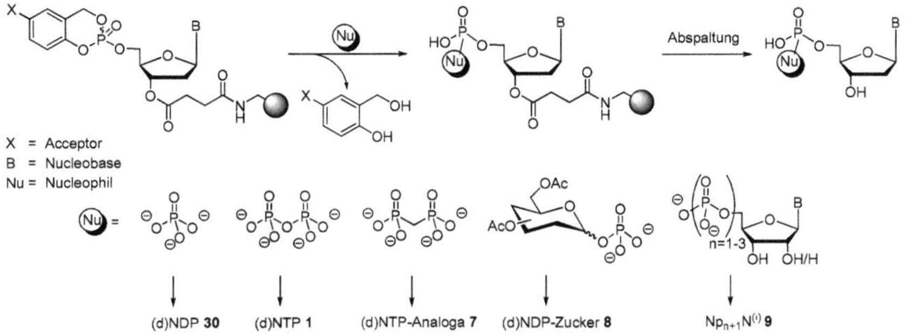

Resultate und Diskussion

Abb. 48: Nucleophile für Umsetzungen an der festen Phase (am Beispiel von 2'-Desoxynucleosiden)

Auf die Immobilisierung der 2'- oder 3'-O-Succinyl-*cyclo*Sal-Triester wird erst im nächsten Kapitel eingegangen (Kapitel 4.3.3, S. 59). In diesem Kapitel soll die Immobilisierung als gegeben angesehen werden und zunächst nur die Darstellung geeigneter Nucleophile beleuchtet werden.

Generell steigt die Nucleophilie einer Verbindung, wenn ihre negative Ladung isoliert vorliegt, was u.a. durch große, lipophile Kationen als Gegenionen erreicht werden kann. So erwiesen sich für die Reaktionen in Lösung Tetra-*n*-butylammonium-Ionen als Gegenionen von Phosphat und Pyrophosphat als vorteilhaft für die Umsetzung von 5-NO$_2$-*cyclo*Sal-Nucleotiden und lieferten die Nucleosid-5'-di- und -triphosphate in kurzen Reaktionszeiten (ca. 16 h).[25,26] Ob sich immobilisierte *cyclo*Sal-Triester auch mit Chlor als Substituent in kurzer Reaktionszeit umsetzen lassen, sollte sich zeigen. Zunächst wurde eine Lösung von Dinatriumdihydrogenpyrophosphat (Na$_2$H$_2$P$_2$O$_7$) in Wasser auf eine protoniert vorliegende Ionenaustauschsäule (DOWEX, 50WX8) gegeben und die protonierte Verbindung mit Wasser eluiert. Anschließend wurde mit Tetra-*n*-butylammonium-hydroxid der pH-Wert des Eluats auf 7.3 eingestellt und die Lösung lyophillisiert, wonach Tris-(tetra-*n*-butyl-ammonium)hydrogenpyrophosphat **27a** [(*n*-Bu)$_4$N]$_3$PP als hygroskopisches Salz erhalten wurde.[78] Es wurden drei Gegenionen in Bezug auf das Anion angenommen, da der dritte Äquivalenzpunkt von Pyrophosphorsäure pK$_{S3}$ = 5.8 beträgt. Auf die Details der Umsetzung der immobilisierten *cyclo*Sal-Triester mit den Nucleophilen sowie auf die Abspaltung wird in den weiteren Kapiteln näher eingegangen. An dieser Stelle sei nur erwähnt, dass Umsetzungen von Nucleophilen mit *cyclo*Sal-Nucleotiden grundsätzlich unter Sauerstoff- und wasserfreien Bedingungen sowie in

Resultate und Diskussion

absoluten Lösungsmitteln erfolgen müssen. Zusätzlich sollen vor der Reaktion beide Edukte gründlich im Vakuum getrocknet werden und das Nucleophil, gelöst in absolutem DMF, mehrere Stunden über aktiviertem Molsieb stehen gelassen werden. Erste Umsetzungen von immobilisiertem 5-Chlor-*cyclo*Sal-3'-O-succinyl-thymidinmonophosphat **63$_i$** mit [(*n*-Bu)$_4$N]$_3$PP **27a** und anschließender Abspaltung von der Festphase ergaben kaum einen Rückstand in der Abspaltlösung, wobei zumindest Thymidin-5'-monosphosphat erwartet wurde, wenn der Triester bei der Reaktion oder spätestens bei der basischen Abspaltung hydrolysiert worden wäre.

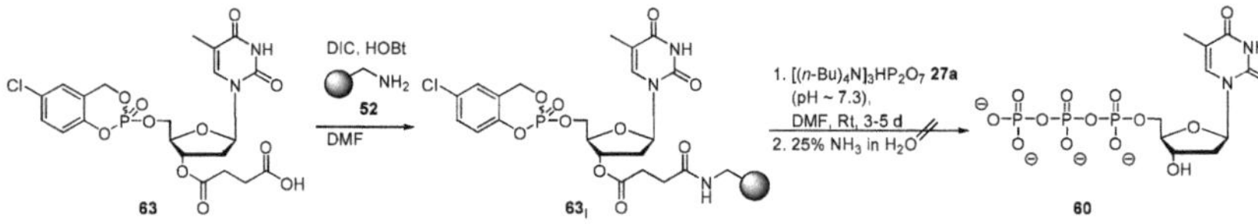

Abb. 49: Versuch der Festphasensynthese von TTP **60** unter Verwendung von [(*n*-Bu)$_4$N]$_3$PP **27a**

Zur Klärung dieses Ergebnisses wurde getestet, ob die Esterfunktion des Linkers unter den Immobilisierungsbedingungen stabil war. Dazu wurde Triethylammonium-5'-O-DMTr-thymidin-3'-O-succinat **62a** an der Festphase immobilisiert, die DMTr-Gruppe mit Trichloressigsäure in Dichlormethan entfernt und im Anschluss [(*n*-Bu)$_4$N]$_3$PP **27a**, gelöst in absolutem DMF, zu dem Harz gegeben. Es wurde festgestellt, dass der Linker gespalten und somit Thymidin **103** abgespalten worden war. Vermutlich befanden sich in dem auf pH = 7.3 eingestellten Phosphatsalz **27a** Hydroxid-Ionen, welche auch unter wasserfreien Bedingungen den Linker gespalten haben. Daraufhin wurde die Titration der Pyrophosphorsäure mit (*n*-Bu)$_4$NOH nur bis pH = 5 zu Bis-(tetra-*n*-butylammonium)dihydrogenpyrophosphat **27b** [(*n*-Bu)$_4$N]$_2$PP vorgenommen, um überschüssige OH⁻-Ionen im Phosphatsalz auszuschließen und um basische Bedingungen bei Wasserspuren während der Reaktion zu vermeiden. Anschließend sollte 5-Chlor-*cyclo*Sal-3'-O-acetyl-thymidinmonophosphat **125** sowohl mit [(*n*-Bu)$_4$N]$_3$PP **27a** als auch mit [(*n*-Bu)$_4$N]$_2$PP **27b** in Lösung zu TTP **60** umgesetzt werden, um die Syntheseverläufe sowie das Verhalten der Acetylgruppe (als Repräsentant einer Estergruppe und somit des Linkers an 3'-OH) unter den jeweiligen Reaktionsbedingungen zu vergleichen. Dazu wurde **125** in zwei Reaktionsansätzen mit **27a** bzw. **27b** versetzt und bei Raumtemperatur gerührt. DC-Kontrolle ergab, dass der Triester **125** in beiden Fällen nach 16 h vollständig umgesetzt war. Das Lösungsmittel wurde entfernt, der Rückstand mit Ethylacetat/ Wasser gewaschen bzw. extrahiert und die wässrige Phase lyophilisiert.

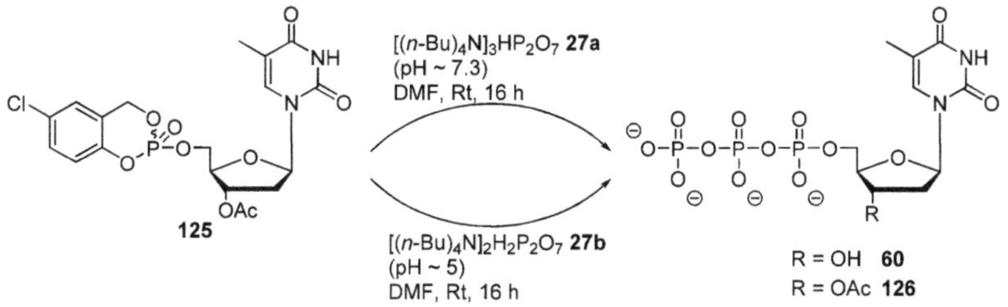

Abb. 50: Reaktion von 5-Chlor-*cyclo*Sal-3'-*O*-acetyl-thymidinmonophosphat **125** mit **27a** bzw. **27b**

Die NMR-spektroskopische Analyse der Rohprodukte ergab, dass in beiden Fällen TTP entstanden war. Bei Verwendung des [(*n*-Bu)$_4$N]$_3$PPs **27a** wurde zu 60% die 3'-*O*-Acetylgruppe abgespalten, was in Betracht der zuvor beschriebenen Linkerspaltung bei Einsatz von **27a** zu erwarten war. Zudem zeigte das ^{31}P-NMR-Spektrum neben Signalen der Triphosphate **60** und **126** und überschüssigem Pyrophosphat **27a** vermutlich Phenylphosphatdiester **142** (zu dessen Struktur siehe Abb. 55, S. 62) bei -6 ppm sowie drei Dubletts im Bereich -10 bis -12 ppm, welche im Integral größer waren als die des Produkts. Im Massenspektrum war kein Produktsignal neben einigen nicht zuzuordnenden zu erkennen. Bei Verwendung des [(*n*-Bu)$_4$N]$_2$PPs **27b** wurde keine Abspaltung der 3'-*O*-Acetylgruppe festgestellt. Das ^{31}P-NMR-Spektrum zeigte neben dem Produkt **126** und überschüssigem Pyrophosphat **27b** nahezu keine Nebenprodukte, und im Massenspektrum waren neben dem Produktsignal nur von Pyrophosphat resultierende Signale zu erkennen. Die Verwendung des bis pH = 5 titrierten Pyrophosphats **27b** lieferte demnach ein deutlich besseres Ergebnis und sollte, im Gegensatz zur Verwendung von **27a**, keine Spaltung des Succinyl-Linkers an der Festphase verursachen.

Aufgrund dieser wichtigen Erkenntnis wurden im Folgenden alle phosphathaltigen Nucleophile nach Überführung in ihre protonierte Form mit (*n*-Bu)$_4$NOH bis pH = 5 titriert, lyophilisiert und so als oft stark hygroskopische Salze erhalten, welche unter Stickstoff bei -26 °C aufbewahrt wurden. So wurde aus Phosphorsäure [(*n*-Bu)$_4$N]P **127** und aus Methylenpyrophosphorsäure [(*n*-Bu)$_4$N]$_2$PCH$_2$P **128** dargestellt.

Für Umsetzungen eines immobilisierten *cyclo*Sal-Nucleotids mit einem Pyranose-1-phosphat sollte 2,3,4,6-Tetra-*O*-acetyl-1-phosphat-β-D-glucose **129** als Modellverbindung dienen, welche nach einem literaturbekannten Verfahren dargestellt wurde.[79] Es wurde zunächst 2,3,4,6-Tetra-O-acetyl-1-brom-α-D-glucose **130** synthetisiert, wozu peracetylierte Glucose **131** in Dichlormethan gelöst und bei 0 °C mit 33%-iger Bromwasserstoffsäure in Essigsäure versetzt wurde. Nach Rühren bei Raumtemperatur und Aufarbeitung wurde das Rohprodukt von **130** säulenchromatographisch (PE/EE 4:5, v/v) gereinigt und in einer Ausbeute von 90% erhalten. **130** wurde anschließend in Dichlormethan gelöst und bei 0 °C zu einer Lösung von Dibenzylphosphat in Dichlormethan/ Acetonitril getropft. Silbercarbonat wurde zugefügt und das Gemisch bei Raumtemperatur gerührt. Filtration über Celite und säulenchromatographische Reinigung ergaben 2,3,4,6-Tetra-O-acetyl-1-dibenzylphosphat-β-D-glucose **132** in 73% Ausbeute. Die Abspaltung der Schutzgruppen erfolgte hydrogenolytisch in 1,4-Dioxan mit Palladium an Aktivkohle und Triethylamin in einer Wasserstoffatmosphäre bei Raumtemperatur. Nach Extraktion der organischen Phase mit Wasser und Waschen der wässrigen Phase mit Ethylacetat wurde **129a** durch Lyophilisation der wässrigen Phase in einer guten Ausbeute von 89% gewonnen.

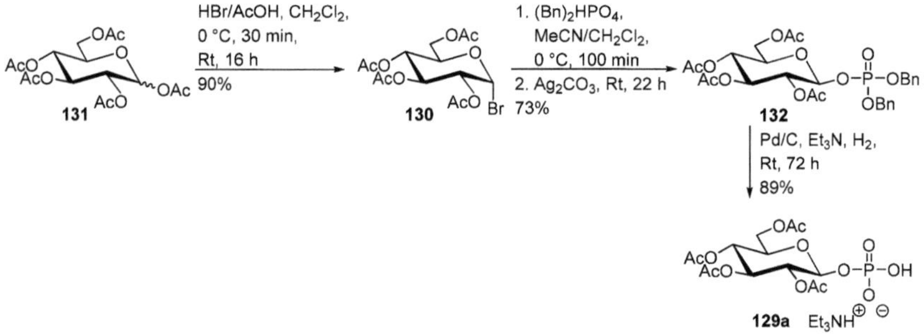

Abb. 51: Synthese von Triethylammonium-2,3,4,6-tetra-O-acetyl-1-phosphat-β-D-glucose **129a**

129a wurde auf oben beschriebene Weise mittels DOWEX-Ionentauscher in das (*n*-Bu)$_4$N-Salz **129b** überführt, wobei das Zuckerphosphat während des Umsalzens stabil blieb und seine β-Konfiguration beibehielt. Um die Reaktivität des Zuckerphosphats noch zu erhöhen, sollte ein noch voluminöseres Gegenion verwendet werden. Dazu wurde zur Titration der protonierten Form von **129b** Tri-*n*-octylamin verwendet. Tri-*n*-octylamin war nicht in Wasser löslich und die Phasen mischten sich bei der Titration nicht, sodass der pH-Wert nicht bestimmt werden konnte. Deshalb wurden wenige Milliliter Tetrahydrofuran zugefügt, was zu einer homogenen Lösung

Resultate und Diskussion

führte und welches nach der Titration am Rotationsverdampfer wieder entfernt wurde. Somit konnte auch das Tri-*n*-octylammonium-Salz **129c** erhalten werden. Auch ein ungeschütztes Zuckerphosphat sollte zur NDP-Zucker-Synthese eingesetzt werden, woraufhin durch Umsalzen von kommerziell erhältlichem Dinatrium-α-D-glucose-1-phosphat mit [(*n*-Bu)$_4$N]OH Tetra-*n*-butylammonium-α-D-glucose-1-phosphat **133** dargestellt wurde. Zur Synthese eines weiteren, α-verknüpften NDP-Zuckers sollte Triethylammonium-2,3,4,6-tetra-*O*-acetyl-1-phosphat-α-D-galactose **134** verwendet werden.

Auch die Verwendung von Nucleotiden als Nucleophile sollte erprobt werden. Dinatriumuridin-5'-monophosphat wurde - analog der anderen Umsalzungen - in die Tetra-*n*-butylammonium-Form überführt ([(*n*-Bu)$_4$N]UMP **135**). Ein eigens synthetisiertes Thymidin-5'-diphosphat, welches nach der Reinigung an RP-18 Silicagel keine in NMR-Spektren sichtbaren Gegenionen mehr aufwies, wurde ebenfalls mittels Ionenaustausch in die Tetra-*n*-butylammonium-Form überführt ([(*n*-Bu)$_4$N]$_2$-TDP **136**). Die säurelabile Anhydridbindung des Diphosphats war während des Ionentauschers stabil. Zudem wurde Dinatriumadenosin-5'-triphosphat in die Tetra-*n*-butylammonium-Form überführt ([(*n*-Bu)$_4$N]$_3$ATP **2**). Somit stand eine Vielzahl von Nucleophilen zur Verfügung, welche mit immobilisierten *cyclo*Sal-Nucleotiden umgesetzt werden konnten.

4.3.2 Generelles zur Festphasensynthese an Aminomethylpolystyrol

Bevor im nächsten Kapitel die Immobilisierung der *cyclo*Sal-Nucleotide näher beschrieben wird, soll hier auf die Handhabung von Aminomethylpolystyrol **52** eingegangen werden. Generell wurde **52** unter Stickstoffatmosphäre aufbewahrt und jegliche Reaktionen unter Stickstoffatmosphäre durchgeführt, da die Aminogruppen des Harzes mit Kohlendioxid zum Carbamat reagieren würden. Eine generelle Versuchsdurchführung startete mit dem Einwiegen des Harzes in eine Fritte, welche die Handhabung unter einer Stickstoffatmosphäre ermöglichte. Dann wurde das Harz einige Zeit im Vakuum getrocknet und schließlich in einem Lösungsmittel mit großem Quellvermögen 0.5 h stehen gelassen (meist DMF, Kapitel 2.3.1, S. 15). Das war wichtig, um das Eindringen der Reagenzien in die Matrix des Harzes zu ermöglichen. Die Reagenzien wurden ebenfalls unter Stickstoffatmosphäre gelöst und nach der Quellzeit zu dem ausgedehnten Harz gegeben. Das Reaktionsgemisch wurde mit

Resultate und Diskussion

Hilfe eines Schüttlers bewegt, da ein Magnetrührstäbchen das Harz mechanisch zerstört hätte. Nach erfolgter Reaktion wurde die Reagenzlösung abgelassen und das Harz mit Lösungsmitteln gewaschen, welche für die momentan immobilisierte Vebindung geeignet waren. Dabei wurde meist zunächst DMF verwendet, da alle Reagenzien, die herausgewaschen werden sollten, darin löslich waren. DMF wiederum ließ sich gut durch Waschen mit Dichlormethan entfernen. Im Anschluss wurde das Harz im Vakuum getrocknet. Somit war die Reinigung sehr schnell und problemlos durchführbar. Bei der Verwendung von Fritten gab es zum Teil ein Problem, wenn Reagenzien nicht in großem Überschuss verwendet wurden, da ein Teil der Reaktionslösung oft durch den Frittenboden lief und sich vor dem Hahn sammelte. Somit war für diesen Teil der Reaktionslösung kein Kontakt mit dem Harz mehr möglich. Bei der Reaktion eines immobilisierten *cyclo*Sal-Nucleotids mit einem Phosphatsalz stellte diese Tatsache kein Problem dar, da das Phosphatsalz aufgrund seiner ausreichenden Verfügbarkeit im großen Überschuss eingesetzt werden konnte. Bei der Immobilisierung des Triesters hingegen konnte aufgrund der Effizienz der Kupplung der Triester nicht im großen Überschuss eingesetzt werden. Alternativ wurde die Verwendung von Fritten geringerer Porengröße getestet, was das Ablassen der Lösungsmittel jedoch zu stark erschwerte. Somit wurde im Laufe der Zeit beschlossen, die Immobilisierung des *cyclo*Sal-Nucleotids in einem kleinen Glasgefäß, welches in einen Stickstoffkolben gestellt wurde, durchzuführen. Auch dessen Inhalt konnte mittels Schüttler durchmischt werden. Nach vollständiger Reaktion (überprüft mittels Kaiser-Test, siehe Kapitel 4.3.3, S. 59) wurde das Reaktionsgemisch in eine Fritte überführt und wie soeben beschrieben weiter gehandhabt. Die Abspaltung von Zielmolekülen erfolgte durch Zugabe einer geeigneten Abspaltlösung in der Fritte. Der Succinyl-Linker war mit 25%-iger wässriger Ammoniaklösung bei 50 °C für 2 h spaltbar oder alternativ mit Methanol/ Wasser/ Triethylamin (7:3:1 v/v/v) bei Raumtemperatur für 16 - 48 h. Bei den jeweiligen Reaktionen wird näher darauf eingegangen werden, welche Abspaltbedingungen wann genutzt wurden. Der Acetal-Linker (wird in Kapitel 4.3.7, S. 104, vorgestellt) war spaltbar mit 1,4-Dioxan/ Wasser/ Trifluoressigsäure (9:0.5:0.5, v/v/v) bei 50 °C für 6 h. Nach Beendigung wurde die Abspaltlösung abgelassen, das Harz mehrfach gewaschen, die Abspaltlösung von anderen Lösungsmitteln als Wasser befreit, Abspalt- und Waschlösung vereinigt und lyophilisiert.

Resultate und Diskussion

4.3.3 Immobilisierung von *cyclo*Sal-Nucleotiden

Bei der Beurteilung des Erfolgs einer Immobilisierung des *cyclo*Sal-Nucleotids waren zwei Aspekte zu beachten. Erstens sollten alle Aminogruppen von Aminomethylpolystryrol **52** reagiert haben und somit beladen vorliegen. Somit konnte man alle folgenden Berechnungen von Äquivalenten auf die Mol der belegten Ankergruppen des Harzes beziehen, da dessen Menge an Ankergruppen pro Masse bekannt war (1.1 mmol/g). Zweitens sollte das leicht hydrolysierbare *cyclo*Sal-Nucleotid während der Immobilisierung stabil sein, damit keine Hydrolyseprodukte (z.B. NMP) an das Harz gebunden werden, welche nach Abspaltung des Produktes dessen Reinheit verringern.

Zur Überprüfung einer quantitativen Beladung ist der Kaiser-Test ein gängiges Verfahren zur Ermittlung freier, primärer Aminogruppen bei Festphasensynthesen.[80,81] Dazu wird aus dem Reaktionsgemisch, welches aus der festen Phase sowie Kupplungsreagenz und zu kuppelndem Molekül besteht, eine sehr kleine, sichtbare Menge Harz entfernt, in einer kleinen Fritte mit Ethanol mehrfach gewaschen und im Anschluss im Vakuum getrocknet. Dann wird das Harz in ein Reagenzglas überführt, dort mit je 2-3 Tropfen von drei zuvor hergestellten Reagenzien A-C versetzt (A: Ninhydrin in Ethanol, B: Phenol in Ethanol, C: Natriumcyanid in Wasser und Pyridin, genaue Mengen siehe Kapitel 8.2.1, S. 136) und 5 min bei 120 °C mittels Heißluftfön erhitzt. Als nicht quantitativ beladen gilt ein Harz, dessen Kaiser-Test während dieser Zeit eine bläulich bis stark blau-violette Farbe aufweist (Test positiv, Harz nicht vollständig beladen). Tatsächlich ergaben Reaktionen, deren Kaiser-Tests eine gelbe Farbe des Reaktionsgemisches nach 5 minütigem Erhitzen aufwiesen (Test negativ, Harz vollständig beladen), nach Abspaltung der Zielmoleküle von der Festphase eine Masse an Rohprodukt, welche in der Größenordnung von quantitativer Beladung lag. Der Kaiser-Test beruht auf der Reaktion von Ninhydrin mit freien primären Aminogruppen. Nachdem zunächst ein Molekül Ninhydrin **137** mit der Amingruppe des Harzes **52** zum Aminoketon **138** reagiert hat, bildet letzteres mit einem weiteren Molekül Ninhydrin **137** unter Erhitzen den blau-violetten Farbstoff **139**, der auch als „Ruhemanns Purpur" zeichnet wird.

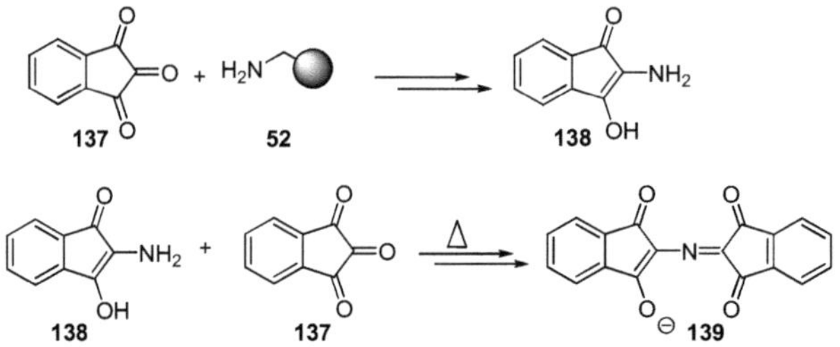

Resultate und Diskussion

Abb. 52: Kaiser-Test basierend auf der Reaktion von Ninhydrin **137** zu „Ruhemanns Purpur" **139**

Bei den auf die Immobilisierung folgenden Reaktionen wurden die Äquivalente an Reagenzien auf die Mol Aminogruppen des für die Reaktion eingesetzten Harzes bezogen. Bezüglich des zweiten Aspekts der Stabilität eines *cyclo*Sal-Nucleotids konnte das Intaktbleiben zwar mittels Dünnschichtchromatographie abgeschätzt werden, bei labileren Triestern als Chlor-substituierten (MeSO$_2$, NO$_2$) war dies jedoch problematisch, da sie auch während der DC zerfielen. Somit war nur das Ergebnis der NMR-spektroskopischen Untersuchung des Rohproduktes nach der Reaktion als Summe von Erfolg des Immobilisierens sowie Erfolg der Umsetzung zum Produkt zu bewerten.

Um nur den Erfolg des Immobilisierens bei der NMR-spektroskopischen Untersuchung des Rohproduktes bewerten zu können, sollten nach der Immobilisierung Reaktionen mit nahezu quantitativer Umsetzung des immobilisierten Triesters durchgeführt werden. Schon in ersten Versuchen zeigte sich, dass immobilisiertes 5-Chlor-*cyclo*Sal-3'-*O*-succinyl-thymidinmonophosphat **63$_i$** mit den Phosphatsalzen ([(*n*-Bu)$_4$N]P **127** bzw. [(*n*-Bu)$_4$N]$_2$PP **27b**) in hoher Reinheit zu TDP **136** bzw. TTP **60** reagierte. Auf die Optimierung und die genaue Durchführung der (d)NDP- und (d)NTP-Synthesen wird in Kapitel 4.3.4 (S. 69) eingegangen, weshalb im nächsten Kapitel keine Details der Umsetzungen erläutert werden. Vielmehr sollten die Festphasensynthesen von (d)NDPs und (d)NTPs an dieser Stelle nur als Testreaktionen dienen, um aus der Reinheit der Rohprodukte Rückschlüsse auf den Erfolg der Immobilisierung - auch der sehr labilen 5-MeSO$_2$- oder 5-NO$_2$-substituierten *cyclo*Sal-Nucleotide - ziehen zu können.

Resultate und Diskussion

4.3.3.1 Immobilisierung von (2'-Desoxy-) Ribonucleosiden über den Succinyl-Linker

Eine etablierte Methode zur Synthese einer Amidbindung ist die Verwendung der Kupplungsreagenzien 1-Hydroxybenzotriazol (HOBt) und eines Carbodiimids, z.B. *N,N'*-Di*iso*propylcarbodiimid (DIC).[82,83] Nach einem literaturbekannten Syntheseprotokoll zur Knüpfung einer Amidbindung sind 0.75 Äquivalente des Harzes sowie je 1 Äquivalent HOBt, DIC und des zu kuppelnden Moleküls zu verwenden.[84]

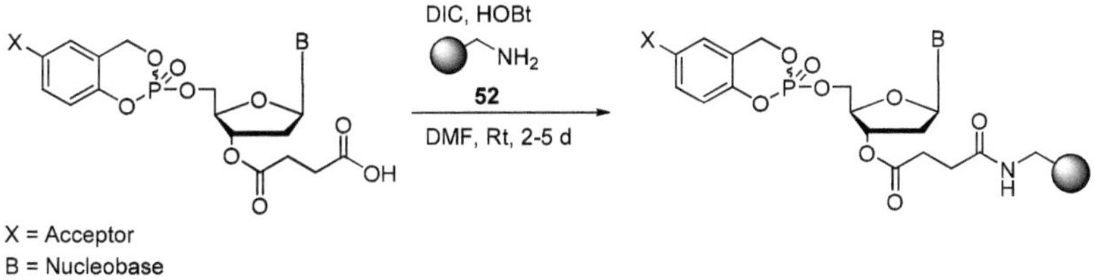

X = Acceptor
B = Nucleobase

Abb. 53: Immobilisierung eines *cyclo*Sal-Nucleotids mit HOBt/ DIC (je 1 Äquivalent)

Diese Kupplungsbedingungen wurden auf die Immobilisierung der *cyclo*Sal-Triester übertragen und über einen langen Zeitraum als Standardkupplungsbedingungen verwendet. Es zeigte sich dabei, dass die Reaktionszeit meist drei oder mehr Tage betrug, bis der Kaiser-Test negativ war. 5-Chlor-*cyclo*Sal-3'-*O*-succinyl-thymidin-monophosphat **63** war unter den Reaktionsbedingungen stabil. Beispielsweise zeigte das ^{31}P-NMR-Spektrum des Rohprodukts nach Umsatz eines auf die soeben beschriebene Weise immobilisierten **63$_i$** zu TTP **60** eine hohe Reinheit des Produkts. Mehrtägige Reaktionsdauer zur Immobilisierung von 5-Chlor-*cyclo*Sal-2'-*O*-acetyl oder -succinyl-3'-*O*-acetyl oder -succinyl-UMP **65** und 5-Chlor-*cyclo*Sal-N^6-dibenzoyl-3'-*O*-succinyl-2'-dAMP **66** gefolgt von dem jeweiligen Umsatz von **65$_i$** bzw. **66$_i$** zum entsprechenden (d)NTP (UTP **140** bzw. 2'-dATP **141**) ergab hingegen eine deutlich größere Menge eines Nebenproduktes bei ca. -5 ppm.

Resultate und Diskussion

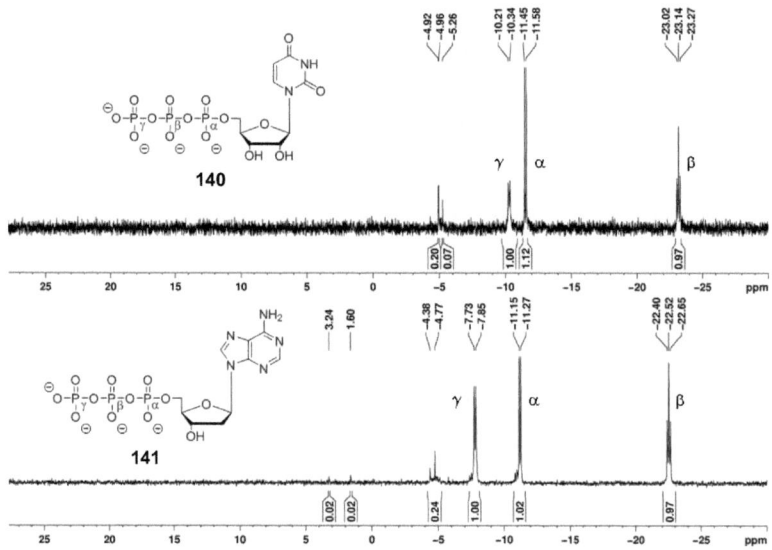

Abb. 54: ^{31}P-NMR-Spektren der Rohprodukte von UTP **140** (oben) und 2'-dATP **141** (unten) nach Immobilisierung mit HOBt/ DIC

Dieses Nebenprodukt entsteht häufig bei Umsetzungen von *cyclo*Sal-Nucleotiden und ist vermutlich der in Abb. 5 (S. 6) bereits vorgestellte Phenylphosphatdiester **17**. In Arbeiten von S. Warnecke wurde ein solcher Phenylphosphatdiester mit dem 5-NO$_2$-Substituenten NMR-spektroskopisch sowie massenspektrometrisch identifiziert.[26] Auch jener Phenylphosphatdiester wies eine chemische Verschiebung im ^{31}P-NMR von ca. -6 ppm auf. Warum und auf welche Weise er sich bildet, ist jedoch ungeklärt. Im Folgenden wird sich bei Erwähnung vermutlicherweise entstandener Phenylphosphatdiester auf die in Abb. 55 dargestellte allgemeine Struktur **142** berufen werden.

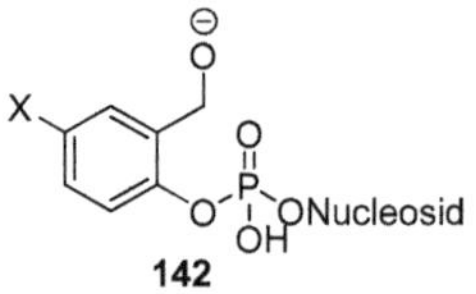

X = Acceptor
(Cl, MeSO$_2$ oder NO$_2$)

Abb. 55: Allgemeine Struktur des vermuteten Phenylphosphatdiesters **142**

Resultate und Diskussion

Entweder waren die 5-Chlor-*cyclo*Sal-Triester der Nucleoside 2'-Desoxyadenosin, **66**, und Uridin, **65**, labiler während der Immobilisierung als jener von Thymidin, **63**, oder sie haben bei der Reaktion zum (d)NTP zu Nebenprodukten reagiert.

Die Immobilisierung von 5-MeSO$_2$-*cyclo*Sal-Nucleotiden stellte eine neue Herausforderung dar. Nach der Immobilisierung von 5-MeSO$_2$-*cyclo*Sal-3'-*O*-succinyl-thymidinmonophosphat **120$_i$** mittels HOBt/ DIC (je 1 Äquivalent) und Umsetzung zum TTP **60** wurde ein ^{31}P-NMR-Spektrum des Rohproduktes erhalten, welches eine Vielzahl von unbekannten, phosphorhaltigen Nebenprodukten zeigte (Abb. 56), obwohl selbst Reaktionen von scheinbar weniger aktivierten *cyclo*Sal-Nucleotiden (Chlor als Acceptor) mit Phosphatsalzen in hohen Umsetzungen verlaufen.

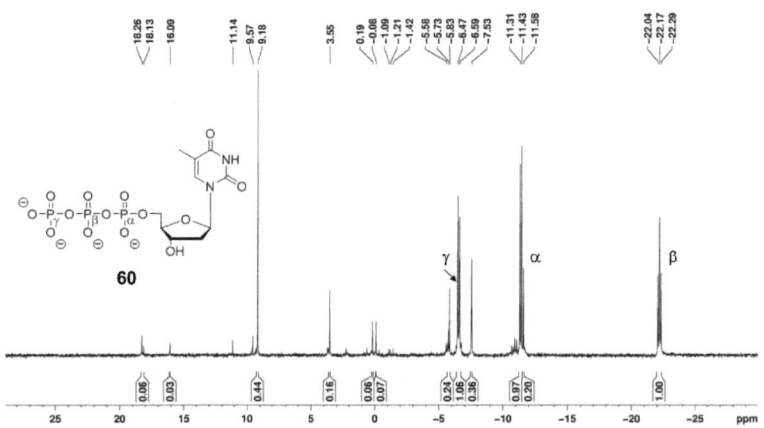

Abb. 56: ^{31}P-NMR-Spektren des Rohprodukts von TTP **60** synthetisiert aus immobilisiertem 5-MeSO$_2$-*cyclo*Sal-Triester **120$_i$** nach Kupplung mit HOBt/ DIC (je 1 Äquivalent)

Wahrscheinlich hydrolisierte **120** während der Kupplung aufgrund des Wasseranteils von HOBt (12%) und der längeren Kupplungsdauer. Zu erwähnen sei an dieser Stelle ein zum relativ großen Anteil entstandenes Nebenprodukt bei +9.2 ppm, welches später noch identifiziert werden wird. Somit wurde nach neuen, wasserfreien Kupplungsbedingungen gesucht. Häufig in der Literatur beschrieben sind Amidkupplungen mit Uronium-Salzen wie *O*-(7-Azabenzotriazol-1-yl)-*N,N,N',N'*-tetramethyluroniumhexafluorophosphat (HATU) oder *O*-(Benzotriazol-1-yl)-*N,N,N',N'*-tetramethyluroniumtetrafluoroborat (TBTU) in Kombination mit einer Base, oft

Resultate und Diskussion

DIPEA.[85,86] Aufgrund der Hydrolyseempfindlichkeit der 5-MeSO$_2$-*cyclo*Sal-Nucleotide wurde die vergleichsweise schwächere Base 4-(Dimethylamino)pyridin zugefügt.[87]

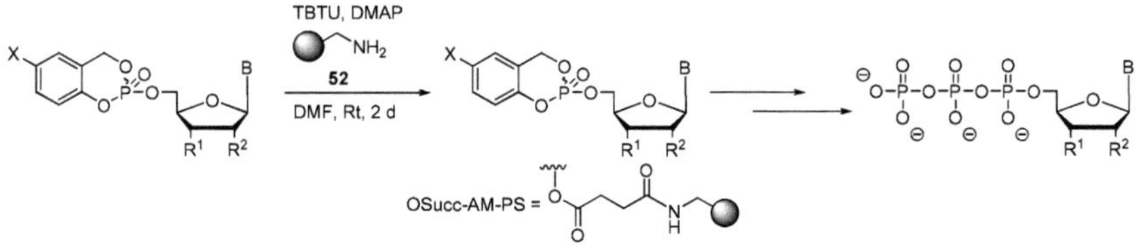

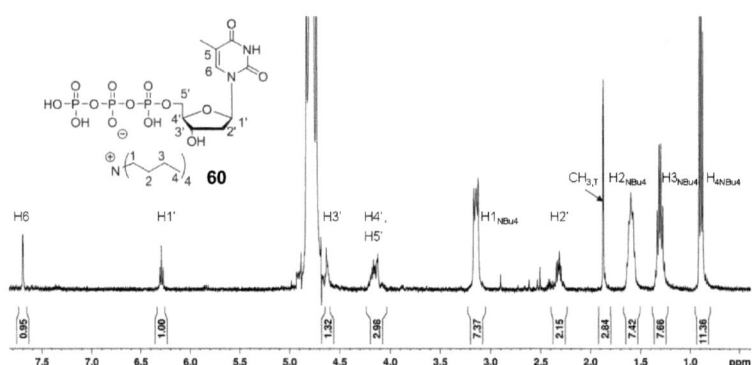

	B	R^1	R^2	X			
63	T	OSucc	H	Cl	63$_i$ mit OSucc = OSucc-AM-PS	TTP	60
120	T	OSucc	H	MeSO$_2$[a]	120$_i$ mit OSucc = OSucc-AM-PS	TTP	60
122	U	OSucc ↔ OAc		MeSO$_2$	122$_i$ mit OSucc = OSucc-AM-PS	UTP	140

[a]: Kupplung zudem mit 4-Ethylmorpholin statt DMAP durchgeführt

Abb. 57: Kupplung von **63**, **120**, **122** mit TBTU und DMAP (oder 4-Ethylmorpholin)

Diese Reaktionsbedingungen wurden zunächst auf die Immobilisierung des 5-Chlor-substituierten *cyclo*Sal-Nucleotids **63** angewandt und das Ergebnis nach der Umsetzung zu TTP **60** bewertet. Es zeigte sich, dass erfreulicherweise nur das Produkt und kein NMP oder unerwünschter Diester **142** entstanden war. Das ^{1}H-NMR-Spektrum zeigte hohe Reinheit des Produkts, es waren keine aromatischen Signale des Diesters **142** zu erkennen.

Abb. 58: ^{1}H-NMR-Spektrum des Rohprodukts von TTP **60** synthetisiert aus immobilisiertem 5-Chlor-*cyclo*Sal-Triester **63$_i$** nach Kupplung mit DMAP/ TBTU

Das ^{31}P-NMR-Spektrum zeigte neben den Signalen des Produkts nur ein weiteres Signal bei -7.4 ppm, dessen Ursprung unbekannt war. Dem Signal konnten keine Protonsignale zugeordnet werden. Auch Pyrophosphat **27b** konnte nahezu ausge-

Resultate und Diskussion

schlossen werden, da es durch die Waschvorgänge gut entfernbar war. Die Kupplungsbedingungen wurden nun auf 5-MeSO$_2$-substituierte *cyclo*Sal-Nucleotide **120** sowie **122** übertragen und diese im Anschluss ebenfalls zu TTP **60** bzw. UTP **140** umgesetzt.

Überraschenderweise zeigte das ^{31}P-NMR-Spektrum von TTP **60**, ausgehend vom immobilisierten 5-MeSO$_2$-substituiertem *cyclo*Sal-Nucleotid **120**$_i$, eine bis dahin höchste Reinheit bei Umsatz eines 5-MeSO$_2$-*cyclo*Sal-Nucleotids, allerdings mit Ausnahme des eben bereits beschriebenen Signals bei nun -7.6 ppm. Auch das ^{31}P-NMR-Spektrum von UTP **140** zeigte nur Signale des Produkts, abgesehen von ebenfalls einem Signal bei -10.4 ppm, dem erneut keine ^{1}H-Signale zugeordnet werden konnten.

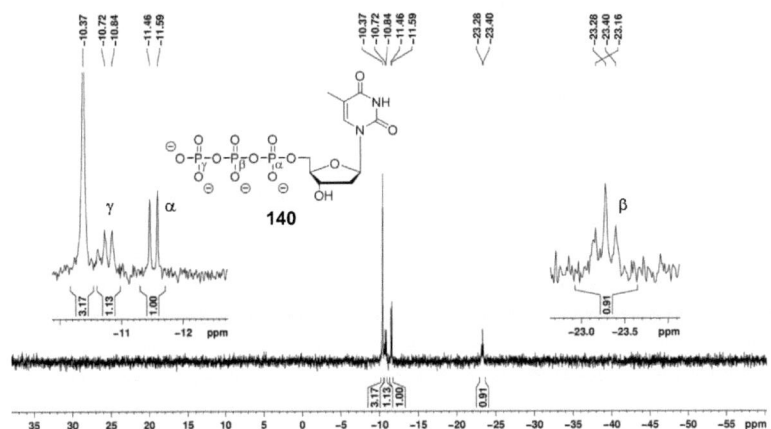

Abb. 59: ^{31}P-NMR-Spektrum des Rohprodukts von UTP **140** synthetisiert aus immobilisiertem 5-MeSO$_2$-*cyclo*Sal-Triester **122**$_i$ nach Kupplung mit DMAP/ TBTU

Ohne Zerfall des 5-MeSO$_2$-*cyclo*Sal-Triesters in die gängigen Nebenprodukte NMP, den Phenylphosphatdiester **142** (vgl. dazu Abb. 55, S. 62) sowie die bis dahin unbekannte Verbindung mit Signal bei ca. +9 ppm im ^{31}P-NMR-Spektrum war bis dahin kein NTP synthetisiert worden. Negativ war allerdings, dass die Kupplungen bei allen DMAP/ TBTU-Kupplungen nicht quantitativ waren, die Kaiser-Tests waren positiv (blau) und es wurden nur 15 - 17 mg Rohprodukt erhalten, obwohl etwa 70 mg erwartet wurden. Zudem konnte das erwähnte Signal einer unbekannten Substanz in den ^{31}P-NMR-Spektren nicht aufgeklärt werden.

Resultate und Diskussion

Im Folgenden sollte sich zeigen, ob die Kupplung unter Zusatz einer anderen Base effizienter verläuft. Deshalb wurde 4-Ethylmorpholin den Kupplungsreagenzien zugesetzt.[51] Um Wasserspuren auszuschließen, wurden TBTU und 4-Ethylmorpholin vor der Reaktion in absolutem DMF gelöst und über aktiviertem Molsieb 4Å stehen gelassen. 5-Chlor-*cyclo*Sal-3'-O-succinyl-thymidinmonophosphat **63** wurde unter Basenzusatz immobilisiert und zu TDP **136** umgesetzt. Das Ergebnis war sehr erfreulich: es waren laut ^{31}P-NMR-Spektrum nur 10% Nebenprodukt entstanden, und das unbekannte Signal im ^{31}P-NMR-Spektrum war nicht vorhanden. Zudem war die Kupplung effizienter, es wurden 52 mg Rohprodukt statt 15 mg ohne TBTU bei gleicher Ansatzgröße erhalten.

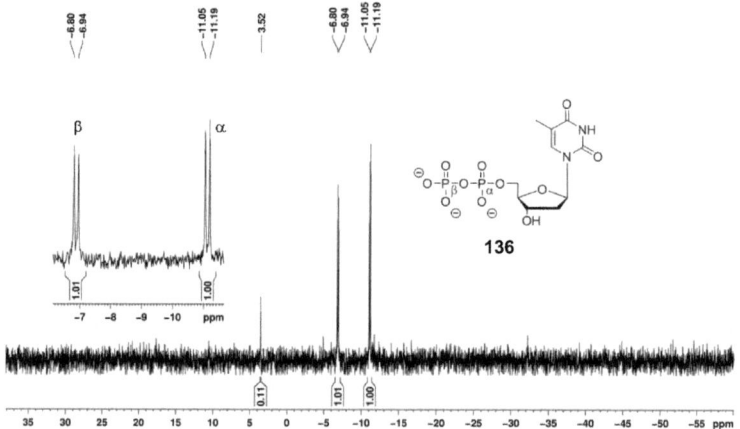

Abb. 60: ^{31}P-NMR-Spektrum des Rohprodukts von TDP **136** synthetisiert aus immobilisiertem 5-Chlor-*cyclo*Sal-Triester **63**$_i$ nach Kupplung mit 4-Ethylmorpholin/ TBTU

Auf diese Weise wurde auch das entsprechende 5-MeSO$_2$-*cyclo*Sal-Nucleotid von Uridin, **122**$_i$, immobilisiert und zu UDP **143** umgesetzt. Dabei wurde eine Reinheit des Rohproduktes von 61% erhalten, woraufhin weiter nach alternativen Immobilisierungsbedingungen für 5-MeSO$_2$-*cyclo*Sal-Nucleotide gesucht wurde.

Deshalb wurde untersucht, wie sich ein großer Überschuss von HOBt/ DIC in Kombination mit kurzer Reaktionszeit auf die Reinheit der Rohprodukte auswirkt. Dazu wurde 5-MeSO$_2$-*cyclo*Sal-3'-O-succinyl-thymidinmonophosphat **120** mit je 3 Äquivalenten HOBt und DIC bei Raumtemperatur 20 h gekuppelt und im Anschluss zu TDP **136** umgesetzt. Hier wurde ein gutes Ergebnis erzielt: TDP **136** wurde in

Resultate und Diskussion

81% Reinheit aus dem immobilisierten 5-MeSO$_2$-*cyclo*Sal-Nucleotid **120$_i$** erhalten (Abb. 61). Auch die Menge an Rohprodukt entsprach der erwarteten (siehe Kapitel 4.3, S. 51). Das zum größten Anteil auftretende Nebenprodukt war erneut die bereits erwähnte Verbindung mit einem Signal bei +9.2 ppm, auf dessen Identifizierung später (Kapitel 4.3.4, S. 69) eingegangen wird.

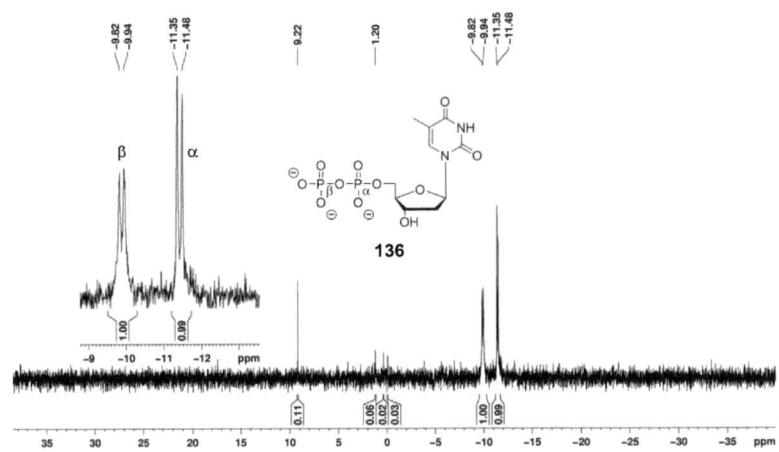

Abb. 61: ^{31}P-NMR-Spektrum des Rohprodukts von TDP **136** synthetisiert aus immobilisiertem 5-MeSO$_2$-*cyclo*Sal-TMP **120$_i$** nach Kupplung mit HOBt/ DIC (je 3 Äquivalente, 20 h)

Somit wurden die Immobilisierungen nach dieser Erkenntnis mit je 3 Äquivalenten HOBt/ DIC für 20 h durchgeführt.

4.3.3.2 Immobilisierung von Ribonucleosiden über den Acetal-Linker

*Cyclo*Sal-Ribonucleotide lassen sich neben der zuvor beschriebenen Immobilisierung über den Succinyl-Linker auch 2',3'-OH-ungeschützt über einen sauer spaltbaren Acetal-Linker immobilisieren. Dies wurde bereits in eigenen vorangegangenen Arbeiten anhand der Immobilisierung von 5-Chlor-*cyclo*Sal-uridinmonophosphat **117** sowie dessen anschließender Umsetzung zu Uridin-5'-methylphosphat **171** gezeigt.[63] Der Syntheseweg zum immobilisierten *cyclo*Sal-Ribonucleotid soll hier erneut kurz beschrieben werden, da es neben **117** auch gelungen ist, 5-Acetyl-*cyclo*Sal-uridinmonophosphat **119** auf diese Weise zu immobilisieren.

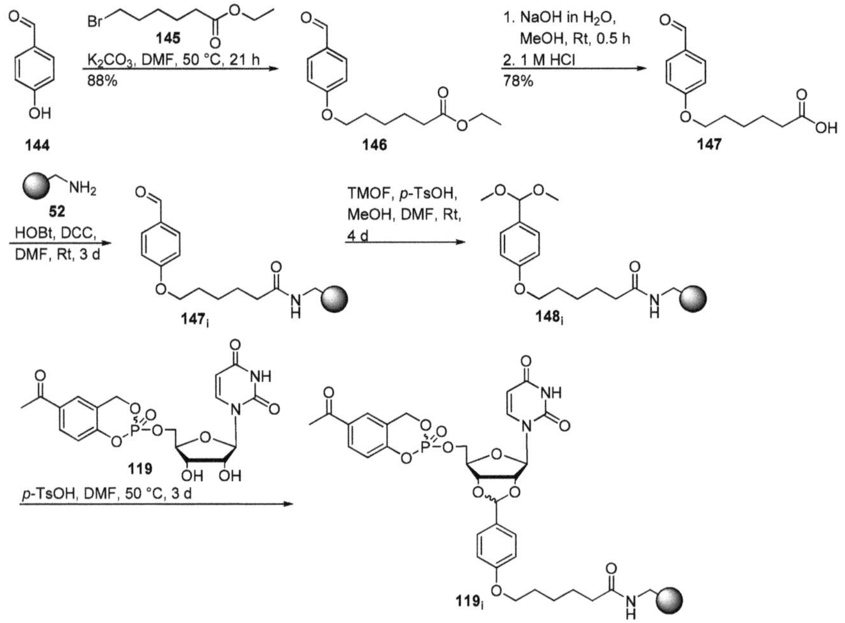

Resultate und Diskussion

Abb. 62: Dimethylacetal-Linker **148$_i$** zur Immobilisierung von 2'- und 3'-OH freien *cyclo*Sal-Ribonucleotiden

Die Synthese des Linkers beginnt mit der Reaktion von *para*-Hydroxybenzaldehyd **144** mit Ethyl-6-brom-hexanoat **145** unter basischen Bedingungen[84] und anschließender basischer Hydrolyse des Ethylesters **146** zur Säure **147**. Diese ist in vorangegangenen Arbeiten nur als Nebenprodukt angefallen und konnte nun gezielt durch Suspension des Esters **146** in wässriger und methanolischer NaOH-Lösung dargestellt werden. Die Säure **147** wurde aus dem Carboxylat durch Protonierung mit HCl gefällt, filtriert und ohne weitere Reinigung sauber erhalten. Die Anknüpfung von **147** an Aminomethylpolystyrol **52** erfolgte analog der des Succinyl-Linkers (Kapitel 4.3.3.1, S. 61), allerdings wurde hier die Verwendung von Dicyclohexylcarbodiimid (DCC) statt DIC getestet. Die Synthese des reaktiven Dimethylacetals **148$_i$** erfolgte unter Zugabe eines Überschusses an Trimethylorthoformiat (TMOF) und katalytischer *para*-Toluolsulfonsäure (*p*-TsOH). Die Umacetalisierung zur Immobilisierung von **119** erfolgte mit einem Überschuss des Dimethylacetals **148$_i$** und erneut *para*-Toluolsulfonsäure (*p*-TsOH). An dieser Stelle wurde der Triester im Unterschuss (1:9, n/n) eingesetzt, um diesen möglichst quantitativ zu immobilisieren,

Resultate und Diskussion

was bei Immobilisierung des entsprechenden 5-Chlor-substituierten Triesters **117** (im Unterschuss 1:7, n/n) auch erfolgreich gelungen ist, wie die darauf erfolgte Umsetzung zu Uridin-5'-methylphosphat **171** und dessen Menge nach Abspaltung zeigte.[63] Auf die analoge Umsetzung von immobilisiertem, 5-Acetyl-substituiertem Triester **119ᵢ** wird in Kapitel 4.3.7 (S. 104) eingegangen.

4.3.4 Darstellung von Nucleosid-5'-di- und -triphosphaten

*Cyclo*Sal-Nucleotide lassen sich durch den nucleophilen Angriff von Phosphat oder Pyrophosphat in die entsprechenden Nucleosid-di- und -triphosphate überführen. Ein Syntheseprotokoll für die Durchführung der NDP- und NTP-Synthesen in Lösung wurde von *S. Warnecke* optimiert.[25,26] Danach wird das jeweilige *cyclo*Sal-Nucleotid (1 Äquivalent) zu einer Lösung des entsprechenden Nucleophils (2 Äquivalente) getropft und 16 h bei Raumtemperatur gerührt. Dabei lieferten 5-Nitro-substituierte *cyclo*Sal-Nucleotide bessere Ausbeuten an (d)NDPs und (d)NTPs (40 - 83%) als 5-Chlor-substituierte (40 - 55%). Allerdings wurde bei den Umsetzungen in Lösung Bis-(tetra-*n*-butylammonium)hydrogenphosphat sowie Tris-(tetra-*n*-butylammonium)hydrogenpyrophosphat **27a** eingesetzt, was bei Verwendung von 3'-*O*-Succinyl-verknüpften *cyclo*Sal-Nucleotiden zur Linkerspaltung führte (Kapitel 4.3.1, S. 52). Deshalb wurden die Reaktionen von immobilisierten *cyclo*Sal-Nucleotiden zu (d)NDPs und (d)NTPs - wie bereits erwähnt - unter Verwendung von Tetra-*n*-butylammoniumphosphat **127** bzw. Bis-(tetra-*n*-butyl-ammonium)hydrogenpyrophosphat **27b** (zu deren Darstellung siehe Kapitel 4.3.1, S. 52) erprobt und optimiert, wobei der Succinyl-Linker intakt blieb. Bei Durchführung dieser Reaktionen an der festen Phase war die Zugabe des Triesters zu dem Nucleophil nicht möglich, da dieser an der festen Phase immobilisiert war und somit als unlöslicher Feststoff vorlag. Deshalb wurde das Nucleophil zu der festen Phase gegeben und das Reaktionsgemisch anschließend 16 h bei Raumtemperatur geschüttelt. Die Abspaltung erfolgte mit 25%-igem wässrigen Ammoniak bei 50 °C für 2 h.

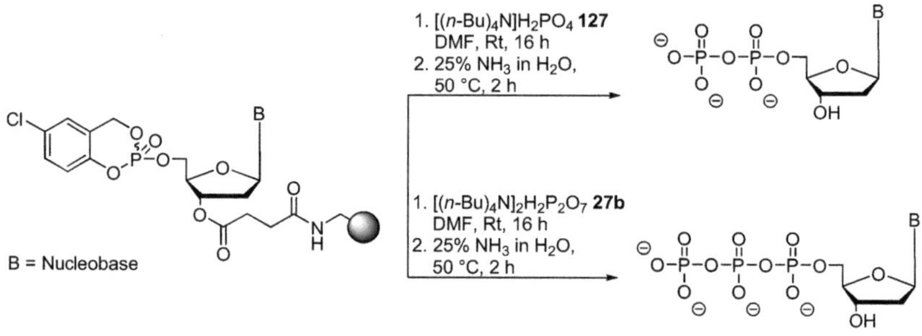

Resultate und Diskussion

Abb. 63: Allgemeines Syntheseschema zur Darstellung von 2'-dNDPs und 2'-dNTPs

Ein Vorteil ist, dass bei der Festphasensynthese die Verwendung eines größeren Überschusses an Nucleophil möglich war, da es durch anschließende Waschvorgänge entfernt werden konnte. Es sollten zunächst 5-Chlor-substituierte immobilisierte *cyclo*Sal-Nucleotide aufgrund ihrer größeren Stabilität (bei der Synthese sowie bei ihrer Immobilisierung) - verglichen mit 5-Nitro- und 5-Methylsulfonyl-*cyclo*Sal-Nucleotiden - als Modellverbindungen zur Optimierung dieser Umsetzungen dienen. Die Optimierungen der Umsetzungen zu (d)NDPs oder (d)NTPs werden nicht getrennt behandelt, da keine Unterschiede in Bezug auf Handhabung, Reaktionsdauer und Ergebnis der Reaktionen beobachtet wurden. Es wurde 5-Chlor-*cyclo*Sal-3'-*O*-succinyl-thymidinmonophosphat **63** zur Optimierung verwendet (Synthese von TDP **136** und TTP **60**) und die Reaktionsbedingungen dann auf die Synthese von BVdUDP **149**, BVdUTP **6**, UDP **143**, UTP **140**, 2'-dADP **150**, 2'-dATP **141** und 2'-dCDP **151** übertragen.

Bei der Optimierung der Reaktionen war es das Ziel, Verunreinigungen im ^{31}P-NMR-Spektrum der Rohprodukte zu minimieren. Während zahlreicher Synthesen tauchten drei Nebenprodukte wiederkehrend auf: bei der Hydrolyse eines *cyclo*Sal-Nucleotids ist die Bildung des Nucleosid-5'-monophosphats sowie des Phenylphosphatdiesters **142** (vgl. dazu Abb. 55, S. 62) möglich, deren Signale im ^{31}P-NMR-Spektrum bei ca. +1 ppm (NMP) und ca. -5 bis -6 ppm (**142**) zu erkennen waren. Zudem war bei Umsetzung 5-MeSO$_2$- oder 5-NO$_2$-substituierter *cyclo*Sal-Nucleotide ein Signal bei +9 bis +10 ppm zu erkennen, auf dessen Identifizierung des zugehörigen Moleküls später näher eingegangen wird. Im Folgenden wird auf die Faktoren eingegangen, die zur Optimierung der Reaktionsbedingungen verändert wurden.

Resultate und Diskussion

Generell war es wichtig, das Harz **52** vor jeder Reaktion im Vakuum zu trocknen und dann in DMF zu quellen. Die Immobilisierung erfolgte mit HOBt/ DIC oder TBTU/ 4-Ethylmorpholin (Kapitel 4.3.3.1, S. 61). Nach der Immobilisierung wurde das Harz zunächst mit Lösungsmitteln absteigendem Quellvermögens gewaschen, wie es in der Literatur vorgeschlagen wird (1. DMF, 2. THF, 3. CH_2Cl_2).[84] Bei Vergleich zweier analog durchgeführter Reaktionen zum TTP **60**, wobei bei einer auf THF zum Waschen des immobilisierten Triesters verzichtet wurde, wurde im ^{31}P-NMR-Spektrum bei jener ohne THF kein Signal des unerwünschten Phenylphosphatdiesters **142** beobachtet, anders bei jener mit THF (bei -6.4 ppm, im Verhältnis 0.3:1.0 zum Produkt). Vermutlich resultierte die Bildung von **142** aus dem Wasseranteil in THF. Deshalb wurde im Folgenden auf THF beim Waschen des Harzes verzichtet. Das jeweilige Phosphatsalz **127** bzw. **27b** wurde vor der Reaktion in absolutem DMF gelöst und mehrere Stunden über aktiviertem Molsieb 4Å stehen gelassen. Hierbei stellte sich heraus, dass sich weniger Nebenprodukte bildeten, wenn das jeweilige Phosphatsalz vor dem Lösen in DMF möglichst lange im Ölpumpenvakuum getrocknet wurde (mind. 3 h). Das Waschen des Harzes nach der Reaktion zum TTP **60** und somit direkt vor der Abspaltung wurde zunächst der Reihenfolge nach ebenfalls mit DMF und CH_2Cl_2 durchgeführt. Nach der Abspaltung war das Rohprodukt häufig noch mit dem jeweiligen Phosphatsalz verunreinigt (bis zum Verhältnis 3.5:1.0 zum Produkt). Wurde das Harz vor der Abspaltung gründlich mit Wasser gewaschen, war die komplette Entfernung des Phosphatsalzes möglich. Falls eine weitere Reinigung der Rohprodukte nötig war, konnte eine chromatographische Reinigung an RP-18 Silicagel angeschlossen werden. Nach der Abspaltung wurden die Rohprodukte mit (n-Bu)$_4$N$^+$ als Gegenionen erhalten, welche schwieriges chromatographisches Verhalten zeigten. Um die Gegenionen bereits auf der Festphase auszutauschen, wurde immobilisiertes TDP **136$_i$** mehrfach mit Lithiumchlorid-Lösung und im Anschluss mit Wasser gewaschen, bevor es abgespalten wurde. Die Anzahl der auf diese Weise nicht vollständig entfernten (n-Bu)$_4$N$^+$-Ionen verringerte sich dadurch von 1 auf 0.4, d.h. es fand kein vollständiger Austausch statt. TDP **136**, TTP **60**, BVdUDP **149** und BVdUTP **6** konnten aus dem jeweiligen immobilisiertem 5-Chlor-*cyclo*Sal-Nucleotid **63$_i$** bzw. **67$_i$** in sehr guter Reinheit von 90 - 91% nach basischer Abspaltung mit 25%-iger wässriger Ammoniak-Lösung erhalten werden (Abb. 64). Die Synthese von TDP **136** aus dem entsprechenden 5-Methylsulfonyl-*cyclo*Sal-Nucleotid **120$_i$** ergab im erfolgreichsten

Resultate und Diskussion

Fall eine Reinheit des Rohproduktes von 81% (**136**), wobei der die Reinheit limitierende Schritt hier vermutlich die Immobilisierung darstellte. Die erhaltenen Mengen an Rohprodukt entsprachen den erwarteten.

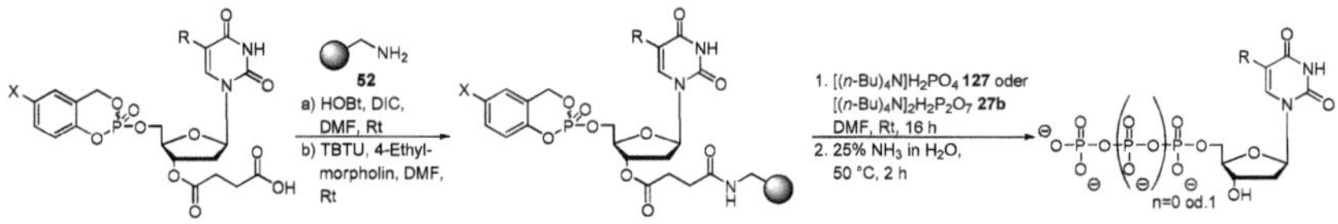

	R	X	Imm.		Reagenz	n	Reinheit
63	CH_3	Cl	a od.b	63_i	127	136	0	90%
120	CH_3	$MeSO_2$	a	120_i	127	136	0	81%
63	CH_3	Cl	a	63_i	27b	60	1	90%
67	2-Bromvinyl	Cl	a	67_i	127	149	0	91%
67	2-Bromvinyl	Cl	a	67_i	27b	6	1	90%

Abb. 64: Festphasensynthese von TDP **136**, TTP **60**, BVdUDP **149** und BVdUTP **6**

Um in Zukunft noch höhere Reinheiten der Zielmoleküle als 91% erzielen zu können, sollte die Vermischung von Harz und Nucleophil-Lösung optimiert werden, da sich bei dem Schütteln in der Fritte immer ein Teil des Harzes an der Frittenwand absetzte, welcher dann wahrscheinlich nicht mehr an der Reaktion teilnehmen konnte und bei der Abspaltung schließlich Nebenprodukte durch die Triester-hydrolyse lieferte. TDP **136** wurde mit Tetra-*n*-butylammonium-Ionen als Gegenionen an RP-18 Silicagel gereinigt, was sich als schwierig erwies, da es teilweise gemeinsam mit dem in geringer Menge als Nebenprodukt gebildeten TMP eluierte und es somit zweier Reinigungen bedurfte. TTP **60** hingegen wurde ebenfalls in der Tetra-*n*-butylammonium-Form an RP-18 Silicagel gereinigt, was erfolgreich verlief und keine Mischfraktionen lieferte. BVdUDP **149** und BVdUTP **6**, die bereits in hoher Reinheit nach Abspaltung von der Festphase erhalten wurden, sollten auch mit Tetra-*n*-butylammonium-Ionen als Gegenionen an RP-18 Silicagel gereinigt werden, jedoch wurden beide Produkte nicht sauber erhalten und die erhaltenen Mengen standen in keinem Verhältnis zu den zur Reinigung eingesetzten. Anscheinend verblieben die Produkte auf der Säule. Somit kann die Reinigung eines Rohproduktes mit Tetra-*n*-butylammonium-Ionen als Gegenionen an RP-18 Silicagel zwar erfolgreich verlaufen, jedoch stellt sie keine zuverlässige Methode zur einfachen Reinigung dieser Verbindungen dar.

Resultate und Diskussion

Für die Übertragung der Synthesestrategie auf die Synthese der Di- und Triphosphate von Purin-haltigen Nucleosiden wurde in frühen Versuchen 2'-dATP **141** aus immobilisiertem 5-Chlor-*cyclo*Sal-N^6-dibenzoyl-3'-O-succinyl-2'-dAMP **66$_i$** synthetisiert. Die Aminogruppe der Nucleobase wurde geschützt (Kapitel 4.2.3.3, S. 38), um eine Konkurrenz dieser mit den Aminogruppen des Harzes bei der Immobilisierung zu verhindern. Allerdings wurden die Benzoyl-Schutzgruppen nach basischer Abspaltung als Benzoesäureamid bzw. Benzoesäure erhalten, welche nicht phosphorhaltig waren und in diesem Fall die Reinheit des Rohproduktes nicht dem ^{31}P-NMR-Spektrum zu entnehmen war. Der Umsatz des immobilisierten Triesters **66$_i$** hingegen war jenem Spektrum zu entnehmen und betrug 72%. Deshalb wurde für weitere Synthesen die Aminogruppe von Adenin ungeschützt gelassen und 5-Chlor-*cyclo*Sal-3'-O-succinyl-2'-dAMP **123** zur Immobilisierung eingesetzt. Die Synthese von 2'-dADP **150** gelang in guter Reinheit von 88%, von 2'-dATP **141** in 78%.

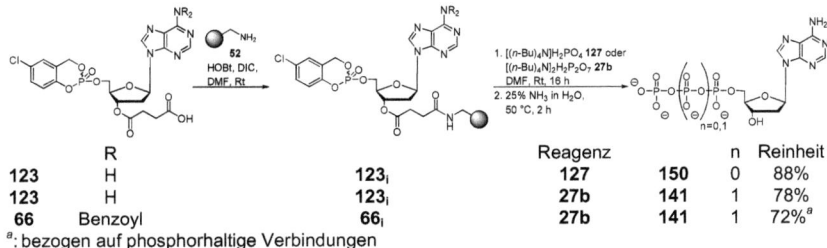

	R			Reagenz	n	Reinheit
123	H	123$_i$		127	150	0	88%
123	H	123$_i$		27b	141	1	78%
66	Benzoyl	66$_i$		27b	141	1	72%[a]

[a]: bezogen auf phosphorhaltige Verbindungen

Abb. 65: Festphasensynthese von 2'-dADP **150** und 2'-dATP **141**

Allerdings war hier auffällig, dass die Menge an Rohprodukt von **150** und **141** in beiden Fällen nur etwa der Hälfte der erwarteten entsprach. Dennoch waren in den ^{31}P-NMR-Spektren keine neuen, unbekannten Signale zu erkennen, welche auf eine Kupplung der Aminogruppe der Nucleobase mit der Carboxylgruppe des Linkers eines anderen *cyclo*Sal-Nucleotids schließen ließen (Abb. 66).

Resultate und Diskussion

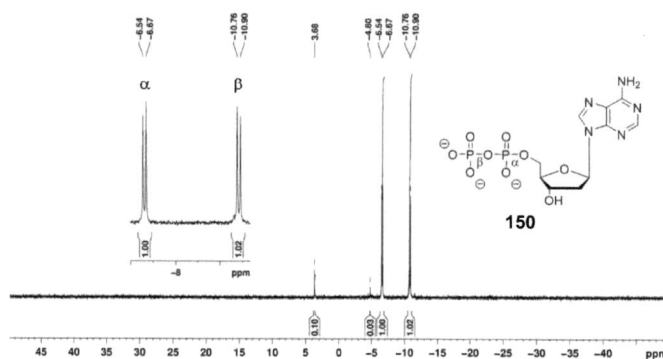

Abb. 66: ^{31}P-NMR-Spektrum des Rohproduktes von 2'-dADP **150**

Deshalb liegt der Grund für die geringere Menge an Rohprodukt anscheinend in der weniger effizienten Immobilisierung, verglichen mit den bisherigen Synthesen.

Des Weiteren wurde die Synthesestrategie auf ein weiteres Pyrimidin-Nucleosid mit funktioneller Gruppe an der Nucleobase übertragen. Für die Synthese von 2'-dCDP **151** wurde 5-Chlor-*cyclo*Sal-N^4-DMTr-2'-desoxycytidinmonophosphat **124** immobilisiert. Die DMTr-Schutzgruppe wurde am immobilisierten *cyclo*Sal-Nucleotid **124$_i$** durch Zugabe von 3% Trichloressigsäure in Dichlormethan entfernt. Die Reaktionsdauer wurde zuvor durch DC-Kontrolle einer in Lösung durchgeführten Entschützung von 5-Chlor-*cyclo*Sal-N^4-(4,4'-dimethoxytrityl)-3'-O-succinyl-2'-desoxycytidinmonophosphat **124** abgeschätzt und das Ende der Entschützung mittels DC-Kontrolle der TCA-Spüllösung auf UV-aktive Substanz festgestellt. Im Anschluss wurde immobilisiertes 5-Chlor-*cyclo*Sal-3'-O-succinyl-2'-desoxycytidinmonophosphat **152$_i$** zum Diphosphat umgesetzt und **151** abgespalten.

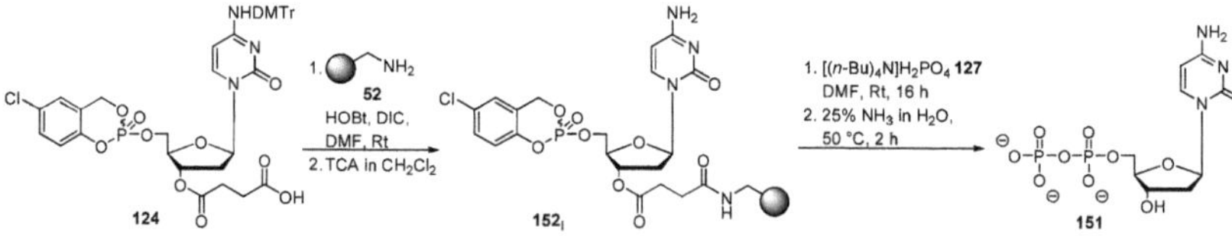

Abb. 67: Festphasensynthese von 2'-dCDP **151**

Überraschenderweise zeigte das ^{31}P-NMR-Spektrum des Rohproduktes von **151** die Bildung von zwei Diphosphaten im Verhältnis 1:1 an, welche gemeinsam 89% des Rohproduktes darstellten. Zudem wies das ^{1}H-NMR-Spektrum aromatische Signale

Resultate und Diskussion

im Verhältnis 0.5:1.0 zu den nucleosidischen Protonen auf, was auf einen substituierten Salicylrest an ca. der Hälfte der 2'-dCDP-Moleküle schließen ließ. Die (n-Bu)$_4$N$^+$-Ionen des Rohprodukts wurden mittels Ionenaustauschchromatographie (DOWEX) gegen Et$_3$NH$^+$-Ionen ausgetauscht. Dabei musste bei der Titration des protonierten Produktes mit Triethylamin etwas Tetrahydrofuran zugefügt werden, damit sich die wässrige Phase mit Triethylamin mischte. Dieses wurde vor der Lyophilisation am Rotationsverdampfer entfernt. Daraufhin führte eine Reinigung an RP-18 Silicagel zur Trennung und Isolierung der einzelnen Diphosphate. Zum einen wurde 2'-dCDP **151** identifiziert. Zum anderen wurde angenommen, dass das 2-Chinonmethid **153** (bereits vorgestellt in Abb. 5, S. 6, allgemeine Struktur **15**), welches nach einem nucleophilen Angriff von Phosphat **127** am Phosphoratom eines Triesters **152$_i$** abgespalten wurde, mit einem weiteren Phosphatmolekül zum substituieren Phosphat **154a** reagierte, welches wiederum einen immobilisierten Triester **152$_i$** angriff und zu einem immobilisierten 2'-dCDP-Konjugat **155a$_i$** führte, das nach der Abspaltung das Nebenprodukt **155a** darstellte.

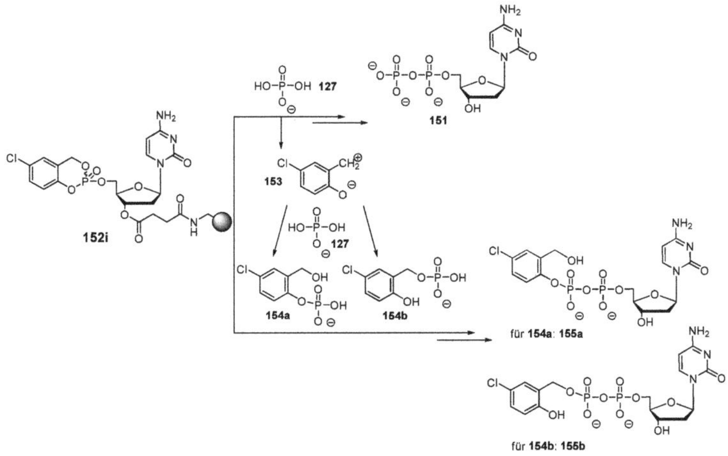

Abb. 68: Synthese von 2'-dCDP **151** und postuliertem Nebenprodukt 2'-dCDP-Konjugat **155a**

Das ^{31}P-NMR-Spektrum des angenommenen Konjugats **155a** zeigte nur die zwei Dubletts der Phosphoratome, ebenso zeigte das ^{1}H-NMR-Spektrum alle zu **155a** gehörenden Protonen (Abb. 69). Es wäre auch denkbar, dass das 2-Chinonmethid **153** mit dem Phosphat zum substituierten Benzylphosphat **154b** und dies weiter zum 2'-dCDP-Konjugat **155b** reagierte. Dagegen spricht jedoch z.B., dass die

Resultate und Diskussion

Benzylprotonen (H7, Abb. 69) nicht wie im Fall von *cyclo*Sal-Triestern eine chemische Verschiebung im ^{1}H-NMR-Spektrum von 5.5 ppm aufweisen, sondern von nur 5.2 ppm. Noch charakteristischer ist die Hochfeldverschiebung des Signals des benzylischen Kohlenstoffatoms im ^{13}C-NMR-Spektrum (42 ppm verglichen mit 68 ppm im Fall von *cyclo*Sal-Triestern), was gegen eine elektronenziehende Phosphatgruppe an der Benzyl-Position spricht. Das im ^{1}H-NMR-Spektrum sichtbare Dublett der Protonen der Benzyl-Gruppe resultiert vermutlich von der ^2J-Kopplung dieser diastereotopen Protonen ($^2J_{HH}$ = 11 Hz). Die $^2J_{HP}$-Kopplung der Benzyl-Protonen eines Salicylalkohols, der über die benzylische OH-Funktion Pyrophosphat-substituiert ist, wurde von *S. Warnecke* mit $^2J_{HP}$ = 5 Hz bestimmt, was zudem gegen die Bildung von **155b** spricht.

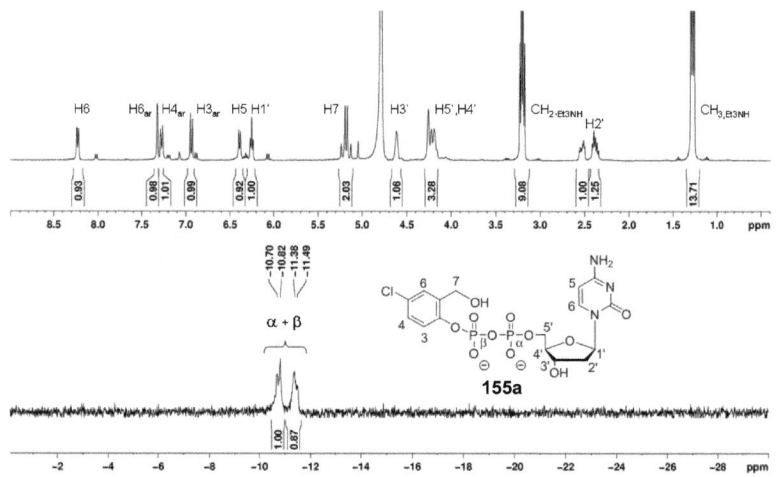

Abb. 69: ^{1}H-NMR (oben) und ^{31}P-NMR (unten)-Spektrum von vermutetem 2'-dCDP-Konjugat **155a**

Durch die wahrscheinliche Bildung des Nebenproduktes **155a** im Verhältnis 1:1 zum Produkt 2'-dCDP **151** ist letzteres nur zu ca. 44% entstanden. Die Reaktion wurde wiederholt und führte zu dem gleichen Ergebnis. Bei keiner anderen Nucleosid-5'-di- oder -triphosphatsynthese wurde die Bildung eines solchen Nebenproduktes beobachtet, und es blieb ungeklärt, warum nur bei dieser Reaktion dessen Bildung beobachtet wurde.

Die Synthesestrategie sollte zudem auch auf Ribonucleoside übertragen werden. Aufgrund seiner 2'- und 3'-OH-Gruppe war Uridin mit einer Acetylschutzgruppe an

Resultate und Diskussion

einer dieser OH-Gruppen versehen worden. Diese sollte gleichzeitig mit Spaltung des Succinyl-Linkers abgespalten werden (CH₃OH/ H₂O/ Et₃N 7:3:1, v/v/v, 16 h bei Raumtemperatur) und dabei zu Essigsäuremethylester reagieren, welcher leicht im Vakuum zu entfernen sein sollte (diese Thematik wurde bereits in Kapitel 4.2.2, S. 29, diskutiert). Zunächst musste dafür überprüft werden, ob der Linker unter diesen Bedingungen spaltbar ist und ob phosphorylierte Nucleoside unter den Bedingungen stabil sind. Dazu wurde 5-Chlor-*cyclo*Sal-3'-O-succinyl-thymidin-monophosphat **63** immobilisiert und zu immobilisiertem TTP **60ᵢ** umgesetzt. Dann wurde das Harz geteilt, eine Hälfte des Harzes den Standardabspaltbedingungen ausgesetzt (25%-iger wäss. NH₃, 50 °C, 2 h) und die andere Hälfte den neu zu erprobten (siehe oben, CH₃OH/ H₂O/ Et₃N 7:3:1, v/v/v). Unterschiede in den NMR-Spektren der Rohprodukte nach den Abspaltungen konnten demnach nur von den jeweiligen Abspaltbedingungen resultieren.

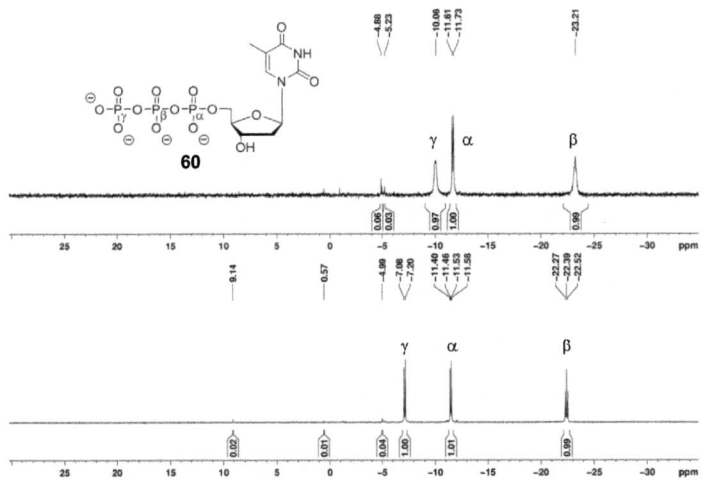

Abb. 70: ³¹P-NMR-Spektren von TTP **60**, abgespalten mit MeOH/ H₂O/ Et₃N (oben) oder wäss. NH₃ (unten)

Erfreulicherweise zeigten beide Rohprodukte nur wenige Prozent Verunreinigungen, und der Succinyl-Linker wurde auch unter den neuen Bedingungen gespalten. Daher wurden diese neuen Abspaltbedingungen nun auf die Abspaltung von UDP **143** und UTP **140** angewandt, welche analog der obigen Di- und Triphosphate synthetisiert wurden.

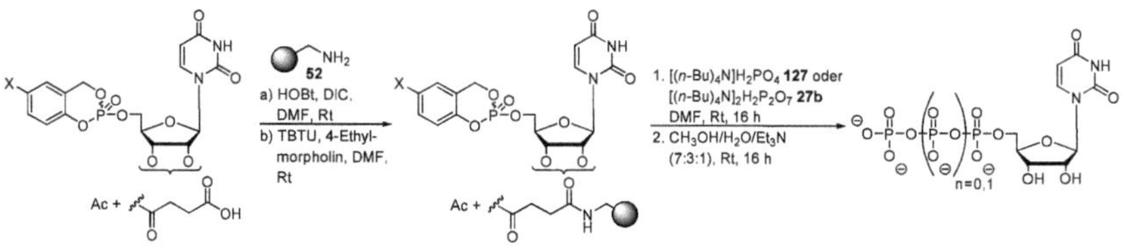

Resultate und Diskussion

	X	Imm.		Reagenz	n		Reinheit
122	MeSO$_2$	b	122$_i$	127	0	143	63%
65	Cl	a	65$_i$	27b	1	140	78%

Abb. 71: Festphasensynthese von UDP **143** und UTP **140**

Die erfolgreichsten Ergebnisse zeigt Abb. 71. Zunächst ist hervorzuheben, dass das Ziel, die Acetyl-Schutzgruppe gleichzeitig mit Abspaltung des Produktes von der Festphase als Methylacetat oder Essigsäure abzuspalten und im Vakuum zu entfernen, erreicht worden ist. Die ^{1}H-NMR-Spektren der Rohprodukte zeigen keine Signale des Methylacetats oder von Essigsäure. UDP **143** wurde aus dem immobilisierten 5-MeSO$_2$-substituierten *cyclo*Sal-Nucleotid **122$_i$** dargestellt. Die vergleichsweise geringe Reinheit von UDP **143** von 63% gegenüber den bisher beschriebenen (d)NDP- und (d)NTP-Synthesen muss in der Labilität des 5-MeSO$_2$-*cyclo*Sal-Nucleotids während der Immobilisierung oder der folgenden Reaktion zum UDP **143** begründet sein. Parallel zu dessen Synthese aus **122$_i$** wurde TDP **136** aus immobilisiertem 5-Chlor-*cyclo*Sal-3'-*O*-succinyl-TMP **63$_i$** hergestellt, wofür die gleiche Reagenz-Lösung zur Immobilisierung sowie die gleiche Phosphat-Lösung zur Diphosphatsynthese verwendet wurde (beides wurde in doppelter Menge bereit gestellt und dann für die zwei Ansätze geteilt). TDP **136** wurde nach dieser Reaktion in hoher Reinheit (88%) erhalten, sodass nicht trockene Bedingungen während der Synthesen ausgeschlossen werden können. Nebenprodukte von **143** stellten UMP und vermutlich der Phenylphosphatdiester **142** dar (vgl. dazu Abb. 55, S. 62), also die für den Zerfall eines *cyclo*Sal-Nucleotids charakteristischen Verbindungen. Die Reinheit von UTP **140** von 78% ist höher als die von UDP **143**, da ein immobilisiertes 5-Chlor-substituiertes *cyclo*Sal-Nucleotid **65$_i$** als Edukt für die Synthese verwendet wurde. Das Nebenprodukt von 22% stellte vermutlich der Phenylphosphatdiester **142** dar, welcher entstanden sein könnte, weil die Immobilisierung fünf Tage durchgeführt wurde und der Triester dabei vermutlich zum Teil zerfiel. Es wurden zunächst 0.75 Äquivalente des Harzes und je 1 Äquivalent Triester, HOBt und DIC eingesetzt. Als der Kaiser-Test nach drei Tagen noch positiv war, wurde die gleiche Anzahl an Äquivalenten erneut zugefügt. In Kapitel 4.3.3.1

Resultate und Diskussion

(S. 61) wurden bezüglich der Immobilisierungsbedingungen u.a. jene mit TBTU und DMAP erläutert, welche dort zur Immobilisierung von 5-MeSO$_2$-substituierten *cyclo*Sal-UMPs **122** verwendet wurden. Nach Umsatz des auf die zuletzt genannte Weise immobilisierten **122$_i$** zu UTP **140** zeigte das ^{31}P-NMR-Spektrum des Rohprodukts keinen Zerfall zu UMP oder Phenylphosphatdiester **142**, nur das Signal einer unbekannten Substanz konnte nicht aufgeklärt werden (Abb. 59, S. 65). Generell zeigte sich nach mehrfach durchgeführten Immobilisierungen und Umsetzungen von *cyclo*Sal-Triestern von Uridin, dass diese anscheinend instabiler sind als Triester von 2'-Desoxyribonucleosiden und daher mehr Verunreinigungen in den ^{31}P-NMR-Spektren der Rohprodukte aufweisen.

Neben den natürlich vorkommenden (2'-Desoxy-) Ribonucleosiddi- und triphosphaten sowie der Analoga mit Modifikation in der Nucleobase wurden auch (d)NTP-Analoga mit Modifikation in der Triphosphat-Einheit hergestellt. Vorangegangene Arbeiten von *S. Warnecke* zeigen, dass Bis-(tetra-*n*-butylammonium)dihydrogenmethylen-pyrophosphat **128** mit 5-Nitro-*cyclo*Sal-tri-N^6,2',3'-*O*-acetyl-adenosinmonophosphat bei Raumtemperatur in 16 h Reaktionszeit zu N^6,2',3'-*O*-Acetyl-adenosin-5'-β,γ-methylentriphosphat reagierte, welches in einer Ausbeute von 50% isoliert wurde.[26] Es sollte sich zeigen, ob der Zugang zu dieser Verbindungsklasse auch mittels Festphasensynthese und mit Chlor als Acceptor-Substituent an der *cyclo*Sal-Einheit möglich ist. Dazu wurden in zwei Reaktionsansätzen 5-Chlor-*cyclo*Sal-3'-*O*-succinyl-thymidinmonophosphat **63** und 5-Chlor-*cyclo*Sal-2'- oder 3'-*O*-acetyl-2'- oder -3'-*O*-succinyl-uridinmonophosphat **65** immobilisiert, mit [(*n*-Bu)$_4$N]$_2$PCH$_2$P **128** in einer Reaktionszeit von 16 h bei Raumtemperatur umgesetzt und die Produkte **156** bzw. **157** abgespalten.

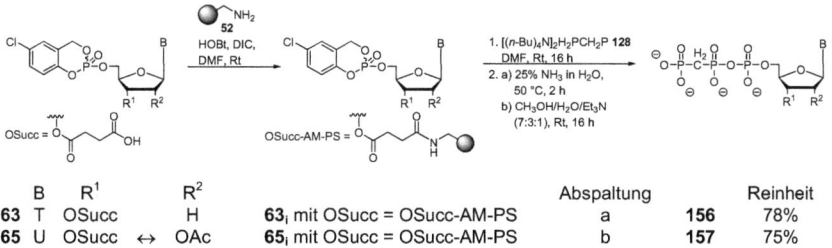

	B	R^1	R^2		Abspaltung		Reinheit
63	T	OSucc	H	**63$_i$** mit OSucc = OSucc-AM-PS	a	**156**	78%
65	U	OSucc	↔ OAc	**65$_i$** mit OSucc = OSucc-AM-PS	b	**157**	75%

Abb. 72: Festphasensynthese von T-5'-β,γ-CH$_2$TP **156** und U-5'-β,γ-CH$_2$TP **157**

Resultate und Diskussion

Thymidin-5'-β,γ-methylentriphosphat **156** wurde in einer Reinheit von 78% gemäß ^{31}P-NMR-Spektrum erhalten. Nebenprodukte stellten zu etwa 10% der vermutete Phenylphosphatdiester **142** (-4.8 ppm, vgl. dazu Abb. 55, S. 62), zu ca. 4% TMP (+3.8 ppm) sowie unbekannte Verbindungen mit Signalen bei +9.2, +16.2 und +23.2 ppm im ^{31}P-NMR-Spektrum dar. Das Rohprodukt wurde mit Tetra-*n*-butylammonium-Gegenionen an RP-18 Silicagel chromatographiert, wobei **156** bis auf 6% TMP als Nebenprodukt gereinigt werden konnte. Zudem wurde bei der Reinigung eine Fraktion erhalten, dessen ^{31}P-NMR-Spektrum ein Signal bei -4.7 ppm neben den Signalen des Produktes aufwies. Das zugehörige ^{1}H-NMR-Spektrum zeigte neben den Signalen des Produktes alle Signale der zu dem vermuteten Phenylphosphatdiester **142** gehörenden Protonen, wobei v.a. die aromatischen Protonen des Rings sowie die der Benzylgruppe charakteristisch sind. Für eine weitere Charakterisierung stand zu wenig Substanz zur Verfügung. Die Vermutung der Bildung des Phenylphosphatdiesters **142** wurde somit jedoch bestärkt.

Uridin-5'-β,γ-methylenpyrophosphat **157** wurde in einer Reinheit von 75% gemäß ^{31}P-NMR-Spektrum erhalten, wobei auch hier der vermutete Phenylphosphatdiester **142** 25% Nebenprodukt laut ^{31}P-NMR-Spektrum darstellte (bei -4.9 ppm). Zudem konnte die Acetyl-Schutzgruppe erfolgreich und gleichzeitig mit der Abspaltung des Produktes vom Harz abgespalten und im Vakuum entfernt werden. Das Rohprodukt wurde mittels Ionentauscher in seine Triethylammonium-Form überführt und an RP-18 Silicagel gereinigt. Der vermutete Phenylphosphatdiester **142** war anscheinend stabil während des Umsalzens, was das ^{31}P-NMR-Spektrum des Rohproduktes nach dem Umsalzen vermuten ließ (erneut die charakteristischen Signale sichtbar). Abb. 73 zeigt das ^{1}H-NMR- und das ^{31}P-NMR-Spektrum der gereinigten Verbindung **157**, wobei neben dem Produkt noch 4% UMP enthalten sind.

Resultate und Diskussion

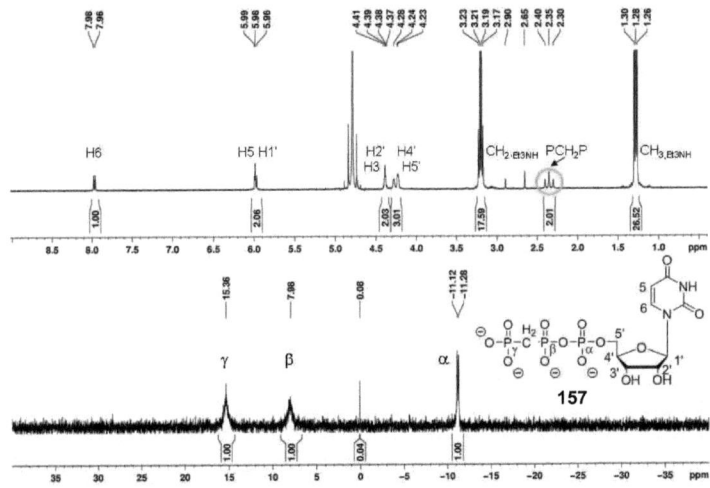

Abb. 73: ^{1}H-NMR (oben) und ^{31}P-NMR (unten)-Spektrum von Uridin-5'-β,γ-methylentriphosphat **157**

Im ^{1}H-NMR-Spektrum ist die Aufspaltung des Signals der β,γ-Methylen-Gruppe zum Doppeldublett zu erkennen ($^2J_{HP}$ ~ 20 Hz, Markierung), welche aus der Kopplung der Protonen sowohl mit dem β- als auch mit dem γ-Phosphoratom resultiert. Das ^{31}P-NMR-Spektrum zeigt eine andere Reihenfolge der Phosphatsignale als bei unmodifizierter Triphosphateinheit, und P$_γ$ und P$_β$ erfahren eine starke Tieffeldverschiebung.

Auffällig bei diesen Umsetzungen von immobilisierten 5-Chlor-*cyclo*Sal-Nucleotiden mit Methylenpyrophosphat **128** ist, dass im Vergleich zu den oben beschriebenen Di- und Triphosphatsynthesen relativ viel Nebenprodukt, vermutlich Phenylphosphatdiester **142**, entstanden ist. Das könnte daran liegen, dass Methylenpyrophosphat **128** weniger nucleophil ist als Phosphat- und Pyrophosphat und es somit einer längeren Reaktionszeit bedurft hätte. Dennoch konnten die Triphosphatanaloga **156** und **157** dargestellt werden, welche zuvor noch nicht in Lösung aus *cyclo*Sal-Nucleotiden synthetisiert wurden.

Neben den bisher beschriebenen Darstellungen der (d)NDPs und (d)NTPs aus immobilisierten 5-Chlor- und 5-Methylsulfonyl-substituierten *cyclo*Sal-Nucleotiden soll abschließend noch auf die Immobilisierung und Umsetzung von 5-Nitro-*cyclo*Sal-3'-*O*-succinyl-thymidinmonophosphat **121** eingegangen werden. Bei Erläuterung der

Resultate und Diskussion

*cyclo*Sal-Triestersynthesen (Kapitel 4.2.3.4, S. 45) wurden zwei Rohprodukte von **121** beschrieben: einmal wurde **121** als Rohprodukt erhalten, dessen ^{31}P-NMR-Spektrum nur Produktsignale aufwies und dessen ^{1}H-NMR-Spektrum ebenfalls hauptsächlich Produkt zeigte, jedoch war die erhaltene Menge des Rohproduktes viel größer als die erwartete, sodass Verunreinigungen durch Salze vermutet wurden. Im Folgenden wird diese Charge als **121a** bezeichnet. Des Weiteren wurde ein Rohprodukt eines anderen Reaktionsansatzes von **121** am Chromatotron gereinigt und wies danach vier statt zwei Signale im ^{31}P-NMR-Spektrum auf, wobei diese Charge dennoch durch die zugehörige hochaufgelöste Masse als **121** identifiziert wurde und im Folgenden als **121b** bezeichnet wird. Es war zu testen, ob ein 5-Nitro-substituierter *cyclo*Sal-Triester stabil unter den bisher verwendeten Reaktionsbedingungen ist. Die Chargen **121a** und **121b** wurden mit HOBt/ DIC immobilisiert und zu TTP **60** umgesetzt.

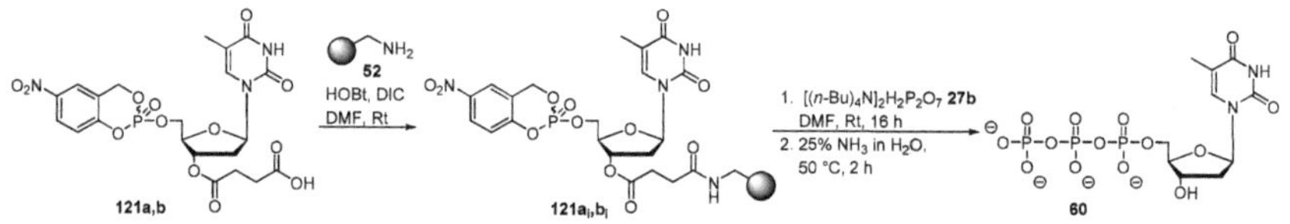

Abb. 74: Immobilisierung und Umsetzung von 5-Nitro-*cyclo*Sal-TMP **121a,b** zu TTP **60**

Bei Einsatz von Charge **121a** zeigte das ^{31}P-NMR-Spektrum des Rohproduktes die Signale von TTP **60** und gab somit den Beleg für die erfolgreiche Immobilisierung des Triesters **121a** sowie dessen Umsetzung. Die Nebenprodukte TMP und der Phenylphosphatdiester **142** wurden nur zum geringen Anteil gebildet, jedoch war das Signal einer Substanz bei +9.1 ppm im ^{31}P-NMR-Spektrum im Verhältnis 3:1 zum Produkt zu erkennen. Auch die Immobilisierung und der Umsatz von Charge **121b** ergab das Signal einer Substanz bei +9.3 ppm im ^{31}P-NMR-Spektrum im Verhältnis 1:1 zum Produkt. Dieses Signal war öfter in ^{31}P-NMR-Spektren von Rohprodukten beobachtet worden, die aus 5-MeSO$_2$-substituierten *cyclo*Sal-Nucleotiden dargestellt wurden. Das ^{1}H-NMR-Spektrum von aus **121a$_i$** synthetisiertem TTP **60** zeigt neben einem geringen Anteil an TMP erstaunlicherweise vier aromatische Protonen (Abb. 75, Markierung), denen auch vier Kohlenstoff-Atome zugeordnet werden können. Es wurde vermutet, dass das Signal bei +9.1 ppm im ^{31}P-NMR-Spektrum vom gleichen Molekül wie die eben beschriebenen resultiert.

Resultate und Diskussion

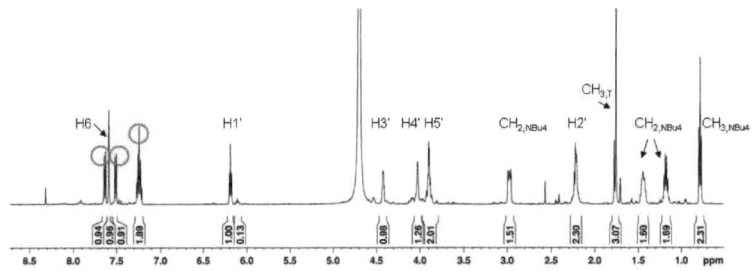

Abb. 75: ^{1}H-NMR-Spektrum des Rohproduktes von TTP **60** nach Synthese aus immobilisiertem **121a$_i$**

Zur Identifizierung wurde das Rohprodukt von **60** in die Triethylammonium-Form für die Reinigung an RP-18 Silicagel umgesalzt. Die aromatischen Signale im ^{1}H-NMR-Spektrum waren danach verschwunden, das des ^{31}P-NMR-Spektrums blieb jedoch nahezu unverändert. Demnach konnten die Signale (aromatische im ^{1}H- und +9 ppm im ^{31}P-NMR-Spektrum) der beiden Spektren nicht zu dem gleichen Molekül gehört haben. Nach der Reinigung wurde eine Fraktion erhalten, welche neben 10% TMP nur das Signal der unbekannten Substanz bei +8.8 ppm im ^{31}P-NMR-Spektrum aufwies. Das ^{1}H-NMR-Spektrum zeigte nur die zu Thymidin gehörenden Protonensignale, wobei das mittels ^{31}P-NMR-Spektrum ermittelte Verhältnis von zwei Molekülen im Verhältnis 1.0:0.1 (TMP) auch hier in Form von „Schultern" an den Signalen abgeschätzt werden konnte.

In der Literatur ist beschrieben, dass Nucleosid-3',5'-O-cyclophosphate eine chemische Verschiebung von ca. +9.4 ppm im ^{31}P-NMR-Spektrum aufweisen, was dem beobachteten entsprechen würde.[88] Das ^{13}C-NMR-Spektrum der unbekannten Substanz zeigt für an 5'-phosphorylierte Nucleoside typische Kopplungskonstanten $^2J_{CP}$ = 4.8 Hz für C5' und $^3J_{CP}$ = 8.9 Hz für C4', für C3' konnte jedoch keine Kopplung beobachtet werden. Laut Literatur sind die Kopplungskonstanten für Nucleosid-3',5'-O-cyclophosphate jedoch anders als die der nur an 5'-phosphorylierten Nucleoside, und zwar $^2J_{CP}$= 7 Hz für C5', $^3J_{CP}$= 4.5 Hz für C4' und $^2J_{CP}$= 4.8 Hz für C3'.[89]

Eine weitere Überlegung war, dass nicht umgesetztes, immobilisiertes **121a$_i$** oder ein bereits zum Teil zerfallener immobilisierter Triester bei der Abspaltung mit wässrigem Ammoniak zu Thymidin-5'-O-phosphoramidat **158** reagierte.

Resultate und Diskussion

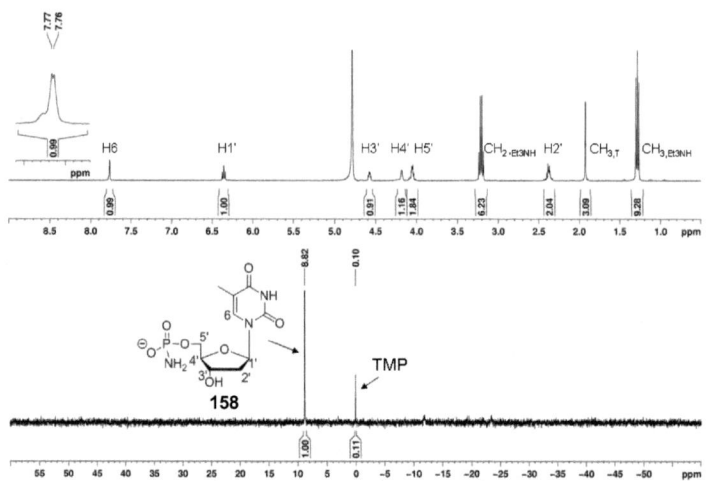

Abb. 76: ^{1}H-NMR (oben) und ^{31}P-NMR (unten)-Spektrum von Thymidin-5'-phosphoramidat **158**

Nach *Ahmadibeni et al.* ist der Zugang zu Nucleosid-5'- *O*-mono-, -di- oder -triphosphoramidaten **48, 50** durch immobilisierte *cyclo*Saligenyl-Nucleosid-mono-, -di- und -triphosphate **47, 49** möglich, welche mit wässrigem Ammoniak (30%-ig) bei Raumtemperatur in 75 min zu Nucleosid-5'-*O*-mono-, -di- oder -triphosphoramidaten **48, 50** abgespalten werden (vgl. Abb. 21, S. 20).[61] Die eigens nach der Reinigung erhaltene Verbindung wurde auch massenspektrometrisch analysiert, wobei die exakte Masse des Phosphoramidats **158** erhalten wurde, welches so schließlich identifiziert werden konnte. Auch die zugehörige Substanz zum Signal bei +9.3 ppm im ^{31}P-NMR-Spektrum bei Einsatz von Charge **121b** sowie der Umsetzung von **121b$_i$** zu TTP **60** konnte als das Phosphoramidat **158** idenzifiziert werden.

Auffällig ist, das die Rohprodukte von (d)NDPs und (d)NTPs, synthetisiert aus immobilisierten 5-Chlor-substituierten *cyclo*Sal-Nucleotiden, kein Nucleosid-5'-phosphoramidat als Nebenprodukt lieferten. Ausgehend von 5-MeSO$_2$-substituierten *cyclo*Sal-Nucleotiden wurden die Phosphoramidate jedoch zu relativ großem Anteil erhalten (vgl. die Synthese von TDP **136**, Abb. 61, S. 67, und die Synthese von TTP **60**, Abb. 56, S. 63). Die verhältnismäßig größte Menge an Phosphoramidat **158** wurde jedoch bei Umsetzung eines immobilisierten 5-Nitro-*cyclo*Sal-Nucleotids **121$_i$** - wie zuletzt beschrieben - erhalten. Das bedeutet, dass mit zunehmender Reaktivität der *cyclo*Sal-Nucleotide umso mehr Nucleosid-5'-phosphoramidat erhalten wurde.

Resultate und Diskussion

Die Phosphoramidate sollten somit nicht aus einem immobilisierten *cyclo*Sal-Nucleotid resultieren, das nicht zum Nucleosid-di- oder -triphosphat umgesetzt wurde, und erst bei der Abspaltung mit NH_3 reagierte. Vielmehr deuten die Ergebnisse darauf hin, dass die reaktiveren und somit auch labileren *cyclo*Sal-TMPs während der Immobilisierung zu einem immobilisierten Zwischenprodukt **159$_i$** reagierten, welches nicht mehr zu TDP **136** oder TTP **60** reagieren konnte, und das während der Abspaltung mit Ammoniak zu Thymidin-5'-phosphoramidat **158** reagierte (Abb. 77). Bei Analyse der NMR-spektroskopischen Daten des Rohproduktes von TTP **60**, synthetisiert aus dem immobilisierten 5-NO_2-Triester **121a$_i$** (Abb. 75), deutet alles darauf hin, dass die vier aromatischen Protonen (Abb. 75, Markierung) von 1-Hydroxy-benzotriazol - oder einem Derivat davon - **160** stammen. Die Signale im ^{1}H-NMR-Spektrum des Rohproduktes stimmen mit jenen von HOBt überein. Da dieses nach der Abspaltung von der Festphase im Rohprodukt vorhanden war, liegt die Vermutung nahe, dass das zur Immobilisierung verwendete HOBt den Triester nucleophil angegriffen und, vermutlich unter Abspaltung der Salicyl-Maske, ein Zwischenprodukt **159$_i$** gebildet hat, das bei Reaktion mit Ammoniak zum Phosphoramidat **158** reagierte. **160** war bei dem Umsalzen mittels Ionentauscher abgetrennt worden. Dieses postulierte Syntheseschema würde auch das 1:1-Verhältnis der Signale der vier aromatischen Protonen im ^{1}H-NMR-Spektrum zu denen von **158** nach der Abspaltung erklären.

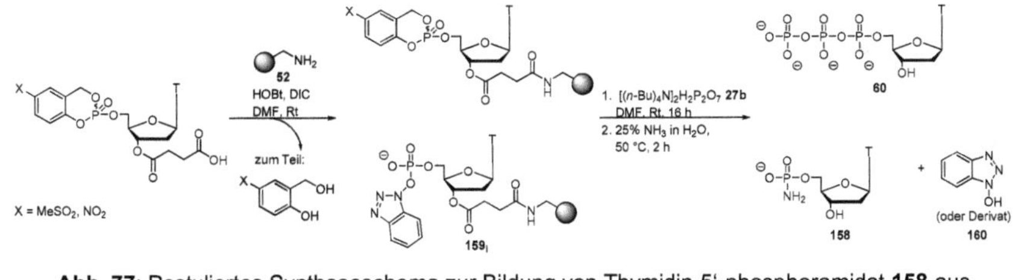

Abb. 77: Postuliertes Syntheseschema zur Bildung von Thymidin-5'-phosphoramidat **158** aus 5-$MeSO_2$- oder 5-NO_2-substituierten *cyclo*Sal-Nucleotiden

Auch die Signale der NMR-Spektren der Rohprodukte der (d)NDPs und (d)NTPs, synthetisiert aus immobilisierten 5-$MeSO_2$-*cyclo*Sal-Nucleotiden, deuten auf die Existenz eines HOBt-Derivates **160** im Zusammenhang mit dem dazugehörigen Phosphoramidat hin. Um diese Vermutung zu bestätigen, wurde 5-Nitro-*cyclo*Sal-3'-*O*-succinyl-TMP **121** in Lösung den Kupplungsbedingungen ausgesetzt (je 3 Äquivalente DIC und HOBt, abs. DMF, Raumtemperatur, 20 h). Im Anschluss

Resultate und Diskussion

wurde das Lösungsmittel entfernt und der Rückstand unter den Abspaltbedingungen gerührt (25%-iger wäss. NH$_3$, 50 °C, 2 h). Die NMR-spektroskopische sowie massenspektrometrische Analyse bestätigten die Bildung des Thymidin-5'-phosphoramidats **158**.

In der Literatur ist mehrfach beschrieben, dass Phosphor(III)- und P(V)-Verbindungen mit HOBt oder analogen Verbindungen umgesetzt werden, um die resultierenden aktivierten Verbindungen als Intermediate für weitere Umsetzungen, oft mit Hydroxyl-Komponenten zur Synthese neuer P-O-Bindungen, zu nutzen.[90-92] Anhand der publizierten Synthesen wird ersichtlich, dass es wahrscheinlich ist, dass reaktive *cyclo*Sal-Phosphattriester mit dem nucleophilen HOBt reagieren. Bei näherer Betrachtung der postulierten Mechanismen der publizierten Synthesen wird deutlich, dass bezüglich der in dieser Arbeit vorgestellten Synthesestrategie neben dem nucleophilen Angriff von HOBt auf den Triester auch Umlagerungen der resultierenden Intermediate sowie Reaktionen letzterer mit Reagenzien wahrscheinlich sind. Auch im nächsten Kapitel wird die Entstehung verschiedener phosphorhaltiger Nebenprodukte neben dem identifizierten Nucleosid-5'-phosphoramidat nach der Immobilisierung von 5-MeSO$_2$- und 5-NO$_2$-*cyclo*Sal-Nucleotiden beschrieben werden, deren Aufklärung im Rahmen dieser Arbeit nicht möglich war. Abschließend sollte dazu jedoch noch erwähnt werden, dass in der Literatur mehrfach *H*-Phosphonate als Verbindungen mit einer chemischen Verschiebung von ca. +9 bis +12 ppm in ^{31}P-NMR-Spektren beschrieben werden.[90,92]

Zusammenfassend bleibt festzuhalten, dass sich Nucleosid-5'-di- und -triphosphate sowie ihre Analoga **6**, **60**, **136**, **140**, **141**, **143**, **149**, **150**, **151**, **156** und **157** erfolgreich aus immobilisierten 5-Chlor-substituierten *cyclo*Sal-Nucleotiden **63$_i$**, **65$_i$**, **66$_i$**, **67$_i$**, **123$_i$** und **152$_i$** in kurzer Reaktionszeit (16 h) und in hoher Reinheit nach Abspaltung von der Festphase darstellen ließen. Die Aktivierung durch Chlor als Substituent reichte somit für kurze Reaktionszeiten und hohe Reinheit der Zielmoleküle nach Abspaltung völlig aus. Auch die umgekehrte Reihenfolge der Zusammenfügung von Nucleophil und *cyclo*Sal-Nucleotid gegenüber dem für Synthese in Lösung optimierten Syntheseprotokoll hatte keinen nachteiligen Einfluss auf die Umsetzungen. Zudem ließ sich die 2'- oder 3'-O-Acetyl-Schutzgruppe im Fall des Ribonucleosids Uridin nach Abspaltung erfolgreich im Vakuum entfernen, wodurch ein weiterer Reinigungsschritt umgangen werden konnte. Aus 5-Methylsulfonyl- oder 5-Nitro-substituierten immobilisierten cycloSal-Nucleotiden (**120-122$_i$**) dargestellte (d)NDPs und (d)NTPs **60**, **136** und **143** zeigten aufgrund der Labilität dieser Triester - vermutlich Nebenreaktionen mit HOBt während der Immobilisierung - eine geringere Reinheit nach Abspaltung, da als Nebenprodukt das entsprechende Nucleosid-5'-phosphoramidat entstanden war, das im Fall des Nucleosids Thymidin, **158**, identifiziert werden konnte. Es sollten demnach andere Immobilisierungsbedingungen für diese cycloSal-Nucleotide gewählt werden.

Wenn gewünscht, empfiehlt sich zur weiteren Reinigung das Umsalzen der Rohprodukte in die Triethylammonium-Form, welche zuverlässigere Ergebnisse bei der Chromatographie lieferte als Reinigung von Rohprodukten mit Tetra-*n*-butylammonium-Gegenionen.

4.3.5 Darstellung von Nucleosiddiphosphat-Zuckern

Die Darstellung von Nucleosid-5'-diphosphat-Zuckern **8** sollte analog der unter 4.3.4 (S. 69) beschriebenen Durchführung verlaufen, wobei statt der Phosphatsalze nun Zuckerphosphate eingesetzt werden sollten. Das Syntheseprotokoll für Reaktionen in Lösung, basierend auf der Reaktion eines Zuckerphosphats mit einem cycloSal-Nucleotid, wurde ursprünglich von *S. Wendicke* entwickelt und in unserer Arbeitsgruppe weiter optimiert.[36-39] Natürlich war auch hier die für Reaktionen in Lösung optimierte Reihenfolge der Zugabe des Triesters zu dem Nucleophil aufgrund des immobilisierten cycloSal-Nucleotids nicht möglich. Da es sich bei Zuckerphosphaten um, im Vergleich zu Phosphat oder Pyrophosphat, schwächere Nucleophile handelt, waren mehrere Faktoren hinsichtlich der Optimierung zu beachten:

- Chlor als Substituent der immobilisierten Modellverbindung 5-Chlor-cycloSal-3'-O-succinyl-TMP **63$_i$** erzeugt geringere Elektrophilie des Phosphorzentrums als z.B. Nitro, sodass längere Reaktionszeiten bei der Umsetzung von **63$_i$** erwartet wurden;

- die Anzahl der Äquivalente sowie das Gegenion könnten aufgrund der schlechteren Nucleophilie des Zuckerphosphats einen größeren Einfluss auf den Erfolg der Reaktion haben als bei (d)N(D/T)P-Synthesen;

Resultate und Diskussion

- Zuckerphosphate wurden mit Acetyl-Schutzgruppen an allen OH-Gruppen eingesetzt, welche geeignet entfernt werden mussten;
- das Zielmolekül musste unter den Abspaltbedingungen stabil sein.

Zur Optimierung der Reaktionsbedingungen ist folgendes zu bemerken: Zu dem Zeitpunkt der Durchführung der folgenden Experimente mit Chlor als Substituent der *cyclo*Sal-Einheit war noch nicht bekannt, dass der Succinyl-Linker unter den Abspaltbedingungen der Acetyl-Schutzgruppen (CH_3OH/ H_2O/ Et_3N 7:3:1, v/v/v, 16 h bei Raumtemperatur) auch gespalten wird, was im vorherigen Kapitel bezüglich der Entfernung der Acetyl-Schutzgruppen bei Uridin schon beschrieben wurde. Somit wurden zunächst die bis dahin als standardmäßig verwendeten Abspaltbedingungen (25%-iger wäss. NH_3, 50 °C, 2 h) angewandt, um den Linker zu spalten. Die dabei gleichzeitig abgespaltenen Acetyl-Schutzgruppen reagierten unter diesen Bedingungen zu Acetamid, welches nach Abspaltung aufgrund seines hohen Siedepunktes von 221 °C neben den phosphorhaltigen Spaltprodukten im Rohgemisch verblieb, was jedoch keinen Einfluss auf den Erfolg der vorher erfolgten Umsetzung hatte. Der Nachteil war jedoch die Verunreinigung, die dadurch entstand. Bei Beschreibung der durchgeführten Experimente, bei denen im Anschluss wässriger Ammoniak zur Abspaltung verwendet wurde, wird der Fokus auf die Auswirkungen der variierten Faktoren auf die Reinheit der Rohprodukte im ^{31}P-NMR-Spektrum gelegt werden. Dafür diente erneut 5-Chlor-*cyclo*Sal-3'-*O*-succinyl-thymidinmonophosphat **63** als Modellverbindung.

63 wurde mit HOBt und DIC immobilisiert und dann mit dem jeweiligen Zuckerphosphat umgesetzt (Abb. 78, Tabelle 1). Die Abspaltung erfolgte mit Ammoniak (50 °C, 2 h). Dafür wurde zunächst Triethylammonium-cytidindiphosphat-β-D-glucose unter diesen Bedingungen gerührt und anschließend die Stabilität eines NDP-Zuckers unter den Abspaltbedingungen bestätigt. Verändert wurden folgende Faktoren: das Gegenion des 2,3,4,6-Tetra-*O*-acetyl-β-D-glucose-1-phosphats **129**, die Äquivalente an Zuckerphosphat und die Reaktionszeit. Außerdem wurde in einem Versuch ein ungeschütztes Zuckerphosphat **133** eingesetzt, in einer anderen Reaktion wurde versucht, die Acetyl-Schutzgruppen vor Abspaltung von der festen Phase abzuspalten.

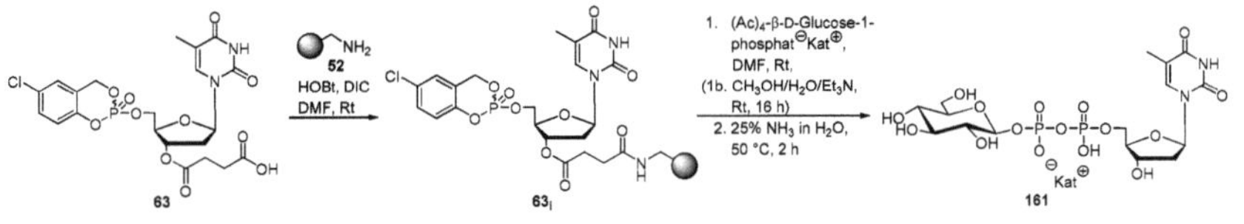

Resultate und Diskussion

Abb. 78: Allgemeines Reaktionsschema zur Festphasensynthese von TDP-β-D-glucose **161**

Tabelle 1: Einfluss der veränderten Reaktionsparameter auf den Umsatz von immobilisiertem 5-Chlor-*cyclo*Sal-TMP **63$_I$** zu TDP-β-D-glucose **161**

	Gegenion	Äquiv.	Zeit	Produkt 161	TMP	Verhältnis Diester 142	Sig$_{9-11}$
1	Et$_3$NH$^+$, **129a**	3.0	2 d	1.0	2.7	1.3	0.15
2	Et$_3$NH$^+$, **129a**	3.0	9 d	1.0	1.2	0.72	0.09
3	Et$_3$NH$^+$, **129a**	4.0	7 d	1.0	0.89	0.44	0.32
4	Et$_3$NH$^+$, **129a**	13.0	4 d	1.0	0.64	0.43	0.16
5	(n-Bu)$_4$N^{+a}, **133**	6.6	5 d	—	0.55	1.0	0.25
6	(n-Bu)$_4$N$^+$, **129b**	7.0	3 d	1.0	0.48	0.20	0.05
7	(n-Bu)$_4$N$^+$, **129b**	9.7	5 d	1.0	0.21	0.06	0.0
8	(n-Oct)$_3$NH$^+$, **129c**	5.7	2 d	1.0	1.7	0.41	0.12

^{a}: Zuckerphosphat ohne Acetyl-Schutzgruppen

Den ^{31}P-NMR-Spektren der Rohprodukte waren neben den Signalen der Produkte hauptsächlich folgende Nebenprodukte zu entnehmen: Thymidin-5'-monophosphat bei ca. +3 ppm, der vermutete Phenylphosphatdiester **142** bei ca. -5 ppm (vgl. dazu Abb. 55, S. 62) sowie eine bis zwei Substanzen zwischen +9 und +11 ppm, deren Signale in Tabelle 1 als Sig$_{9-11}$ zusammengefasst sind. Bei einem der Signale handelt es sich vermutlich um das im letzten Kapitel identifizierte Phosphoramidat **158**. Dort wurde dessen Bildung bei Verwendung 5-MeSO$_2$- oder 5-NO$_2$-substituierter *cyclo*Sal-Nucleotide für die (d)NDP- oder (d)NTP-Synthese festgestellt und mit dem nucleophilen Angriff von HOBt auf die labileren *cyclo*Sal-Nucleotide erklärt. Bei den NDP-Zucker-Synthesen aus 5-Cl-substituierten *cyclo*Sal-Nucleotiden ist die Bildung des Phosphoramidats **158** dadurch zu erklären, dass ein nicht umgesetzter immobilisierter *cyclo*Sal-Triester während der Abspaltung mit Ammoniak zu **158** reagierte. Da es sich bei Zuckerphosphaten um vergleichsweise schwächere Nucleophile - verglichen mit (Pyro-) Phosphat - handelt, ist der nicht vollständige Umsatz des *cyclo*Sal-Nucleotids zum NDP-Zucker durchaus verständlich. Später in diesem Kapitel wird gezeigt werden, dass es bei NDP-Zucker-Synthesen noch ein weiteres Nebenprodukt mit ähnlicher chemischer Verschiebung im ^{31}P-NMR-Spektrum gibt. Ob dieses auch hier die zweite Substanz mit der chemischen Verschiebung zwischen +9 und +11 ppm darstellte, konnte nicht geklärt werden. Das Verhältnis der Integrale der Nebenprodukte und dem Integral des Produktes sollte als Maß für den Erfolg der jeweiligen Umsetzung genommen werden.

Zunächst wurde Triethylammonium gemäß des Syntheseprotokolls für den Umsatz von 5-Nitro-*cyclo*Sal-Nucleotiden zu NDP-Zuckern in Lösung als Gegenion des 2,3,4,6-Tetra-*O*-acetyl-β-D-glucose-1-phosphats, **129a**, verwendet.[38,39] Dabei war auffällig, dass mit steigender Anzahl der Äquivalente an Zuckerphosphat die Integrale von TMP und des Phenylphosphatdiesters **142** signifikant sinken (Reaktion 1 - 4). Die Erhöhung der Reaktionszeit von 2 d auf 9 d bei gleichbleibender Äquivalentenanzahl zeigt eine deutliche Abnahme der Integrale aller drei Nebenprodukte um etwa die Hälfte (Reaktion 1 + 2). Einmalig wurde versucht, die Acetyl-Schutzgruppen auf der festen Phase mit $CH_3OH/H_2O/Et_3N$ 7:3:1, v/v/v, bei Raumtemperatur abzuspalten (Reaktion 3), woraufhin eine DC-Folie nach Anfärben mittels Zuckerfärbereagenz die Abspaltung einer Thymidin-haltigen Substanz anzeigte. Abspaltung mit wässrigem Ammoniak ergab demnach deutlich weniger Rohprodukt, da ein Großteil schon zuvor abgespalten worden war. Darauffolgend wurde Tetra-*n*-butylammonium als Gegenion des Zuckerphosphats eingesetzt, um die Nucleophilie des Anions zu erhöhen. Beim Einsatz des Zuckerphosphats ohne Acetyl-Schutzgruppen (**133**) wurde keine Bildung des Produktes festgestellt, nur die Bildung aller drei Nebenprodukte wurde beobachtet (Reaktion 5). Demzufolge wurde dann Tetra-*n*-butylammonium-2,3,4,6-tetra-*O*-acetyl-β-D-glucose-1-phosphat **129b** als Zuckerphosphat verwendet. Schon der Einsatz von weniger Äquivalenten Zuckerphosphat (7 statt 13 Äquivalente) sowie eine kürzere Reaktionszeit (3 d statt 4 d) als im erfolgreichsten Fall mit Triethylammonium als Gegenion ergab mit Tetra-*n*-butylammonium als Gegenion deutlich kleinere Integrale aller drei Nebenprodukte (Reaktion 4 + 6). Die Verwendung von noch mehr Äquivalenten **129b** sowie einer noch längeren Reaktionszeit (Reaktion 7, 9.7 Äquivalente, 5 d) ergab den besten Umsatz von immobilisiertem 5-Chlor-*cyclo*Sal-3'-*O*-succinyl-TMP **63**$_i$ mit einem Zuckerphosphat. Das ^{31}P-NMR-Spektrum des Rohproduktes zeigte 78% Umsatz des Triesters zum Produkt an, nur 16% TMP waren entstanden sowie wenig Phenylphosphatdiester **142** (5%). Die Bildung anderer Nebenprodukte wurde nicht beobachtet. Dieses Ergebnis überrascht zudem, da Arbeiten von *S. Wendicke* ergaben, dass die Umsetzung eines 5-Chlor-substituierten *cyclo*Sal-Nucleotids mit einem Zuckerphosphat nach 7 d bei 50 °C die gleiche Ausbeute lieferte wie bei Einsatz eines 5-Nitro-substituierten *cyclo*Sal-Nucleotids nach 8 h bei Raum-

Resultate und Diskussion

temperatur.[37] Somit stellte ein Umsatz von 78% (Reaktion 7) ein umso erfreulicheres Ergebnis dar. Es wurde versucht, durch Einsatz eines noch größeren Gegenions, Tri-*n*-octylammonium, **129c**, die Nucleophilie des Zuckerphosphats weiter zu steigern. Leider wurde die Reaktion versehentlich bereits nach 2 d abgebrochen, sodass keine Aussage über einen möglichen Vorteil gegenüber Tetra-*n*-butylammonium gemacht werden kann (Reaktion 8).

Bei Optimierung der NDP-Synthesen an der Festphase war ein großer Vorteil, das Zuckerphosphat im großen Überschuss einsetzen zu können, da es durch einfache Waschvorgänge mit Wasser im Anschluss entfernbar war. Da eine große Anzahl an Experimenten durchgeführt wurde, war es wichtig, das Zuckerphosphat zurückgewinnen zu können. Zudem ist es hinsichtlich der Effizienz der Synthesen von Bedeutung, nicht umgesetzte Reagenzien zu reisolieren. In der Reaktionslösung, in der das Zuckerphosphat in großem Überschuss vorhanden war, befand sich zudem noch der abgespaltene Salicylalkohol, welcher vom Zuckerphosphat **129** abgetrennt werden sollte. Reinigungen an RP-18 Silicagel sowie an Silicagel mit gängigen Lösungsmitteln schienen laut DC-Kontrolle nicht geeignet für die Elution sowie eine Trennung zu sein, woraufhin eine DC mit dem Laufmittel Acetonitril/ Wasser 1:1 (v/v) eine geeignete Trennung beider Spots anzeigte. Somit wurde der Rückstand der Reaktionslösung einer NDP-Zucker Festphasensynthese von DMF befreit, gründlich im Vakuum getrocknet und an Normalphasen-Silicagel mit Acetonitril/ Wasser 1:1 (v/v) gereinigt, wobei die zwei Verbindungen getrennt werden konnten. Die NMR-Spektren des reisolierten Zuckerphosphats zeigten nur die für **129** erwarteten Signale, allerdings waren keine Signale von Gegenionen oder nur zu sehr geringem Anteil (z.B. 0.1 Gegenion Et_3NH^+) in den Spektren sichtbar, sodass diese anscheinend auf der Säule verblieben sind. Ergänzt man die fehlende positive Ladung mit Protonen, erhält man eine Molmasse, welche, multipliziert mit den Mol an für die Reaktion eingesetztem Zuckerphosphat, etwa die Menge Zuckerphosphat ergibt, die auch nach der Reisolierung erhalten wurde. Es wurde demnach nicht festgestellt, dass sich Silicagel in dem Acetonitril-Wasser-Gemisch löste und als Rückstand das Zuckerphosphat verunreinigte. Das auf diese Weise reisolierte Zuckerphosphat **129** konnte dann durch Umsalzen mit einem gewünschten Gegenion versehen werden (Kapitel 4.3.1, S. 52).

Resultate und Diskussion

Der Umsatz von immobilisiertem Triester **63$_i$** zu TDP-β-D-glucose **161** war mit 78% erfreulich, jedoch wäre es vorteilhafter, das Produkt im Anschluss nicht von einem ebenfalls polaren Nebenprodukt (NMP) reinigen zu müssen. In unserer Arbeitsgruppe wurde von *T. Zismann* bei Durchführung von NDP-Synthesen in Lösung ein Verfahren angewandt, welches den Abbau überschüssigen Zuckerphosphats mittels des Enzyms alkalische Phosphatase vorsieht, um dadurch die anschließende Reinigung an RP-18 Silicagel zu vereinfachen.[39] So sollte erprobt werden, ob ein nicht komplett umgesetzter immobilisierter Triester nach einer NDP-Zucker Synthese an der Festphase ebenfalls basisch zu immobilisiertem NMP zu hydrolysieren ist und dieses durch alkalische Phosphatase zum Nucleosid abzubauen ist. Nach Abspaltung könnte das Nucleosid dann z.B. durch Extraktion vom Produkt entfernt werden.

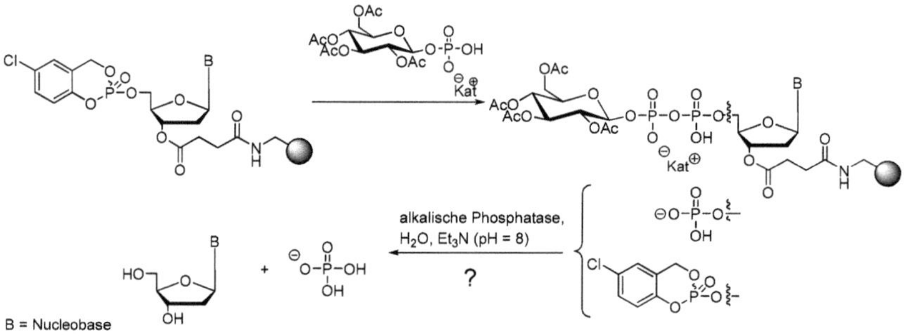

Abb. 79: Reaktionsschema zum Abbau von nicht reagiertem immobilisiertem Triester sowie NMP durch alkalische Phosphatase zum Nucleosid

Die notwendigen Bedingungen dafür waren, dass ein Triester komplett zum NMP hydrolysiert werden kann und dass ein NMP von der alkalischen Phosphatase ebenfalls dephosphoryliert wird. In Lösung wurden zwei Reaktionen parallel durchgeführt. 5-Chlor-*cyclo*Sal-thymidinmonophosphat **104** wurde in Wasser suspendiert, das Gemisch mit Triethylamin auf pH = 8 eingestellt und mit der alkalischen Phosphatase versehen. Den gleichen Reaktionsbedingungen wurde Dinatrium-uridin-5'-monophosphat ausgesetzt um zu überprüfen, ob ein NMP unter diesen Bedingungen zum Nucleosid abgebaut wird. Nach einem Tag war UMP komplett zu Uridin **68** abgebaut worden. Der Triester **104** hingegen war laut DC-Kontrolle noch als Hauptkomponente vorhanden, nur wenig Thymidin **103** war entstanden. Da der pH-Wert leicht sauer geworden war, wurde dieser erneut auf pH = 8 eingestellt und erneut alkalische Phosphatase hinzugegeben. Dies wurde nochmals vorgenommen, bis der Triester laut DC-Kontrolle komplett umgesetzt war. Das ^{31}P-NMR-Spektrum des Rückstandes zeigte kein TMP sondern hauptsächlich ein Signal von Phosphat (-0.3 ppm, etwa 58%) neben je einem Signal bei -4.1 ppm und -5.8 ppm (gemeinsam 42%), wonach vermutlich auch der Phenylphosphatdiester **142** bei der Hydrolyse entstanden ist (vgl. dazu Abb. 55, S. 62). Da kein Signal von TMP zu erkennen war, wurde zumindest das zwischenzeitlich entstandene TMP zu Thymidin **103** und Phosphat abgebaut. Jedoch wurden auch etwa 42% von **104** nicht zu Thymidin **103** abgebaut. Anschließend wurde getestet, ob sich ein Triester durch Rühren in Wasser ins entsprechende NMP überführen lässt. Dazu wurde **104** 7 d in D_2O gerührt, woraufhin ein großer Teil des Triesters intakt blieb und nur ca. 19% TMP entstanden sind. Es wurden demnach keine Bedingungen gefunden, um einen *cyclo*Sal-Triester selektiv in ein NMP zu überführen und dieses dann zu dephosphorylieren. Dennoch wurde nach der Festphasensynthese von TDP-β-D-glucose **161** die alkalische Phosphatase in Wasser und Triethylamin (pH = 8) zu dem Harz gegeben und 2 d geschüttelt. Nach Waschen und Abspaltung mit wässrigem Ammoniak zeigte das ^{31}P-NMR-Spektrum des Rohproduktes eine Vielzahl von Nebenprodukten, sodass diese Synthesestrategie nicht weiter verfolgt wurde.

Eine weitere Möglichkeit, weniger NMP als Nebenprodukt bei der NDP-Zucker Synthese zu erhalten, sollte eine Erhöhung des Umsatzes sein. Dazu sollte ein stärker elektronenziehender und somit das Phosphoratom stärker aktivierender Substituent in 5-Position der *cyclo*Sal-Einheit eingesetzt werden. Hierfür wurde der Methylsulfonyl-Substituent gewählt. Wie bereits beschrieben, ist bei Reaktionen von 5-MeSO$_2$-*cyclo*Sal-NMPs aufgrund der größeren Labilität dieser Verbindungen - verglichen mit 5-Chlor-substituierten - der nach der Abspaltung anhand des ^{31}P-NMR-Spektrums beurteilte Erfolg der Reaktion auch immer stark von der Stabilität des Triesters während der Immobilisierung abhängig (Kapitel 4.3.3.1, S. 61). Deshalb werden im Folgenden die Umsetzungen von immobilisierten 5-MeSO$_2$-*cyclo*Sal-NMPs zu NDP-Zuckern nicht beschrieben, bei denen die *cyclo*Sal-Nucleotide mit je 1 Äquivalent HOBt und DIC sowie 0.75 Äquivalenten Aminomethylpolystyrol **52** über mehrere Tage immobilisiert wurden, da diese Immobilisierungsbedingungen bereits als ungeeignet beurteilt wurden (Kapitel 4.3.3.1, S. 61) und die ^{31}P-NMR-Spektren der Rohprodukte dementsprechend eine Vielzahl von Nebenprodukten zeigten. In Tabelle 2 sind die Reaktionen aufgeführt, bei denen die Immobilisierung des jeweiligen 5-MeSO$_2$-*cyclo*Sal-Nucleotids mit je 3 Äquivalenten HOBt und DIC für 20 h stattgefunden hat, da diese Immobilisierungsbedingungen das beste Ergebnis bei einer TDP-Synthese aus immobilisiertem 5-MeSO$_2$-*cyclo*Sal-3'-O-sucinyl-TMP **120**$_i$ geliefert haben (81%, Abb. 61). Reagiert ein 5-MeSO$_2$-substituierter Triester wirklich schneller mit einem Zuckerphosphat als ein 5-Chlor-substituierter, sollten die Rohprodukte eine höhere Reinheit nach kürzerer Reaktionszeit aufweisen. Die Abspaltung der Zielmoleküle wurde hier mit CH$_3$OH/ H$_2$O/ Et$_3$N 7:3:1, v/v/v, 16 h bei Raumtemperatur vorgenommen, wodurch die Acetyl-Schutzgruppen gleichzeitig mit dem Linker gespalten wurden und diese - analog zur Abspaltung von UDP **143** und UTP **140** und ihrer Acetyl-Schutzgruppen am Nucleosid - anschließend im Vakuum entfernt werden konnten. Bezüglich des Erfolgs der Reaktion wurde sich auch hier auf das Verhältnis des Produktes zu den hauptsächlich entstandenen Nebenprodukten konzentriert, welche dem jeweiligen ^{31}P-NMR-Spektrum zu entnehmen waren. Bei Umsetzungen von 5-MeSO$_2$-substituierten *cyclo*Sal-Nucleotiden wurden - anders als bei 5-Chlor-substituierten - jedoch auch andere, hier nicht aufgeführte, phosphorhaltige Nebenprodukte erhalten. Zur Berechnung der Reinheit aus dem ^{31}P-NMR-Spektrum wurden natürlich alle Integrale mit einbezogen. Auch bei diesen Synthesen waren im ^{31}P-NMR-Spektrum der Rohprodukte häufig zwei Signale zwischen +9 und +11 ppm zu erkennen. Eine Verbindung, die das hochfeldverschobene der Signale verursacht, konnte später identifiziert werden und deren Signal im ^{31}P-NMR-Spektrum wird im Folgenden als S$_{Hoch}$ bezeichnet. Worum es sich bei dem weiter tieffeldverschobenen Signal (S$_{Tief}$) handelt, oder wann nur ein Signal in diesem Bereich auftaucht, blieb bisher ungeklärt. In Tabelle 2 sind die beiden Integrale bei Vorliegen zweier Signale getrennt aufgeführt. Um das Nucleosid-5'-phosphoramidat sollte es sich nach den hier angewandten Abspaltbedingungen nicht handeln, da dessen Bildung nur mit dem nucleophilen Angriff von Ammoniak bei der Abspaltung erklärt werden kann. Denkbar wäre die Abspaltung des Phosphat-verbrückten HOBt/ Nucleosid-Konjugats aus **159**$_i$ ohne einen weiteren nucleophilen Angrif am Phosphoratom (vgl. Abb. 77, S. 85). Im letzten Kapitel wurde bereits erwähnt, dass beim Angriff von HOBt auf die labileren Triester (5-MeSO$_2$, 5-NO$_2$) theoretisch verschiedene Nebenprodukte denkbar wären, welche im Rahmen dieser Arbeit nicht aufgeklärt werden konnten.

Resultate und Diskussion

Es wurden drei verschiedene, anomerenreine NDP-Zucker aus immobilisierten 5-MeSO$_2$-substituierten *cyclo*Sal-Nucleotiden an der Festphase synthetisiert: Thymidin-5'-diphosphat-β-D-glucose **161**, Thymidin-5'-diphosphat-α-D-galactose **162** sowie Uridin-5'-diphosphat-β-D-glucose **163**.

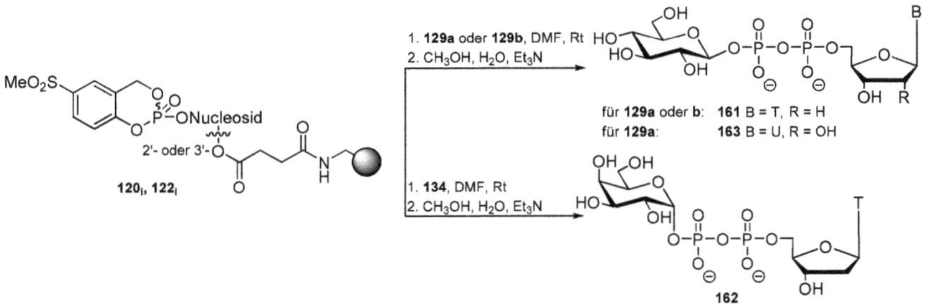

Abb. 80: Allgemeines Reaktionsschema zur Festphasensynthese von NDP-Zuckern

Tabelle 2: Umsetzungen von immobilisierten 5-MeSO$_2$-*cyclo*Sal-NMPs zu NDP-Zuckern

	Edukt	Zuckerphosphat	Äquiv.	Zeit	Produkt	Produkt	TMP	Verhältnis Diester **142**	S_{Tief}	S_{Hoch}
1	120$_i$	129b	5.0	4 d	161	1.0	2.3	1.3	0.29	
2	120$_i$	129a	5.0	4 d	161	1.0	0.19	0.17	0.08	
3	120$_i$	134	5.0	3 d	162	1.0	1.3	0.25	0.18	0.78
4	120$_i$	134	3.4	4 d	162	1.0	0.32	0.30	0.26	0.19
5	122$_i$	129a	4.8	4 d	163	1.0	0.49	0.16	0.11	

Zur Synthese von Thymidin-5'-diphosphat-β-D-glucose **161** wurde sowohl Tetra-*n*-butylammonium-2,3,4,6-tetra-*O*-acetyl-β-D-glucose-1-phosphat **129b** als auch Triethylammonium-2,3,4,6-tetra-*O*-acetyl-β-D-glucose-1-phosphat **129a** eingesetzt. Es wurde erwartet, dass die Umsetzung mit **129b** aufgrund der größeren Nucleophilie des Anions eine höhere Reinheit des Produktes **161** ergäbe. Umgekehrtes war jedoch der Fall: die Integrale der Nebenprodukte waren bei Verwendung des Triethylammonium-Salzes **129a** wesentlich kleiner (Reaktion 1 + 2). Auch bei hier nicht aufgeführten Experimenten wurde die Tendenz beobachtet, dass bei Umsatz von immobilisierten 5-MeSO$_2$-substituierten *cyclo*Sal-Nucleotiden mit Zuckerphosphaten als Triethylammonium-Salz die Rohprodukte eine höhere Reinheit aufwiesen als mit Tetra-*n*-butylammonium-Gegenionen. So wurde TDP-β-D-glucose **161** in einer Reinheit von 60% gemäß ^{31}P-NMR-Spektrum erhalten (Reaktion 2). Die Tatsache, dass intensives Trocknen des Zuckerphosphates und des Harzes bei

Resultate und Diskussion

diesen Reaktionen von großer Bedeutung ist, zeigen Reaktion 3 und 4 zur Synthese von Thymidin-5'-diphosphat-α-D-galactose **162**. Bei Reaktion 3 waren Triethylammonium-2,3,4,6-tetra-O-acetyl-α-D-galactose-1-phosphat **134** und **120**$_i$ nur wenige Stunden getrocknet worden, bei Reaktion 4 sogar 2 d. Somit konnte **162** in einer Reinheit von 43% gemäß ^{31}P-NMR-Spektrum erhalten werden (Reaktion 4). Uridin-5'-diphosphat-β-D-glucose **163** wurde nach Umsetzung mit **129a** in 55% Reinheit gemäß ^{31}P-NMR-Spektrum erhalten werden (Reaktion 5). Leider führte die Verwendung von MeSO$_2$ als scheinbar stärker aktivierender Substituent in 5-Position nicht zur Erhöhung des Umsatzes. Bei Verwendung von Chlor als Substituent wurde größerer Umsatz erreicht sowie nur TMP als Nebenprodukt erhalten, anders als nicht zu identifizierende Nebenprodukte bei Verwendung von MeSO$_2$ als Substituent. Erfreulich bei diesen Umsetzungen war, dass sich die Acetyl-Schutzgruppen des Zuckers parallel zur Abspaltung des Linkers komplett abspalten ließen und sich im ^{1}H-NMR-Spektrum des Rohproduktes nur manchmal geringe Mengen Essigsäure fanden, welche jedoch im Vakuum entfernbar war. Die Rohprodukte von **161**, **162** und **163** wurden alle als Triethylammonium-Salz direkt an RP-18 Silicagel gereinigt und im Anschluss rein erhalten. Auch wurden alle Produkte anomerenrein in der α- bzw. β-Konfiguration erhalten, die das verwendete Zuckerphosphat vorgab. Abb. 81 zeigt das ^{1}H- und ^{31}P-NMR-Spektrum von TDP-β-D-glucose **161**.

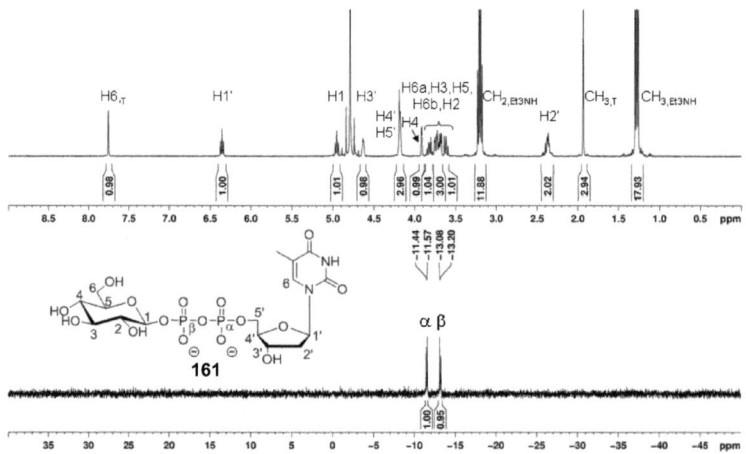

Abb. 81: ^{1}H-NMR (oben) und ^{31}P-NMR (unten)-Spektrum von TDP-β-D-glucose **161**

Resultate und Diskussion

Charakteristisch ist die Aufspaltung des H1-Signals zum Doppeldublett mit den für das β-Anomer typischen Kopplungskonstanten von $^3J_{HH}$ sowie $^3J_{HP}$ von ~ 8 Hz (hier 7.7 Hz und 7.8 Hz) sowie die zwei Dubletts der Phosphoratome mit Kopplungskonstanten $^2J_{PP}$ von ~20 Hz. Im ^{13}C-NMR-Spektrum erkennt man zudem die charakteristischen Kopplungen des β-Phosphoratoms mit C1 ($^2J_{CP}$ = 6 Hz), C2 ($^3J_{CP}$ = 9 Hz), C4' ($^3J_{CP}$ = 9 Hz) und C5' ($^2J_{CP}$ = 6 Hz). Im Unterschied dazu spaltet das H1-Signal bei α-verknüpften NPD-Zuckern mit Kopplungskonstanten $^3J_{HH}$ von ~3.5 Hz sowie $^3J_{HP}$ von ~ 7 Hz zum Doppeldublett auf.

Bei der Synthese von Thymidin-5'-diphosphat-α-D-galactose **162** wurde bei beiden Reaktionsansätzen (Tabelle 2, S. 89, Reaktion 3 und 4) verhältnismäßig viel der bisher unbekannten Verbindung mit chemischer Verschiebung von ca. +10 ppm im ^{31}P-NMR-Spektrum gebildet (S$_{Hoch}$). Bei der Reinigung des Rohproduktes von **162** wurde eine Fraktion eines Nebenproduktes erhalten, welche im ^{31}P-NMR-Spektrum hauptsächlich ein Signal mit der chemischen Verschiebung von +10.7 ppm aufwies und im ^{1}H-NMR-Spektrum alle Protonen der entschützten α-D-Galactose (Abb. 82).

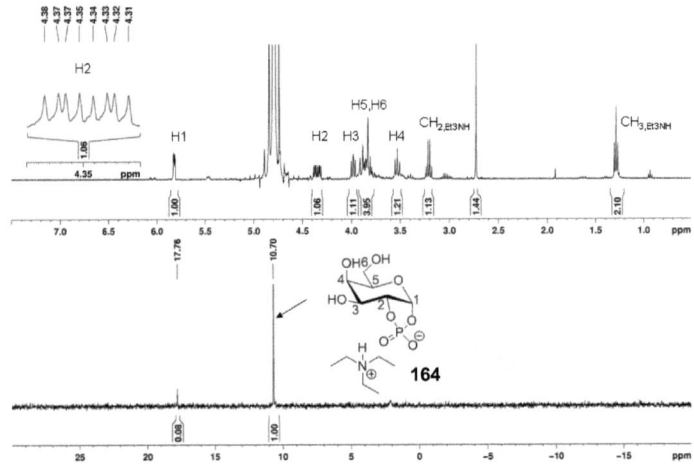

Abb. 82: ^{1}H-NMR (oben) und ^{31}P-NMR (unten)-Spektrum von α-D-Galactose-1,2-cyclophosphat **164**

Auffällig ist, dass das H2-Signal nicht wie gewöhnlich zum Doppeldublett aufspaltet, sondern eine starke Aufspaltung zum Dreifachdublett zeigt. Der Grund dafür sollte nicht die Kopplung mit der C2-OH-Gruppe sein, da auch H1, H3 und H4 kein

Resultate und Diskussion

Dreifachdublett, sondern ein Doppeldublett wie üblich aufweisen. Vielmehr handelt es sich wahrscheinlich um eine $^3J_{HP}$-Kopplung von H2 mit dem Phosphoratom der Phosphatgruppe.

So wurde vermutet, dass sich ein 1,2-Cyclophosphat **164** gebildet hat, dessen einfach negativ geladene Masse von 241.1 g/mol auch mittels ESI-Massenspektrometrie bestätigt wurde. Das nicht-cyclisierte Zuckerphosphat hätte eine um 18 g/mol größere Masse, welche jedoch nicht im Massenspektrum beobachtet wurde. Abb. 83 zeigt, dass sich das dem ^{31}P-NMR-Spektrum zu entnehmende Verhältnis von NDP-Zucker **162** zu 1,2-Cyclophosphat **164** (hier ein Beispiel mit relativ viel gebildetem Cyclophosphat **164** im Verhältnis zum Produkt, 0.8:1.0) auch im ^{1}H-NMR-Spektrum bei Betrachtung des Signals von H1 beobachten lässt. Auch die Kopplungskonstanten von H1 mit H2 bzw. mit dem benachbarten Phosphoratom sind im 1,2-Cyclophosphat **164** deutlich verkleinert (für ^3J von 7.2 Hz und 3.4 Hz auf 4.8 Hz und 2.1 Hz). Bestätigt werden kann die Bildung des 1,2-Cyclophosphats bisher nur für α-D-Galactose.

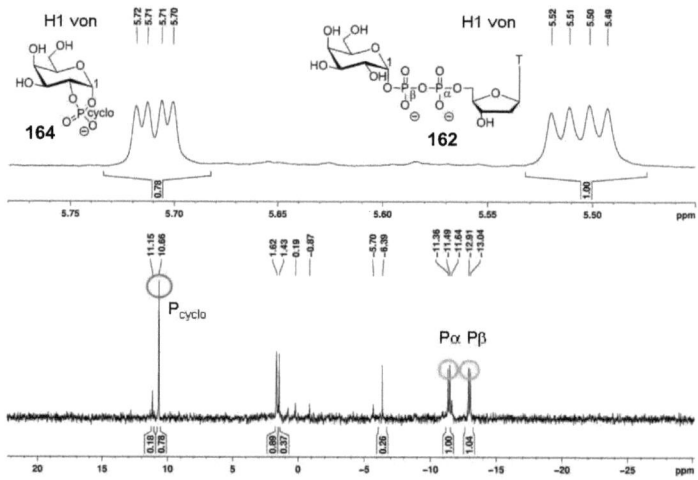

Abb. 83: Ausschnitt eines ^{1}H-NMR-Spektrums (oben) sowie eines ^{31}P-NMR-Spektrums (unten) eines NDP-Zucker Rohproduktes **162** nach Abspaltung vom Harz

Die 1,2-Cyclophosphat-Bildung aus einem NDP-Zucker ist auch in der Literatur beschrieben. *Kosma et al.* beobachteten bei der Abspaltung der Acetyl-Gruppen von 2,3,4,6,7-Penta-O-acetyl-ADP-β-D-bzw.-L-heptopyranosen mit CH$_3$OH/ H$_2$O/ Et$_3$N

Resultate und Diskussion

7:3:1, v/v/v, bei Raumtemperatur für 3 h die Bildung der entsprechenden 1,2-Cyclophosphate zu 80 - 85%, welche chemische Verschiebungen von +17 bis +18 ppm im ^{31}P-NMR-Spektrum aufwiesen.[93] Abb. 84 zeigt die Bildung des 1,2-Cyclophosphats **165** aus Adenosin-5'-(2,3,4,6,7-penta-O-acetyl-L-*glycero*-β-D-*manno*-heptopyranosyl)-diphosphat **166**.

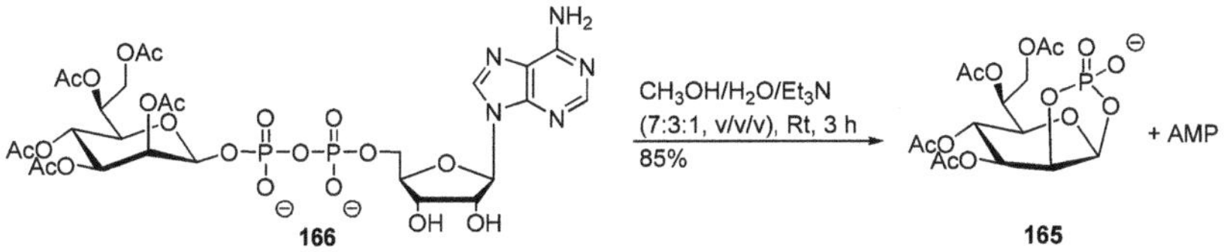

Abb. 84: Synthese eines 1,2-Cyclophosphats **165** aus einem NDP-Zucker **166** nach *Kosma et al.*

Aus jedem NDP-Zucker, der auf diese Weise zerfällt, entsteht demnach eine äquivalente Menge NMP, sodass im Rohprodukt der Anteil an NMP immer mindestens so groß sein müsste wie der des 1,2-Cyclophosphats, da auch bei der Hydrolyse eines immobilisierten Triesters an der Festphase NMP entsteht. Bei Blick auf Tabelle 2 (S. 95) wird diese Überlegung bestätigt. Ob ein solches 1,2-Cyclophosphat auch bei Umsetzung der 5-Chlor-substituierten *cyclo*Sal-Nucleotide und bei Abspaltung mit Ammoniak erhalten wurde (Abb. 78 und Tabelle 1, S. 89), ist unklar. Lässt man Thymidin-5'-diphosphat-α-D-galactose **162** unter den Abspaltbedingungen (CH$_3$OH/ H$_2$O/ Et$_3$N 7:3:1, v/v/v) rühren, stellt man ebenfalls die Bildung des 1,2-Cyclophosphats **164** fest (NMR-spektroskopisch sowie massenspektrometrisch identifiziert). Setzt man jedoch bereits synthetisiertes TDP-β-D-glucose **161** den Abspaltbedingungen aus, so stellt man nach 24 h einzig die Bildung zweier neuer Dubletts im ^{31}P-NMR-Spektrum des Reaktionsgemisches bei -6 und -10 ppm fest, was auf die Bildung von TDP **136** sowie eines Glucose-Derivates hindeutet. Somit scheint es vom Zucker abhängig zu sein, ob sich ein 1,2-Cyclophosphat bilden kann.

Auch 5-Nitro-*cyclo*Sal-3'-O-succinyl-TMP **121a** wurde an Aminomethylpolystyrol **52** immobilisiert (3 Äquivalente HOBt/ DIC, 20 h) und mit 4 Äquivalenten **129b** zu Thymidin-5'-diphosphat-β-D-glucose **161** umgesetzt. Nach 3 d wurde mit CH$_3$OH, H$_2$O und Et$_3$N (7:3:1, v/v/v) abgespalten und **161** mit einer Reinheit von nur 24% erhalten. Das Signal S$_{Hoch}$ bei +11.2 ppm im ^{31}P-NMR-Spektrum sowie HOBt-Signale im ^{1}H-NMR-Spektrum sind etwa im Verhältnis 1:1 zu jenen des Produkts entstanden. Dieses Ergebnis untermauert das postulierte Syntheseschema, das in Zusammenhang mit der TTP-Synthese aus immobilisiertem 5-NO$_2$-cycloSal-TMP **121a$_i$** aufgestellt wurde (vgl. Abb. 77, S. 85), wobei unklar ist, woher das Signal bei +11.2 ppm resultiert. Oben wurde bereits die Vermutung der Abspaltung des Phosphat-verbrückten HOBt/ Nucleosid-Konjugats aus **159$_i$** erwähnt. Es ist erfreulich und vielversprechend, dass es möglich war, einen NDP-Zucker aus einem immobilisierten 5-Nitro-cycloSal-Nucleotid herzustellen, und andere Immobilisierungsbedingungen sollten Rohprodukte in viel höherer Reinheit ermöglichen.

Insgesamt kann festgehalten werden, dass sich sowohl NDP-α- als auch -β-Zucker von Ribo- und 2'-Desoxyribonucleosiden, **161-163**, anomerenrein durch Umsetzung immobilisierter 5-Chlor-, -MeSO$_2$- und -NO$_2$-substituierter cycloSal-Nucleotide **63$_i$**, **120$_i$-122$_i$** darstellen ließen. 5-Chlor-substituierte cycloSal-Nucleotide benötigten dabei mehrere Tage Reaktionszeit, lieferten aber aufgrund ihrer Stabilität während der Immobilisation weniger Nebenprodukte als 5-Methylsulfonyl- oder 5-Nitro-substituierte. TDP-β-D-glucose **161** ließ sich sogar mit einem Umsatz von 78% aus immobilisiertem 5-Chlor-cycloSal-3'-O-succinyl-TMP **63$_i$** darstellen. Ob 5-MeSO$_2$-substituierte cycloSal-Nucleotide schneller reagierten als Chlor-substituierte, konnte nicht geklärt werden. Wie bereits in Kapitel 4.3.5 (S. 87) beschrieben, müssen für 5-MeSO$_2$- und 5-NO$_2$-substituierte cycloSal-Nucleotide andere Immobilisierungsbedingungen eingeführt werden, da sie mit dem Kupplungsreagenz HOBt reagieren. Das als Nebenprodukt entstandene 1,2-Cyclophosphat **164** konnte identifiziert werden und scheint während der Abspaltung vom Harz aus dem NDP-Zucker entstanden zu sein. Das bedeutet, dass tatsächlich eine viel größere Umsetzung des cycloSal-Nucleotids zum Produkt stattgefunden hat, und dass andere Abspaltbedingungen eine viel höhere Reinheit der Rohprodukte ergeben könnten.

4.3.6 Darstellung von Dinucleosid-5',5'-diphosphaten

Analog der in Kapitel 4.3.5 beschriebenen NDP-Zucker Synthesen sollten auch Dinucleosid-5',5'-oligophosphate **9** an der Festphase durch Umsatz eines immobilisierten cycloSal-Nucleotids mit einem Nucleosid-5'-phosphat als Nucleophil zugänglich sein. In Lösung wurde dies bereits erfolgreich von *S. Warnecke* durchgeführt.[25,26] Dafür galten ebenso wie bei den Synthesen der (d)NDPs, (d)NTPs und (d)NDP-Zucker die Bedingungen des Luft- und Feuchtigkeitsausschlusses sowie des gründlichen Trocknens des immobilisierten cycloSal-Nucleotids sowie des Nucleosid-

Resultate und Diskussion

5'-phosphats. Auch hier sollte der Einfluss des Substituenten (Chlor, Methylsulfonyl) in 5-Position des aromatischen Rings getestet werden. Als Nucleophil wurde zunächst Uridin-5'-monophosphat als Tetra-*n*-butylammonium-Salz **135** verwendet, und die Abspaltung von dem Harz erfolgte mit wässrigem Ammoniak (50 °C, 2 h).

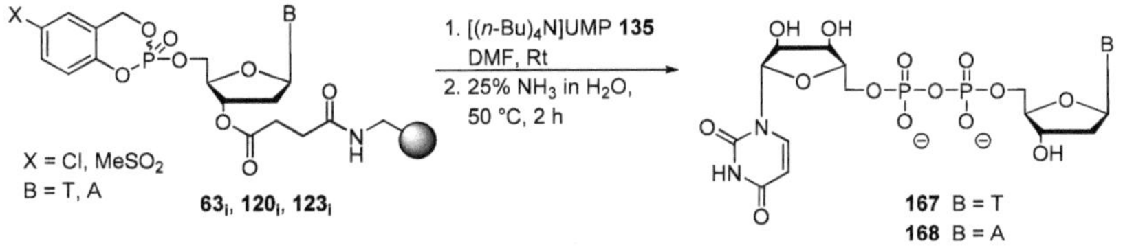

Abb. 85: Allgemeines Reaktionsschema zur Festphasensynthese von Dinucleosid-5',5'-diphosphaten

Tabelle 3: Umsetzung immobilisierter 5-Chlor- und 5-Methylsulfonyl-substituierter *cyclo*Sal-TMPs zu Up$_2$T **167** und Up$_2$-2'-dA **168**

	Edukt	X	Base	Äquiv.	Zeit	Produkt
1	**63$_i$**	Cl	T	5.1	1 d	**167**
2	**63$_i$**	Cl	T	6.0	5 d	**167**
3	**63$_i$**	Cl	T	7.4	5 d	**167**
4	**120$_i$**	MeSO$_2$	T	6.2	3 d	**167**
5	**120$_i$**	MeSO$_2$	T	6.2	8 d	**167**
6	**123$_i$**	Cl	A	6.6	5 d	**168**

Abb. 86 zeigt die ^{31}P-NMR-Spektren der Rohprodukte nach Umsetzung von immobilisiertem 5-Chlor-*cyclo*Sal-3'-O-succinyl-TMP **63$_i$** zu Thymidin-uridin-5',5'-diphosphat Up$_2$T **167** (Tabelle 3, Reaktion 1 - 3). Das charakteristische Signal des Produktes sind zwei Dubletts bei -11.5 ppm mit einer Kopplungskonstante von $^2J_{PP}$ ~ 20 - 21 Hz. Es ist zu erkennen, dass Abspaltung nach 1 d (Reaktion 1) hauptsächlich TMP sowie Phenylphosphatdiester **142** (vgl. dazu Abb. 55, S. 62) lieferte, da der Triester nach 1 d nur zu einem geringen Anteil zum Produkt umgesetzt war. Bei Abspaltung nach 5 d hatte sich im Vergleich mehr Produkt gebildet (Reaktion 2 und 3). Der Vergleich von Reaktion 2 und 3 zeigt, welchen Einfluss das gründliche Trocknen von Harz und Nucleophil auf die Reinheit der Rohprodukte hat. Bei Reaktion 2 wurde Tetra-*n*-butylammonium-UMP **135** nicht zuvor im Vakuum getrocknet, sondern direkt in DMF gelöst und 3 h über Molsieb gelagert, und auch das Harz wurde nur 0.5 h zuvor im Vakuum getrocknet. Bei Reaktion 3 erfolgte die Trocknung im Vakuum über mehrere Stunden, wodurch signifikant weniger Nebenprodukte gebildet wurden als bei Reaktion 2. Somit konnte Up$_2$T **167** in einer Reinheit von 78% erhalten werden (gemäß ^{31}P-NMR-Spektrum).

Resultate und Diskussion

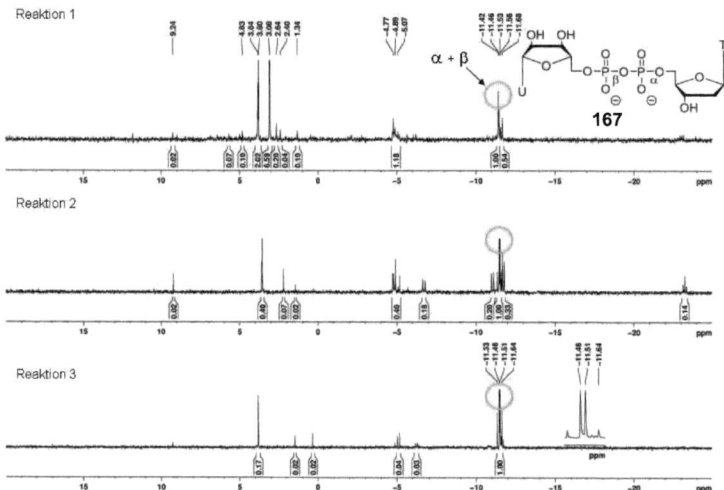

Abb. 86: ^{31}P-NMR-Spektren der Rohprodukte von Up$_2$T **167** nach Umsetzung von immobilisiertem 5-Chlor-*cyclo*Sal-3'-*O*-succinyl-TMP **63$_i$** (Reaktion 1 - 3, Tabelle 3)

Die Bildung des Thymidin-5'-phosphoramidats **158** mit einem Signal bei +9 bis +10 ppm fand bei Umsetzung des 5-Chlor-substituierten *cyclo*Sal-Nucleotids **63$_i$** so gut wie nicht statt. Das bedeutet, dass der Triester entweder bereits an der Festphase zu den Nebenprodukten reagierte, welche mit Ammoniak im Anschluss abgespalten wurden, oder dass ein nicht umgesetzter immobilisierter Triester während der Abspaltung eher mit Hydroxid zu TMP als mit Ammoniak zum Phosphoramidat **158** reagierte.

Bei der Umsetzung von immobilisiertem 5-Methylsulfonyl substituierten *cyclo*Sal-TMP **120$_i$** zu Up$_2$T **167** stellte Thymidin-5'-phosphoramidat **158** jedoch das hauptsächlich entstandene Nebenprodukt dar (Abb. 87). Auffällig ist, dass sich das Integral von **158** bei Erhöhung der Reaktionszeit von 3 d (Reaktion 4) auf 8 d (Reaktion 5) etwa halbiert hat. Auch im ^{1}H-NMR-Spektrum sind von HOBt resultierende Signale zu erkennen, deren Integrale ebenfalls halbiert sind (Vergleich Reaktion 4 zu Reaktion 5). Zum einen verstärken die Ergebnisse die Vermutung, dass immobilisiertes 5-MeSO$_2$-*cyclo*Sal-3'-*O*-succinyl-TMP **120$_i$** mit HOBt reagiert hat und das Zwischenprodukt **159$_i$** während der Abspaltung mit Ammoniak zu Thymidin-5'-phosphoramidat **158** sowie zum HOBt(derivat) **160** reagiert hat (zur Vermutung dieser Nebenproduktbildung siehe auch Abb. 77, S. 85). Die Halbierung der Signale nach längerer

Resultate und Diskussion

Reaktionszeit lassen zudem die Vermutung zu, dass 5-MeSO$_2$-substituierte *cyclo*Sal-Nucleotide eine nicht so starke Aktivierung des Phosphoratoms erfahren wie z.B. 5-NO$_2$-substituierte und deshalb auch nicht reagiertes immobilisiertes 5-MeSO$_2$-*cyclo*Sal-TMP **120$_i$** mit Ammoniak zu **158** reagiert. Up$_2$T **167** konnte so aus immobilisiertem **120$_i$** in einer Reinheit von 70% gemäß ^{31}P-NMR-Spektrum gewonnen werden.

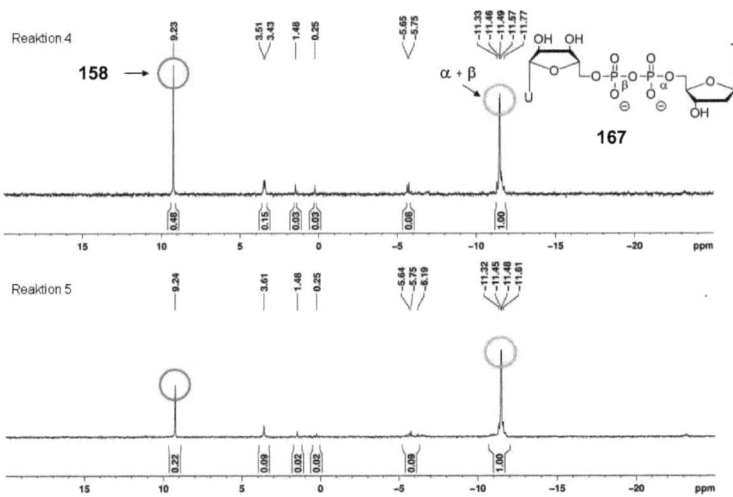

Abb. 87: ^{31}P-NMR-Spektren der Rohprodukte von Up$_2$T **167** nach Umsetzung von immobilisiertem 5-MeSO$_2$-*cyclo*Sal-3'-O-succinyl-TMP **120$_i$** (Reaktion 4 + 5, Tabelle 3)

Das Produkt **167** wurde nach Reinigung an RP-18 Silicagel sauber erhalten. Da es jedoch zuvor bereits von *S. Warnecke* in Lösung synthetisiert und anschließend charakterisiert wurde,[25] soll die Charakterisierung eines Moleküls dieser Stoffklasse hier nicht vorgenommen werden. Erstmalig aus einem *cyclo*Sal-Nucleotid hergestellt wurde jedoch 2'-Desoxyadenosin-uridin-5',5'-diphosphat Up$_2$-2'-dA **168**, welches aus immobilisiertem 5-Chlor-*cyclo*Sal-3'-O-succinyl-2'-dAMP **123$_i$** gewonnen wurde (s. Abb. 85 und Tabelle 3, Reaktion 6). Die Reinheit betrug 70% gemäß ^{31}P-NMR-Spektrum und die Reinigung an RP-18 Silicagel erfolgte nach Umsalzen des Rohproduktes in die Triethylammonium-Form.

Zudem wurde versucht, di- und triphosphorylierte Nucleoside als Nucleophile zur Synthese von Dinucleosid-5',5'-oligophosphaten einzusetzen.

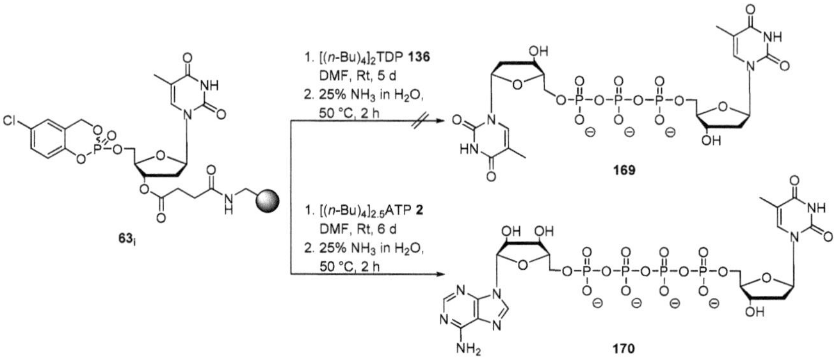

Resultate und Diskussion

Abb. 88: Versuch der Darstellung von Dinucleosid-5',5'-oligophosphaten **169** und **170**

Die Umsetzung von immobilisiertem 5-Chlor-*cyclo*Sal-3'-O-succinyl-TMP **63ᵢ** mit Tetra-*n*-butylammonium-thymidin-5'-diphosphat **136** zu Thymidin-thymidin-5',5'-triphosphat **169** ergab kein Produkt. Eine Umsetzung mit Tetra-*n*-butylammonium-adenosin-5'-triphosphat **2** ergab sowohl für das Rohprodukt als auch nach dessen Reinigung an RP-18 Silicagel zwei Signale bei ca. -11 ppm (α und α') und -23 ppm (β und β') im ^{31}P-NMR-Spektrum, welche die Bildung des Produktes **170** vermuten ließen. Allerdings konnte das Produkt nicht sauber erhalten werden und es stand nicht genug Substanz zur eindeutigen Charakterisierung zur Verfügung.

Die Dinucleosid-5',5'-diphosphate Up₂T **167** und Up₂-2'-dA **168** konnten somit erfolgreich aus den entsprechenden immobilisierten 5-Chlor- sowie 5-Methylsulfonyl-substituierten *cyclo*Sal-Nucleotiden **63ᵢ**, **120ᵢ** und **123ᵢ** in 70 - 78% Reinheit dargestellt werden. Die Verwendung von 5-MeSO₂-substituierten *cyclo*Sal-Nucleotiden brachte keinen Vorteil gegenüber 5-Chlor-substituierten, was an Nebenreaktionen ersterer während der Immobilisierung und vermutlich an der nicht stark erhöhten Reaktivität der *cyclo*Sal-Nucleotide - verglichen mit 5-Chlor-substituierten - lag. Die Darstellung von Dinucleosid-5',5'-oligophosphaten mit mehr als zwei Phosphat-Einheiten sollte ebenfalls möglich sein.

4.3.7 Darstellung von Nucleosid-5'-alkylphosphaten

In eigenen vorangegangenen Arbeiten wurde ein über einen Acetal-Linker immobilisiertes 5-Chlor-*cyclo*Sal-UMP **117ᵢ** erfolgreich zu Uridin-5'-methylphosphat

Resultate und Diskussion

171 umgesetzt, welches nach Abspaltung in 94% Reinheit gemäß ^{31}P-NMR-Spektrum erhalten wurde.[63] Die hohe Reinheit des Produktes zeigte, dass **117** unter den Immobilisierungsbedingungen stabil war. Die erhaltene Menge an **171** nach der Abspaltung war zudem ein Nachweis für die quantitative Immobilisierung des *cyclo*Sal-Nucleotids **117**. Nun sollte die Umsetzung eines immobilisierten 5-Acetyl-substituierten *cyclo*Sal-UMPs **119** zu Uridin-5'-methylphosphat **171** zeigen, ob dessen Immobilisierung sowie Umsetzung ebenso erfolgreich verläuft wie die des 5-Chlor-substituierten. Dazu wurde **119**$_i$ (zu dessen Immobilisierung s. Kapitel 4.3.3.2, S. 67) in DMF gequollen und mit einer Lösung von Natriummethanolat in Methanol, welche zuvor 1 h über aktiviertem Molsieb 3Å stehen gelassen wurde, versetzt und bei Raumtemperatur 3 d geschüttelt.

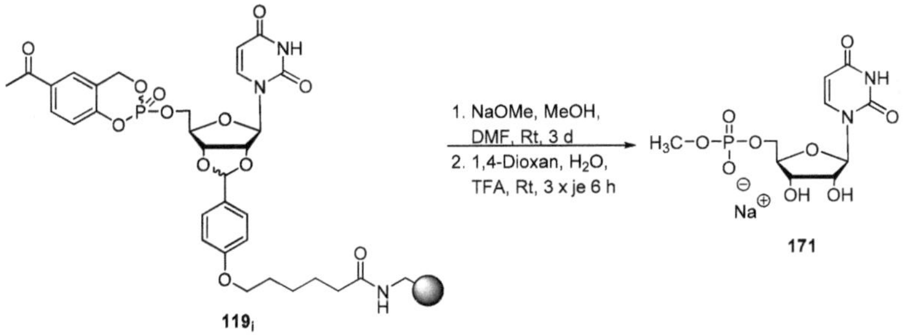

Abb. 89: Festphasensynthese von Uridin-5'-methylphosphat **171** aus immobilisiertem 5-Acetyl-*cyclo*Sal-UMP **119**$_i$

Die Abspaltung ergab **171** in einer Reinheit von 85%, was für die Stabilität von **119** unter den Immobilisierungsbedingungen spricht, sowie in einer bezüglich quantitativer Immobilisierung erwarteten Menge. Zudem scheint sich DCC ebenso für die Immobilisierung zu eignen wie DIC. Die Reinigung an RP-18 Silicagel ergab **171** in einer Ausbeute von 69%, bezogen auf den zu immobilisierenden Triester **119**. In vorangegangenen Arbeiten wurde festgestellt, dass UDP **143**, UTP **140** sowie ATP **2** unter den hier aufgeführten, sauren Abspaltbedingungen nicht stabil sind, weshalb überprüft werden sollte, ob dies generell für (d)NDPs und (d)NTPs gilt.[63] Da der Acetyl-Substituent das Phosphoratom stärker aktiviert als der Chlor-Substituent, ebnet diese erfolgreiche Immobilisierung und Umsetzung den Weg für Umsetzungen von 5-Acetyl-*cyclo*Sal-Nucleotiden auch mit weniger reaktiven Nucleophilen als Methanolat (z.B. Nucleotiden, Zuckerphosphaten), wenn die Zielmoleküle unter den Abspaltbedingungen stabil sind.

Resultate und Diskussion

4.4 Immobilisierung von Nucleosiden über die Nucleobase

Bisher wurden Immobilisierungen vorgestellt, die über die 2'- und/ oder 3'-OH-Gruppe von Nucleosiden verliefen. Eine Anknüpfung über die Nucleobase würde einerseits die Immobilisierung von *cyclo*Sal-Nucleotiden der Analoga wie z.B. d4T **3** oder AZT **4**, welche keine 2'- oder 3'-OH-Gruppe zur Anknüpfung des Succinyl-Linkers haben, ermöglichen. Zudem wäre bei Anknüpfung über die Aminofunktion der Nucleobase die Schutzgruppen-Problematik bezüglich der Aminofunktion gelöst. Somit war es ein weiteres Ziel dieser Arbeit, die Anknüpfung über die Nucleobase von Purin- oder Pyrimidin-Nucleosiden vorzunehmen. Auf beide Wege wird im Folgenden eingegangen, wobei zum Erproben der Synthesestrategien geschützte Nucleoside anstatt aufwendig synthetisierte *cyclo*Sal-Nucleotide eingesetzt wurden.

4.4.1 Anknüpfung über die Pyrimidin-Nucleobase

Zur Anknüpfung von Nucleosiden über deren Pyrimidin-Base an Aminomethyl-polystyrol **52** wurde zunächst versucht, die etablierten Reaktionsbedingungen zur Anknüpfung des Succinyl-Linkers an die 2'- oder 3'-OH-Gruppe auf die Anknüpfung an die NH-Position zu übertragen. Dabei zeigte sich, dass das Deprotonieren der NH-Funktion von 5'-O-DMTr-AZT **172** mit DBU oder Kaliumcarbonat und anschließende Linker-Anknüpfung zu **173** nicht gelang. Laut DC-Kontrolle reagierte das Edukt in beiden Fällen nicht, obwohl zum Deprotonieren mit DBU innerhalb von 2 d insgesamt 10 Äquivalente DBU und 3 Äquivalente Bernsteinsäureanhydrid zugegeben wurden.

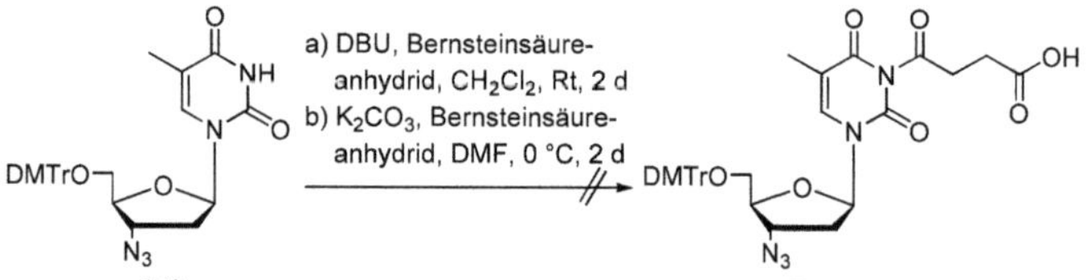

Abb. 90: Versuch der Succinyl-Anknüpfung über die NH-Funktion von Thymin

De Champdoré et al. beschreiben einen β-Hydroxythioether-Linker **174**, der, mit einem Harz über eine Amidbindung verknüpft, die Anknüpfung über die Nucleobase von Thymidin(analoga) mittels Mitsunobu-Reaktion ermöglicht.[94] Nach *De Napoli et al.* ist unter Verwendung des gleichen Linkers auch die Anknüpfung über die

Resultate und Diskussion

Nucleobase von Uridin, Inosin und 2'-Desoxyguanosin möglich.[95] Im Anschluss an die gewünschte Umsetzung wird die Thioether-Funktion zur Sulfon-Funktion oxidiert und somit eine basische Abspaltung vom Harz durch eine β-Eliminierung ermöglicht. Abb. 91 zeigt eine Synthesestrategie zur Darstellung phosphorylierter Nucleoside aus *cyclo*Sal-Nucleotiden, die über die Nucleobase immobilisiert sind. Der β-Hydroxythioether-Linker **174** sollte nach den bisher erfolgreich auf den Succinyl-Linker angewandten Kupplungsbedingungen (HOBt, DIC) mit der Festphase Aminomethylpolystyrol **52** verknüpft werden (Kapitel 4.3.3.1, S. 61). Nach der DMTr-Abspaltung sollte **175$_i$** die Anknüpfung von 5-Chlor-*cyclo*Sal-AZTMP **176** über die Nucleobase zu **176$_i$** ermöglichen. Auf die anschließende Umsetzung mit einem gewünschten Nucleophil zum immobilisierten Produkt **177$_i$** sollte die Oxidation zum Sulfon **178$_i$** an der Festphase erfolgen und basische Abspaltung das Produkt liefern.

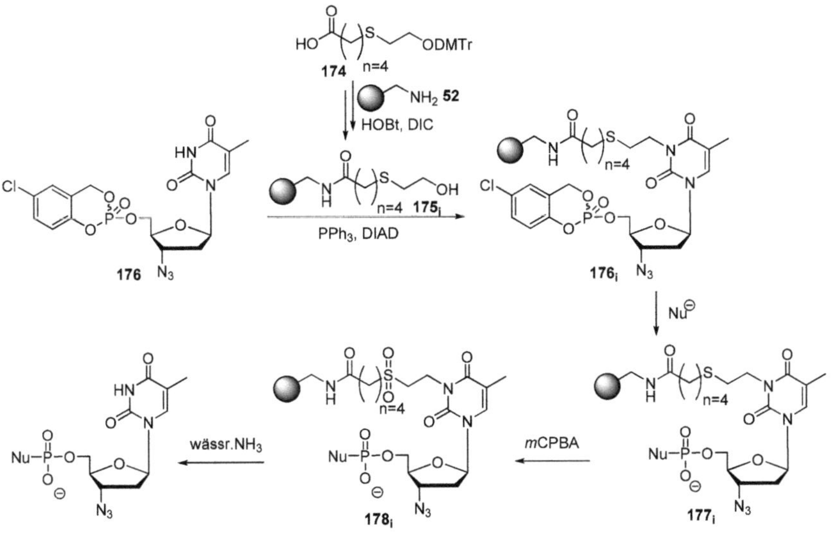

Abb. 91: Synthesestrategie zur Darstellung phosphorylierter Nucleoside ausgehend von über die Nucleobase immobilisierten *cyclo*Sal-Nucleotiden (z.B. 5-Chlor-*cyclo*Sal-AZTMP **176**)

Zunächst soll auf die Synthese des β-Hydroxythioether-Linkers **174** eingegangen werden (Abb. 92). Dazu wurde Ethyl-5-brom-valerat **179** mit 2-Mercaptoethanol in DMF gelöst, unter Zusatz von Kaliumcarbonat bei 60 °C umgesetzt und nach säulenchromatographischer Reinigung das Produkt **180** in einer Ausbeute von 81% erhalten. Die DMTr-Schützung der OH-Gruppe von **180** erfolgte in Pyridin unter

Resultate und Diskussion

Zugabe von 4,4'-Dimethoxytritylchlorid (DMTrCl) sowie einer katalytischen Menge 4-(Dimethylamino)pyridin bei Raumtemperatur. Nach Aufarbeitung und Reinigung am Chromatotron wurde **181** mit einer Ausbeute von 85% erhalten. Die Hydrolyse der Esterfunktion von **181** erfolgte durch wässrige, methanolische Natriumhydroxid-Lösung bei Raumtemperatur. Zur Protonierung des Carboxylats sowie zur Neutralisation des überschüssigen Natriumhydroxids wurde eine zu NaOH äquimolare Menge an Essigsäure zugegeben. Nach Aufarbeitung und Reinigung am Chromatotron wurde **174** in einer sehr guten Ausbeute von 93% erhalten.

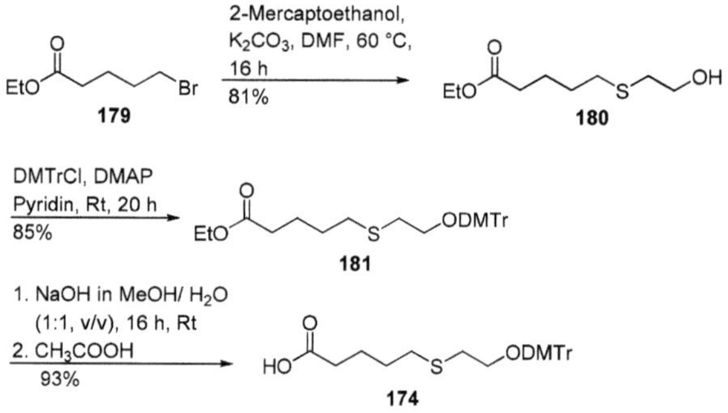

Abb. 92: Synthese des β-Hydroxythioether-Linkers **174**

Die Verknüpfung von **174** mit Aminomethylpolystyrol **52** wurde analog vieler bisheriger Kupplungen mit 0.75 Äquivalenten Harz und zum Linker äquimolaren Mengen HOBt und DIC in DMF und CH_2Cl_2 für 4 d durchgeführt, wonach der Kaiser-Test eine vollständige Belegung der Aminogruppen des Harzes anzeigte. Die Abspaltung der DMTr-Gruppe erfolgte mit Trichloressigsäure in CH_2Cl_2, wobei diese solange zugegeben, geschüttelt und abgelassen wurde, bis die Waschlösung nicht mehr UV-aktiv war.

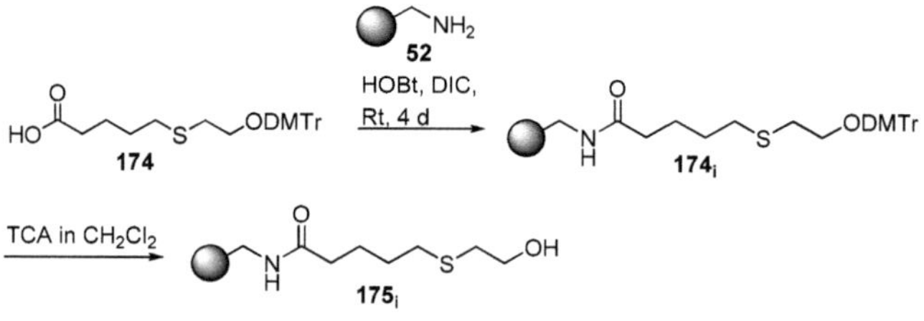

Abb. 93: Immobilisierung und Entschützung des β-Hydroxythioether-Linkers **174$_{(i)}$**

Resultate und Diskussion

5'-O-DMTr-AZT **172** wurde dann in einer Mitsunobu-Reaktion an den immobilisierten Linker **175ᵢ** geknüpft. Dazu wurde bei 0 °C ein Komplex **182** aus Triphenylphosphin (TPP) und Di*iso*propylazodicarboxylat (DIAD) in absolutem Tetrahydrofuran gebildet, welcher dann im großen Überschuss zu dem im Vakuum getrockneten Harz **175ᵢ** und dem geschützten Nucleosidanalogon **172** gegeben und 3 d bei Raumtemperatur geschüttelt wurde.[94] Für eine ungefähre Abschätzung der Beladung wurde die Fritte vor und nach der Reaktion gewogen, wobei die Massendifferenz eine Belegung von etwa 2/3 ergab. Auch die bei Versetzen einer kleinen Menge des Harzes mit TCA resultierende Rotfärbung der Lösung bestätigte die gelungene Immobilisierung von **172**.

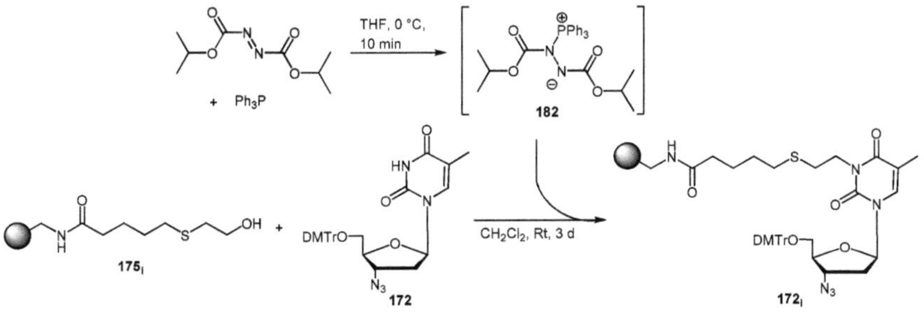

Abb. 94: Mitsunobu-Reaktion zur Immobilisierung von 5'-O-DMTr-AZT **172**

Laut Literatur sollte eine Oxidation der Thioetherfunktion des Thioether-Linkers mit 0.5 M *meta*-Chlorperbenzoesäure (*m*CPBA) in Dichlormethan für 1 h bei Raumtemperatur die anschließende Abspaltung (25%-iger wäss. NH_3, 60 °C, 18 h) vom Harz ermöglichen. Die Oxidation wurde in drei verschiedenen Ansätzen mit 0.5 M *m*CPBA-Lösung in Dichlormethan für 75 min, mit 1 M *m*CPBA-Lösung in Dichlormethan für 100 min sowie mit 3 Äquivalenten Oxone® in Wasser für 4 h durchgeführt. In allen drei Fällen wurde jedoch nach Abspaltung und nach Entfernen der Abspaltlösung kaum ein Rückstand erhalten. Wurde eine kleine Menge des Harzes, das nun eigentlich unbeladen vorliegen sollte, mit TCA versetzt, wurde die Lösung erneut intensiv rot, was für die Anwesenheit von DMTr und somit von **172ᵢ** an dem Harz sprach. Da davon ausgegangen wurde, dass die Oxidation zur Sulfon-Funktion nicht erfolgreich war und deshalb die β-Eliminierung zur Abspaltung erfolglos blieb, sollten andere Oxidationsbedingungen zunächst in Lösung angewandt und deren Erfolg beurteilt werden. Dazu wurden von *T. Zismann* zur Synthese des 5-Methylsulfonylsalicylalkohols **87** entwickelte Reaktionsbedingungen

Resultate und Diskussion

getestet.[39] Demnach wird das zu oxidierende Sulfid in Essigsäure suspendiert, mit 10 Äquivalenten 30%-igen Wasserstoffperoxids versetzt und bei 40 °C umgesetzt (Abb. 95 und Tabelle 4 zeigen die genauen Reaktionsbedingungen).

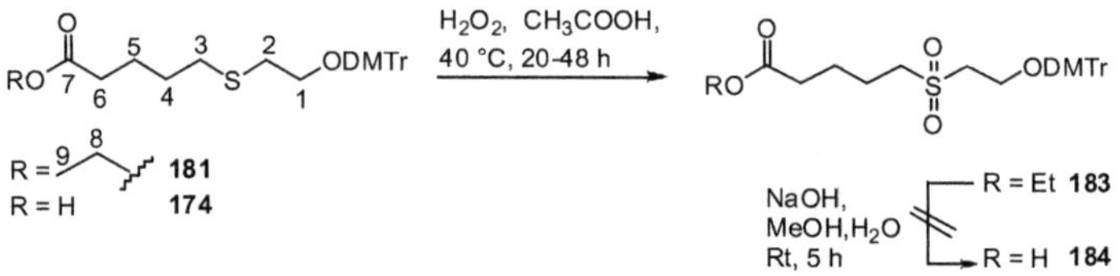

Abb. 95: Allgemeines Reaktionsschema zur Oxidation der Thioetherfunktion von **181** bzw. **174** zum Sulfon

Tabelle 4: Reaktionsbedingungen für die Oxidation von **181** bzw. **174**

	Edukt	Äq. H_2O_2
1	181	10
2	181	20
3	Produkt v. Reaktion 2	20
4	174	10

Das ^{1}H-NMR-Spektrum des Produktes von Reaktion 1 zeigt, dass die Signale der Protonen H1, H2 und H3 nach Oxidation mit 10 Äquivalenten H_2O_2 eine Tieffeldverschiebung erfahren haben, was nach einer gelungenen Oxidation der Erwartung entspricht (Abb. 96, grüne Markierung, Nummerierung von **181** siehe Abb. 95). Ein kleiner Anteil der Signale von zwei der Protonen (H1 und H2) wurde noch weiter tieffeldverschoben (Abb. 96, rote Markierung). Im Massenspektrum war die Masse des Edukts nicht mehr zu sehen, hingegen die Massen der Zerfallsprodukte des gewünschten Produkts **183** (DMTr-Kation, $C_2H_5OC(O)(CH_2)_4SO_2^+$ sowie $C_2H_5OC(O)(CH_2)_4SO_2(CH_2)_2OH+H^+$), was für eine gelungene Oxidation sprach. Wurde die doppelte Menge an Äquivalenten zur Oxidation verwendet (Reaktion 2), verschob sich ein noch größerer Teil dieser Signale zu den weiter tieffeldverschobenen Signalen (Abb. 96, rote Markierung). Bei nochmaliger Oxidation (Reaktion 3) waren beide Signale der zwei Protonen komplett weiter tieffeldverschoben. Mit Zunahme des Anteils der markierten Protonen 1 und 2 nahm proportional der Anteil der DMTr-Protonen zu. Wahrscheinlich ist, dass das gewünschte Produkt **183** mit der Sulfon-Funktion bereits nach der ersten Oxidation vorlag (Reaktion 1). Die Protonen der neuen Signale (Abb. 96, rote Markierung) sind an andere zugehörige C-Atome als die der zuerst verschobenen Signale der H-Atome 1 und 2 gebunden, sodass mindestens zwei Verbindungen vorgelegen haben müssen, vielleicht ein Gemisch aus Sulfon **183** sowie Spaltprodukte, die bei einem Bindungsbruch zwischen C2 und der Sulfon-Funktion entstanden sind.

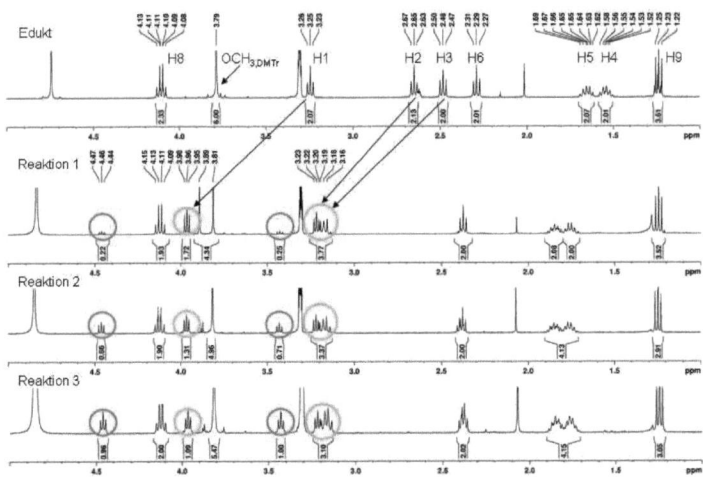

Abb. 96: Ausschnitte aus ^{1}H-NMR-Spektren des β-Hydroxythioether-Linkers **181** (oben) sowie der Produkte der Reaktionen 1-3 aus Tabelle 4

Im Folgenden wurde versucht, die Esterfunktion des Produktes von Reaktion 1 (möglicherweise **183**) zu hydrolysieren, um es anschließend über die Säurefunktion zu immobilisieren. Dabei wurde der Zerfall der Verbindung festgestellt, was dafür spricht, dass das Edukt als basisch spaltbare Verbindung und somit vermutlich als Sulfon **183** vorlag (Abb. 95). Demnach ist eine Hydrolyse der Esterfunktion auf Stufe des Sulfons nicht möglich, da dabei vermutlich eine die Spaltung hervorrufende β-Eliminierung eintritt. Als Konsequenz wurde der bereits die Säurefunktion enthaltende Linker **174** zur Oxidation eingesetzt (Tabelle 4, Reaktion 4). Nach Extraktion war jedoch kein Produkt isolierbar. Es wäre jedoch zu überlegen, ob die Hydrolysebedingungen (NaOH, MeOH/ H$_2$O, Rt, 5 h) nicht als Abspaltbedingungen nach Oxidation von **172$_i$** genutzt werden könnten. Zwar wäre dann NaOH als Verunreinigung vorhanden, was jedoch in diesem Fall durch wässriges Ausschütteln zu entfernen wäre.

Zudem wurde ein weiterer β-Hydroxythioether-Linker **185** synthetisiert, der nach C. García-Echeverría ebenfalls zur Bindung an ein Amino-funktionalisiertes Harz diente und ebenfalls basisch durch β-Eliminierung spaltbar sein sollte (Abb. 97).[96] Vorteil dieses Linkers sollte die bessere Detektion aufgrund seiner UV-Aktivität sein. Dafür wurde 4-(Brommethyl)benzoesäure **186** in absolutem Methanol mit 2-Mercaptoethanol umgesetzt. Bei der Extraktion mit Ethylacetat verblieb das Produkt in der wässrigen Phase, woraufhin diese lyophilisiert und der Rückstand am Chromatotron gereinigt wurde. Das Produkt **187** wurde als Triethylammonium-Salz in einer Ausbeute von 90% erhalten. Dieses wurde im Anschluss analog zu **180** DMTr geschützt, wobei die geringe Ausbeute von 32% dadurch Zustande kam, dass nur ein Teil des Rohproduktes gereinigt wurde. Da die NMR-Spektren von **185** keine Gegenionen mehr zeigten, wurde eine protonierte Carboxylgruppe angenommen.

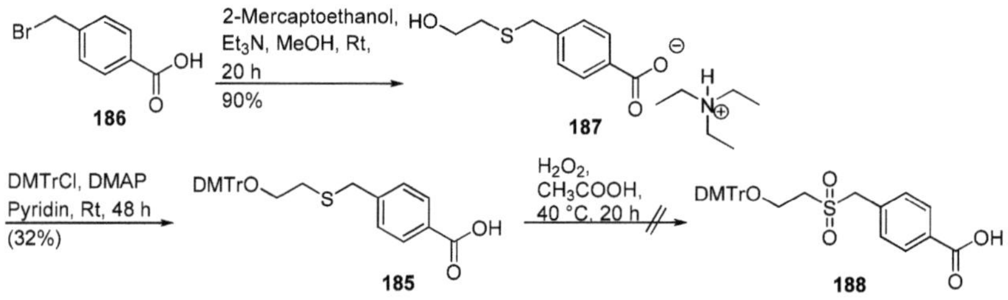

Abb. 97: Synthese des β-Hydroxythioether-Linkers **185**

Es wurde versucht, **185** analog der oben beschriebenen Oxidationen zu **188** zu oxidieren, nach Aufarbeitung wurde jedoch kein Produkt isoliert.

Es bleibt festzuhalten, dass die Anknüpfung des β-Hydroxythioether-Linkers **175** an Aminomethylpolystyrol **52** erfolgreich war, ebenso wie die Mitsunobu-Reaktion zur Immobilisierung von 5'-O-DMTr-AZT **172**. Die in Lösung wahrscheinlich erfolgreich verlaufende Oxidation von **181** zu **183** mit Wasserstoffperoxid in Essigsäure sollte in der Zukunft zur Oxidation an der Festphase erprobt werden. Wäre diese erfolgreich, stünde ein Weg zu Immobilisierung von Nucleosidanaloga über deren Nucleobase offen.

Resultate und Diskussion

4.4.2 Anknüpfung über die Purin-Nucleobase

Auch hier sollte zunächst erprobt werden, ob sich Nucleoside mittels Succinyl-Linker über die Amino-Funktion der Purin-Nucleobase verknüpfen lassen. Diese sollte reaktiver als die NH-Funktion der Pyrimidin-Nucleobase und mit DBU zu deprotonieren sein. Dazu wurde 3',5'-O-Bis-(TBDMS)-2'-dA **98** zunächst mit 1 Äquivalent DBU und 1.5 Äquivalenten Bernsteinsäureanhydrid in Dichlormethan umgesetzt. DC-Kontrolle (CH_2Cl_2/ MeOH 9:1, v/v) zeigte nach 6 h die Bildung eines neuen Spots, jedoch schien wenig davon entstanden zu sein. Deshalb wurde die gleiche Menge beider Reagenzien erneut solange zugefügt, bis die DC-Kontrolle ungefähr gleiche Intensität von Eduktspot und neuem Spot zeigte (innerhalb von 2 d). Ein vergleichbares Ergebnis wurde bei der DC-Kontrolle erhalten, wenn direkt 2 Äquivalente DBU und 3 Äquivalente Anhydrid zu **98** gegeben wurden und nur 18 h gerührt wurde. Nach Essigsäurezugabe und Aufarbeitung wurde das Rohprodukt am Chromatotron gereinigt und nicht das Produkt **189**, sondern stattdessen **190** in einer Ausbeute von 26% isoliert.

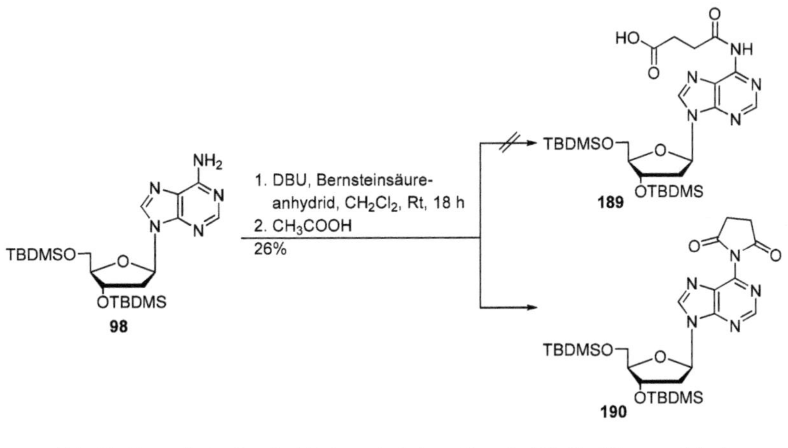

Abb. 98: Versuch der Succinyl-Linkeranknüpfung über die NH_2-Funktion von Adenin

Leider hat bei der Reaktion eine Ringbildung des angeknüpften Succinyl-Linkers zum Succinimid-Ring stattgefunden (**190**, Abb. 98), was durch NMR-spektroskopische sowie massenspektrometrische Analyse festgestellt wurde. Anscheinend ist das Proton der NH-Linker-Funktion nach Anknüpfung des Linkers sehr acide, sodass es

Resultate und Diskussion

leichter abstrahiert wird als eines der Amino-Gruppe des Edukts **98**. Damit ist auch zu erklären, weshalb selbst bei Verwendung von 3 Äquivalenten Base noch Edukt zurückbleibt, da pro umgesetztes Molekül zwei Äquivalente Base verbraucht wurden. Somit sind diese Reaktionsbedingungen nicht geeignet für die Immobilisierung über die Purin-Nucleobase.

Mit Blick auf Alternativen zur Anknüpfung des Succinyl-Linkers an die Aminofunktion von Adenin bot sich die Möglichkeit an, eine andere Festphase zu erproben. Neben der bisher vorgestellten, unlöslichen Festphase Aminomethylpolystyrol **52** gibt es auch Festphasen, die in bestimmten Lösungsmitteln löslich sind und in anderen ausgefällt werden können. Eine solche lösliche Festphase stellt das Polymer Polyethylenglykol (PEG) **191** dar, welches z.B. in DMF, Dichlormethan, Acetonitril und Wasser löslich ist und in Diethylether, *iso*-Propanol und kaltem Methanol ausgefällt werden kann.[97] Mit solch löslichen Festphasen können Reaktionen in Lösung durchgeführt und der Reaktionsverlauf verfolgt werden (z.B. mittels DC). Zwecks Reinigung sollten sie in geeigneten Lösungsmitteln samt daran gebundenen Intermediaten oder Produkten ausfallen und im Anschluss wie Feststoffe durch Waschvorgänge gereinigt werden können. Da so theoretisch die Eigenschaften von Flüssig- und Festphasensynthesen kombiniert werden, wurde der Begriff Liquid-Phase-Methode eingeführt.[98] *Crauste et al.* berichten über die 5'-Mono-, -Di- und -Triphosphatylierung von Cytidin, 2'-Desoxycytidin **71** und araCytidin - dort ist die Ribose durch Arabinose ersetzt -, welche jeweils über die Aminofunktion der Nucleobase an einen Succinyl-Linker geknüpft sind, welcher wiederum an PEG **191** gebunden ist.[99] Es sollte getestet werden, ob sich auf diese Weise auch *cyclo*Sal-Nucleotide immobilisieren und zu phosphorylierten Nucleosiden umsetzen lassen, und ob diese Methode Vorteile gegenüber der eigenen, bisher beschriebenen liefert.

Zur Anknüpfung des Linkers an PEG **191** wurde letzteres mit Bernsteinsäureanhydrid und einer katalytische Menge DMAP in Pyridin gelöst und 2 d bei Raumtemperatur gerührt. Das Lösungsmittel wurde im Vakuum entfernt und der Rückstand im Vakuum getrocknet. Das funktionalisierte PEG **192** wurde durch Ausfällen in eisgekühltem Diethylether/ Dichlormethan-Gemisch und anschließendem Waschen und Trocknen erhalten.

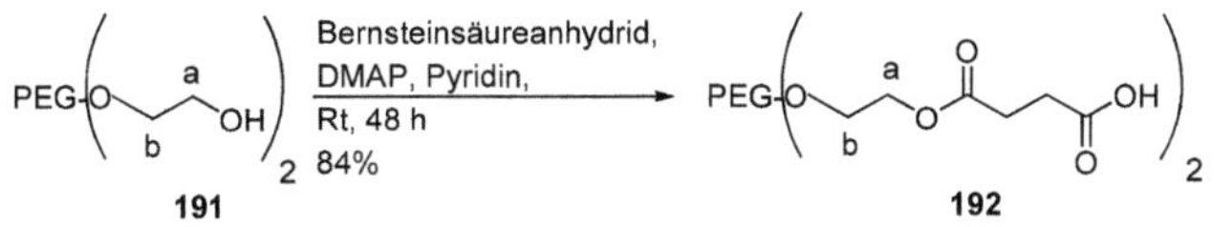

Resultate und Diskussion

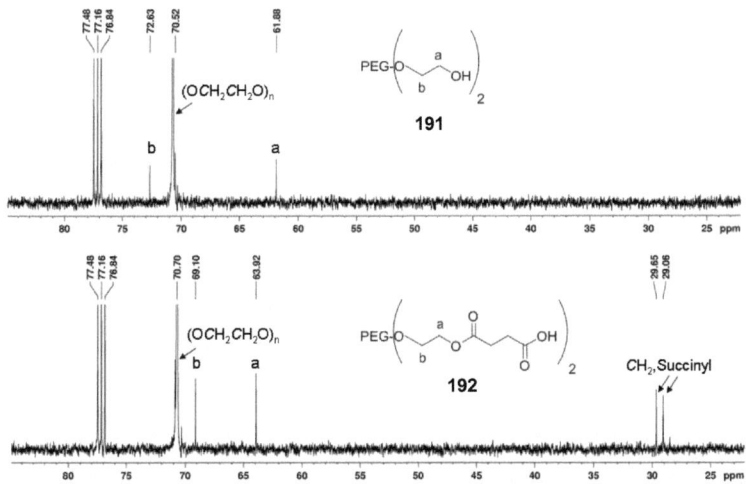

Abb. 99: Funktionalisierung von PEG **191** mittels Succinyl-Linker

Eine Analyse der quantitativen Umsetzung von **191** wurde mittels ^{13}C-NMR-Spektroskopie durchgeführt (Abb. 100). Analog der in der Literatur beschriebenen ^{13}C-NMR-Spektren von **191** und **192** ist deutlich zu erkennen, dass das Signal von Cb eine Hochfeldverschiebung nach Anknüpfung des Linkers erfährt. Ebenso sind die Signale der Methylengruppen des Linkers zu erkennen.

Abb. 100: ^{13}C-NMR-Spektren von PEG 6000 **191** (oben) und PEG-Succinat **192** (unten)

Um die an PEG gebundenen Verbindungen von den an AM-PS immobilisierten deutlich zu unterscheiden, wird im Folgenden der Index „PEG-i" für immobilisiert verwendet. Im Anschluss wurde 3',5'-*O*-Bis-(*tert*-butyldimethylsilyl)-2'-desoxyadenosin **98** an PEG-Succinat **192** geknüpft, um die Immobilisierung über die Nucleobase zu testen. Dazu wurde **192** mit einem Überschuss HOBt, DIC und **98** in absolutem Dichlormethan und DMF gelöst und unter Rückfluss erhitzt. Mittels DC wurde die Reaktion verfolgt und die komplette Umsetzung des PEG-Succinats **192** nach 10 h festgestellt (CH$_2$Cl$_2$/ MeOH 9:1, v/v). Das Lösungsmittel wurde entfernt, der Rückstand in Dichlormethan gelöst und von ausgefallenem Di*iso*propylharnstoff filtriert. Nach Ausfällen des PEG-Derivates 98$_{PEG-i}$ in Diethylether, Filtrieren, Waschen und Umkristallisieren aus Ethanol wurde das Produkt erhalten. Diese Aufarbeitung war - verglichen mit der Filtration der Aminomethylpolystyrol-Derivate - sehr langwierig, da das Ausfällen nicht quantitativ war und die Fritten verstopften, woraus große Ausbeuteverluste resultierten. Die ^{1}H-NMR-spektroskopische Analyse bestätigte ebenfalls die Immobilisierung von 98. Von 98$_{PEG-i}$ sollte nun 98 abgespalten werden. Dies geschah mit 25%-iger wässriger Ammoniak-Lösung bei Raumtemperatur. Mittels DC wurde die Reaktion verfolgt und die komplette Abspaltung von 98 nach 1 h festgestellt (CH$_2$Cl$_2$/ MeOH 9:1, v/v). Das erfreuliche Ergebnis ließ erwarten, dass sich auch ein *cyclo*Sal-Nucleotid von 2'-dA über die Aminofunktion der Nucleobase an 192 kuppeln lässt.

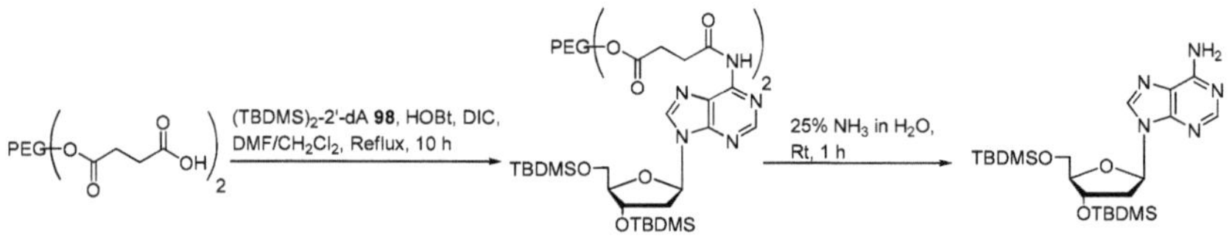

Abb. 101: Immobilisierung und Abspaltung von 3',5'-*O*-Bis-(TBDMS)-2'-dA 98 an und von PEG-Succinat 192

Da sich nach *Crauste et al.* auch 3'-OH freie Nucleoside immobilisieren lassen sollen, wurde 5-Chlor-*cyclo*Sal-2'-dAMP 108 für die Immobilisierung gewählt, dessen Synthese in Kapitel 4.2.3.3 (S. 38) erläutert wurde. Dies sollte nach der Immobilisierung zum immobilisierten 2'-dATP 141$_{PEG-i}$ umgesetzt und 141 abgespalten werden (Abb. 102). Die Immobilisierung erfolgte analog der zuvor beschriebenen, wobei nach 29 h kein Edukt mehr festgestellt werden konnte (DC-Kontrolle CH$_2$Cl$_2$/ MeOH 7:3, + 0.1% Essigsäure). Außerdem wurde die Bildung eines neuen Spots festgestellt, der Nucleosid-haltig war. Zudem wurde ein ^{31}P-NMR-Spektrum direkt aus der Reaktionslösung aufgenommen, welches die Stabilität des Triesters unter den Reaktionsbedingungen belegte. Nach Ausfällen des Di*iso*propylharnstoffs in Dichlormethan und Filtration wurde das in DMF gelöste 108$_{PEG-i}$ in kaltem Diethylether ausgefällt. Um einen Zerfall des Triesters zu vermeiden, wurde auf das in der Literatur nach jeder Umsetzung vorgesehene Umkristallisieren aus Ethanol verzichtet. Sollte 108$_{PEG-i}$ entstanden sein, wurde es direkt zu immobilisiertem 2'-dATP 141$_{PEG-i}$ umgesetzt. Dazu wurden - analog der in Kapitel 4.3.4 beschriebenen Synthesen - Bis-(tetra-*n*-butylammonium)dihydrogenpyrophosphat **27b** sowie **108**$_{PEG-i}$ intensiv getrocknet, in DMF gelöst und 4 d bei Rt gerührt. Das Lösungsmittel wurde entfernt und der Rückstand in Dichlormethan aufgenommen und mit Wasser gewaschen, um überschüssiges Pyrophosphat von dem möglicherweise entstandenen PEG-gebundenen Triphosphat **141**$_{PEG-i}$ zu entfernen, welches in der organischen Phase verbleiben sollte. Die Phasen trennten sich jedoch sehr schlecht und die organische Phase blieb auch nach intensivem Waschen trüb. Nach Entfernen des Lösungsmittels sollte das PEG-gebundene Produkt **141**$_{PEG-i}$ in kaltem Diethylether ausgefällt werden, wobei wenig Feststoff ausfiel, der sich schlecht filtrieren ließ, da sich viel in dem zum Waschen verwendeten Diethylether löste. Die Abspaltung des Triphosphats **141** erfolgte mit wässriger Ammoniak-Lösung, wobei nach Reinigung des Rückstandes der Abspaltlösung an RP-18 Silicagel laut NMR-Spektren nur Pyrophosphat **27b** sowie vermutlich 2'-dAMP gefunden werden konnten. Laut Literatur ist einer chromatographischen Reinigung eine Dialyse anzuschließen, auf welche aufgrund des fehlenden Produktes jedoch verzichtet wurde.

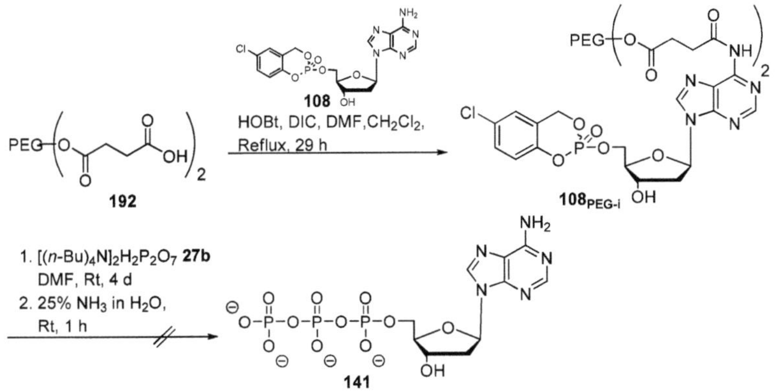

Abb. 102: Versuch der Synthese von 2'-dATP **141** durch Immobilisierung und Umsetzung von **108** an PEG-Succinat **192**

Zusammenfassend lässt sich zu dieser Syntheseroute festhalten, dass die Anknüpfung des Succinyl-Linkers an PEG **191** problemlos funktioniert hat und die Verfolgung von Reaktionen an funktionalisiertem PEG **192** mittels DC und Analyse per NMR-Spektroskopie ein großer Vorteil gegenüber Reaktionen an unlöslichen Festphasen ist. Bezüglich der generellen Handhabung sind die Aufarbeitungen nach den Reaktionen jedoch viel zeitaufwendiger und mit großem Produktverlust verbunden, verglichen mit den einfachen Waschvorgängen von Aminomethylpolystyrol-Derivaten. Bei unlöslichen Festphasen ist kein Produktverlust zu befürchten, da die Harz-gebundenen Verbindungen immer als Feststoff vorliegen und somit filtriert werden können. Wahrscheinlich war die Immobilisierung des 5-Chlor-*cyclo*Sal-2'-dAMPs **108** an PEG-Succinat **192** erfolgreich, dennoch sind Phosphatsalze durch die Fällungen und Waschvorgänge nicht komplett zu entfernen, sodass sich selbst bei gelungener Reaktion zum 2'-dATP **141** noch Chromatographie sowie Dialyse anschließen würden. Da dieser Weg nicht lohnenswert erschien, wurde er nicht weiter verfolgt, da der bisher vorgestellte an Aminomethylpolystyrol **52** deutlich mehr Vorteile aufzuweisen hat.

Zusammenfassung

5 Zusammenfassung

Das Hauptthema dieser Arbeit war die Festphasensynthese von phosphorylierten Nucleosiden sowie Phosphat-verbrückten Biokonjugaten aus immobilisierten, 5-Acceptor-substituierten *cyclo*Sal-Nucleotiden. Die Darstellung unterteilte sich in vier Etappen: die Synthese 2'- oder 3'-O-Succinyl-verknüpfter *cyclo*Sal-Nucleotide, deren Immobilisierung an der Festphase Aminomethylpolystyrol **52**, die darauffolgende Umsetzung zu den gewünschten immobilisierten Zielverbindungen sowie deren Abspaltung von der Festphase. Diese Synthesestrategie wurde erstmalig angewandt, und es konnte gezeigt werden, dass die durchgeführte Optimierung von jedem der vier Reaktionsschritte zu einer hohen Reinheit der Zielmoleküle nach Abspaltung von der Festphase führt.

Es sollten verschiedene, 5-Acceptor-substituierte *cyclo*Sal-Nucleotide dargestellt werden, um ihre Eignung für die Festphasensynthese zu testen, wofür zunächst die entsprechenden 5-Acceptor-substituierten Salicylalkohole synthetisiert werden mussten (Kapitel 4.2.3.1, S. 35 - 37). Durch Reduktion der entsprechenden Säure bzw. des entsprechenden Aldehyds waren 5-Chlorsalicylalkohol **86** und 5-Nitrosalicylalkohol **90** darstellbar (Ausbeuten: **86** 96% und **90** 79%). Je über zwei Stufen wurden 5-Methylsulfonylsalicylalkohol **87** in 57% Ausbeute sowie 5-Acetylsalicylalkohol **91** in 35% Ausbeute synthetisiert. Die Cyclisierung von **86**, **87**, **90** und **91** mit Phosphortrichlorid führte zu den jeweiligen 5-Acceptor-substituierten Saligenylchlorphosphiten **94-97** in Ausbeuten von 66 - 86% (Kapitel 4.2.3.2, S. 37 - 38).

2'- oder 3'-O-Succinyl-verknüpfte *cyclo*Sal-Nucleotide waren auf zwei Wegen zugänglich (Übersicht über die Routen A und B: Abb. 24, S. 24, und Abb. 33, S. 34): zum einen ließen sich eigens synthetisierte 2'- oder 3'-OH freie *cyclo*Sal-Nucleotide **104**, **107**, **110** und **111** durch Reaktion mit Bernsteinsäureanhydrid in Ausbeuten von 74 - 81% 2'- oder 3'-O-Succinyl-verknüpfen (**63**, **65-67**, Route A, Kapitel 4.2.1, S. 25 - 29). Zum anderen gelang es, zunächst die 2'- oder 3'-O-Succinyl-verknüpften Nucleoside darzustellen (Route B, Kapitel 4.2.2, S. 29 - 34), um diese im Anschluss zu den 2'- oder 3'-O-Succinyl-verknüpften *cyclo*Sal-Nucleotiden umzusetzen. Dazu wurden die Nucleoside 5'-O-DMTr-geschützt (**73-76**, 64 - 76%), mit Bernsteinsäureanhydrid an der 2'- oder 3'-Position O-Succinyl-verknüpft (**62b**, **77-80**, 89 - 99%) und im Folgenden 5'-O-DMTr-entschützt (**81-85**, 71 - 99%). Die Anknüpfung

Zusammenfassung

des Linkers gelang problemlos sowohl für die 2'- oder 3'-OH freien *cyclo*Sal-Nucleotide als auch für die 5'-*O*-DMTr-geschützten Nucleoside.

Der Großteil der 2'- und/ oder 3'-OH freien 5-Chlor- oder 5-Acetyl-*cyclo*Sal-Nucleotide (u.a. Edukte für Route A) wurde durch Umsetzung der zum Teil geschützten Nucleoside mit dem entsprechenden Saligenylchlorphosphit zum Phosphittriester und anschließender Oxidation von letzterem mit Oxone® zum Phosphattriester dargestellt. Diese wurden nach chromatographischer Reinigung in Ausbeuten von 18 - 63% erhalten (**104, 105, 107, 108, 110**). Die 5-Chlor-, 5-NO$_2$- und 5-Acetyl-*cyclo*Sal-2',3'-*O*-cyclopentyl-uridinmonophosphate **113-115** wurden analog der oben beschriebenen Veresterung mittels Chlorphosphit und Oxidation mit Oxone® dargestellt. Anschließende wässrig saure Entschützung lieferte nach chromatographischer Reinigung die 5-Chlor- und 5-Acetyl-*cyclo*Sal-UMPs **117** und **119** in 55% und 13% Ausbeute über zwei Stufen (S. 44 - 45). Alternativen stellten die Oxidation des Phosphittriesters mit *tert*-Butylhydroperoxid oder die Reaktion eines Nucleosids mit einem 5-Chlorsaligenylphosphorchloridat **112** zur Synthese 2'- und/ oder 3'-OH freier 5-Chlor-*cyclo*Sal-Nucleotide dar (**107, 111**). Das an 5'- und 2'- oder 3'-*O*-doppelt *cyclo*Sal-veresterte Nucleotid stellte oft das Nebenprodukt dieser Synthesen dar, welches chromatographisch abgetrennt werden musste (S. 38 - 45). Umgangen werden konnte diese Nebenproduktbildung durch den Einsatz von 2'- oder 3'-*O*-Succinyl-verknüpften Nucleosiden **81-85** für die Triestersynthese, sodass die 5-Chlor-, 5-Methylsulfonyl- und 5-Nitro-*cyclo*Sal-2'- oder 3'-*O*-Succinyl-Nucleotide **63, 65, 67, 120-124** (Produkte von Route B) nach Extraktion in Ausbeuten von 56 - 83% und rein gemäß NMR-Spektren dargestellt werden konnten. Anschließende chromatographische Reinigung stellte die Abtrennung anorganischer Salze sicher, verringerte aber die Ausbeuten von **63, 65, 67, 120, 122-124** auf 14 - 53% (S. 45 - 50). Insgesamt stellte sich Route B zur Darstellung 2'- oder 3'-*O*-Succinyl-verknüpfter *cyclo*Sal-Nucleotide als vorteilhafter gegenüber Route A heraus, da auf diese elegante Weise erstmals Succinyl-verknüpfte *cyclo*Sal-Nucleotide ohne Nebenprodukte dargestellt und deshalb direkt als reine Ausgangsverbindungen zur Immobilisierung an der Festphase eingesetzt werden konnten.

Die 2'- oder 3'-*O*-Succinyl-verknüpften *cyclo*Sal-Nucleotide wurden darauffolgend an Aminomethylpolystyrol **52** immobilisiert, an welcher sie im Anschluss auch zu den Zielverbindungen umgesetzt wurden. Der Übergang zur Festphasensynthese beinhaltete einige Vorteile. Zum einen konnten Reagenzien auch im großen

Zusammenfassung

Überschuss eingesetzt werden, da sie durch einfache Waschvorgänge rückstandslos entfernt werden konnten, die - verglichen mit zeitaufwendiger Chromatographie bei der Synthese in Lösung - schnell und ohne Produktverluste durchführbar waren. Des Weiteren führte nach Abspaltung des Produktes von der Festphase das Entfernen der Abspaltlösung im Vakuum bzw. mittels Gefriertrocknung dazu, dass die Produkte direkt und in hoher Reinheit erhalten werden konnten. Der Linker verblieb nach der Abspaltung an der Festphase. Die Abspaltungen erfolgten mit 25%-igem wässrigem Ammoniak bei 50 °C für 2 h, nur für 2'- oder 3'-*O*-Acetyl-geschützte Uridin-Derivate sowie für peracetylierte NDP-Zucker wurde ein Gemisch aus MeOH/ H$_2$O/ Et$_3$N 7:3:1 (v/v/v) bei Rt verwendet, welches gleichzeitig mit der Linkerspaltung die Acetyl-Gruppen entfernte, die im Anschluss im Vakuum in Form von Methylacetat oder Essigsäure abgetrennt wurden.

Der Erfolg der Immobilisierung sowie die Stabilität der *cyclo*Sal-Nucleotide unter den Immobilisierungsbedingungen konnte erst nach ihrer Umsetzung zu den Zielmolekülen und Abspaltung dieser beurteilt werden. Dabei stellte sich die Immobilisierung von 5-Chlor-*cyclo*Sal-Nucleotiden mit HOBt und DIC als erfolgreich heraus, sodass auch 5-Methylsulfonyl- und 5-Nitro-substituierte *cyclo*Sal-Nucleotide auf diese Weise immobilisiert wurden. Die Reinheit eines abgespaltenen Rohprodukts konnte dem ^{31}P-NMR-Spektrum entnommen werden, da nur reine *cyclo*Sal-Ncleotide immobilisiert wurden und demnach nur phosphorhaltige Verbindungen abgespalten wurden. Da die Umsetzung von 5-MeSO$_2$-*cyclo*Sal-Nucleotiden sowie der sehr reaktiven 5-NO$_2$-*cyclo*Sal-Nucleotide Zielverbindungen geringerer Reinheit als nach Umsatz von 5-Chlor-*cyclo*Sal-Nucleotiden lieferte, wurde postuliert, dass die reaktiveren und somit auch labileren *cyclo*Sal-Nucleotide mit HOBt zu einem Intermediat reagierten, das bei Abspaltung mit Ammoniak ein Nebenprodukt lieferte, welches als das entsprechende Nucleosid-5'-phosphoramidat **158** identifiziert werden konnte (S. 83 - S. 85). Alternative Immobilisierungs-bedingungen stellten TBTU und 4-Ethylmorpholin dar, die z.B. die nachfolgende Darstellung von TDP **136** in 90% Reinheit erlaubten (Kapitel 4.3.3.1, S. 61 - 67).

Die Umsetzung der immobilisierten 5-Chlor-*cyclo*Sal-Nucleotide mit Phosphat (**127**)-, Pyrophosphat (**27b**) - oder Methylenpyrophosphat (**128**) - Salzen führte zu den immobilisierten Nucleosid-5'-di- und -triphosphaten und ihrer Analoga, die nach Abspaltung in einer hohen Reinheit von 72 - 91% erhalten wurden. Entsprechende Nucleosid-5'-di-, -tri- und -β,γ-methylentriphosphate wurden auf diese Weise von

Zusammenfassung

Thymidin (**136**, **60**, **156**), Uridin (**143**, **140**, **157**), 2'-Desoxyadenosin (**150**, **141**) und dem Nucleosidanalogon BVdU (**149**, **6**) erhalten (S. 72 - 81), was die generelle Anwendbarkeit der Synthesemethode zeigt. Einzig 2'-Desoxycytidin-5'-diphosphat **151** wurde mit einer Reinheit von nur 44% erhalten, da ebenfalls 44% des immobilisierten 5-Chlor-*cyclo*Sal-3'-*O*-succinyl-2'-dCMPs **152$_i$** mit einem Salicyl-substituierten Pyrophosphat **154a** zum 2'-dCDP-Konjugat **155a** reagiert haben, das isoliert wurde (S. 74 - 76). Aus immobilisierten 5-MeSO$_2$-*cyclo*Sal-Nucleotiden darge-stellte Nucleosid-5'-di- und -triphosphate konnten in Reinheiten von 63% (UDP **143**, S. 78) bis 81% (TDP **136**, S. 72) erhalten werden.

Eine weitere zu erschließende Verbindungsklasse stellten die Nucleosid-5'-diphosphat-Zucker dar. Diese waren zugänglich durch Umsetzung immobilisierter 5-Acceptor substituierter *cyclo*Sal-Nucleotide mit anomerenreinen peracetylierten Zuckerphosphaten und anschließender Abspaltung von der Festphase. Bei Verwendung von immobilisiertem 5-Chlor-*cyclo*Sal-3'-*O*-succinyl-TMP **63$_i$** zur Synthese von TDP-β-D-glucose **161** zeigte sich, dass mit einem großen Überschuss an Zuckerphosphat und Tetra-*n*-butylammonium als dessen Gegenion (**129b**) die höchste Umsetzung mit 78% nach 5 d erzielt werden konnte (S. 87 - 91). Aus 5-MeSO$_2$-substituierten *cyclo*Sal-Nucleotiden waren neben **161** auch Thymidin-5'-diphosphat-α-D-galactose **162** sowie Uridin-5'-diphosphat-β-D-glucose **163** anomerenrein darstellbar. Die geringeren Reinheiten letzterer von 43 - 60% nach 3 - 4 d sind zum einen auf Nebenreaktionen dieser *cyclo*Sal-Nucleotide unter den Immobilisierungsbedingungen mit HOBt zurückzuführen. Zum anderen konnte ein Nebenprodukt aus dem Rohprodukt von Thymidin-5'-diphosphat-α-D-galactose **162** isoliert werden, welches vermutlich bei dem Zerfall des NDP-Zuckers unter den Abspaltbedingungen (MeOH/ H$_2$O/ Et$_3$N 7:3:1 (v/v/v), Rt) entstand. Hierbei handelte es sich um das 1,2-Cylophosphat von α-D-Galactose, **164**. Der Zerfall von NDP-Zuckern unter diesen Reaktionsbedingungen ist literaturbekannt[93] und sollte durch andere Abspaltbedingungen vermieden werden können. Darüber hinaus zeigte sich, dass ein größerer Überschuss an Zuckerphosphat den Umsatz erhöhte. Umso erfreulicher war es, dass es gelang, das überschüssige Zuckerphosphat aus der Reaktionslösung zu reisolieren (S. 91f.).

Auch Dinucleosid-5',5'-diphosphate ließen sich aus immobilisierten 5-Acceptor-substituierten *cyclo*Sal-Nucleotiden darstellen. Dabei ergab die Reaktion von immobilisierten 5-Chlor-substituierten *cyclo*Sal-Nucleotiden **63$_i$**, **123$_i$** mit Tetra-*n*-

Zusammenfassung

butylammonium-uridinmonophosphat **135** nach 5 d Thymidin-uridin-5',5'-diphosphat **167** sowie 2'-Desoxyadenosin-uridin-5',5'-diphosphat **168** in Reinheiten von 78 bzw. 70% (S. 100 - S. 102). Auch aus immobilisiertem 5-MeSO$_2$-*cyclo*Sal-3'-*O*-succinyl-TMP **120$_i$** konnte **167** in einer Reinheit von 70% dargestellt werden (S. 102f.).

Zusammenfassend kann festgehalten werden, dass sich verschiedene Nucleoside sowie ein Analogon in die Substanzklassen Nucleosid-5'-di-, -tri- sowie -β,γ-methylentriphosphate, Nucleosid-5'-diphosphat-Zucker sowie Dinucleosid-5',5'-diphosphate mittels Festphasensynthese in hoher Reinheit überführen ließen, wobei die Darstellung aus 5-Chlor-, 5-Methylsulfonyl- sowie 5-Nitro-substituierten *cyclo*Sal-Nucleotiden gelang. Die hohe Reinheit der Rohprodukte sowie die Abwesenheit von Phosphatsalzen stehen der oft mehrfachen und Ausbeute limitierenden chromatographischen Reinigung bei Durchführung der Synthesen in Lösung vorteilhaft gegenüber. Wenn weitere Reinigung gewünscht war, erwies sich eine Chromatographie an RP-18 Silicagel mit Triethylammonium als Gegenion als zuverlässige Methode.

Zudem wurde untersucht, ob sich auch ein 5-Acetyl-substituiertes *cyclo*Sal-Nucleotid immobilisieren sowie umsetzen lässt. Dazu wurde 5-Acetyl-*cyclo*Sal-UMP **119** durch Umacetalisierung über die freien 2'- und 3'-OH-Gruppen an einen zuvor synthetisierten und an der Fesphase **52** immobilisierten Acetallinker **148$_i$** gebunden und nucleophil mit Methanolat in Uridin-5'-methylphosphat **171** überführt (S. 104f.). Da dies nach Abspaltung in einer guten Reinheit von 85% erhalten wurde, sollten durch Verwendung anderer Nucleophile auch andere Substanzklassen aus 5-Acetyl-substituierten *cyclo*Sal-Nucleotiden zugänglich sein.

Im letzten Teil der Arbeit wurde die Anknüpfung von Nucleosiden über ihre Nucleobase getestet, mit dem Ziel, auch *cyclo*Sal-Nucleotide mit fehlender 2'- und 3'-OH-Gruppe immobilisieren zu können. Dazu gelang die Synthese zweier β-Hydroxythioether-Linker **174** und **185**, von denen **174** der an der Festphase **52** verankert wurde und die Immobilisierung von 5'-*O*-DMTr-AZT **172** über die NH-Funktion von Thymin mittels Mitsunobu-Inversion ermöglichte (S. 106 - 112). Die publizierten Bedingungen zur Oxidation der Sulfid- zur Sulfon-Funktion sowie die dadurch ermöglichte basische Abspaltung konnten jedoch nicht reproduziert werden, und auch eigens entwickelte Reaktionsbedingungen ergaben noch keine erfolgreiche Spaltung. Nach Optimierung dieser letzten Schritte sollte eine Nutzung der

Zusammenfassung

erfolgreich synthetisierten und teils immobilisierten β-Hydroxythioether-Linker **174** und **185** für die Verankerung von *cyclo*Sal-Nucleotiden über die Nucleobase und anschließende Umsetzung möglich sein.

Ebenfalls zur Anknüpfung über die Nucleobase wurde die lösliche Festphase Polyethylenglykol (PEG) **191** verwendet, an welche die Anknüpfung des Succinyl-Linkers gelang. An PEG-Succinat **192** wurde Bis-(TBDMS)-2'-desoxyadenosin **98** über die Amino-Funktion von Adenin verankert und wieder abgespalten, was den Weg für die Immobilisierung von *cyclo*Sal-Nucleotiden eröffnete (S. 114 - 116). Der Versuch der Synthese von 2'-Desoxyadenosin-5'-triphosphat **141** aus einem auf eben beschriebene Weise verankerten 5-Chlor-*cyclo*Sal-3'-O-succinyl-2'-dAMP **108**$_{PEG-i}$ (S. 116 - 117) zeigte jedoch die Nachteile auf, die der Einsatz einer löslichen Festphase zur Synthese eines hydrophilen, polaren Moleküls mit sich bringt (z.B. keine quantitative Ausfällung in dem dazu verwendeten Lösungsmittel, keine gelungene Abtrennung des verwendeten Phosphatsalzes und die Notwendigkeit einer sich anschließenden Chromatographie sowie Dialyse). Letztlich zeigte der Vergleich der bisher verwendeten Festphase Aminomethylpolystyrol **52** mit der flüssigen Festphase PEG **191** nochmals die großen Vorteile auf, die die Verwendung der unlöslichen Festphase **52** sowie die daran angewandte Synthesestrategie mit sich bringt.

Die Ergebnisse dieser Arbeit zeigen, dass sich aus Kombination von reaktiven *cyclo*Sal-Nucleotiden mit den Vorteilen der Festphasensynthese eine neue, effiziente und generell anwendbare Synthemethode entwickeln ließ, mit der sich Zielverbindungen direkt in hoher Reinheit darstellen sowie verschiedene Verbindungsklassen erschließen lassen.

6 Summary

The main topic of this work was the solid-phase synthesis of phosphorylated nucleosides and phosphate-bridged bioconjugates synthesized starting from immobilized 5-acceptor-substituted *cyclo*Sal-nucleotides. The synthetic strategy was subdivided into four parts: the synthesis of 2'- or 3'-O-succinyl-linked *cyclo*Sal-nucleotides, their immobilization on the solid-support aminomethyl polystyrene **52**, the following conversion to the immobilized target molecules and finally their cleavage from the solid-support. For the first time, the *cyclo*Sal-technique was used in conjunction with solid-phase strategies and it was shown that optimization of all four reactions could lead to target molecules in high purity directly after cleavage.

For the synthesis of different 5-acceptor-substituted *cyclo*Sal-nucleotides, first the 5-chloro-, 5-nitro-, 5-methylsulfonyl- and 5-acetyl salicyl alcohols **86**, **90**, **87** and **91** were synthesized in 96% and 79% in one step and in 57% and 32% in two steps (p. 35 - 37). Cyclisation with phosphorous trichloride gave the corresponding reactive saligenylchlorophosphites **94-97** in 66 - 86% yield.

The preparation of 5-acceptor-substituted 2'- or 3'-O-succinyl-linked *cyclo*Sal-nucleotides was possible via two routes (an overview of route A and B see p. 24 and p. 34). First, already synthesized 2'- or 3'-OH non-protected *cyclo*Sal-nucleotides **104**, **107**, **110** and **111** were reacted with succinic anhydride resulting in **63**, **65-67** in 74 - 81% yield (route A, p. 25 - 29). Another route deals with the synthesis of 2'- or 3'-O-succinyl-nucleosides to be reacted in the following step to give the 2'- or 3'-O-succinyl-linked *cyclo*Sal-nucleotides (route B, p. 29 - 34). Therefore, the nucleosides were DMTr-protected (**73-76**, 64 - 76%), the linker-unit was attached via a reaction with succinic anhydride (**62b**, **77-80**, 89 - 99%) and finally the DMTr-group was removed (**81-85**, 71 - 99%).

Generally, the *cyclo*Sal-phosphat triester synthesis was carried out via treatment of the (protected) nucleosides with reactive chlorophosphites followed by subsequent oxidation with oxone®. Using 2'- or 3'-OH non-protected nucleosides as starting material (route A, **104**, **105**, **107**, **108** and **110** 18 - 63% yield, p. 38 - 45) the formation of the 5'- and 2'- or 3'-O-double-masked *cyclo*Sal-nucleotides as by-products was observed that could be avoided by using 2'- or 3'-O-succinyl-nucleosides **81-85** as starting material (route B, **63**, **65**, **67**, **120-124**, 56 - 83% yield,

p. 45 - 50). Moreover, the latter compounds could be used directly after work-up for immobilization on solid-support and therefore route B turned out to be superior to route A.

Alternatively, the phosphite triester was oxidized with *tert*-butylhydroperoxid (**111**) or a saligenylphosphorchloridate **112** was used for the phosphate triester synthesis (**107**). The synthesis of 5-chloro-, 5-NO$_2$- und 5-acetyl-*cyclo*Sal-2',3'-*O*-cyclopentyl-UMPs **113-115** was carried out by the formation of the triester with the corresponding chlorophosphite and oxidation via oxone®. Following acid deprotection of the cyclopentyl-group led to 5-chloro- und 5-acetyl-*cyclo*Sal-UMPs **117** and **119** in 55% and 13% yield in two steps (p. 44 - 45).

The use of solid-phase strategies implied several advantages. Above all, there is the possibility of using reagents in excess due to their easy removal after each reaction step with time-saving washing processes compared to time-consuming chromatography after reactions done in solution. For immobilization, the 5-acceptor-substituted and succinyl-linked *cyclo*Sal-nucleotides were attached to aminomethyl polystyrene resin **52** via amide bond formation with HOBt and DIC. Alternatively, the use of TBTU and 4-ethylmorpholine was successful, too (p. 61 - 67). The conversion of immobilized 5-chloro-substituted *cyclo*Sal-nucleotides with phosphate, pyrophosphate or methylenpyrophosphate yielded nucleoside-5'-di-, -tri- and -β,γ-methylentriphosphates of thymidine (**136**, **60**, **156**), uridine (**143**, **140**, **157**), 2'-deoxyadenosine (**150**, **141**), 2'-deoxycytidine (**151**) and the nucleoside analogue BVdU (**149**, **6**) showing the general applicability of this novel method (p. 72 - 81). After cleavage, the target molecules were obtained in high purities of 72 - 91% (for 2'-dCDP **151** 44% as an exception due to the formation of the 2'-dCDP-conjugate **155a**). In addition, (d)NDPs and (d)NTPs were also synthesized starting from immobilized 5-methylsulfonyl- and 5-nitro-*cyclo*Sal-nucleotides but their immobilization led to the formation of by-products. The main by-product of these reactions, the nucleoside-5'-phosphoramidate **158**, could be isolated and identified (p. 83 - 85). The synthetic strategy was transferred to the formation of nucleoside-5'-diphosphate sugars that were synthesized via reaction of immobilized *cyclo*Sal-nucleotides with sugar phosphate salts. In this way, TDP-β-D-glucose **161**, TDP-α-D-galactose **162** and UDP-β-D-glucose **163** were synthesized anomerically pure starting from immobilized 5-chloro-*cyclo*Sal-nucleotide **63$_i$** in 78% purity and from immobilized 5-methylsulfonyl-substituted *cyclo*Sal-nucleotides **120$_i$** and **122$_i$** in 43 -

Summary

60% purity (p. 87 - 100). The lower purities in the case of 5-methylsulfonyl-substituted cycloSal-phosphate esters are on the one hand due to side reactions of these triesters during immobilization with HOBt. On the other hand, NDP-sugars decomposed during the cleavage from the support (MeOH/ H$_2$O/ Et$_3$N 7:3:1 (v/v/v), rt). The by-product, an 1,2-cyclophosphate of α-galactose, **164**, could be isolated and characterized.

In addition, the access to dinucleoside-5',5'-diphosphates was successful by the reaction of the immobilized species **63**$_i$ and **123**$_i$ with a nucleoside monophosphate **135**. Thus, thymidine-uridine-5',5'-diphosphate **167** as well as 2'-deoxyadenosine-uridine-5',5'-diphosphate **168** were generated in 70 - 78% purity (p. 100 - 104).

The immobilized 5-acetyl-cycloSal-UMP **119**$_i$ was converted to uridine-5'-methyl-phosphate **171** in 85% purity using an acetal-linkage **148**$_i$ with aminomethyl polystyrene **52** (p. 104 - 105). Additionally, the attachment of nucleosides via the nucleobase was investigated (p. 106 - 112) as well as the use of the soluble solid-support polyethylene glycol **191** (p. 114 - 118).

7 Ausblick

In dieser Arbeit konnte gezeigt werden, dass sich Verbindungen zahlreicher Substanzklassen erfolgreich aus immobilisierten *cyclo*Sal-Nucleotiden darstellen lassen. Um noch höhere Reinheiten der Zielmoleküle nach Abspaltung von der Festphase zu erhalten, sollten vor allem die Schritte optimiert werden, die die Reinheit limitieren. Da in dieser Arbeit einige Nebenprodukte identifiziert werden konnten, kann die Optimierung gezielt durchgeführt werden.

5-Chlor-*cyclo*Sal-Nucleotide waren während der Immobilisierung mit HOBt und DIC sowie mit TBTU und 4-Ethylmorpholin stabil, wohingegen die labileren und reaktiveren 5-Nitro- sowie 5-Methylsulfonyl-*cyclo*Sal-Nucleotide anscheinend von HOBt (welches auch beim Einsatz von TBTU freigesetzt wird) nucleophil angegriffen wurden. Viele der gängigen, literaturbekannten Synthesemethoden zur Amidbindungssynthese - ausgehend von einer Säurefunktion und einem Amin wie im gegebenen Fall - beinhalten jedoch die Überführung der Säurefunktion in einen Aktivester (Carbodiimid mit Hydroxylamin-Derivaten, Phosphonium- oder Uronium-Salze).[100-102] Bei all diesen Synthesemethoden sind nucleophile Reagenzien beteiligt, die die labilen *cyclo*Sal-Triester am Phosphoratom angreifen könnten. Deshalb sollten letztere mit nicht-nucleophilen Kupplungsreagenzien immobilisiert werden. Dazu wäre zum einen die Überführung der Carboxylfunktion eines 5-NO$_2$- oder 5-MeSO$_2$-*cyclo*Sal-2'- oder -3'-O-succinyl-NMPs in ein Säurechlorid **193** möglich, welches anschließend direkt der Aminolyse ausgesetzt werden könnte (Abb. 103, oben). Des Weiteren könnte die Verwendung des Mukaiyama Reagenzes erfolgreich sein, da hierbei die Carbonsäure in einer nucleophilen aromatischen Substitution (S$_N$Ar) am 2-Chlor-1-methylpyridiniumiodid **194** angreift, wodurch ein aktivierter Pyridiniumester **195** entsteht (Abb. 103, unten). Dieser kann im Anschluss mit der primären Aminogruppe des Harzes **52** reagieren, sodass bei dieser Reaktion weder nucleophile Reagenzien ein- noch freigesetzt werden, was ein großer Vorteil sein könnte.[103, 104]

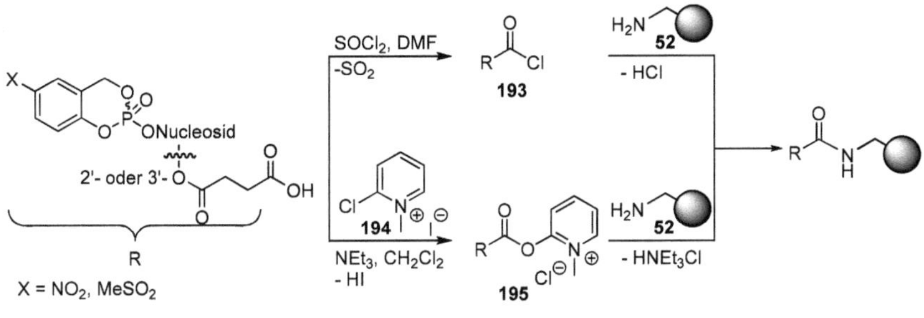

Ausblick

Abb. 103: Amidbindungsbildung über ein Säurechlorid **193** (oben)
und mittels Mukaiyama Reagenz **194** (unten)

Hinsichtlich der praktischen Durchführung der Umsetzung der immobilisierten *cyclo*Sal-Nucleotide ist beim Schütteln des Harzes mit den Reagenzien zu beachten, dass alle Harzkörner Kontakt mit der Reagenzlösung haben, da jeder immobilisierte und nicht umgesetzte *cyclo*Sal-Triester bei der Abspaltung zu Nebenprodukten führt. Dazu sollte die Fritte gegebenenfalls senkrecht zur Schüttelrichtung befestigt werden, um die Ablagerung der Harzkörner am oberen Teil des Glasfritte - wie es bei der diagonalen Schüttelrichtung der Fall ist - zu verhindern.

Da die NDP-Zucker bei der Abspaltung von dem Harz (CH_3OH/ H_2O/ Et_3N, 7:3:1, v/v/v, Raumtemperatur, 16 - 48 h) anscheinend zum Teil in das entsprechende NMP und ein 1,2-Cyclophosphat zerfielen, sollten andere Abspaltbedingungen gewählt werden. *Kosma et al.* beobachteten die Bildung eines 1,2-Cyclophosphats in nur geringem Ausmaß, wenn die Acetyl-Gruppen bei -28 °C in MeOH und 0.1 M wäss. Triethylammoniumbicarbonat/ Et_3N (pH = 10 - 11) für 20 h abgespalten wurden.[93] Sollte der Linker bei dieser tiefen Temperatur trotz basischer Bedingungen intakt bleiben, könnte der entschützte NDP-Zucker im Anschluss mit den gängigen Abspaltbedingungen (25%-iger wäss. NH_3, 50 °C, 2 h) abgespalten werden, da dann keine Bildung von Acetamid durch Reaktion der Acetylgruppen mit Ammoniak mehr zu befürchten wäre (Abb. 104). Wenn es zudem zuvor gelänge, 5-NO_2- oder 5-$MeSO_2$-substituierte *cyclo*Sal-Nucleotide ohne Nebenproduktbildung zu immobilisieren (siehe oben), sollte ein hoher Umsatz zum immobilisierten NDP-Zucker in kurzer Reaktionszeit möglich sein, sodass auch die Nucleosid-5'-phosphoramidatbildung nicht nennenswert stattfinden sollte. Gleiches gilt für die Dinucleosid-5',5'-oligophosphat-Synthesen.

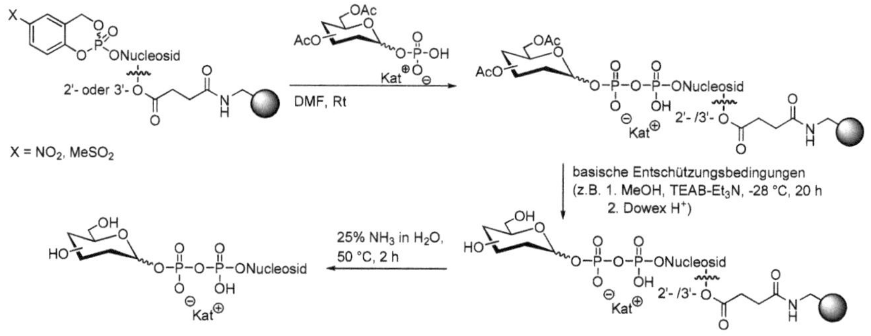

Ausblick

Abb. 104: Vorschlag zur NDP-Zucker-Synthese an der festen Phase mit veränderten Entschützungsbedingungen

Zudem sollte getestet werden, ob 5-Acetyl-substituierte *cyclo*Sal-Nucleotide erhöhte Reaktivität - verglichen mit 5-Chlor-substituierten - zeigen, was sich bei Verwendung schwächerer Nucleophile wie Zuckerphosphaten und Nucleosidphosphaten anhand einer kürzeren Reaktionszeit sowie höherem Umsatz zeigen würde.

Da sich der Acetal-Linker zur Immobilisierung von *cyclo*Sal-Ribonucleotiden als erfolgreich erwies, sollte erprobt werden, ob sich z.B. auch NDPs, NTPs und NDP-Zucker aus auf diese Weise verankerten *cyclo*Sal-Ribonucleotiden darstellen und abspalten lassen. *Y. Ahmadibeni* und *K. Parang* berichten über die Stabilität von (d)NDPs und (d)NTPs unter sauren Abspaltbedingungen (CH$_2$Cl$_2$/ TFA/ Wasser 24:74:2, v/v/v, 25 min bei Rt).[59] Zudem könnte getestet werden, ob sich der Acetallinker auf diese Weise spalten lässt und ob NDPs, NTPs und NDP-Zucker unter diesen oder anderen sauren, den Acetal-Linker spaltenden Abspaltbedingungen stabil sind.

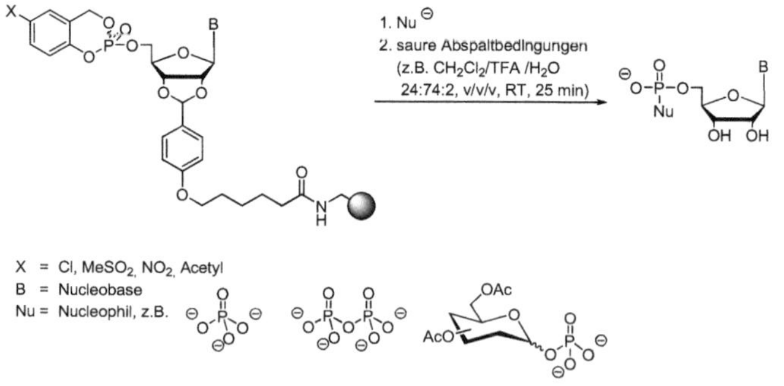

Abb. 105: Umsetzungen von Acetal-immobilisierten *cyclo*Sal-Ribonucleotiden

Ausblick

Die Anknüpfung der *cyclo*Sal-Nucleotide über die Nucleobase sollte mittels der im Rahmen dieser Arbeit erfolgreich synthetisierten β-Hydroxythioether-Linker **174** und **185** möglich sein. Dazu sollte die Sulfid-Funktion dieses Linkers (**174** in Abb. 106), nachdem ein *cyclo*Sal-Nucleotid daran immobilisiert wurde, unter den in Lösung wahrscheinlich erfolgreich angewandten Reaktionsbedingungen oxidiert werden (30%-iges wäss. H_2O_2 in Essigsäure, 40 °C, 20 h). Nach Umsetzung zum Zielmolekül sollte dann dessen Abspaltung vom Harz über eine β-Eliminierung (25%-iger wäss. NH_3, 60 °C, 18 h) möglich sein. Somit könnten dann auch entsprechende Biomoleküle von Nucleosidanaloga (z.B. d4T **3**, AZT **4**) an der Festphase synthetisiert werden.

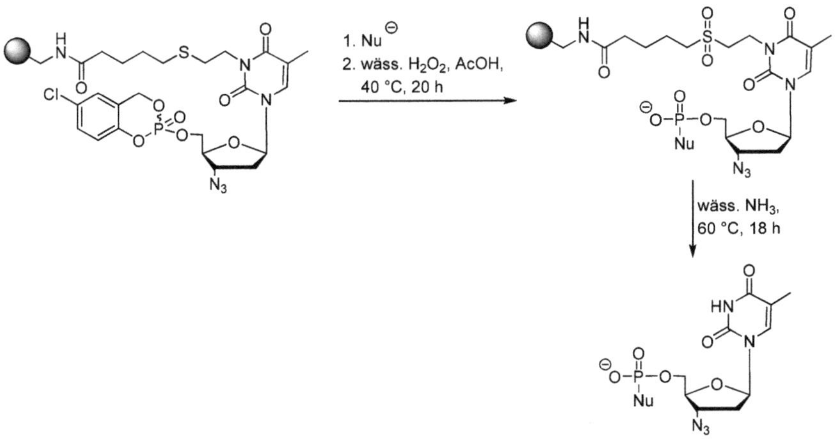

Abb. 106: Festphasensynthese von AZT-Biomolekülen mit Immobilisierung über die Nucleobase

8 Experimentalteil

8.1 Allgemeines

8.1.1 Reagenzien

Acetylchlorid:	unter Stickstoffatmosphäre destilliert
Benzoylchlorid:	unter Stickstoffatmosphäre destilliert
1,8-Diazabicyclo[5.4.0]-undec-7-en (DBU):	unter Stickstoffatmosphäre destilliert
Di*iso*propylethylamin (DIPEA):	mehrere Tage unter Rückfluss über Calciumhydrid unter Stickstoffatmosphäre erhitzt, dann destilliert
Triethylamin:	mehrere Tage unter Rückfluss über Calciumhydrid unter Stickstoffatmosphäre erhitzt, dann destilliert
Phosphortrichlorid:	unter Stickstoffatmosphäre destilliert

8.1.2 Lösungsmittel

Die folgenden Lösungsmittel wurden in technischer Qualität bezogen und wie beschrieben gereinigt. Alle anderen Lösungsmittel wurden ohne weitere Reinigung eingesetzt.

Dichlormethan:	über Calciumchlorid getrocknet und destilliert
Ethylacetat:	über Calciumchlorid getrocknet und destilliert
Methanol:	destilliert
Petrolether (50/70):	destilliert

Experimentalteil

8.1.3 Absolute Lösungsmittel

Acetonitril:	mehrere Tage unter Rückfluss über Calciumhydrid unter Stickstoffatmosphäre erhitzt, dann destilliert und über Molsieb 3Å aufbewahrt
Deuteriertes Chloroform:	über Molsieb 4Å aufbewahrt
Dichlormethan:	mehrere Tage unter Rückfluss über Phosphorpentoxid unter Stickstoffatmosphäre erhitzt, dann destilliert und über Molsieb 4Å aufbewahrt
Diethylether:	mehrere Tage unter Rückfluss über Kalium und Benzophenon unter Stickstoffatmosphäre erhitzt, dann destilliert und über Molsieb 4Å aufbewahrt
N,N-Dimethylformamid:	von Fluka, Nr. 40248, absolut, über aktiviertem Molsieb 4Å aufbewahrt
1,4-Dioxan	mehrere Tage unter Rückfluss über Natrium und Benzophenon unter Stickstoffatmosphäre erhitzt, dann destilliert und über Molsieb 4Å aufbewahrt
Deuteriertes Dimethylsulfoxid	von Sigma-Aldrich, Nr. 522058, 99.9%-ig
Methanol:	von Sigma-Aldrich, Nr. 322415, 99.8%-ig
Pyridin:	mehrere Tage unter Rückfluss über Calciumhydrid unter Stickstoffatmosphäre erhitzt, dann destilliert und über Molsieb 4Å aufbewahrt
Tetrahydrofuran:	mehrere Tage unter Rückfluss über Kalium und Benzophenon unter Stickstoffatmosphäre erhitzt, dann destilliert und über Molsieb 4Å aufbewahrt

8.1.4 Chromatographie

Dünnschichtchromatographie:

Es wurden mit Kieselgel beschichtete Aluminiumfolien mit Fluoreszenzindikator (Merck Nr. 5554, Schichtdicke 0.2 mm) verwendet. Alle R_f-Werte wurden bei

Experimentalteil

Kammersättigung ermittelt. Die Detektion der UV-aktiven Verbindungen erfolgte mit einer UV-Lampe bei Wellenlängen von 254 nm und 366 nm. Als Färbereagenz wurde ein Gemisch aus *p*-Methoxybenzaldehyd (0.7 mL), Ethanol (99.8%, 27 mL), konz. Schwefelsäure (1.0 mL) und Essigsäure (0.3 mL) verwendet. Für Schwefel-haltige Verbindungen wurde eine Iod-Kammer zum Visualisieren verwendet.

Präparative Dünnschichtchromatographie:

Mit einem Chromatotron der Firma Harrison Research, Modell 7924 T, wurden Substanzgemische mit Rohausbeuten von maximal 4 g getrennt. Als Trennmittel diente gipshaltiges Kieselgel 60 PF254 (Merck Nr. 7749) in Schichtdicken von 1, 2 und 4 mm auf Glasplatten (Durchmesser: 20 cm). Die Detektion der UV-aktiven Verbindungen erfolgte mit einer UV-Lampe bei einer Wellenlänge von 254 nm.

Säulenchromatographie:

Für säulenchromatographische Trennungen wurde Kieselgel 60 (0.040-0.063 mm, 230-400 mesh ASTM) von VWR verwendet.

Umkehrphasenchromatographie:

Für die Säulenchromatographie an einer Umkehrphase wurde LiChroprep RP-18 (40-63 µm) der Firma Merck eingesetzt. Für die Dünnschichtchromatogramme an einer Umkehrphase wurde RP-18 $F_{254\,s}$ DC-Folie (Merck) verwendet.

8.1.5 Spektroskopie

Kernresonanzspektroskopie:

Die NMR-Spektren wurden in den spektroskopischen Abteilungen des Fachbereichs Chemie der Universität Hamburg auf Geräten der Firma Bruker aufgenommen. Auf dem Modell AMX 400 wurden 400 MHz-^{1}H-NMR-, 101 MHz-^{13}C-NMR- und 162 MHz-^{31}P-NMR-Spektren gemessen. Auf dem Modell DRX 500 wurden HH-COSY-, HMQC- und HMBC-Korrelationsspektren aufgenommen. Die chemische Verschiebung δ [ppm] wurde auf die Lösungsmittelsignale kalibriert, wobei DMSO-d_6 auf 2.50 (^{1}H) bzw. 39.52 (^{13}C) ppm, CDCl$_3$ auf 7.26 (^{1}H) bzw. 77.16 (^{13}C) ppm, MeOH-d_4 auf 3.31 (^{1}H) bzw. 49.05 (^{13}C) ppm und D$_2$O auf 4.79 (^{1}H) ppm gesetzt wurde. Die in D$_2$O gemessenen ^{13}C-NMR-Spektren wurden nicht kalibriert. Die Verschiebungen der ^{31}P-NMR-Signale wurden gegen einen externen Standard von 85%-iger Phosphorsäure angegeben.

Experimentalteil

Infrarotspektroskopie:

Die IR-Spektren wurden an mittels ALPHA-P FT-IR Spektrometer der Firma Bruker aufgenommen.

8.1.6 Spektrometrie

Massenspektrometrie:

Die (HR)-ESI-Massenspektren wurden an einem ThermoQuest MAT 95XL Massenspektrometer der Firma Finnigan aufgenommen sowie an einem Agilent Technologies ESI-TOF 6224 Massenspektrometer (Negativ oder Positiv-Modus).

Die (HR)-FAB-Massenspektren wurden an einem VG Analytical VG/70-250S-Spektrometer mit einer MCA Methode und einer *meta*-Nitrobenzylalkohol–Matrix gemessen.

8.1.7 Geräte

Schüttler:

Zum Vermischen von Reaktionsgemischen mit einer unlöslichen Festphase wurde ein beheizbares Schüttelgerät von Heidolph, Polymax 1040 Schüttler mir Inkubator 1000, verwendet.

Gefriertrocknung:

Zum Gefriertrocknen wässriger Lösungen wurde eine Christ-Alpha 2-4 Gefriertrocknungsanlage verwendet.

Experimentalteil

8.2 Synthesen

8.2.1 Allgemeine Arbeitsvorschriften

AAV 1 *Synthese DMTr-geschützter Nucleoside/ DMTr-geschützten Thiolinkers*

Die Reaktion wurde unter Stickstoff als Inertgas durchgeführt. 1 Äq. des zu schützenden Nucleosids/ des Thiolinkers wurde dreimal mit Pyridin coevaporiert und anschließend in abs. Pyridin gelöst. Anschließend wurden 1.1 - 2.5 Äq. 4,4'-Dimethoxytritylchlorid (DMTrCl) und 0.04 - 0.05 Äq. 4-(Dimethylamino)pyridin sowie 0.8 - 3 Äq. Et$_3$N zugegeben und die Lösung bei Raumtemperatur gerührt (1 - 48 h). Das Reaktionsgemisch wurde mit 10 mL Methanol versetzt und 10 min gerührt. Anschließend wurden die Lösungsmittel im Vakuum entfernt und der Rückstand zunächst zweimal mit je 2 mL Toluol und im Anschluss viermal mit je 2 mL Dichlormethan coevaporiert. Das Rohprodukt wurde am Chromatotron gereinigt.

AAV 2 *Synthese 2'- oder 3'-O-Succinyl-verknüpfter Nucleoside/ cycloSal-Nucleotide*

Die Reaktion wurde unter Stickstoff als Inertgas durchgeführt. Zu einer Lösung von 1 Äq. DMTr-geschütztem Nucleosid/ *cyclo*Sal-Nucleotid und 1.5 Äq. Bernsteinsäureanhydrid in abs. Dichlormethan wurde 1 Äq. 1,8-Diazabicyclo[5.4.0]undec-7-en (DBU) zugefügt und bei Raumtemperatur gerührt. Nach vollständiger Umsetzung des Edukts (15 - 120 min) wurden 2 Äq. Essigsäure zugefügt und für weitere 10 min gerührt. Das Reaktionsgemisch wurde dreimal mit Wasser gewaschen und die vereinigten wässrigen Phasen wurden zweimal mit Dichlormethan extrahiert. Die vereinigten organischen Phasen wurden über Natriumsulfat getrocknet, filtriert und das Lösungsmittel im Vakuum entfernt.

AAV 3 *Entschützung 5'-DMTr-geschützter Nucleoside*

Variante 1: Das 5'-O-DMTr-geschützte Nucleosid wurde in Dichlormethan/ Methanol (7:3, v/v) gelöst und mit Trifluoressigsäure (TFA, 3 - 3.5 Äq.) versetzt. Nach 45 min - 120 min Rühren bei Raumtemperatur wurde Toluol zugefügt und die Lösungsmittel am Rotationsverdampfer entfernt. Das Rohprodukt wurde am Chromatotron gereinigt (CH$_2$Cl$_2$/ MeOH-Gradient 0-10%).

Experimentalteil

Variante 2: Das DMTr-geschützte Nucleosid wurde in Dichloromethan gelöst und mit Trifluoressigsäure (3 - 3.5 Äq.) versetzt. Nach 0.5 - 2 h Rühren bei Raumtemperatur wurde Methanol zugefügt und weitere 10 min gerührt. Anschließend wurde Toluol zugefügt und die Lösungsmittel am Rotationsverdampfer entfernt. Das Rohprodukt wurde am Chromatotron gereinigt (CH_2Cl_2/ MeOH-Gradient 0-10%).

Variante 3: Das DMTr-geschützte Nucleosid wurde in Dichlormethan/ Methanol (7:3, v/v) gelöst und mit 6% (v/v) Trifluoressigsäure versetzt. Nachdem 8 min bei Raumtemperatur gerührt worden war, wurde 7 M methanolische NH_3-Lösung bis zur Neutralisation der Lösung zugefügt. Anschließend wurden sofort die Lösungsmittel im Vakuum entfernt, der Rückstand in Ethylacetat gelöst und mit Wasser gewaschen. Die wässrige Phase wurde mit Ethylacetat extrahiert, die vereinigten organischen Phasen über Natriumsulfat getrocknet und das Lösungsmittel am Rotationsverdampfer entfernt. Das Rohprodukt wurde am Chromatotron gereinigt (CH_2Cl_2/ MeOH-Gradient 0-10%).

AAV 4 *Synthese von Saligenylchlorphosphiten*

Die Reaktion wurde unter Stickstoff als Inertgas durchgeführt. 1 Äq. des 5-Acceptor-substituierten Salicylalkohols wurde zweimal mit abs. Acetonitril coevaporiert und mind. 1 h im Vakuum getrocknet. Anschließend wurde dieser in abs. Diethylether (und - wenn zur vollständigen Löslichkeit benötigt - in abs. Tetrahydrofuran) gelöst und auf -40 °C gekühlt. 1.8 Äq. dest. Phosphortrichlorid wurden der Lösung innerhalb von 10 min zugetropft. 3.5 Äq. abs. Pyridin wurden in ca. 8-fachem Volumen abs. Diethylether gelöst und innerhalb von 1.5 - 2 h zu der Reaktionslösung getropft. Es wurde ohne weitere Kühlung für 2 h gerührt und die Lösung zur quantitativen Ausfällung von Pyridiniumchlorid für 16 h bei -26 °C gelagert. Anschließende Filtration unter Stickstoffatmosphäre und Entfernung des Lösungsmittels im Ölpumpenvakuum lieferte das Chlorphosphit als Rohprodukt, welches ohne weitere Reinigung für die nächsten Synthesen eingesetzt wurde.

Variante 1: Es wurden 1.2 Äq. dest. Phosphortrichlorid sowie 2.3 Äq. abs. Pyridin eingesetzt.

Experimentalteil

AAV 5 *Synthese von cycloSal-Nucleotiden (P(III)-Methode)*

Variante 1 (für 3'-OH freie Nucleoside): Die Reaktion wurde unter Stickstoff als Inertgas durchgeführt. 1 Äq. des Nucleosids wurde zweimal mit abs. Acetonitril coevaporiert und in abs. Acetonitril (sowie abs. DMF, wenn zur vollständigen Lösung des Nucleosids nötig) gelöst. Es wurde auf -30 °C bis -40 °C gekühlt. Dann wurden 1.1 - 1.3 Äq. abs. Di*iso*propylethylamin (DIPEA) zugegeben und 10 min gerührt. Im Anschluß wurden 1.1 - 1.3 Äq. 5-Acceptor-substituiertes Saligenylchlorphosphit in Acetonitril über ca. 20 min zugetropft. Es wurde 2 - 3 h ohne weitere Kühlung gerührt (DC-Kontrolle). Dann wurde auf -10 °C gekühlt und 2 Äq. Oxone® pro Äq. Chlorphosphit, gelöst in kaltem Wasser, zu dem Reaktionsgemisch gegeben und dieses für 15 min ohne weitere Kühlung gerührt. Darauf folgend wurden Ethylacetat sowie Wasser zugegeben, die organische Phase zweimal mit Wasser gewaschen und die wässrige Phase mit Ethylacetat extrahiert. Die vereinigten organischen Phasen wurden über Natriumsulfat getrocknet, filtriert und das Lösungsmittel im Vakuum entfernt. Reinigung erfolgte am Chromatotron (CH_2Cl_2/ MeOH-Gradient 0-10% + 0.1-1% AcOH). Anschließend wurde das Produkt in Wasser/ Acetonitril (1:2, v/v) aufgenommen und lyophilisiert.

Variante 2 (für 3'-OH freie Nucleoside): Analog Variante 1, wobei zur Oxidation das Reaktionsgemisch auf -20 °C gekühlt wurde und pro Chlorphosphit 1 Äq. einer 5.5 M Lösung von *tert*-Butylhydroperoxid in *n*-Decan zugegeben wurde. Es wurde für 1.5 - 2 h ohne weitere Kühlung bis zur vollständigen Oxidation gerührt (DC-Kontrolle). Aufarbeitung erfolgte analog Variante 1, wobei Dichlormethan statt Ethylacetat zum Extrahieren verwendet wurde.

Variante 3 (für 2'- und/ oder 3'-O-geschützte Nucleoside): Analog Variante 1, wobei 2 Äq. Di*iso*propylethylamin sowie 1.1 - 2 Äq. 5-Acceptor-substituiertes Saligenylchlorphosphit für die Reaktion eingesetzt wurden.

AAV 6 *Synthese von cycloSal-Nucleotiden (P(V)-Methode)*

Die Reaktion wurde unter Stickstoff als Inertgas durchgeführt. 1 Äq. des (geschützten) Nucleosids wurde zweimal mit abs. Pyridin coevaporiert, in abs. Pyridin gelöst und auf -40 °C gekühlt. 1.5 Äq. 5-Chlor-saligenylphosphorchloridat **112** wurden 1.5 h vor der Reaktion im Vakuum getrocknet, dann in abs. THF gelöst und über ca. 1 h zu dem Nucleosid getropft. Es wurde bis zur möglichst vollständigen

Experimentalteil

Umsetzung des Edukts bei -40 °C gerührt (4 - 5 h). Anschließend wurde das Lösungsmittel im Ölpumpenvakuum entfernt. Die Reinigung erfolgte am Chromatotron (CH_2Cl_2/ MeOH-Gradient 0-10% + 0.1% AcOH). Anschließend wurde das Produkt in Wasser/ Acetonitril (1:2, v/v) aufgenommen und lyophilisiert.

AAV 7 *Ionenaustausch an Dowex*

Der Ionenaustauscher Dowex (50WX8, 100-200 mesh) wurde in einer Glassäule mit verdünnter Salzsäure gespült, bis der pH-Wert des Eluats 1-2 betrug und somit alle ionischen Gruppen protoniert gewesen sein sollten. Dann wurde mit Wasser solange gespült, bis der pH-Wert des Eluats 7 betrug und somit alle überschüssige Salzsäure herausgewaschen worden war. Die Verbindung, dessen Kationen ausgetauscht werden sollten, wurde in wenigen Millilitern Wasser gelöst und auf den Ionentauscher aufgetragen. Es wurde mit Wasser eluiert, wobei der pH-Wert beim Eluieren der protonierten Verbindung stark sauer wurde. Die protonierte Verbindung wurde aufgefangen und es wurde solange eluiert, bis der pH-Wert des zuletzt eluierten neutral war und somit keine Substanz mehr auf dem Ionentauscher gewesen sein sollte (zusätzliche Überprüfung durch Test auf UV-Aktivität sowie Anfärben mit Zuckerfärbereagenz). Die saure Lösung wurde mit der Lösung des gewünschten Gegenions so lange titriert, bis ein pH-Wert von 5 erreicht war. Danach wurde die Lösung lyophilisiert und das danach erhaltene hygroskopische Phosphatsalz unter Stickstoffatmosphäre bei -26 °C gelagert.

AAV 8 *Oxidation von Sulfid-Funktionen zu Sulfon-Funktionen*

Es wurde die zu oxidierende Verbindung in Essigsäure gelöst, mit 30%-igem wässrigen Wasserstoffperoxid versetzt und bei 40 °C gerührt. Nach beendeter Reaktion wurde vorsichtig Eiswasser zugegeben, die wässrige Phase mit Dichlormethan extrahiert und die organische Phase mehrfach mit 40%-iger Natriumhydrogensulfit-Lösung gewaschen. Die organische Phase wurde über Natriumsulfat getrocknet, filtriert und am Rotationsverdampfer vom Lösungsmittel befreit.

Experimentalteil

AAV 9 *Immobilisierung von 2'- oder 3'-O-Succinyl-cycloSal-Nucleotiden*

Bei allen drei Varianten wurde der Erfolg der Immobilisierung mittels Kaiser-Test überprüft, einem Test auf freie primäre Amine (siehe **AAV 10**).

Variante 1: Die Reaktion wurde unter Stickstoff als Inertgas durchgeführt. 0.75 Äq. Aminomethylpolystyrol **52** (1.1 mmol/g, 100-200 mesh) wurden 0.5 h im Vakuum getrocknet und anschließend 0.5 h in abs. DMF gequollen (~1 mL/ 70 mg). Je 1 Äq. 2'- oder 3'-O-Succinyl- *cyclo*Sal-Nucleotid, 1-Hydroxybenzotriazol (HOBt) und *N,N'*-Di*i*sopropylcarbodiimid (DIC) wurden in abs. DMF gelöst, zu dem gequollenen Harz gegeben und das Gemisch bei Rt geschüttelt. Nach erfolgreichem Kaiser-Test wurde das Harz filtriert, mit abs. DMF und abs. Dichlormethan gewaschen (je ca. 5x 5 mL) und mehrere Stunden im Vakuum getrocknet.

Variante 2: Siehe Variante 1 mit 0.9 Äq. Aminomethylpolystyrol **52**, 1 Äq. 2'- oder 3'-O-Succinyl-*cyclo*Sal-Nucleotid und je 3 Äq. HOBt und DIC und einer Reaktionsdauer von 20 h.

Variante 3: Die Reaktion wurde unter Stickstoff als Inertgas durchgeführt. 0.83 Äq. Aminomethylpolystyrol **52** wurden 0.5 h im Vakuum getrocknet und anschließend 0.5 h in abs. DMF gequollen (~1 mL/ 70 mg). 1 Äq. 2'- oder 3'-O-Succinyl-*cyclo*Sal-Nucleotid wurde im 1.5 - 2 h vor der Reaktion im Vakuum getrocknet, dann gemeinsam mit 0.83 Äq. 4-Ethylmorpholin in abs. DMF gelöst und über aktiviertem Molsieb 4Å 0.5 h stehen gelassen. Dann wurde 1 Äq. *O*-(Benzotriazol-1-yl)-*N,N,N',N'*-tetramethyluroniumtetrafluoroborat (TBTU) zu dieser Lösung gefügt und diese erneut 0.5 h stehen gelassen. Im Anschluss wurde die Reagenzlösung zu dem Harz gegeben und 1 - 2 d bei Rt geschüttelt. Es wurden dann 1.7 Äq. Essigsäure zugefügt, das Harz mit abs. DMF und abs. Dichlormethan (je ca. 5x 5 mL) gewaschen und mehrere Stunden im Vakuum getrocknet.

AAV 10 *Kaiser-Test auf freie Amino-Gruppen*[80,81]

Es wurden drei Reagenzien A, B und C hergestellt. Für Reagenz A wurden 0.50 g Ninhydrin in 10 mL Ethanol gelöst. Für Reagenz B wurden 20 g Phenol in 5 mL Ethanol gelöst. Für Reagenz C wurden 1.2 mg Natriumcyanid in 25 mL Wasser gelöst, woraufhin von dieser Lösung 0.2 mL abgenommen und in 9.8 mL Pyridin gelöst wurden. Für den Kaiser-Test wurde eine kleine, aber sichtbare Menge Harz

Experimentalteil

aus dem zu überprüfenden Reaktionsgemisch entnommen, in einer Fritte mehrfach mit wenig Ethanol gewaschen und im Vakuum getrocknet (ca. 15 min). Im Anschluss wurde das getrocknete Harz in ein Reagenzglas überführt, mit je 2 - 3 Tropfen der Reagenzien A, B und C versetzt und 5 min bei 120 °C mittels Heißluftföhn erhitzt. Bei einer großen Zahl an freien primären Amino-Gruppen färbte sich das Reaktionsgemisch bereits beim Zufügen der Reagenzien blau bis lila (Test positiv, = Harz nicht vollständig beladen). Wenn nach 5 minütigem Erhitzen keine Blaufärbung eintrat, sondern eine Gelbfärbung des Gemisches resultierte, galt das Harz als vollständig beladen (Test negativ).

AAV 11 *Festphasensynthese von (d)NDPs, (d)NTPs, (d)NTP-Analoga, (d)NDP-Zuckern und Dinucleosid-5',5'-oligophosphaten*

Die Reaktion wurde unter Stickstoff als Inertgas durchgeführt. Das jeweilige Phosphatsalz wurde mehrere Stunden bis zu zwei Tage im Ölpumpenvakuum getrocknet. Dann wurde es in absolutem DMF gelöst und die Lösung über aktiviertem Molsieb 4Å mehrere Stunden gelagert. Das Harz mit dem immobilisierten *cyclo*Sal-Nucleotid wurde in einer Fritte dreimal mit absolutem Acetonitril coevaporiert und anschließend mehrere Stunden im Vakuum getrocknet. Das Harz wurde dann in absolutem DMF für 0.5 h gequollen (~1 mL/ 70 mg) und anschließend mit der Phosphatsalz-Lösung versetzt. Nach Schütteln bei Rt (für (d)NDPs, (d)NTPs: 16 h, für andere: je nach Angabe) wurde filtriert, das Harz mit DMF, Dichlormethan (je ca. 5x 5 mL) und Wasser (ca. 10x 5 mL) gewaschen.

AAV 12 *Abspaltung der Zielmoleküle von der festen Phase*

Variante 1: Zu dem gewaschenen, beladenen Harz wurden 5 mL einer 25%-igen wässrigen NH_3-Lösung gegeben und das Gemisch 2 h bei 50 °C geschüttelt. Anschließend wurde filtriert, das Harz zehnmal mit 5 mL Wasser gewaschen, Abspalt- und Waschlösungen vereinigt und lyophilisiert.

Variante 2: Zu dem gewaschenen, beladenen Harz wurden 5 mL Methanol, 2 mL Wasser und 0.7 mL Triethylamin gegeben und 16 - 48 h bei Raumtemperatur geschüttelt. Anschließend wurde filtriert, die Abspaltlösung im Ölpumpenvakuum von Methanol und Triethylamin befreit, das Harz zehnmal mit 5 mL Wasser gewaschen, Abspalt- und Waschlösungen vereinigt und lyophilisiert.

Experimentalteil

Variante 3: Das gewaschene, beladene Harz wurde mit einer Lösung von 1,4-Dioxan/ Wasser/ Trifluoessigsäure (9:0.5:0.5, v/v/v) versetzt und 6 h bei 50 °C geschüttelt. Das Harz wurde sechsmal mit Wasser gewaschen, die Abspalt- und Waschlösungen vereinigt und lyophilisiert. Die Abspaltung wurde dreimal wiederholt.

8.2.2 Synthese funktionalisierter Nucleoside

8.2.2.1 Synthese verschieden geschützter Nucleoside

2'- oder 3'-O-Acetyl-uridin 69

Die Reaktion wurde unter Stickstoff als Inertgas durchgeführt. Es wurden 1.23 g Uridin **68** (5.03 mmol, 1 Äq.) mit 3.79 mL Trimethylorthoacetat (29.7 mmol, 5.9 Äq) und 249 mg *para*-Toluolsulfonsäure (1.31 mmol, 0.26 Äq.) versetzt und 2 h bei Rt gerührt. Nach Neutralisation mit 25%-iger wässriger NH_3-Lösung wurde das Lösungsmittel im Vakuum entfernt. Die farblose ölige Lösung wurde mit 30 mL eines Essigsäure/ Wasser-Gemisches (1:5, v/v) versetzt und 40 min bei Rt gerührt. Das Lösungsmittel wurde im Vakuum entfernt und das Rohprodukt am Chromatotron (CH_2Cl_2/ MeOH-Gradient 0-20%) gereinigt.

Ausbeute: 1.06 g eines farblosen Feststoffes (3.70 mmol, 74%) als ein Gemisch von 2'-*O*-Acetyl-uridin **69a** und 3'-*O*-Acetyl-uridin **69b** im Verhältnis 0.46:1.00. Das Gemisch wird als **69** bezeichnet.

Molgewicht M = 286.2 g/mol; R_f (CH_2Cl_2/ MeOH 9:1, v/v) = 0.34.

^{1}H-NMR (400 MHz, DMSO-d_6): δ [ppm] = 11.36 (s, 2H, N*H*a+b), 7.90 (d, 1H, H6a, $^3J_{HH}$ = 8.1 Hz), 7.86 (d, 1H, H6b, $^3J_{HH}$ = 8.1 Hz), 5.98 (d, 1H, H1'a, $^3J_{HH}$ = 5.9 Hz), 5.82 (d, 1H, H1'b, $^3J_{HH}$ = 6.4 Hz), 5.71 (d, 1H, H5b, $^3J_{HH}$ = 8.1 Hz), 5.67 (d, 1H, H5a, $^3J_{HH}$ = 8.1 Hz), 5.70 (d, 1H, 2'-OHb, $^3J_{HH}$ = 5.1 Hz), 5.52 (d, 1H, 3'-OHa, $^3J_{HH}$ = 5.0 Hz), 5.28 - 5.21 (m, 1H, 5'-OHb), 5.22 - 5.16 (m, 1H, 5'-OHa), 5.12 - 5.08 (m, 2H, H2'a + H3'b), 4.30 - 4.20 (m, 2H, H2'b + H3'a), 4.02 (ddd, 1H, H4'b, $^3J_{HH}$ = 6.8 Hz, $^3J_{HH}$ = 3.9 Hz, $^3J_{HH}$ = 2.6 Hz), 3.90 (ddd, 1H, H4'a, $^3J_{HH}$ = 6.2 Hz, $^3J_{H,H}$ = 4.8 Hz, $^3J_{HH}$ = 3.1 Hz), 3.65 - 3.54 (m, 4H, H5'a+b), 2.09 (s, 3H, C*H*$_{3,Acetyl}$b), 2.05 (s, 3H, C*H*$_{3,Acetyl}$a);
^{13}C-NMR (101 MHz, DMSO-d_6): δ [ppm] = 169.7 (2 x *C*(O)CH$_3$), 162.9 (2 x C4), 150.8 (2 x C2), 140.8 (C6), 140.3 (C6), 102.3 (C5), 102.2 (C5), 87.1 (C1'), 85.5 (C4'), 85.4

(C1'), 82.6 (C4'), 75.0 (C2'), 72.7 (C3'), 71.6 (C2'), 68.5 (C3'), 60.9 (C5'), 60.7 (C5'), 20.7 (C(O)CH$_3$), 20.6 (C(O)CH$_3$); **IR**: $\tilde{\nu}$ [cm^{-1}] = 3391, 3060, 1666, 1462, 1378, 1226, 1101, 1078, 1036, 812, 764, 563; **MS**-FAB (m/z)= ber. 287.1 [*M*+H]$^+$, gef. 287.1.

N^6-Acetyl-3',5'-O-bis-(*tert*-butyldimethylsilyl)-2'-desoxyadenosin 99

Synthese 1: Die Reaktion wurde unter Stickstoff als Inertgas durchgeführt. Es wurden 1.50 g 3',5'-*O*-Bis-(*tert*-butyldimethylsilyl)-2'-desoxyadenosin **98** (3.13 mmol, 1 Äq.) zweimal mit je 3 mL abs. Pyridin coevaporiert und anschließend in 50 mL abs. Pyridin gelöst. Nach der Zugabe von 0.90 mL Essigsäureanhydrid (9.4 mmol, 3 Äq.) wurde 19 h bei Raumtemperatur gerührt. Die Reaktion wurde dünnschicht-chromatographisch verfolgt (CH$_2$Cl$_2$/ MeOH 14:1, v/v). Anschließend wurde das Lösungsmittel im Vakuum entfernt. Der Rückstand wurde zweimal mit Toluol coevaporiert. Reinigung erfolgte säulenchromatographisch mit CH$_2$Cl$_2$/ MeOH 14:1, v/v.

Ausbeute: 210 mg eines farblosen Feststoffes (0.402 mmol, 13%).

Synthese 2: Die Reaktion wurde unter Stickstoff als Inertgas durchgeführt. Die erhaltenen Mischfraktionen von dem obigen Ansatz (0.700 g) wurden mit 0.790 g **98** (1.65 mmol) vereinigt und zweimal mit je 3 mL abs. Pyridin coevaporiert. Anschließend wurden 20 mL absolutes Pyridin zugegeben und die Lösung auf 0 °C gekühlt. Dann wurden 0.23 mL Acetylchlorid (3.2 mmol) über einen Zeitraum von 10 min zugetropft. Es bildete sich ein farbloser Niederschlag von Pyridiniumchlorid. Nach 3 h Rühren ohne Kühlung wurden erneut 0.11 mL Acetylchlorid (1.5 mmol) bei 0 °C zugetropft. Nach weiteren 90 min wurde die Reaktion durch Zugabe von 5 mL Wasser beendet. Das Lösungsmittel wurde entfernt und der Rückstand zweimal mit je 2 mL Toluol coevaporiert. Der Rückstand wurde in CH$_2$Cl$_2$ gelöst und die organische Phase dreimal mit Wasser gewaschen. Die organische Phase wurde über Natriumsulfat getrocknet und das Lösungsmittel im Vakuum entfernt. Reinigung erfolgte am Chromatotron mit CH$_2$Cl$_2$.

Ausbeute: 960 mg (1.84 mmol) eines farblosen Feststoffes. Nach Ansatz 1 und 2 betrug die Gesamtausbeute an **99** 1.17 g (2.24 mmol, 47%).

Experimentalteil

Molgewicht M = 521.80 g/mol; R_f (CH$_2$Cl$_2$/ MeOH 14:1 v/v) = 0.40.

^{1}**H-NMR** (200 MHz, CDCl$_3$): δ [ppm] = 8.94 (s, 1H, N*H*), 8.69 (s, 1H, H8), 8.40 (s, 1H, H2), 6.49 (dd, 1H, H1', $^3J_{HH}$ = 7.0 Hz, $^3J_{HH}$ = 6.4 Hz), 4.63 - 4.59 (m, 1H, H3'), 4.05 - 4.03 (m, 1H, H4'), 3.89 (dd, 1H, H5'a, $^2J_{HH}$ = 11.2 Hz, $^3J_{HH}$ = 4.0 Hz), 3.77 (dd, 1H, H5'b, $^2J_{HH}$ = 11.2 Hz, $^3J_{HH}$ = 2.8 Hz), 2.67 - 2.61 (m, 1H, H2'a), 2.60 (s, 3H, C*H*$_{3,Acetyl}$), 2.51 - 2.45 (m, 1H, H2'b), 0.91 (s, 9H, 3 x C*H*$_{3,tertBu}$), 0.91 (s, 9H, 3 x C*H*$_{3,tertBu}$), 0.09 (s, 6H, 2 x C*H*$_{3,Silyl}$), 0.09 (s, 6H, 2 x C*H*$_{3,Silyl}$); ^{13}**C-NMR** (101 MHz, DMSO-d_6): δ [ppm] = 150.8 (C8), 149.1 (C2), 122.0 (C6), 88.2 (C4'), 84.7 (C1'), 71.9 (C3'), 62.8 (C5'), 41.5 (C2'), 25.9 (CH$_{3,Acetyl}$), 18.5 (CCH$_{3,tertBu}$), 18.1 (CCH$_{3,tertBu}$), 4.9 (CH$_{3,Silyl}$); **IR** (KBr): $\tilde{\nu}$ [cm^{-1}] = 3235, 3137, 2953, 2929, 2885, 2857, 1704, 1610, 1585, 1468, 1371, 1305, 1283, 1254, 1107, 1067, 1032, 837, 778; **Smp.**= 105 °C; $[\alpha]_D^{25}$ = 1.09 ° (c = 0.95, CHCl$_3$).

N^6-Acetyl-2'-desoxyadenosin 100

Es wurden 0.960 g N^6-Acetyl-3',5'-O-bis-(*tert*-butyldimethylsilyl)-2'-desoxyadenosin **99** (1.84 mmol) und 1.75 mL Triethylamintrihydrofluorid (10.7 mmol) in 10 mL THF/ CH$_2$Cl$_2$ 1:1 (v/v) gelöst. Es wurde 20 h bei Rt gerührt. Dann wurden 10 mL MeOH hinzu gegeben und das Lösungsmittel wurde im Vakuum entfernt. Die Reinigung des Rohproduktes erfolgte am Chromatotron (CH$_2$Cl$_2$/ MeOH 0-10%).

Ausbeute: 0.520 g (1.77 mmol, 96%) als farbloser Feststoff.

Molgewicht M = 293.28 g/mol; R_f (EE/ MeOH 8:2, v/v) = 0.21.

^{1}**H-NMR** (200 MHz, DMSO-d_6): δ [ppm] = 10.69 (s, 1H, N*H*), 8.66 (s, 1H, H8), 8.64 (s, 1H, H2), 6.44 (dd, 1H, H1', $^3J_{HH}$ = 7.0 Hz, $^3J_{HH}$ = 6.4 Hz), 5.35 (d, 1H, 3'-OH, $^3J_{HH}$ = 4.0 Hz), 5.05 - 4.99 (m, 1H, 5'-OH), 4.46 - 4.43 (m, 1H, H3'), 3.90 - 3.88 (m, 1H, H4'), 3.69 - 3.44 (m, 2H, H5'), 2.90 - 2.65 (m, 1H, H2'a), 2.40 - 2.25 (m, 1H, H2'b), 2.25 (s, 3H, C*H*$_{3,Acetyl}$); ^{13}**C-NMR** (101 MHz, DMSO-d_6): δ [ppm] = 168.8 (*C*(O)CH$_3$), 151.5 (C4), 151.4 (C2 od. C8), 149.5 (C2 od. C8), 123.7 (C5), 88.0 (C4'),

Experimentalteil

83.7 (C1'), 70.7 (C3'), 61.6 (C5'), 24.7 (CH$_{3,Acetyl}$); **IR** (KBr): $\tilde{\nu}$ [cm^{-1}] = 3384, 3123, 2939, 2677, 1718, 1682, 1615, 1588, 1467, 1419, 1378, 1359, 1306, 1236, 1163, 1096, 1083, 1043, 1013, 869, 796; **Smp.**= 110 °C; $[\alpha]_D^{25}$ = -1.02 ° (c = 1.05, CHCl$_3$).

N^6-Dibenzoyl-3',5'-O-bis-(*tert*-butyldimethylsilyl)-2'-desoxyadenosin 101

Die Reaktion wurde unter Stickstoff als Inertgas durchgeführt. Es wurden 1.30 g 3',5'-O-Bis-(*tert*-butyldimethylsilyl)-2'-desoxyadenosin **98** (2.71 mmol, 1 Äq.) in 50 mL abs. Pyridin gelöst und tropfenweise 1.57 mL dest. Benzoylchlorid (13.6 mmol, 5 Äq.) zugegeben. Die Lösung wurde 20 h bei Raumtemperatur gerührt und anschließend mit 150 mL abs. Dichlormethan versetzt. Nach dreimaligem Waschen mit je 200 mL Natriumchlorid-Lösung wurden die vereinigten wässrigen Phasen mit 300 mL Dichlormethan extrahiert und dann die vereinigten organischen Phasen über Natriumsulfat getrocknet. Das Lösungsmittel wurde im Vakuum entfernt und der Rückstand säulenchromatographisch gereinigt (CH$_2$Cl$_2$/ MeOH-Gradient 0-4%).

Ausbeute: 2.05 g (2.98 mmol, 91%) eines hellgelben Öls.

Molgewicht M = 687.98 g/mol; R_f (CH$_2$Cl$_2$/ MeOH 19:1 v/v) = 0.78.

^{1}H-NMR (400 MHz, CDCl$_3$): δ [ppm] = 8.66 (s, 1H, H8), 8.41 (s, 1H, H2), 8.09 (dd, 4H, H$_o$, $^3J_{HH}$ = 8.4 Hz, $^4J_{HH}$ = 1.2 Hz), 7.87 (dd, 4H, H$_m$, $^3J_{HH}$ = 8.4 Hz, $^4J_{HH}$ = 1.2 Hz), 7.60 (dd, 2H, H$_p$, $^3J_{HH}$ = 7.2 Hz, $^4J_{HH}$ = 1.6 Hz), 6.49 (dd, 1H, H1', $^3J_{HH}$ = 6.6 Hz, $^3J_{HH}$ = 6.6 Hz), 4.63 (ddd, 1H, H3', $^3J_{HH}$ = 6.0 Hz, $^3J_{HH}$ = 3.2 Hz, $^3J_{HH}$ = 3.2 Hz), 4.05 (dd, 1H, H4', $^3J_{HH}$ = 7.4 Hz, $^3J_{HH}$ = 3.5 Hz), 3.85 (dd, 1H, H5'a, $^2J_{HH}$ = 11.2 Hz, $^3J_{HH}$ = 4.6 Hz), 3.78 (dd, 1H, H5'b, $^2J_{HH}$ = 11.2 Hz, $^3J_{HH}$ = 3.6 Hz), 2.69 (ddd, 1H, H2'a, $^2J_{HH}$ = 13.0 Hz, $^3J_{HH}$ = 7.3 Hz, $^3J_{HH}$ = 5.8 Hz), 2.46 (ddd, 1H, H2'b, $^2J_{HH}$ = 13.1 Hz, $^3J_{HH}$ = 6.0 Hz, $^3J_{HH}$ = 3.4 Hz), 0.92 (s, 9H, 3 x CH$_{3,tertBu}$), 0.89 (s, 9H, 3 x CH$_{3,tertBu}$), 0.12 (s, 6H, 2 x CH$_{3,Silyl}$), 0.07 (s, 3H, CH$_{3,Silyl}$), 0.06 (s, 3H, CH$_{3,Silyl}$).

Experimentalteil

N^6-Dibenzoyl-2'-desoxyadenosin 102

Die Reaktion wurde unter Stickstoff als Inertgas durchgeführt. Es wurden 2.04 g 3',5'-O-Bis-(*tert*-butyldimethylsilyl)-N^6-dibenzoyl-2'-desoxyadenosin **101** (2.97 mmol, 1 Äq.) in 50 mL abs. THF gelöst und auf 0 °C gekühlt. Eine Lösung, bestehend aus 8.90 mL Tetra-*n*-butylammoniumfluorid (8.90 mmol, 3 Äq.) und 1.02 mL Eisessig (17.8 mmol, 6 Äq.), wurde im Anschluss zugegeben und die Reaktionslösung nach 5 min auf Raumtemperatur erwärmt. Die Lösung wurde 17 h bei Raumtemperatur gerührt, dann das Lösungsmittel im Vakuum entfernt und der Rückstand säulenchromatographisch (EE/ MeOH-Gradient 0-7%) gereinigt.

Ausbeute: 937 mg (2.04 mmol, 69%) eines farblosen Feststoffes.

Molgewicht M = 459.45 g/mol; R_f (CH$_2$Cl$_2$/ MeOH 19:1 v/v) = 0.16.

^{1}**H-NMR** (400 MHz, DMSO-d_6): δ [ppm] = 8.81 (s, 1H, H8), 8.70 (s, 1H, H2), 7.79 (d, 4H, H$_o$, $^3J_{HH}$ = 7.2 Hz), 7.60 (dd, 2H, H$_p$, $^3J_{HH}$ = 7.4 Hz, $^3J_{HH}$ = 7.4 Hz), 7.47 (dd, 4H, H$_m$, $^3J_{HH}$ = 7.9 Hz, $^3J_{HH}$ = 7.5 Hz), 6.47 (dd, 1H, H1', $^3J_{HH}$ = 6.7 Hz, $^3J_{HH}$ = 6.7 Hz), 5.36 (d, 1H, 3'-OH, $^3J_{HH}$ = 3.8 Hz), 4.96 (dd, 1H, 5'-OH, $^3J_{HH}$ = 5.4 Hz, $^3J_{HH}$ = 5.2 Hz), 4.46 - 4.40 (m, 1H, H3'), 3.88 (dd, 1H, H4', $^3J_{HH}$ = 7.5 Hz, $^3J_{HH}$ = 4.4 Hz), 3.65 - 3.47 (m, 2H, H5'), 2.79 (ddd, 1H, H2'a, $^2J_{HH}$ = 13.2 Hz, $^3J_{HH}$ = 6.5 Hz, $^3J_{HH}$ = 6.5 Hz), 2.41 - 2.31 (m, 1H, H2'b); ^{13}**C-NMR** (101 MHz, DMSO-d_6): δ [ppm] = 172.0 (2 x C(O)), 152.5 (C2), 151.7 (C4), 150.9 (C6), 145.8 (C8), 133.5 (C$_i$), 133.3 (C$_p$), 129.0 (C$_o$, C$_p$), 127.2 (C5), 88.1 (C4'), 84.0 (C1'), 70.5 (C3'), 61.4 (C5'), 39.5 (C2'); **IR**: $\tilde{\nu}$ [cm^{-1}] = 3319, 1701, 1598, 1577, 1449, 1237, 1178, 1097, 694, 643; **Smp.**= 75 °C; $[\alpha]_D^{20}$ = +42.2 ° (c = 0.46, CHCl$_3$); **MS**-FAB (m/z) = ber. 460.2 [*M*+H]$^+$, gef. 460.2.

N^6-Succinimid-3',5'-O-bis-(*tert*-butyldimethylsilyl)-2'-desoxyadenosin 190

Anmerkung: Diese Synthese diente dem Versuch der Synthese von N^6-Succinyl-3',5'-O-bis-(*tert*-butyldimethylsilyl)-2'-desoxyadenosin **189**. Stattdessen wurde jedoch **190** erhalten, welches hier charakterisiert wird (durch ^{1}H-NMR und Masse).

Experimentalteil

Die Reaktion wurde unter Stickstoff als Inertgas durchgeführt. Es wurden 400 mg Bis-(TBDMS)-2'-desoxyadenosin **98** (834 µmol, 1 Äq.) und 167 mg Bernsteinsäureanhydrid (1.67 mmol, 2 Äq.) zweimal mit abs. MeCN coevaporiert und in 12 mL abs. CH_2Cl_2 gelöst. Es wurden 374 µL DBU (2.50 mmol, 3 Äq.) zugefügt und 18 h bei Rt gerührt. Dann wurden 0.29 mL Essigsäure (5.0 mmol, 6 Äq.) zugefügt, die Lösung in Ethylacetat und Wasser gegeben und die Phasen getrennt. Die organische Phase wurde 3x mit Wasser gewaschen und die wässrige 2x mit EE extrahiert. Die vereinigten organischen Phasen wurden über Natriumsulfat getrocknet, filtriert und vom Lösungsmittel befreit. Reinigung erfolgt am Chromatotron (CH_2Cl_2/ MeOH-Gradient 0-5%).

Ausbeute: 122 mg (217 µmol, 26%) eines farblosen Feststoffes.

Molgewicht M = 561.82 g/mol; R_f (CH_2Cl_2/ MeOH 9:1 v/v) = 0.64.

¹H-NMR (400 MHz, DMSO-d_6): δ [ppm] = 9.00 (s, 1H, H8), 8.18 (s, 1H, H2), 6.49 (dd, 1H, H1', $^3J_{HH}$ = 6.5 Hz, $^3J_{HH}$ = 6.5 Hz), 4.72 - 4.68 (m, 1H, H3'), 3.92 - 3.89 (m, 1H, H4'), 3.82 (dd, 1H, H5'a, $^2J_{HH}$ = 11.1 Hz, $^3J_{HH}$ = 5.8 Hz), 3.68 (dd, 1H, H5'b, $^2J_{HH}$ = 11.1 Hz, $^3J_{HH}$ = 4.3 Hz), 3.08 - 3.00 (m, 1H, H2'a), 3.00 (s, 4H, H1''), 2.46 - 2.39 (m, 1H, H2'b), 0.91 (s, 9H, 3 x $CH_{3,tertBu}$), 0.82 (s, 9H, 3 x $CH_{3,tertBu}$), 0.13 (s, 6H, 2 x $CH_{3,Silyl}$), 0.01 (s, 3H, $CH_{3,Silyl}$), -0.02 (s, 3H, $CH_{3,Silyl}$); **MS**-FAB (m/z) = ber. 562.3 [*M*+H]⁺, gef. 562.3.

190

Versuch der Synthese von N^6-Formamidin-2'-desoxycytidin 72

Die Reaktion wurde unter Stickstoff als Inertgas durchgeführt. Es wurden 3.00 g 2'-Desoxycytidin **71** (13.2 mmol, 1 Äq.) in 250 mL abs. Pyridin suspendiert und mit 4.5 mL *N,N*-Dimethylformamiddiethylacetal (26 mmol, 2 Äq.) versetzt, woraufhin eine Lösung entstand, die bei Rt 18 h bis zur vollständigen Umsetzung von **71** gerührt wurde (DC-Kontrolle CH_2Cl_2/ MeOH 7:3, v/v). Das Pyridin wurde am Rotationsverdampfer entfernt und der Rückstand

72

Experimentalteil

viermal mit Toluol coevaporiert. Säulenchromatographische Reinigung erfolgte mit CH_2Cl_2/ MeOH-Gradient 10-25%). Es konnte nur zurück gebildetes Edukt **71** reisoliert werden.

8.2.2.2 DMTr-Schützung von Nucleosiden

5'-O-(4,4'-Dimethoxytrityl)-2'- oder -3'-O-acetyl-uridin 73

Die Reaktion wurde gemäß AAV 1 durchgeführt. Es wurden 2.86 g **69** (10.0 mmol, 1 Äq.), 4.09 g DMTrCl (12.1 mmol, 1.2 Äq.), 46 mg (0.38 mmol, 0.04 Äq.) 4-(Dimethylamino)pyridin und 20 mL Pyridin eingesetzt. Auf einen Zusatz von Et_3N wurde verzichtet. Die Reaktionszeit betrug 18 h. Reinigung am Chromatotron erfolgte mit CH_2Cl_2/ MeOH-Gradient 0-20% + 0.1% Et_3N, v/v.

Ausbeute: 3.76 g (6.40 mmol, 64%) eines farblosen Feststoffes als ein Gemisch von 5'-O-(4,4'-Dimethoxytrityl)-2'-O-acetyl-uridin **73a** und 5'-O-(4,4'-Dimethoxytrityl)-3'-O-acetyl-uridin **73b** im Verhältnis 0.6:1.0. Das Gemisch wird als **73** bezeichnet.

Molgewicht M = 588.60 g/mol; R_f (CH_2Cl_2/ MeOH 9:1, v/v, +0.1% Et_3N) = 0.60.

R^1= H, R^2= Acetyl **73a**
R^1= Acetyl, R^2= H **73b**

^{1}H-NMR (400 MHz, DMSO-d_6): δ [ppm] = 11.42 (s, 2H, N*H*a+b), 7.70 (d, 1H, H6a, $^3J_{HH}$ = 8.1 Hz), 7.68 (d, 1H, H6b, $^3J_{HH}$ = 8.1 Hz), 7.40 - 7.22 (m, 18H, DMTr-Ha+b), 6.91 - 6.89 (m, 8H, DMTr-H$_m$a+b), 5.91 (d, 1H, H1'a, $^3J_{HH}$ = 4.5 Hz), 5.80 (d, 1H, 2'-OHb, $^3J_{HH}$ = 6.1 Hz), 5.76 (d, 1H, H1'b, $^3J_{HH}$ = 5.7 Hz), 5.56 (d, 1H, 3'-OHa, $^3J_{HH}$ = 6.3 Hz), 5.45 (d, 1H, H5b, $^3J_{HH}$ = 8.1 Hz), 5.40 (d, 1H, H5a, $^3J_{HH}$ = 8.1 Hz), 5.26 (dd, 1H, H2'a, $^3J_{HH}$ = 5.5 Hz, $^3J_{HH}$ = 4.6 Hz), 5.14 (dd, 1H, H3'b, $^3J_{HH}$ = 5.1 Hz, $^3J_{HH}$ = 5.1 Hz), 4.39 (dd, 1H, H2'b, $^3J_{HH}$ = 5.8 Hz, $^3J_{HH}$ = 5.8 Hz), 4.35 (dd, 1H, H3'a, $^3J_{HH}$ = 5.8 Hz, $^3J_{HH}$ = 5.3 Hz), 4.12 - 4.07 (m, 1H, H4'b), 4.00 - 3.97 (m, 1H, H4'a), 3.74 (s, 12H, 2 x OC*H*$_{3,DMTr}$), 3.31 - 3.22 (m, 4H, H5'a+b), 2.08 (s, 3H, C*H*$_{3,Acetyl}$a), 2.07 (s, 3H, C*H*$_{3,Acetyl}$b); **^{13}C-NMR** (101 MHz, DMSO-d_6): δ [ppm] = 169.6, 169.5 (2 x *C*(O)CH$_3$), 162.8 (2 x C4), 158.2 (DMTr-C$_p$), 150.5 (2 x C2), 144.6 (DMTr-C$_{i'}$), 144.5 (DMTr-C$_{i'}$), 140.7, 140.5 (2 x DMTr-C), 140.1 (2 x C6), 135.2,

Experimentalteil

135.1, 129.7, 129.7, 127.9, 127.7, 127.6, 126.8 (8 x DMTr-C), 113.3 (DMTr-C_m), 113.2 (DMTr-C_m), 101.9 (2 x C5), 88.5 (C1'), 86.9 (C1'), 82.9 (C4'), 80.2 (C4'), 74.7 (C2'), 71.9 (C3'), 71.2 (C2'), 68.3 (C3'), 62.9 (2 x C5'), 55.0 (2 x O$CH_{3,DMTr}$), 20.6 (2 x C(O)CH_3); **IR**: $\tilde{\nu}$ [cm^{-1}] = 2932, 2835, 1681, 1606, 1507, 1459, 1245, 1175, 1030, 826, 583; **MS**-FAB (m/z) = ber. 588.2 [M+H]$^+$, gef. 588.3.

5'-*O*-(4,4'-Dimethoxytrityl)-2'-desoxyadenosin 74

Die Reaktion wurde nach AAV 1 durchgeführt. Es wurden 100 mg 2'-Desoxyadenosin **70** (0.398 mmol, 1 Äq.), 148 mg DMTrCl (0.437 mmol, 1.1 Äq.), 2.0 mg 4-(Dimethylamino)pyridin (16 µmol, 0.04 Äq.), 58 µL (0.44 mmol, 1.1 Äq.) Triethylamin und 5 mL Pyridin eingesetzt. Die Reaktionszeit betrug 70 min. Reinigung am Chromatotron erfolgt mit CH_2Cl_2/ MeOH-Gradient 0-20% + 0.1% Et_3N, v/v.

Ausbeute: 140 mg (0.253 mmol, 64%) eines farblosen Feststoffes.

Molgewicht M = 553.69 g/mol; R_f (CH_2Cl_2/ MeOH 9:1, v/v, +0.1% Et_3N) = 0.34.

^{1}H-NMR (400 MHz, DMSO-d_6): δ [ppm] = 8.24 (s, 1H, H8), 8.07 (s, 1H, H2), 7.34 - 7.16 (m, 11H, 9 x DMTr-H, NH_2), 6.81 (d, 2H, 2 x DMTr-H$_m$, $^3J_{HH}$ = 9.0 Hz), 6.78 (d, 2H, 2 x DMTr-H$_m$, $^3J_{HH}$ = 9.0 Hz), 6.35 (dd, 1H, H1', $^3J_{HH}$ = 6.5 Hz, $^3J_{HH}$ = 6.4 Hz), 5.37 (d, 1H, 3'-OH, $^3J_{HH}$ = 4.6 Hz), 4.50 - 4.45 (m, 1H, H3'), 3.97 (dd, 1H, H4', $^3J_{HH}$ = 8.9 Hz, $^3J_{HH}$ = 4.7 Hz), 3.72 (s, 3H, O$CH_{3,DMTr}$), 3.71 (s, 3H, O$CH_{3,DMTr}$), 3.17 - 3.15 (m, 2H, H5'), 2.88 (ddd, 1H, H2'a, $^2J_{HH}$ = 13.1 Hz, $^3J_{HH}$ = 6.3 Hz, $^3J_{HH}$ = 6.3 Hz), 2.31 (ddd, 1H, H2'b, $^2J_{HH}$ = 13.3 Hz, $^3J_{HH}$ = 6.7 Hz, $^3J_{HH}$ = 4.6 Hz); **^{13}C-NMR** (101 MHz, DMSO-d_6): δ [ppm] = 158.0 (DMTr-C), 156.0 (C6), 152.5 (C2), 149.1 (C4), 144.9 (DMTr-$C_{i'}$), 139.7 (C8), 135.6 (DMTr-C_i), 135.5 (DMTr-C_i), 129.7 (DMTr-C), 129.6 (DMTr-C), 127.7 (DMTr-C), 126.6 (DMTr-C), 119.2 (C5), 113.0 (DMTr-C_m), 85.7 (C4'), 85.4 (DMTr-C_a), 83.3 (C1'), 70.7 (C3'), 64.0 (C5'), 55.0 (2 x O$CH_{3,DMTr}$), 38.6 (C2'); **IR**: $\tilde{\nu}$ [cm^{-1}] = 3320, 2931, 1735, 1606, 1329, 1248, 1299, 1075 ; **Smp.** = 104 °C; $[\alpha]_D^{23}$ = +13 ° (c = 0.1, CHCl$_3$); **HRMS**-FAB (m/z) = ber. 554.2403 [M+H]$^+$, gef. 554.2390.

Experimentalteil

N^4-5'-*O*-Bis-(4,4'-dimethoxytrityl)-2'-desoxycytidin 75

Die Reaktion wurde nach AAV 1 durchgeführt. Es wurden 700 mg 2'-Desoxycytidin 71 (3.08 mmol, 1 Äq.), 2.60 g DMTrCl (7.67 mmol, 2.5 Äq.), 1.23 mL Triethylamin (9.24 mmol, 3 Äq.) und 15 mg 4-(Dimethylamino)pyridin (0.12 mmol, 0.04 Äq.) eingesetzt. Die Reaktionszeit betrug 85 min. Nach beendeter Reaktion wurden 50 mL Ethylacetat zugefügt und die organische Phase zweimal mit je 50 mL ges. Natriumhydrogencarbonat-Lösung und anschließend viermal mit Wasser gewaschen. Die vereinigten organischen Phasen wurden über Natriumsulfat getrocknet, filtriert und das Lösungsmittel unter vermindertem Druck entfernt. Reinigung am Chromatotron erfolgt mit CH_2Cl_2/ MeOH-Gradient 0-20% + 0.1% Et_3N, v/v.

Ausbeute: 1.95 g (2.34 mmol, 76%) eines farblosen Feststoffes.

Molgewicht M = 831.95 g/mol; R_f (CH_2Cl_2/ MeOH 8:1, v/v, +0.1% Et_3N) = 0.35.

^{1}H-NMR (400 MHz, DMSO-d_6): δ [ppm] = 8.33 (s, 1H, N*H*), 7.52 (d, 1H, H6, $^3J_{HH}$ = 7.5 Hz), 7.39 - 7.04 (m, 18H, DMTr-H), 6.90 (d, 4H, DMTr-H$_m$, $^3J_{HH}$ = 8.0 Hz), 6.83 (d, 4H, DMTr-H$_m$, $^3J_{HH}$ = 8.6 Hz), 6.15 (d, 1H, H5, $^3J_{HH}$ = 7.1 Hz), 6.06 (dd, 1H, H1', $^3J_{HH}$ = 6.3 Hz, $^3J_{HH}$ = 6.1 Hz), 5.30 - 5.20 (m, 1H, 3'-OH), 4.25 - 4.15 (m, 1H, H3'), 3.85 - 3.80 (m, 1H, H4'), 3.75 (s, 6H, 2 x OC*H*$_{3,DMTr}$), 3.72 (s, 6H, 2 x OC*H*$_{3,DMTr}$), 3.21 - 3.11 (m, 2H, H5'), 2.13-1.90 (m, 2H, H2'); **^{13}C-NMR** (101 MHz, DMSO-d_6): δ [ppm] = 163.2 (C4), 158.1 (DMTr-C), 154.2 (C2), 144.7 (DMTr-C$_i$), 138.9 (C6), 136.9 (DMTr-C$_i$), 135.5 (DMTr-C$_i$), 129.9 (DMTr-C), 129.7 (DMTr-C), 128.4 (DMTr-C), 127.8 (DMTr-C), 127.7 (DMTr-C), 127.4 (DMTr-C), 126.7 (DMTr-C), 113.2 (DMTr-C$_m$), 112.7 (DMTr-C$_m$), 85.2 (C4'), 84.4 (C1'), 70.3 (C3'), 55.0 (2 x OCH$_{3,DMTr}$), 55.0 (2 x OCH$_{3,DMTr}$), 40.4 (C2'); **IR**: $\tilde{\nu}$ [cm^{-1}] = 2930, 2834, 1639, 1607, 1506, 1488, 1410, 1297, 1247, 1175, 1088, 1030, 826, 699, 582, 421; **Smp.**= 146 °C; $[\alpha]_D^{27}$ = +3.9 ° (c = 0.13, CH_2Cl_2); **HRMS-ESI$^+$** (m/z) = ber. 854.3412 [*M*+Na]$^+$, gef. 854.3411.

Experimentalteil

5'-O-(4,4'-Dimethoxytrityl)-BVdU 76

Die Reaktion wurde nach AAV 1 durchgeführt. Es wurden 252 mg BVdU **5** (0.756 mmol, 1 Äq.), 489 mg DMTrCl (1.44 mmol, 1.9 Äq.) und 4.6 mg 4-(Dimethylamino)pyridin (38 µmol, 0.05 Äq.) sowie 5 mL Pyridin eingesetzt. Zudem wurden 83 µL Triethylamin (0.63 mmol, 0.8 Äq.) zugefügt. Die Reaktionszeit betrug 1 h. Reinigung erfolgte analog AAV1, wobei nach Entfernen des Lösungsmittels der Rückstand in 10 mL Dichlormethan aufgenommen und zweimal mit je 10 mL Wasser gewaschen wurde. Die organische Phase wurde über Natriumsulfat getrocknet und am Rotationsverdampfer zur Trockene eingeengt. Chromatographische Reinigung erfolgte mit CH_2Cl_2/ MeOH-Gradient 0-5% und 0.1% Et_3N, v/v.

Ausbeute: 313 mg (0.493 mmol, 65%) eines farblosen Feststoffes.

Molgewicht M = 635.50 g/mol; R_f (CH_2Cl_2/ MeOH 9:1, v/v, +0.1% Et_3N) = 0.41.

^{1}**H-NMR** (400 MHz, DMSO-d_6): δ [ppm] = 11.64 (s, 1H, N*H*), 7.78 (s, 1H, H6), 7.40 - 7.18 (m, 10H, DMTr-H, H8), 6.88 (dd, 4H, DMTr-H$_m$, $^3J_{HH}$ = 9.0 Hz, $^4J_{HH}$ = 2.2 Hz), 6.44 (d, 1H, H7, $^3J_{HH}$ = 13.5 Hz), 6.18 (dd, 1H, H1', $^3J_{HH}$ = 6.6 Hz, $^3J_{HH}$ = 6.5 Hz), 5.32 (d, 1H, 3'-OH, $^3J_{HH}$ = 4.7 Hz), 4.31 - 4.26 (m, 1H, H3'), 3.91 - 3.87 (m, 1H, H4'), 3.73 (s, 6H, 2 x OC*H*$_{3,DMTr}$), 3.24 (dd, 1H, H5'a, $^2J_{HH}$ = 10.5 Hz, $^3J_{HH}$ = 5.4 Hz), 3.17 (dd, 1H, H5'b, $^2J_{HH}$ = 10.4 Hz, $^3J_{HH}$ = 3.0 Hz), 2.33 - 2.16 (m, 2H, H2'); ^{13}**C-NMR** (101 MHz, DMSO-d_6): δ [ppm] = 161.6 (C4), 158.1 (DMTr-C), 149.2 (C2), 144.6 (DMTr-C$_{i'}$), 139.3 (C6), 135.5 (DMTr-C$_i$), 135.3 (DMTr-C$_i$), 129.6 (C7), 127.9 (DMTr-C), 127.7 (DMTr-C), 126.8 (DMTr-C), 113.2 (DMTr-C$_m$), 109.9 (C5), 107.0 (C8), 85.7 (DMTr-C$_a$), 85.5 (C4'), 84.4 (C1'), 70.1 (C3'), 63.7 (C5'), 55.0 (2 x OC$H_{3,DMTr}$), 39.5 (C2'); **IR**: $\tilde{\nu}$ [cm^{-1}] = 3424, 2836, 1696, 1672, 1507, 1250, 825, 752, 536; **Smp.**= 143 °C; $[\alpha]_D^{25}$ = -3.0 ° (c = 0.63, MeOH); **MS**-FAB (m/z) = ber. 634.1, 636.1 [*M*]$^+$, gef. 636.1.

Experimentalteil

8.2.2.3 Synthese 2'- oder 3'-O-Succinyl-verknüpfter Nucleoside

Anmerkung: Mit Hilfe der folgenden Formel wurde aus dem Verhältnis von Produkt (P) zu Verunreinigung Bernsteinsäureanhydrid (V) (dem ^{1}H-NMR-Spektrum zu entnehmen) die Mol beider berechnet und somit der prozentuale Anteil von Bernsteinsäureanhydrid bestimmt. Für Verunreinigungen <5% ist der Wert jedoch nicht angegeben.

$$n_P = \frac{n_P}{n_V} \cdot \frac{m_{(P+V)}}{\frac{n_P}{n_V} \cdot M_P + M_V}$$

Abb. 107: Formel zur Berechnung der prozentualen Verunreinigung durch Bernsteinsäureanhydrid

5'-*O*-(4,4'-Dimethoxytrityl)-3'-*O*-succinyl-thymidin 62b

Die Reaktion wurde gemäß AAV 2 durchgeführt. Es wurden 4.00 g 5'-O-DMTr-thymidin **61** (7.34 mmol, 1 Äq.), 1.10 mg Bernsteinsäureanhydrid (11.0 mmol, 1.5 Äq.), 1.10 mL DBU (7.36 mmol, 1 Äq.), 85 mL CH$_2$Cl$_2$ und 0.84 mL Essigsäure (15 mmol, 2 Äq.) eingesetzt. Die Reaktionszeit betrug 45 min.

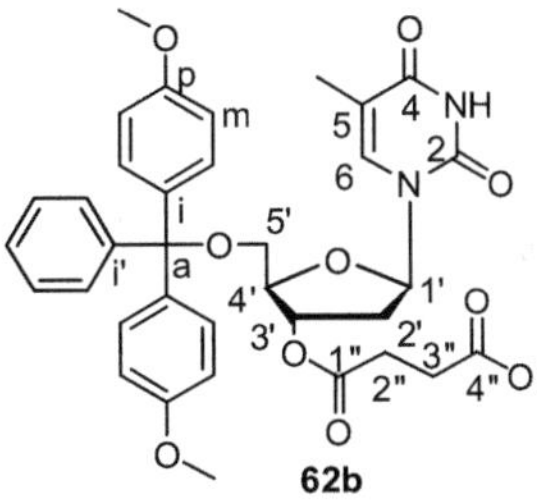

Ausbeute: 4.58 g (7.11 mmol, 97%) eines rosafarbenen Feststoffes.

Molgewicht M = 644.67 g/mol; R_f (CH$_2$Cl$_2$/ MeOH 9.5:0.5, v/v, 0.1% Et$_3$N) = 0.22.

^{1}**H-NMR** (400 MHz, DMSO-d_6): δ [ppm] = 12.25 (s, 1H, COO*H*), 11.39 (s, 1H, N*H*), 7.52 (s, 1H, H6), 7.38 - 7.23 (m, 9H, DMTr-H), 6.89 (d, 4H, DMTr-H$_m$, $^3J_{HH}$ = 7.7 Hz), 6.22 (dd, 1H, H1', $^3J_{HH}$ = 8.5 Hz, $^3J_{HH}$ = 6.0 Hz), 5.30 (d, 1H, H3', $^3J_{HH}$ = 6.4 Hz), 4.07 - 4.04 (m, 1H, H4'), 3.74 (s, 6H, 2 x OC*H*$_{3,DMTr}$), 3.34 - 3.30 (m, 1H, H5'a), 3.22 (dd, 1H, H5'b, $^2J_{HH}$ = 10.3 Hz, $^3J_{HH}$ = 2.9 Hz), 2.55 - 2.50 (m, 4H, H2'', H3''), 2.50 - 2.44 (m, 1H, H2'a), 2.33 - 2.29 (dd, 1H, H2'b, $^2J_{HH}$ = 13.3 Hz, $^3J_{HH}$ = 5.8 Hz), 1.42 (s, 3H, C*H*$_{3,T}$);
^{13}**C-NMR** (101 MHz, DMSO-d_6): δ [ppm] = 173.3 (C4''), 171.8 (C1''), 163.5 (C4), 158.2 (DMTr-C$_p$), 150.3 (C2), 144.3 (DMTr-C$_{i'}$), 135.5 (C6), 135.3 (DMTr-C$_i$), 135.1

Experimentalteil

(DMTr-C$_i$), 129.7 (DMTr-C), 127.9 (DMTr-C), 127.6 (DMTr-C), 126.8 (DMTr-C), 113.3 (DMTr-C$_m$), 109.9 (C5), 86.0 (DMTr-C$_a$), 83.7 (C4'), 82.9 (C1'), 74.6 (C3'), 63.7 (C5'), 55.0 (2 x OC$H_{3,DMTr}$), 36.3 (C2'), 28.8, 28.6 (C2'', C3''), 11.6 (C$H_{3,T}$); **IR:** $\tilde{\nu}$ [cm^{-1}] = 3053, 2927, 2836, 1689, 1606, 1507, 1247, 1173, 1029, 826, 727, 582, 419; **Smp.** = 70 - 75 °C; **HRMS**-ESI$^+$ (m/z) = ber. 667.2262 [*M*+Na]$^+$, gef. 667.2267.

5'-*O*-(4,4'-Dimethoxytrityl)-2'- oder -3'-*O*-acetyl-2'- oder -3'-*O*-succinyl-uridin 77

Die Reaktion wurde gemäß AAV 2 durchgeführt. Es wurden 1.69 g 5'-*O*-DMTr-2'- oder -3'-*O*-acetyl-uridin **73** (2.87 mmol, 1 Äq.), 430 mg Bernsteinsäureanhydrid (4.30 mmol, 1.5 Äq.), 437 µL DBU (2.88 mmol, 1 Äq.), 30 mL CH$_2$Cl$_2$ und 330 µL Essigsäure (5.76 mmol, 2 Äq.) eingesetzt. Die Reaktionszeit betrug 120 min.

Ausbeute: 1.94 g (2.82 mmol, 98%) eines rosafarbenen Feststoffes als Gemisch von 5'-*O*-DMTr-geschütztem 2'-*O*-Acetyl-3'-*O*-succinyl-uridin **77a** und 3'-*O*-Acetyl-2'-*O*-succinyl-uridin **77b**. Die beiden Verbindungen sind im Verhältnis 1.0:0.5 entstanden, wobei unklar ist, welche Verbindung zu welchem Anteil entstanden ist. Das Gemisch wird als **77** bezeichnet.

Molgewicht M = 688.68 g/mol; R_f (CH$_2$Cl$_2$/ MeOH 9:1, v/v, 0.1% Et$_3$N) = 0.38.

R^1 = Succ., R^2 = Ac **77a**
R^1 = Ac, R^2 = Succ. **77b**

^{1}H-NMR (400 MHz, DMSO-d_6): δ [ppm] = 12.27 (s, 2H, COO*H*), 11.45 (s, 2H, N*H*), 7.67 (d, 2H, H6, $^3J_{HH}$ = 8.1 Hz), 7.39 - 7.22 (m, 18H, DMTr-H), 6.91 - 6.88 (m, 8H, DMTr-H$_m$), 5.91 (d, 1H, H1', $^3J_{HH}$ = 5.5 Hz), 5.88 (d, 1H, H1', $^3J_{HH}$ = 4.8 Hz), 5.54 - 5.48 (m, 4H, H2', H5), 5.46 - 5.39 (m, 2H, H3'), 4.19 - 4.14 (m, 2H, H4'), 3.74 (s, 12H, 2 x OC$H_{3,DMTr}$), 3.36 (dd, 2H, H5'a, $^2J_{HH}$ = 10.6 Hz, $^3J_{HH}$ = 5.0 Hz), 3.25 (dd, 2H, H5'b, $^2J_{HH}$ = 10.8 Hz, $^3J_{HH}$ = 3.3 Hz), 2.59 - 2.45 (m, 8H, C2'', C3''), 2.06 (s, 3H, C$H_{3,Acetyl}$), 2.04 (s, 3H, C$H_{3,Acetyl}$); **^{13}C-NMR** (101 MHz, DMSO-d_6): δ [ppm] = 173.0 (2 x C4''), 171.2 (2 x C1''), 169.5 (2 x *C*(O)CH$_{3,Acetyl}$), 169.3 (2 x *C*(O)CH$_{3,Acetyl}$), 162.9 (2 x C4), 158.2 (DMTr-C$_p$), 150.3 (C2), 150.2 (C2), 144.4 (DMTr-C$_{i'}$), 141.2 (2 x C6), 135.2 (DMTr-C$_i$), 135.0 (DMTr-C$_i$), 129.7 (DMTr-C), 127.9 (DMTr-C), 127.6 (DMTr-C), 126.8 (DMTr-C), 113.3 (DMTr-C$_m$), 102.1 (2 x C5), 87.8 (C1'), 87.2 (C1'), 86.1

Experimentalteil

(DMTr-C$_a$), 80.4 (2 x C4'), 72.4 (C2'), 71.9 (C2'), 70.3 (C3'), 69.7 (C3'), 62.8 (C5'), 62.6 (C5'), 55.0 (2 x OCH$_{3,DMTr}$), 28.5, 28.5 (2 x C2", 2 x C3"), 20.2 (CH$_{3,Acetyl}$), 20.2 (CH$_{3,Acetyl}$); **IR**: $\tilde{\nu}$ [cm^{-1}] = 3188, 3058, 2932, 2837, 1695, 1682, 1410, 1203, 791, 700, 583; **HRMS**-FAB (m/z) = ber. 688.2268 [*M*]$^+$, gef. 688.2280.

5'-*O*-(4,4'-Dimethoxytrityl)-3'-*O*-succinyl-2'-desoxyadenosin 78

Die Reaktion wurde gemäß AAV 2 durchgeführt. Es wurden 685 mg 5'-*O*-DMTr-2'-desoxyadenosin **74** (1.24 mmol, 1 Äq.), 187 mg Bernsteinsäureanhydrid (1.87 mmol, 1.5 Äq.), 185 µL DBU (1.24 mmol, 1 Äq.), 10 mL CH$_2$Cl$_2$ sowie 142 µL Essigsäure (2.47 mmol, 2 Äq.) eingesetzt. Die Reaktionszeit betrug 75 min.

Ausbeute: 763 mg (1.17 mmol, 94%) eines rosafarbenen Feststoffes.

Molgewicht M = 653.68 g/mol; R_f (CH$_2$Cl$_2$/ MeOH 9:1, v/v, + 0.1% Et$_3$N) = 0.38.

^{1}H-NMR (400 MHz, DMSO-d_6): δ [ppm] = 12.30 (s, 1H, COO*H*), 8.25 (s, 1H, H8), 8.03 (s, 1H, H2), 7.34 - 7.19 (m, 11H, DMTr-H, N*H*$_2$), 6.82 (d, 2H, DMTr-H$_m$, $^3J_{HH}$ = 8.6 Hz), 6.80 (d, 2H, DMTr-H$_m$, $^3J_{HH}$ = 8.6 Hz), 6.37 (dd, 1H, H1', $^3J_{HH}$ = 7.3 Hz, $^3J_{HH}$ = 6.6 Hz), 5.41 - 5.39 (m, 1H, H3'), 4.18 - 4.15 (m, 1H, H4'), 3.72 (s, 6H, 2 x OC*H*$_{3,DMTr}$), 3.31 - 3.17 (m, 2H, H5'), 2.58 - 2.53 (m, 4H, H2", H3"), 2.47 - 2.45 (m, 2H, H2'); **^{13}C-NMR** (101 MHz, DMSO-d_6): δ [ppm] = 173.3 (C4"), 171.7 (C1"), 158.0 (DMTr-C$_p$), 156.1 (C6), 152.5 (C2), 149.1 (C4), 144.7 (DMTr-C$_{i'}$), 139.6 (C8), 135.5 (DMTr-C$_i$), 135.4 (DMTr-C$_i$), 129.6 (DMTr-C), 129.6 (DMTr-C), 127.7 (DMTr-C), 127.6 (DMTr-C), 126.6 (DMTr-C), 119.3 (C5), 113.1 (4 x DMTr-C$_m$), 85.6 (DMTr-C$_a$), 83.7 (C1'), 83.3 (C4'), 74.8 (C3'), 63.8 (C5'), 55.0 (2 x OCH$_{3,DMTr}$), 35.4 (C2'), 28.9, 28.7 (C2", C3"); **IR**: $\tilde{\nu}$ [cm^{-1}] = 3332, 3166, 3053, 2932, 2835, 1735, 1705, 1643, 1605, 1579, 1507, 1415, 1298, 1246, 1212, 1173, 1153, 1073, 1030, 937, 826, 791, 726, 701, 643, 581, 536, 418; **Smp.**= 105 °C; $[\alpha]_D^{20}$ = +52 ° (c = 0.1, CHCl$_3$); **HRMS**-ESI$^+$ (m/z) = ber. 654.2558 [*M*+H]$^+$, gef. 654.2566.

Experimentalteil

N^4-5'-O-Bis-(4,4'-dimethoxytrityl)-3'-O-succinyl-2'-desoxycytidin 79

Die Reaktion wurde gemäß AAV 2 durchgeführt. Es wurden 1.82 g N^4-5'-O-Bis-(4,4'-dimethoxytrityl)-2'-desoxycytidin **75** (2.19 mmol, 1 Äq.), 328 mg Bernsteinsäureanhydrid (3.28 mmol, 1.5 Äq.), 328 µL DBU (2.19 mmol, 1 Äq.), 12 mL CH_2Cl_2 sowie 250 µL Essigsäure (4.37 mmol, 2 Äq.) eingesetzt. Die Reaktionszeit betrug 2 h.

Ausbeute: 2.01 g (2.16 mmol, 99%) eines rosafarbenen Feststoffes.

Molgewicht M = 932.02 g/mol; R_f (CH_2Cl_2/ MeOH 19:1, v/v, + 0.1% Et_3N) = 0.55.

^{1}**H-NMR** (400 MHz, DMSO-d_6): δ [ppm] = 12.21 (s, 1H, COO*H*), 8.38 (s, 1H, N*H*), 7.51 (d, 1H, H6, $^3J_{HH}$ = 7.1 Hz), 7.37 - 7.12 (m, 18H, DMTr-H), 6.90 (d, 4H, DMTr-H$_m$, $^3J_{HH}$ = 8.4 Hz), 6.89 (d, 4H, DMTr-H$_m$, $^3J_{HH}$ = 8.6 Hz), 6.17 (d, 1H, H5, $^3J_{HH}$ = 7.6 Hz), 6.08 (dd, 1H, H1', $^3J_{HH}$ = 7.2 Hz, $^3J_{HH}$ = 6.8 Hz), 5.25 - 5.15 (m, 1H, H3'), 4.05 - 3.97 (m, 1H, H4'), 3.75 (s, 6H, 2 x OC$H_{3,DMTr}$), 3.72 (s, 6H, 2 x OC$H_{3,DMTr}$), 3.30 - 3.18 (m, 2H, H5'), 2.28 - 2.16 (m, 2H, H2'); ^{13}**C-NMR** (101 MHz, DMSO-d_6): δ [ppm] = 173.3 (C4''), 171.7 (C1''), 163.2 (C4), 158.1(DMTr-C), 157.4 (DMTr-C), 153.7 (C2), 144.6 (2 x DMTr-C$_{i'}$), 137.1 (C6), 129.9 (DMTr-C), 129.7 (DMTr-C), 128.5 (DMTr-C), 127.9 (DMTr-C), 127.7 (DMTr-C), 127.4 (DMTr-C), 113.3 (2 x DMTr-C$_m$), 112.7 (2 x DMTr-C$_m$), 97.0 (C5), 84.6 (C4'), 82.6 (C1'), 74.7 (C3'), 63.5 (C5'), 55.0 (4 x OC$H_{3,DMTr}$), 36.8 (C2'), 28.7, 28.6 (C2'', C3''); **IR**: $\tilde{\nu}$ [cm^{-1}] = 3320, 2835, 2361, 1734, 1631, 1606, 1506, 1462, 1444, 1411, 1296, 1248, 1175, 1155, 1112, 1029, 827, 779, 726, 700, 582, 415; **HRMS**-ESI$^+$ (m/z) = ber. 954.3572 [*M*+Na]$^+$, gef. 954.3564.

5'-O-(4,4'-Dimethoxytrityl)-3'-O-succinyl-BVdU 80

Die Reaktion wurde gemäß AAV 2 durchgeführt. Es wurden 271 mg 5'-O-DMTr-BVdU **76** (0.426 mmol, 1 Äq.), 77 mg Bernsteinsäureanhydrid (0.77 mmol, 1.5 Äq.), 64 µL DBU (0.43 mmol, 1 Äq.), 5 mL CH_2Cl_2 und 49 µL Essigsäure (0.85 mmol, 2 Äq.) eingesetzt. Die Reaktionszeit betrug 15 min.

Experimentalteil

Ausbeute: 277 mg (0.377 mmol, 88%) eines hellorangenen Feststoffes, der zu 9% mit Bernsteinsäureanhydrid verunreinigt war.

Molgewicht M = 735.57 g/mol; R_f (CH_2Cl_2/ MeOH 9:1, v/v) = 0.37.

^{1}H-NMR (400 MHz, DMSO-d_6): δ [ppm] = 12.26 (s, 1H, COO*H*), 11.68 (s, 1H, N*H*), 7.81 (s, 1H, H6), 7.37 - 7.18 (m, 10H, DMTr-H, H8), 6.88 (dd, 4H, DMTr-H$_m$, $^3J_{HH}$ = 8.9 Hz, $^4J_{HH}$ = 2.2 Hz), 6.37 (d, 1H, H7, $^3J_{HH}$ = 13.5 Hz), 6.19 (dd, 1H, H1', $^3J_{HH}$ = 6.9 Hz, $^3J_{H,H}$ = 7.3 Hz), 5.26 - 5.22 (m, 1H, H3'), 4.10 - 4.08 (m, 1H, H4'), 3.74 (s, 6H, OC$H_{3,DMTr}$), 3.35 - 3.32 (m, 1H, H5'a), 3.23 (dd, 1H, H5'b, $^2J_{H,H}$ = 10.6 Hz, $^3J_{H,H}$ = 3.2 Hz), 2.55 - 2.47 (m, 5H, H2'', H3'', H2'a), 2.35 (ddd, 1H, H2'b, $^2J_{HH}$ = 14.1 Hz, $^3J_{HH}$ = 6.0 Hz, ^3J oder $^4J_{HH}$ = 2.0 Hz); **^{13}C-NMR** (100 MHz, DMSO-d_6): δ [ppm] = 173.3 (C4''), 171.8 (C1''), 161.6 (C4), 158.1 (DMTr-C$_p$), 149.2 (C2), 144.5 (DMTr-C$_{i'}$), 139.2 (C6), 135.2 (DMTr-C$_i$), 129.3 (C7), 127.9 (DMTr-C), 127.7 (DMTr-C), 113.2 (DMTr-C$_m$), 110.2 (C5), 107.3 (C8), 84.5 (C1'), 83.1 (C4'), 80.2 (DMTr-C$_a$), 74.2 (C3'), 55.0 (2 x OC$H_{3,DMTr}$), 36.3 (C2'), 28.7, 28.6 (C2'', C3''); **IR**: $\tilde{\nu}$ [cm^{-1}] = 3188, 3061, 1668, 1597, 1278, 1159, 1099, 799, 531; **Smp.** = 106 °C; $[\alpha]_D^{20}$ = -8 ° (c = 0.33, MeOH); **MS**-FAB (m/z) = ber. 734.1, 736.1 [*M*]$^+$, gef. 736.3.

3'-*O*-Succinyl-thymidin 81

Die Reaktion wurde gemäß AAV 3 (Variante 1) durchgeführt. Es wurden 4.93 g **62b** (7.64 mmol, 1 Äq.), 2.07 mL TFA (26.8 mmol, 3 Äq.), 70 mL CH_2Cl_2, 30 mL MeOH sowie 5 mL Toluol eingesetzt. Die Reaktionszeit betrug 2 h.

Ausbeute: 1.79 g (5.22 mmol, 71%) eines hellorangenen Feststoffes.

Molgewicht M = 342.30 g/mol; R_f (CH_2Cl_2/ MeOH 9:1, v/v) = 0.24.

Experimentalteil

¹H-NMR (400 MHz, DMSO-d_6): δ [ppm] =12.28 (s, 1H, COO*H*), 11.32 (s, 1H, N*H*), 7.74 (d, 1H, H6, $^4J_{HH}$ = 1.2 Hz), 6.18 (dd, 1H, H1', $^3J_{HH}$ = 8.7 Hz, $^3J_{HH}$ = 5.9 Hz), 5.24 - 5.20 (m, 2H, H3', 5'-OH), 3.97 - 3.95 (m, 1H, H4'), 3.63 - 3.61 (m, 2H, H5'), 2.57 - 2.47 (m, 4H, H2'', H3''), 2.34 - 2.25 (m, 1H, H2'a), 2.24 - 2.18 (ddd, 1H, H2'b, $^2J_{HH}$ = 14.0 Hz, $^3J_{HH}$ = 5.9 Hz, ^3J oder $^4J_{HH}$ = 1.7 Hz), 1.78 (d, 3H, C*H*$_{3,T}$, $^4J_{HH}$ = 1.0 Hz); **¹³C-NMR** (101 MHz, DMSO-d_6): δ [ppm] = 173.5 (C4''), 171.8 (C1''), 163.6 (C4), 150.4 (C2), 135.8 (C6), 109.7 (C5), 84.5 (C4'), 83.7 (C1'), 74.1 (C3'), 61.3 (C5'), 36.4 (C2'), 28.9, 28.7 (C2'', C3''), 12.2 (C*H*$_{3,T}$); **IR**: $\tilde{\nu}$ [cm^{-1}] = 3189, 2941, 1668, 1441, 1275, 1193, 1137, 1061, 841, 799, 722, 420; **Smp.**= 115 °C; $[\alpha]_D^{20}$ = -20.8 ° (c = 0.13, MeOH); **HRMS**-ESI$^+$ (m/z) = ber. 365.0955 [*M*+Na]$^+$, gef. 365.0958.

2'- oder 3'-*O*-Acetyl-2'- oder -3'-*O*-succinyl-uridin 82

Die Reaktion wurde gemäß AAV 3 (Variante 2) durchgeführt. Es wurden 1.87 g **77** (2.72 mmol, 1 Äq.), 630 µL TFA (8.18 mmol, 3 Äq.), 10 mL CH$_2$Cl$_2$ sowie 10 mL MeOH und 5 mL Toluol eingesetzt. Die Reaktionszeit betrug 30 min.

Ausbeute: 897 mg (2.32 mmol, 85%) eines hellgelben Feststoffes als Gemisch von 2'-*O*-Acetyl-3'-*O*-succinyl-uridin **82a** und 3'-*O*-Acetyl-2'-*O*-succinyl-uridin **82b**. Die beiden Verbindungen sind im Verhältnis 1.0:0.5 entstanden, wobei unklar ist, welche Verbindung zu welchem Anteil entstanden ist. Das Gemisch wird als **82** bezeichnet.

Molgewicht M = 386.31 g/mol; R_f (CH$_2$Cl$_2$/ MeOH 9:1, v/v) = 0.20.

R^1= Succ., R^2= Ac **82a**
R^1= Ac, R^2= Succ. **82b**

¹H-NMR (400 MHz, DMSO-d_6): δ [ppm] = 12.27 (s, 2H, 2 x COO*H*), 11.42 (d, 2H, 2 x N*H*, $^4J_{HH}$ = 2.1 Hz), 7.90 (d, 1H, H6, $^3J_{HH}$ = 8.1 Hz), 7.89 (d, 1H, H6, $^3J_{HH}$ = 8.2 Hz), 6.03 (d, 1H, H1', $^3J_{HH}$ = 6.1 Hz), 6.00 (d, 1H, H1', $^3J_{HH}$ = 5.6 Hz), 5.72 (dd, 1H, H5, $^3J_{HH}$ = 5.1 Hz, $^4J_{HH}$ = 2.3 Hz), 5.72 (dd, 1H, H5, $^3J_{HH}$ = 5.7 Hz, $^4J_{HH}$ = 2.3 Hz), 5.42 (s, 2H, 2 x 5'-OH), 5.36 - 5.31 (m, 4H, 2 x H2', 2 x H3'), 4.13 - 4.12 (m, 2H, 2 x H4'), 3.67 - 3.60 (m, 4H, 2 x H5'), 2.67 - 2.41 (m, 8H, 2 x H2'', 2 x H3''), 2.09, 2.01 (2 x s, 6H, 2 x C*H*$_{3,Acetyl}$); **¹³C-NMR** (101 MHz, DMSO-d_6): δ [ppm] = 173.0, 171.3, 171.1 (2 x C4'', 2 x C1''), 169.5, 169.4 (2 x *C*(O)CH$_3$), 162.9 (2 x C4),

Experimentalteil

150.5 (2 x C2), 140.4, 140.3 (2 x C6), 102.6, 102.5 (2 x C5), 85.7, 85.4 (2 x C1'), 83.2, 83.0 (2 x C4'), 72.5, 72.2, 71.2, 70.6 (2 x C2', 2 x C3'), 60.8, 60.6 (2 x C5'), 28.5, 28.4 (2 x C2'', 2 x C3''), 20.4, 20.1 (2 x $CH_{3,Acetyl}$); **IR**: $\tilde{\nu}$ [cm^{-1}] = 3059, 1668, 1378, 1194, 1142, 815, 797, 722, 552, 420; **HRMS**-FAB (m/z) = ber. 387.1040 [M+H]$^+$, gef. 387.1039.

3'-*O*-Succinyl-2'-desoxyadenosin 83

Die Reaktion wurde gemäß AAV 3 (Variante 1) durchgeführt. Es wurden 733 mg **78** (1.12 mmol, 1 Äq.), 260 µL TFA (3.37 mmol, 3 Äq.), 10.5 mL CH_2Cl_2, 4.5 mL MeOH sowie 3 mL Toluol eingesetzt. Die Reaktionszeit betrug 1 h.

Ausbeute: 389 mg (1.11 mmol, 99%) eines farblosen Feststoffes.

Molgewicht M = 351.31 g/mol; R_f (CH_2Cl_2/ MeOH 9:1, v/v) = 0.18.

^{1}H-NMR (400 MHz, DMSO-d_6): δ [ppm] = 12.28 (s, 1H, COO*H*), 8.43 (s, 1H, H8), 8.22 (s, 1H, H2), 7.74 (s, 2H, N*H*$_2$), 6.37 (dd, 1H, H1', $^3J_{HH}$ = 8.5 Hz, $^3J_{HH}$ = 6.0 Hz), 5.38 (d, 1H, H3', $^3J_{HH}$ = 5.6 Hz), 4.10 - 4.08 (m, 1H, H4'), 3.66 (dd, 1H, H5'a, $^2J_{HH}$ = 12.0 Hz, $^3J_{HH}$ = 3.9 Hz), 3.60 (dd, 1H, H5'b, $^2J_{HH}$ = 12.0 Hz, $^3J_{HH}$ = 4.1 Hz), 2.99 - 2.96 (ddd, 1H, H2'a, $^2J_{HH}$ = 14.4 Hz, $^3J_{HH}$ = 8.5 Hz, $^3J_{HH}$ = 6.2 Hz), 2.60 - 2.44 (m, 5H, H2'b, H2'', H3''); **^{13}C-NMR** (101 MHz, DMSO-d_6): δ [ppm] = 173.3 (C4''), 171.8 (C1''), 155.0 (C6), 151.0 (C2), 148.7 (C4), 139.9 (C8), 119.2 (C5), 85.3 (C4'), 84.1 (C1'), 75.2 (C3'), 61.6 (C5'), 36.5 (C2'), 28.9, 28.7 (C2'', C3''); **IR**: $\tilde{\nu}$ [cm^{-1}] = 3325, 3122, 2943, 1692, 1606, 1480, 1419, 1332, 1160, 1101, 1063, 997, 939, 879, 833, 797, 721, 640, 521, 419; **Smp**.= 93 °C; $[\alpha]_D^{20}$ = -17.1 ° (c = 0.105, CH_2Cl_2/ MeOH 1:1, v/v); **HRMS**-ESI$^+$ (m/z) = ber. 352.1252 [M+H]$^+$, gef. 352.1258.

N^4-(4,4'-Dimethoxytrityl)-3'-*O*-succinyl-2'-desoxycytidin 84

Die Reaktion wurde gemäß AAV 3 (Variante 3) durchgeführt. Es wurden 548 mg **79** (0.588 mmol, 1 Äq.), 1.94 mL TFA (25.2 mmol), 22.5 mL CH_2Cl_2, 9.6 mL MeOH

Experimentalteil

sowie eine zur Neutralisation benötigte Menge 7 M methanolischer NH$_3$-Lösung eingesetzt.

Ausbeute: 330 mg (0.524 mmol, 89%) eines hellgelben Feststoffes.

Molgewicht M = 629.66 g/mol; R_f (CH$_2$Cl$_2$/ MeOH 8:2, v/v, 0.1% Et$_3$N) = 0.50.

^{1}H-NMR (400 MHz, DMSO-d_6): δ [ppm] = 12.23 (s, 1H, COO*H*), 8.40 (s, 1H, N*H*), 7.74 (d, 1H, H6, $^3J_{HH}$ = 7.4 Hz), 7.29 - 7.13 (m, 9H, DMTr-H), 6.84 (d, 4H, DMTr-H$_m$, $^3J_{HH}$ = 8.3 Hz), 6.27 (d, 1H, H5, $^3J_{HH}$ = 7.3 Hz), 6.08 (dd, 1H, H1', $^3J_{HH}$ = 7.1 Hz, $^3J_{HH}$ = 6.8 Hz), 5.18 (d, 1H, H3', $^3J_{HH}$ = 4.1 Hz), 5.12 (s, 1H, 5'-OH), 3.95 - 3.90 (m, 1H, H4'), 3.72 (s, 6H, 2 x OC*H*$_{3,DMTr}$), 3.61 - 3.51 (m, 2H, H5'), 2.55 - 2.47 (m, 4H, H2'', H3''), 2.19 - 2.07 (m, 2H, H2'); **^{13}C-NMR** (101 MHz, DMSO-d_6): δ [ppm] = 173.3 (C4''), 171.8 (C1''), 163.8 (C2), 157.4 (DMTr-C), 153.9 (C4), 139.3 (C6), 129.9, 128.5, 127.4 (DMTr-C), 112.7 (DMTr-C$_m$), 96.7 (C5), 84.7 (C4'), 84.5 (C1'), 75.1 (C3'), 61.4 (C5'), 55.0 (2 x OC*H*$_{3,DMTr}$), 36.9 (C2'), 28.8 (C3''), 28.6 (C2''); **IR**: $\tilde{\nu}$ [cm^{-1}] = 2925, 2837, 1729, 1634, 1608, 1506, 1464, 1414, 1295, 1249, 1177, 1157, 1103, 1029, 998, 945, 829, 781, 702, 585; **Smp.**= 140 - 161 °C; $[\alpha]_D^{20}$ = -117 ° (c = 0.11, MeOH/ CH$_2$Cl$_2$, 1:1, v/v); **HRMS**-ESI$^+$ (m/z) = ber. 652.2266 [*M*+Na]$^+$, gef. 652.2262.

3'-*O*-Succinyl-BVdU 85

Die Reaktion erfolgte gemäß AAV 3 (Variante 2). Es wurden 270 mg **80** (0.367 mmol, 1 Äq.), 95 µL Trifluoressigsäure (1.2 mmol, 3.2 Äq.) sowie 5 mL CH$_2$Cl$_2$ und 5 mL MeOH eingesetzt. Die Reaktionszeit betrug 30 min. Das Produkt wurde am Chromatotron (CH$_2$Cl$_2$/ MeOH-Gradient 0-20%) gereinigt.

Ausbeute: 157 mg (0.362 mmol, 99%) eines hellorangenen Feststoffes.

Experimentalteil

Molgewicht M = 433.21 g/mol; R_f (CH_2Cl_2/ MeOH 9:1, v/v) = 0.10.

¹H-NMR (400 MHz, DMSO-d_6): δ [ppm] = 12.26 (s, 1H, COO*H*), 11.64 (s, 1H, N*H*), 8.08 (s, 1H, H6), 7.26 (d, 1H, H8, $^3J_{HH}$ = 13.6 Hz), 6.85 (d, 1H, H7, $^3J_{HH}$ = 13.6 Hz), 6.15 (dd, 1H, H1', $^3J_{HH}$ = 6.2 Hz, $^3J_{HH}$ = 6.4 Hz), 5.24 - 5.22 (m, 2H, H3', 5'-OH), 4.02 - 4.00 (m, 1H, H4'), 3.65 (dd, 1H, H5'a, $^2J_{HH}$ = 12.1 Hz, $^3J_{HH}$ = 3.7 Hz), 3.62 (dd, 1H, H5'b, $^2J_{HH}$ = 12.0 Hz, $^3J_{HH}$ = 3.9 Hz), 2.57 - 2.41 (m, 4H, H2'', H3''), 2.35 - 2.27 (m, 2H, H2'); **¹³C-NMR** (101 MHz, DMSO-d_6): δ [ppm] = 173.4 (C4''), 171.8 (C1''), 161.6 (C4), 149.3 (C2), 139.2 (C6), 129.7 (C7), 110.0 (C5), 106.8 (C8), 84.9 (C4'), 84.4 (C1'), 74.6 (C3'), 61.1 (C5'), 36.9 (C2'), 28.8, 28.6 (C2'', C3''); **IR**: $\tilde{v}$ [cm^{-1}] = 1679, 1459, 1417, 1158, 1096, 1056, 947, 807, 529; **HRMS**-FAB (m/z) = ber. 435.0226, 433.0247 [*M*+H]⁺, gef. 435.0, 433.0264.

8.2.3 Synthese der Salicylalkohole

5-Chlorsalicylalkohol 86

Die Reaktion wurde unter Stickstoff als Inertgas durchgeführt. Es wurden 10.0 g 5-Chlorsalicylsäure (58.0 mmol, 1 Äq.) in 40 mL abs. THF gelöst und auf 0 °C gekühlt. Dann wurden 98.5 mL einer 1 M BH$_3$-THF-Komplex-Lösung (98.5 mmol, 1.7 Äq.) über 120 min zu der Reaktionslösung getropft. Im Anschluss wurde 16 h bei Rt gerührt. Überschüssiges Boran wurde durch vorsichtiges Zutropfen von Wasser zerstört. Daraufhin wurden 70 mL einer wässrigen 3 M NaOH-Lösung (210 mmol, 3.6 Äq.) zugefügt und 15 min bei Rt gerührt. Das THF wurde am Rotationsverdampfer entfernt und der wässrige Rückstand bei 0 °C mit konz. Essigsäure auf pH = 5 angesäuert. Es wurde dreimal mit Et$_2$O extrahiert, die vereinigten organischen Phasen über Natriumsulfat getrocknet und das Lösungsmittel am Rotationsverdampfer entfernt. Der Rückstand wurde säulenchromatographisch gereinigt (CH$_2$Cl$_2$/ MeOH 19:1).

Experimentalteil

Ausbeute: Es wurden 8.80 g (55.5 mmol, 96%) eines farblosen Feststoffes erhalten.

Molgewicht M = 158.58 g/mol; R_f (CH$_2$Cl$_2$/ MeOH 9:1, v/v) = 0.56.

86

^{1}**H-NMR** (400 MHz, DMSO-d_6): δ [ppm] = 9.64 (s, 1H, OH_{Phenol}), 7.27 (d, 1H, H6, $^4J_{HH}$ = 2.3 Hz), 7.06 (dd, 1H, H4, $^3J_{HH}$ = 8.5 Hz, $^4J_{HH}$ = 2.6 Hz), 6.76 (d, 1H, H3, $^3J_{HH}$ = 8.5 Hz), 4.44 (s, 2H, C$H_{2,Benzyl}$); ^{13}**C-NMR** (101 MHz, DMSO-d_6): δ [ppm] = 152.8 (C2), 131.0 (C1), 126.7 (C4), 126.4 (C6), 122.3 (C5), 115.9 (C3), 57.6 (CH$_{2,Benzyl}$); **IR**: $\tilde{v}$ [cm^{-1}] = 3405, 3143, 2955, 2907, 1607, 1479, 1405, 1261, 1177, 1119, 999, 885, 819, 742, 655, 483; Smp. = 91 °C; **HRMS**-ESI$^-$ (m/z) = ber. 157.0062 [*M*-H]$^+$, gef. 157.0055.

Synthese von 5-Methylsulfonylsalicylalkohol 87

6-(Methylmercapto)-2-phenyl-4*H*-[1,3,2]-benzodioxaborin 88

Es wurden 5.00 g 4-Methylmercaptophenol **89** (35.7 mmol, 1 Äq.), 5.22 g Phenylboronsäure (42.8 mmol, 1.2 Äq.) und 2.14 g *para*-Formaldehyd (71.3 mmol, 2 Äq.) in 200 mL Toluol in einer Dean-Stark-Apparatur aufgenommen. Es wurden 1.33 mL Propionsäure (17.8 mmol, 0.5 Äq.) zugefügt und das Reaktionsgemisch zum Rückfluss erhitzt. Es wurde insgesamt sechsmal alle zwei Stunden 2.14 g *para*-Formaldehyd (71.3 mmol, 2 Äq.) zur Reaktionsmischung hinzugefügt, wobei diese vor jeder Zugabe abgekühlt wurde. Das Reaktionsgemisch wurde nach vollständigem Umsatz (DC-Kontrolle CH$_2$Cl$_2$/ MeOH 9:1, v/v) abgekühlt und vom Lösungsmittel befreit. Der Rückstand wurde in Dichlormethan und Wasser aufgenommen, die organische Phase viermal mit Wasser gewaschen und die wässrige Phase zweimal mit Dichlormethan extrahiert. Die organischen Phasen wurden vereinigt und mit gesättigter Natriumhydrogencarbonat-Lösung und dann mit Wasser gewaschen. Die organische Phase wurde über Natriumsulfat getrocknet und das Lösungsmittel am Rotationsverdampfer entfernt.

Ausbeute: Es wurden 7.58 g eines leicht grünlichen Feststoffes als Rohprodukt erhalten.

Experimentalteil

Molgewicht M = 256.13 g/mol; R_f (CH$_2$Cl$_2$/ MeOH 9:1, v/v) = 0.65.

¹H-NMR (400 MHz, CDCl$_3$): δ [ppm] = 7.95 (dd, 2H, H10, $^3J_{HH}$ = 8.3 Hz, $^4J_{HH}$ = 1.3 Hz), 7.52 - 7.48 (m, 1H, H12), 7.43 - 7.39 (m, 2H, H11), 7.21 - 7.17 (m, 1H, H4), 7.05 - 7.02 (m, 1H, H6), 6.96 - 6.95 (m, 1H, H3), 5.21 (s, 2H, C$H_{2,Benzyl}$), 2.47 (s, 3H, C$H_{3,S}$).

5-Methylsulfonylsalicylalkohol 87

2.00 g des Rohproduktes von **88** wurden in 5 mL Essigsäure gelöst. Dann wurden zu dieser Reaktionsmischung vorsichtig 8 mL einer 30%-igen wässrigen Wasserstoffperoxid-Lösung gegeben und es wurde bei 45 °C gerührt. Nach 22 h und 42 h Reaktionszeit wurden jeweils 4 mL Wasserstoffperoxid erneut zugegeben. Nach insgesamt 48 h Reaktionszeit (DC-Kontrollle CH$_2$Cl$_2$/ MeOH, 9:1, v:v) wurde die Reaktionslösung auf Raumtemperatur abgekühlt und mit 90 mL Eiswasser versetzt. Die organische Phase wurde abgetrennt und die wässrige Phase siebenmal mit Ethylacetat extrahiert. Die vereinigten organischen Phasen wurden zur Zerstörung der Peroxide dreimal mit einer 40%-igen Natriumhydrogensulfit-Lösung gewaschen und anschließend über Natriumsulfat getrocknet. Das Lösungsmittel wurde im Vakuum entfernt und der Rückstand im Ölpumpenvakuum getrocknet. Der gelbe Sirup (Rohprodukt) wurde mittels Chromatotron gereinigt (CH$_2$Cl$_2$/ MeOH-Gradient 0-5%).

Ausbeute: 1.09 g (5.39 mmol) eines gelben Feststoffes. Dies entspricht einer Ausbeute von 57% über zwei Stufen, bezogen auf 4-Methylmercaptophenol **89**.

Molgewicht M = 202.23 g/mol; R_f (CH$_2$Cl$_2$/ MeOH 9:1, v/v) = 0.47.

¹H-NMR (400 MHz, DMSO-d_6): δ [ppm] = 7.84 (d, 1H, H6, $^4J_{HH}$ = 2.5 Hz), 7.61 (dd, 1H, H4, $^3J_{HH}$ = 8.4 Hz, $^4J_{HH}$ = 2.3 Hz), 6.95 (d, 1H, H3, $^3J_{HH}$ = 8.3 Hz), 4.51 (s, 2H, C$H_{2,Benzyl}$), 3.09 (s, 3H, C$H_{3,S}$); **¹³C-NMR** (101 MHz, DMSO-d_6): δ [ppm] = 158.5 (C2), 130.6 (C5), 129.8 (C1), 127.1 (C4), 126.1 (C6), 114.6 (C3), 57.6 (CH$_{2,Benzyl}$), 44.2 (CH$_{3,S}$); **IR:** $\tilde{v}$ [cm^{-1}] = 3337, 1605, 1465, 1210, 1151; **Smp.** = 124 °C; **HRMS**-FAB (m/z) = ber. 203.0373 [*M*+H]$^+$, gef. 203.0376.

Experimentalteil

5-Nitrosalicylalkohol 90

Die Synthese wurde unter Stickstoff als Inertgas durchgeführt. Es wurden 2.50 g 5-Nitrosalicylaldehyd (15.0 mmol, 1 Äq.) in 100 mL 99.8%-igem Ethanol gelöst und portionsweise 506 mg Natriumborhydrid (13.4 mmol, 0.9 Äq.) zugegeben. Die Reaktionslösung wurde für 24 h bei Raumtemperatur gerührt. Nach beendeter Reaktion wurden 1.2 mL Wasser zugegeben und die Reaktionslösung anschließend mit 37%-iger Salzsäure auf pH = 4 eingestellt. Von dem entstandenen violetten Niederschlag wurde filtriert und dem gelben Filtrat am Rotationsverdampfer das Lösungsmittel entzogen. Der Rückstand wurde mit Methanol coevaporiert und aus Wasser umkristallisiert.

Ausbeute: 2.00 g (11.8 mmol, 79%) eines gelben Feststoffes.

Molgewicht M = 169.13 g/mol; R_f (CH$_2$Cl$_2$/ MeOH 9:1, v/v) = 0.40.

^{1}H-NMR (400 MHz, DMSO-d_6): δ [ppm] = 11.10 (s, 1H, OH_{Phenol}), 8.21 (d, 1H, H6, $^4J_{HH}$ = 3.0 Hz), 8.02 (dd, 1H, H4, $^3J_{HH}$ = 8.9 Hz, $^4J_{HH}$ = 3.0 Hz), 6.94 (d, 1H, H3, $^3J_{HH}$ = 8.9 Hz), 5.36 (s, 1H, OH_{Benzyl}), 4.50 (s, 2H, C$H_{2,Benzyl}$); **^{13}C-NMR** (101 MHz, DMSO-d_6): δ [ppm] = 160.8 (C2), 140.0 (C5), 130.7 (C1), 124.4 (C4), 123.0 (C6), 115.0 (C3), 57.7 (CH$_{2,Benzyl}$); **IR**: $\tilde{\nu}$ [cm^{-1}] = 3457, 3065, 1618, 1588, 1491, 1443, 1335, 1292, 1087, 985, 907, 870; **MS**-FAB (m/z) = ber. 170.1 [M+H]$^+$, gef. 170.1.

5-Acetylsalicylalkohol 91

5.00 g *p*-Hydroxyacetophenon 93 (36.7 mmol, 1 Äq.) wurden in 120 mL konz. HCl bei 50 °C gelöst. Im Anschluss wurden 8.87 mL 37%-ige *p*-Formaldehydlösung (151 mmol, 4.1 Äq.) zugefügt und bei 50 °C 6 h gerührt, wobei ein Feststoff 92 ausfiel. Nach anschließender Filtration und Trocknung des Feststoffes 92 im Vakuum wurde das Rohprodukt in 100 mL THF gelöst, mit 7.72 g Ca$_2$CO$_3$ (55.1 mmol, 1.5 Äq.) und 80 mL Wasser versetzt und 29 h bei Rt gerührt. Dann wurde mit verd. HCl auf pH = 5 angesäuert. Es wurde fünfmal mit Ethylacetat extrahiert, die organischen Phasen vereinigt, über Natriumsulfat getrocknet, das Lösungsmittel am Rotationsverdampfer entfernt und das Rohprodukt säulenchromatographisch gereinigt (CH$_2$Cl$_2$/ MeOH 95:5, v/v).

Experimentalteil

Ausbeute: Es wurden 2.16 g (13.0 mmol, 35% über zwei Stufen) eines farblosen Feststoffes erhalten.

Molgewicht M = 166.17 g/mol; R_f (CH$_2$Cl$_2$/ MeOH 9.5:0.5, v/v) = 0.15.

91

^{1}H-NMR (400 MHz, DMSO-d_6): δ [ppm] = 10.34 (s, 1H, OH$_{Phenol}$), 7.95 (d, 1H, H6, $^4J_{HH}$ = 2.4 Hz), 7.72 (dd, 1H, H4, $^3J_{HH}$ = 8.4 Hz, $^4J_{HH}$ = 2.6 Hz), 6.85 (d, 1H, H3, $^3J_{HH}$ = 8.4 Hz), 4.49 (s, 2H, C$H_{2,Benzyl}$), 2.47 (s, 3H, C$H_{3,Acetyl}$); **^{13}C-NMR** (101 MHz, DMSO-d_6): δ [ppm] = 196.6 (C8), 159.1 (C2), 129.1 (C4), 129.1, 128.7, 128.2 (C6), 114.6 (C3), 58.2 (CH$_{2,Benzyl}$), 26.6 (CH$_{3,Acetyl}$); **IR**: $\tilde{\nu}$ [cm^{-1}] = 1661, 1593, 1442, 1359, 1282, 1031, 820, 599; **Smp.** = 119 °C; **HRMS**-FAB (m/z) = ber. 167.0708 [M+H]$^+$, gef. 167.0708.

8.2.4 Synthese der Saligenylchlorphosphite

5-Chlorsaligenylchlorphosphit 94

Die Reaktion erfolgte gemäß AAV 4. Es wurden 2.23 g 5-Chlorsalicylalkohol **86** (14.0 mmol, 1 Äq.), 2.20 mL PCl$_3$ (25.2 mmol, 1.8 Äq.), 3.92 mL Pyridin (48.5 mmol, 3.5 Äq.) und 30 mL Et$_2$O eingesetzt.

Ausbeute: Es wurden 2.70 g (12.1 mmol, 86%) eines gelben Öls als Enantiomerengemisch und als Rohprodukt erhalten (zu 2% verunreinigt mit Pyridiniumchlorid).

94

Molgewicht M = 222.99 g/mol.

^{1}H-NMR (400 MHz, CDCl$_3$): δ [ppm] = 7.23 (dd, 1H, H4, $^3J_{HH}$ = 8.7 Hz, $^4J_{HH}$ = 2.7 Hz), 7.00 (d, 1H, H6, $^4J_{HH}$ = 2.5 Hz), 6.93 (d, 1H, H3, $^3J_{HH}$ = 8.6 Hz), 5.41 (dd, 1H, C$H_{2,Benzyl}$a, $^2J_{HH}$ = 14.5 Hz, $^3J_{HP}$ = 2.4 Hz), 5.00 (dd, 1H, C$H_{2,Benzyl}$b, $^2J_{HH}$ = 14.4 Hz, $^3J_{HP}$ = 9.6 Hz); **^{31}P-NMR** (162 MHz, CDCl$_3$): δ [ppm] = 139.0.

Experimentalteil

5-Methylsulfonylsaligenylchlorphosphit 95

Die Reaktion erfolgte gemäß AAV 4. Es wurden 807 mg 5-Methylsulfonyl-salicylalkohol **87** (3.99 mmol, 1 Äq.), 0.63 mL PCl$_3$ (7.2 mmol, 1.8 Äq.), 1.13 mL Pyridin (14.0 mmol, 3.5 Äq.) sowie 16 mL Et$_2$O und 8 mL THF eingesetzt. Zudem wurde der Salicylalkohol **87** vor der Reaktion dreimal mit abs. Pyridin coevaporiert und, gelöst in Et$_2$O und THF, vor der Reaktion für 16 h über aktiviertem Molsieb 4Å getrocknet.

Ausbeute: Es wurden 818 mg (3.07 mmol, 77%) eines gelben Öls als Enantiomerengemisch und als Rohprodukt erhalten (zu 7% verunreinigt mit Pyridiniumchlorid).

Molgewicht M = 266.64 g/mol.

^{1}H-NMR (400 MHz, CDCl$_3$): δ [ppm] = 7.85 (dd, 1H, H4, $^3J_{HH}$ = 8.5 Hz, $^4J_{HH}$ = 2.3 Hz), 7.64 (d, 1H, H6, $^4J_{HH}$ = 2.4 Hz), 7.17 (d, 1H, H3, $^3J_{HH}$ = 8.5 Hz), 5.50 (dd, 1H, C$H_{2,Benzyl}$a, $^2J_{HH}$ = 14.6 Hz, $^3J_{HP}$ = 2.6 Hz), 5.11 (dd, 1H, C$H_{2,Benzyl}$b, $^2J_{HH}$ = 14.6 Hz, $^3J_{HP}$ = 9.9 Hz), 3.06 (s, 3H, C$H_{3,S}$); **^{31}P-NMR** (162 MHz, CDCl$_3$): δ [ppm] = 139.5.

5-Nitrosaligenylchlorphosphit 96

Die Reaktion erfolgte gemäß AAV 4. Es wurden 2.10 g 5-Nitrosalicylalkohol **90** (12.4 mmol, 1 Äq.), 1.95 mL PCl$_3$ (22.4 mmol, 1.8 Äq.), 3.46 mL Pyridin (42.8 mmol, 3.5 Äq.) sowie 30 mL Et$_2$O eingesetzt.

Ausbeute: Es wurden 1.91 g (8.17 mmol, 66%) eines gelben Öls als Enantiomerengemisch und als Rohprodukt erhalten (zu 3% verunreinigt mit Pyridiniumchlorid).

Molgewicht M = 233.55 g/mol.

^{1}H-NMR (400 MHz, CDCl$_3$): δ [ppm] = 8.17 (dd, 1H, H4, $^3J_{HH}$ = 8.9 Hz, $^4J_{HH}$ = 2.8 Hz), 7.98 (d, 1H, H6, $^4J_{HH}$ = 2.7 Hz), 7.13 (d, 1H, H3, $^3J_{HH}$ = 8.7 Hz), 5.52 (dd, 1H, C$H_{2,Benzyl}$a, $^2J_{HH}$ = 14.1 Hz, $^3J_{HP}$ = 1.1 Hz), 5.14 (dd, 1H, C$H_{2,Benzyl}$b, $^2J_{HH}$ = 14.6 Hz, $^3J_{HP}$ = 9.8 Hz); **^{31}P-NMR** (162 MHz, CDCl$_3$): δ [ppm] = 139.3.

Experimentalteil

5-Acetylsaligenylchlorphosphit 97

Die Reaktion erfolgte gemäß AAV 4 (Variante 1). Es wurden 1.80 g 5-Acetylsalicyl-alkohol **91** (10.8 mmol, 1 Äq.), 1.14 mL PCl_3 (13.0 mmol, 1.2 Äq.), 2.0 mL Pyridin (25 mmol, 2.3 Äq.), 108 mL Et_2O sowie 36 mL THF eingesetzt.

Ausbeute: Es wurden 2.02 g (8.75 mmol, 81%) eines gelben Öls als Enantiomerengemisch und als Rohprodukt erhalten (zu 13% verunreinigt mit Pyridiniumchlorid).

Molgewicht M = 230.58 g/mol.

^{1}H-NMR (400 MHz, $CDCl_3$): δ [ppm] = 7.87 (dd, 1H, H4, $^3J_{HH}$ = 8.6 Hz, $^4J_{HH}$ = 2.3 Hz), 7.65 (d, 1H, H6, $^4J_{HH}$ = 2.0 Hz), 7.06 (d, 1H, H3, $^3J_{HH}$ = 8.5 Hz), 5.49 (d, 1H, $CH_{2,Benzyl}$a, $^2J_{HH}$ = 14.4 Hz), 5.09 (dd, 1H, $CH_{2,Benzyl}$b, $^2J_{HH}$ = 14.4 Hz, $^3J_{HP}$ = 9.8 Hz), 2.57 (s, 3H, $CH_{3,Acetyl}$); **^{31}P-NMR** (162 MHz, $CDCl_3$): δ [ppm] = 140.8.

8.2.5 Synthese von *cyclo*Sal-Nucleotiden

8.2.5.1 Synthese von 2', 3'-O-geschützten cycloSal-Nucleotiden

5-Chlor-*cyclo*Sal-2',3'-O-cyclopentyl-uridinmonophosphat 113

Die Reaktion wurde zunächst gemäß AAV 5 (Variante 3) durchgeführt. Es wurden 1.73 g 2',3'-O-Cyclopentyluridin **116** (5.58 mmol, 1 Äq.), 2.49 g 5-Chlorsaligenyl-chlorphosphit **94** (11.2 mmol, 2 Äq.), 1.94 mL DIPEA (11.1 mmol, 2 Äq.), 13.7 g Oxone® (22.3 mmol, 4 Äq.) sowie 30 mL MeCN und 6 mL DMF eingesetzt. Die Reaktionszeit betrug 2 h. Das Rohprodukt wurde nicht chromatographisch gereinigt.

Ausbeute: 3.70 g des Rohproduktes von **113** als farblose Watte und als Gemisch zweier Diastereomere im Verhältnis 1.0:0.6.

Molgewicht M = 512.83 g/mol; R_f (CH_2Cl_2/ MeOH 9:1, v/v, +0.1% AcOH) = 0.61.

Experimentalteil

Die analytischen Daten stimmen mit den literaturbekannten überein.[63]

Anmerkung: Das Rohprodukt wurde nach Extraktion direkt zur Entschützung eingesetzt, die 5-Chlor-*cyclo*Sal-UMP **117** lieferte.

5-Nitro-*cyclo*Sal-2',3'-*O*-cyclopentyl-uridinmonophosphat 114

Die Reaktion erfolgte gemäß AAV 5 (Variante 3). Es wurden 880 mg 2',3'-*O*-Cyclopentyluridin **116** (2.84 mmol, 1 Äq.), 994 mg 5-Nitrosaligenylchlorphosphit **96** (4.26 mmol, 1.5 Äq.), 0.99 mL DIPEA (5.7 mmol, 2 Äq.), 5.24 g Oxone® (8.52 mmol, 3 Äq.) sowie 40 mL abs. MeCN und 1 mL abs. DMF eingesetzt. Das Rohprodukt wurde nicht chromatographisch gereinigt.

Ausbeute: 1.34 g des Rohproduktes von **114** als farblose Watte und als Gemisch zweier Diastereomere im Verhältnis 1.0:0.7.

Molgewicht M = 523.39 g/mol; R_f (CH$_2$Cl$_2$/ MeOH 9:1, v/v, +0.1% AcOH) = 0.60.

Die analytischen Daten stimmen mit den literaturbekannten überein.[26]

MS-FAB (m/z) = ber. 524.1 [*M*+H]$^+$, gef. 524.1.

Anmerkung: Das Rohprodukt wurde nach Extraktion direkt zur Entschützung eingesetzt, die 5-Nitro-*cyclo*Sal-UMP **118** liefern sollte.

5-Acetyl-*cyclo*Sal-2',3'-*O*-cyclopentyl-uridinmonophosphat 115

Die Reaktion erfolgte gemäß AAV 5 (Variante 3). Es wurden 885 mg 2',3'-*O*-Cyclopentyluridin **116** (2.85 mmol, 1 Äq.), 986 mg 5-Acetylsaligenylchlorphosphit **97** (4.28 mmol, 1.5 Äq.), 0.99 mL DIPEA (5.7 mmol, 2 Äq.), 5.26 g Oxone® (8.56 mmol, 3 Äq.) sowie 40 mL abs. MeCN und 1 mL abs. DMF eingesetzt. Reinigung erfolgte am Chromatotron (CH$_2$Cl$_2$/ MeOH-Gradient 0-10% + 0.1% AcOH).

Experimentalteil

Ausbeute: 374 mg (7.19 mmol, 25%) **115** als farblose Watte und als Gemisch zweier Diastereomere im Verhältnis 1.0:1.0

Molgewicht M = 520.43 g/mol; R_f (CH$_2$Cl$_2$/ MeOH 9:1, v/v, +0.1% AcOH) = 0.59.

^{1}H-NMR (400 MHz, DMSO-d_6): δ [ppm] = 11.41 (s, 2H, 2 x NH), 7.97 - 7.90 (m, 4H, 2 x H4$_{ar}$, 2 x H6$_{ar}$), 7.68 (d, 1H, H6, $^3J_{HH}$ = 8.0 Hz), 7.63 (d, 1H, H6, $^3J_{HH}$ = 8.0 Hz), 7.25 (d, 1H, H3$_{ar}$, $^3J_{HH}$ = 8.6 Hz), 7.20 (d, 1H, H3$_{ar}$, $^3J_{HH}$ = 8.5 Hz), 5.78 (d, 1H, H1', $^3J_{HH}$ = 1.8 Hz), 5.74 (d, 1H, H1', $^3J_{HH}$ = 1.8 Hz), 5.63 - 5.47 (m, 6H, 2 x C$H_{2,Benzyl}$, 2 x H5), 4.99 (dd, 1H, H2', $^3J_{HH}$ = 6.5 Hz, ^3J oder $^4J_{HH}$ = 1.8 Hz), 4.96 (dd, 1H, H2', $^3J_{HH}$ = 6.6 Hz, ^3J oder $^4J_{HH}$ = 1.9 Hz), 4.74 - 4.71 (m, 2H, 2 x H3'), 4.44 - 4.29 (m, 4H, 2 x H5'), 4.22 - 4.19 (m, 2H, 2 x H4'), 2.55 (s, 6H, 2 x C$H_{3,Acetyl}$), 1.91 - 1.85 (m, 4H, 2''a), 1.69 - 1.56 (m, 12H, 2''b, H3''); **^{13}C-NMR** (101 MHz, DMSO-d_6): δ [ppm] = 196.3 (C(O)CH$_3$), 163.1 (2 x C4), 152.7 (2 x C2$_{ar}$), 150.3 (2 x C2), 143.3 (2 x C6), 133.0 (2 x C5$_{ar}$), 130.0 (2 x C4$_{ar}$), 126.7 (2 x C6$_{ar}$), 122.5 (2 x C1''), 118.6 (d, 2 x C3$_{ar}$, $^3J_{CP}$ = 9.5 Hz), 101.8 (2 x C5), 93.2 (2 x C1'), 84.7 (2 x C4'), 83.4 (2 x C2'), 80.3 (2 x C3'), 68.2 (2 x C$H_{2,Benzyl}$), 67.8 (2 x C5'), 35.8, 35.7 (2 x C2''), 26.6 (2 x C$H_{3,Acetyl}$), 22.9, 22.6 (2 x C3''); **^{31}P-NMR** (162 MHz, DMSO-d_6): δ [ppm] = -10.41 (s), -10.69 (s); **IR**: $\tilde{\nu}$ [cm^{-1}] = 2958, 1680, 1260, 1100, 1023, 936, 809, 637, 575, 412; **HRMS**-FAB (m/z) = ber. 521.1325 [M+H]$^+$, gef. 521.1328.

8.2.5.2 Synthese von 2'- und/ oder 3'-OH freien cycloSal-Nucleotiden

5-Chlor-*cyclo*Sal-thymidinmonophosphat 104

Die Reaktion erfolgte gemäß AAV 5 (Variante 1). Es wurden 1.78 g Thymidin **103** (7.35 mmol, 1 Äq.), 1.80 g 5-Chlorsaligenylchlorphosphit **94** (8.07 mmol, 1.1 Äq.), 1.41 mL DIPEA (8.09 mmol, 1.1 Äq.), 9.92 g Oxone® (16.1 mmol, 2.2 Äq.) sowie 200 mL abs. MeCN und 38 mL abs. DMF eingesetzt. Reinigung erfolgte am Chromatotron (CH$_2$Cl$_2$/ MeOH-Gradient 0-10% + 0.1% AcOH).

Experimentalteil

Ausbeute: 2.06 g (4.63 mmol, 63%) **104** als farblose Watte und als Gemisch zweier Diastereomere im Verhältnis 1.0:0.8

Molgewicht M = 444.76 g/mol; R_f (CH$_2$Cl$_2$/ MeOH 9:1, v/v, +0.1% AcOH) = 0.27.

^{1}H-NMR (400 MHz, DMSO-d_6): δ [ppm] = 11.32 (s, 2H, 2 x N*H*), 7.45 - 7.39 (m, 6H, 2 x H4$_{ar}$, 2 x H6$_{ar}$, 2 x H6), 7.18 (d, 1H, H3$_{ar}$, $^3J_{HH}$ = 8.6 Hz), 7.17 (d, 1H, H3$_{ar}$, $^3J_{HH}$ = 9.4 Hz), 6.19 - 6.14 (m, 2H, 2 x H1'), 5.55 - 5.30 (m, 6H, 2 x C*H$_{2,Benzyl}$*, 2 x 3'-O*H*), 4.40 - 4.22 (m, 6H, 2 x H5', 2 x H3'), 3.92 - 3.88 (m, 2H, 2 x H4'), 2.17 - 2.03 (m, 4H, 2 x H2'), 1.75 (d, 3H, C*H$_{3,T}$*, $^4J_{HH}$ = 1.0 Hz), 1.71 (d, 3H, C*H$_{3,T}$*, $^4J_{HH}$ = 1.0 Hz); **^{13}C-NMR** (101 MHz, DMSO-d_6): δ [ppm] = 164.0 (2 x C4), 150.7 (2 x C2), 136.2, 136.1 (2 x C6), 134.3 (2 x C5$_{ar}$), 129.9 (2 x C6$_{ar}$), 128.6 (2 x C2$_{ar}$), 126.4 (2 x C4$_{ar}$), 120.5 (d, 2 x C3$_{ar}$, $^3J_{CP}$ = 8.6 Hz), 110.2 (2 x C5), 84.5, 84.4 (2 x C1'), 84.3 (d, 2 x C4', $^3J_{CP}$ = 7.4 Hz), 70.2 (2 x C3'), 68.5 - 68.2 (m, 2 x C5', 2 x CH$_{2,Benzyl}$), 38.9, 38.7 (2 x C2'), 12.4 (2 x CH$_{3,T}$); **^{31}P-NMR** (162 MHz, DMSO-d_6): δ [ppm] = -9.98 (s), -10.04 (s); **IR**: $\tilde{v}$ [cm^{-1}] = 3426, 1689, 1481, 1282, 1188, 1028, 946, 871, 615; **MS**-FAB (m/z) = ber. 445.1 [*M*+H]$^+$, gef. 445.0.

5-Chlor-*cyclo*Sal-uridinmonophosphat 117

Für die 2',3'-O-Cyclopentyl-Entschützung wurden 3.69 g des Rohproduktes von **113** mit einer Lösung aus 25 mL MeCN, 5 mL H$_2$O und 8.3 mL TFA versetzt und 1 h bei Rt gerührt. Dabei fiel ein farbloser Feststoff aus, der filtriert, mit Wasser gewaschen und lyophilisiert wurde.

Ausbeute: 1.37 g (3.07 mmol, 55% über 2 Stufen, **113** und **117**) einer farblosen Watte als Gemisch zweier Diastereomere im Verhältnis 1.0:0.7.

Molgewicht M = 446.73 g/mol; R_f (CH$_2$Cl$_2$/ MeOH 9:1, v/v, +0.1% AcOH) = 0.13.

Die analytischen Daten stimmen mit den literaturbekannten überein.[63]

Experimentalteil

5-Chlor-*cyclo*Sal-2'- oder -3'-*O*-acetyl-uridinmonophosphat 107

Die Reaktion wurde nach zwei verschiedenen AAVs durchgeführt:

Synthese 1: Die Reaktion wurde gemäß AAV 5 (Variante 1) durchgeführt. Es wurden 630 mg 2'- oder 3'-*O*-Acetyl-uridin **69** (2.20 mmol, 1 Äq.), 540 mg 5-Chlorsaligenyl-chlorphosphit **94** (2.42 mmol, 1.1 Äq.), 422 µL DIPEA (2.42 mmol, 1.1 Äq.), 2.98 g Oxone® (4.84 mmol, 2.2 Äq.) sowie 70 mL abs. MeCN eingesetzt. Die Reaktionszeit betrug 2.5 h. Reinigung erfolgte am Chromatotron (CH_2Cl_2/ MeOH-Gradient 0-10% + 0.1% AcOH).

Ausbeute: 268 mg (0.548 mmol, 25%) **107** als farblose Watte. Es sollte ein Gemisch von zweimal zwei Diastereomeren entstanden sein, wobei nur drei Signale im ^{31}P-NMR-Spektrum gesehen wurden, da die Signale vermutlich zusammen fielen.

Synthese 2: Die Reaktion wurde gemäß AAV 6 durchgeführt. Es wurden 200 mg eines Gemisches von 2'- und 3'-*O*-Acetyl-uridin **69** (0.699 mmol, 1 Äq.), 248 mg 5-Chlorsaligenylphosphorchloridat **112** (1.04 mmol, 1.5 Äq.) sowie 4 mL abs. Pyridin eingesetzt. Die Reaktionszeit betrug 4 h. Reinigung erfolgte am Chromatotron (CH_2Cl_2/ MeOH-Gradient 0-10% + 0.1% AcOH).

Ausbeute: 78 mg (0.16 mmol, 23%) als farblose Watte. Es ist ein Gemisch aus 2'- oder 3'-*O*-acetyliertem *cyclo*Sal-Nucleotid entstanden (**107a** und **107b**), das als **107** bezeichnet wird. Es sollte ein Gemisch von zweimal zwei Diastereomeren entstanden sein, wobei nur drei Signale im ^{31}P-NMR-Spektrum gesehen wurden, da die Signale vermutlich zusammen fielen.

R^1 = H, R^2 = Ac **107a**
R^1 = Ac, R^2 = H **107b**

Molgewicht M = 488.77 g/mol; R_f (CH_2Cl_2/ MeOH 9:1, v/v, +0.1% AcOH) = 0.30.

^{1}H-NMR (400 MHz, DMSO-d_6): δ [ppm] = 11.43 - 11.40 (m, 4H, 4 x N*H*), 7.59 - 7.53 (m, 4H, 4 x H6), 7.46 - 7.40 (m, 8H, 4 x H4$_{ar}$, 4 x H6$_{ar}$), 7.19 (d, 4H, 4 x H3$_{ar}$, $^3J_{HH}$ = 8.7 Hz), 5.88 (d, 1H, H1'a, $^3J_{HH}$ = 5.2 Hz), 5.86 (d, 1H, H1'a, $^3J_{HH}$ = 5.2 Hz), 5.81 (dd, 2H, 2 x 2'-OHb, $^3J_{HH}$ = 6.0 Hz, $^4J_{HH}$ = 2.4 Hz), 5.73 (d, 2H, 2 x H1'b, $^3J_{HH}$ = 6.2 Hz),

Experimentalteil

5.71 - 5.69 (m, 2H, 2 x 3'-OHa), 5.64 - 5.40 (m, 12H, 4 x C$H_{2,Benzyl}$, 4 x H5), 5.15 - 5.12 (m, 2H, 2 x H2'a), 5.04 (2 x dd, 2H, 2 x H3'b, $^3J_{HH}$ = 5.9 Hz, $^3J_{HH}$ = 4.2 Hz), 4.45 - 4.18 (m, 14H, 4 x H5', 2 x H2'b, 2 x H3'a, 2 x H4'), 4.01 - 3.97 (m, 2H, 2 x H4'), 2.07, 2.06, 2.06, 2.05 (4 x s, 12H, 4 x C$H_{3,Acetyl}$); ^{13}**C-NMR** (101 MHz, DMSO-d_6): δ [ppm] = 168.6 (*C*(O)CH$_3$), 162.8 (4 x C4), 150.6 (4 x C2), 141.0, 140.6 (4 x C6), 133.1 (2 x C5$_{ar}$), 129.6 - 129.5 (m, 4 x C4$_{ar}$), 126.0 (4 x C6$_{ar}$), 122.9 (4 x C1$_{ar}$), 120.1 (d, 4 x C3$_{ar}$, $^3J_{CP}$ = 8.9 Hz), 102.3, 102.2 (4 x C5), 88.5 (2 x C1'b), 87.2 (2 x C1'a), 81.7 (2 x C4'), 79.1 (d, 2 x C4', $^3J_{CP}$ = 7.9 Hz), 73.9 (2 x C2'a), 71.2 (2 x C3'b), 70.5 (2 x C2'b), 68.0 (d, 4 x C$H_{2,Benzyl}$, $^2J_{CP}$ = 6.8 Hz), 67.6 (2 x C3'a), 67.2 (2 x C5'), 20.6, 20.6, 20.5 (4 x *C*H$_{3,Acetyl}$); ^{31}**P-NMR** (162 MHz, DMSO-d_6): δ [ppm] = -10.39 (s), -10.43 (s), -10.49 (s); **MS**-FAB (m/z) = ber. 489.0 [*M*+H]$^+$, gef. 489.0.

5-Chlor-*cyclo*Sal-2'-desoxyadenosinmonophosphat 108

Die Reaktion wurde gemäß AAV 5 (Variante 1) durchgeführt. Es wurden 479 mg 2'-Desoxyadenosin **70** (1.91 mmol, 1 Äq.), 500 mg 5-Chlorsaligenylchlorphosphit **94** (2.24 mmol, 1.2 Äq.), 366 µL DIPEA (2.10 mmol, 1.1 Äq.), 2.75 g Oxone$^®$ (4.42 mmol, 2.3 Äq.) sowie 20 mL abs. MeCN und 20 mL abs. DMF eingesetzt. Reinigung erfolgte am Chromatotron (CH$_2$Cl$_2$/ MeOH-Gradient 0-10% + 1% AcOH).

Ausbeute: Nach Extraktion wurden 504 mg (1.11 mmol, 58%) als Rohprodukt erhalten. Nach Reinigung am Chromatotron wurden 266 mg (0.589 mmol, 33%) **108** als farblose Watte und als Gemisch zweier Diastereomere erhalten, deren Verhältnis nicht bestimmbar war.

Molgewicht M = 453.77 g/mol; R_f (CH$_2$Cl$_2$/ MeOH 7:3, v/v, +0.1% AcOH) = 0.47.

^{1}**H-NMR** (400 MHz, DMSO-d_6): δ [ppm] = 8.31 (s, 1H, H8), 8.29 (s, 1H, H8), 8.14 (s, 1H, H2), 8.13 (s, 1H, H2), 7.48 (s, 4H, 2 x NH_2), 8.35 - 8.32 (m, 2H, 2 x H6$_{ar}$), 7.18 (dd, 2H, 2 x H4$_{ar}$, $^3J_{HH}$ = 8.6 Hz, $^4J_{HH}$ = 2.3 Hz), 6.81 (d, 2H, 2 x H3$_{ar}$, $^3J_{HH}$ = 8.6 Hz), 6.34 (dd, 2H, 2 x H1', $^3J_{HH}$ = 6.7 Hz, $^3J_{HH}$ = 6.6 Hz), 5.54 (s, 2H, 2 x 3'-OH), 5.44 - 5.30 (m, 4H, 2 x C$H_{2,Benzyl}$), 4,44 (ddd, 2H, 2 x H3', $^3J_{HH}$ = 6.9 Hz, $^3J_{HH}$ = 3.7 Hz, $^3J_{HH}$

Experimentalteil

= 3.7 Hz), 4.40 - 4.24 (m, 4H, 2 x H5'), 4.00 (ddd, 2 x H4', $^3J_{HH}$ = 7.1 Hz, $^3J_{HH}$ = 3.9 Hz, $^3J_{HH}$ = 3.9 Hz), 2.81 (ddd, 2H, 2 x H2'a, $^2J_{HH}$ = 13.4 Hz, $^3J_{HH}$ = 6.4 Hz, ^3J oder $^4J_{HH}$ = 2.1 Hz), 2.34 - 2.28 (m, 2H, 2 x H2'b); **^{13}C-NMR** (101 MHz, DMSO-d_6): δ [ppm] = 156.7 (2 x C6), 154.2 (2 x C5$_{ar}$), 152.3 (2 x C2), 149.3 (2 x C4), 148.6 (2 x C2$_{ar}$), 140.3 (2 x C8), 128.7 (C4$_{ar}$), 128.6 (C4$_{ar}$), 125.8 (2 x C6$_{ar}$), 122.1 (2 x C1$_{ar}$), 117.2 (2 x C3$_{ar}$), 84.6 (2 x C4'), 83.5 (2 x C1'), 70.2 (2 x C3'), 68.0 - 67.7 (m, 2 x C5', 2 x CH$_{2,Benzyl}$), 38.6 (C2'); **^{31}P-NMR** (162 MHz, DMSO-d_6): δ [ppm] = -10.38 (s), -10.39 (s); **IR**: $\tilde{v}$ [cm^{-1}] = 2986, 1661, 1592, 1422, 1359, 1280, 1118, 1080, 1030, 820, 599; **HRMS**-FAB (m/z) = ber. 454.0683 [*M*+H]$^+$, gef. 454.0667.

Versuch der Synthese von 5-Chlor-*cyclo*Sal-*N*^{6}-acetyl-2'-desoxyadenosinmonophosphat 109

Die Reaktion wurde gemäß AAV 5 (Variante 1) durchgeführt. Es wurden 502 mg *N*^{6}-Acetyl-2'-desoxyadenosin **100** (1.71 mmol, 1 Äq.), 500 mg 5-Chlorsaligenylchlorphosphit **94** (2.24 mmol, 1.3 Äq.), 400 µL DIPEA (2.30 mmol, 1.3 Äq.), 2.74 g Oxone® (4.46 mmol, 2.6 Äq.) sowie 25 mL abs. MeCN und 25 mL abs. DMF eingesetzt. Die Reaktionszeit betrug 2 h. Reinigung erfolgte am Chromatotron (CH$_2$Cl$_2$/ MeOH-Gradient 0-10% + 0.1% AcOH).

Ausbeute: Es konnte kein Produkt isoliert werden. Vermutlich ist hauptsächlich mehrfach *cyclo*Sal-geschütztes Produkt entstanden.

5-Chlor-*cyclo*Sal-*N*^{6}-dibenzoyl-2'-desoxyadenosinmonophosphat 110

Die Reaktion wurde gemäß AAV 5 (Variante 1) durchgeführt. Es wurden 519 mg *N*^{6}-Dibenzoyl-2'-desoxyadenosin **102** (1.13 mmol, 1 Äq.), 302 mg 5-Chlorsaligenylchlorphosphit **94** (1.35 mmol, 1.2 Äq.), 237 µL DIPEA (1.36 mmol, 1.2 Äq.), 1.67 g Oxone® (2.71 mmol, 2.4 Äq.) sowie 16 mL abs. DMF eingesetzt. Die Reaktionszeit

Experimentalteil

betrug 2.5 h. Reinigung erfolgte am Chromatotron (CH2Cl2/ MeOH-Gradient 0-10% + 0.1% AcOH).

Ausbeute: 137 mg (0.206 mmol, 18%) einer farblosen Watte als Gemisch zweier Diastereomere im Verhältnis 1.0:0.9. Zudem wurden 126 mg (0.273 mmol, 24%) Edukt **102** reisoliert.

Molgewicht M = 661.99 g/mol; R_f (CH$_2$Cl$_2$/ MeOH 9:1, v/v, +0.1% AcOH) = 0.35.

^{1}**H-NMR** (400 MHz, DMSO-d_6): δ [ppm] = 8.73 (s, 1H, H8), 8.72 (s, 1H, H8), 8.66 (s, 1H, H2), 8.65 (s, 1H, H2), 7.79 (d, 8H, H$_o$, $^3J_{HH}$ = 7.9 Hz), 7.60 (dd, 4H, H$_p$, $^3J_{HH}$ = 7.5 Hz, $^3J_{HH}$ = 7.5 Hz), 7.47 (dd, 8H, H$_m$, $^3J_{HH}$ = 7.6 Hz, $^3J_{HH}$ = 7.5 Hz), 7.36 (d, 1H, H4$_{ar}$, $^3J_{HH}$ = 8.8 Hz), 7.33 - 7.31 (m, 2H, 2 x H6$_{ar}$), 7.28 (d, 1H, H4$_{ar}$, $^3J_{HH}$ = 8.6 Hz), 7.11 (d, 1H, H3$_{ar}$, $^3J_{HH}$ = 8.5 Hz), 6.94 (d, 1H, H3$_{ar}$, $^3J_{HH}$ = 8.8 Hz), 6.48 (dd, 1H, H1', $^3J_{HH}$ = 6.8 Hz, $^3J_{HH}$ = 6.8 Hz), 6.45 (dd, 1H, H1', $^3J_{HH}$ = 6.7 Hz, $^3J_{HH}$ = 6.7 Hz), 5.58 (d, 1H, 3'-OH, $^3J_{HH}$ = 4.4 Hz), 5.56 (s, 1H, 3'-OH, $^3J_{HH}$ = 4.4 Hz), 5.46 - 5.22 (m, 4H, 2 x C$H_{2,Benzyl}$), 4.53 - 4.44 (m, 2H, 2 x H3'), 4.42 - 4.24 (m, 4H, 2 x H5'), 4.08 - 4.01 (m, 2H, 2 x H4'), 2.91 - 2.82 (m, 2H, 2 x H2'a), 2.47 - 2.35 (m, 2H, 2 x H2'b);
^{13}**C-NMR** (101 MHz, DMSO-d_6): δ [ppm] = 172.0 (2 x *C*(O)), 152.3 (2 x C2), 151.5 (2 x C4), 148.3 (2 x C2$_{ar}$), 145.5 (2 x C8), 133.4 (4 x C$_i$), 133.3 (4 x C$_p$), 129.0 (2 x C4$_{ar}$), 129.0 (8 x C$_o$, 8 x C$_m$), 127.2 (2 x C5), 125.8 (2 x C6$_{ar}$), 122.9 (2 x C1$_{ar}$), 120.0 (C3$_{ar}$), 119.9 (C3$_{ar}$), 84.9 (d, 2 x C4', $^3J_{CP}$ = 6.8 Hz), 83.9 (2 x C1'), 70.0 (C3'), 69.9 (C3'), 68.1 (2 x CH$_{2,Benzyl}$), 67.8 (d, 2 x C5', $^2J_{CP}$ = 7.0 Hz), 38.2 (2 x C2');
^{31}**P-NMR** (162 MHz, DMSO-d_6): δ [ppm] = -10.39 (s), -10.46 (s); **MS**-FAB (m/z) = ber. 662.1 [*M*+H]$^+$, gef. 662.2.

5-Chlor-*cyclo*Sal-BVdUmonophosphat 111

Die Reaktion wurde gemäß AAV 5 (Variante 2) durchgeführt. Es wurden 426 mg BVdU **5** (1.28 mmol, 1 Äq.), 370 mg 5-Chlorsaligenylchlorphosphit **94** (1.66 mmol, 1.3 Äq.), 0.289 mL DIPEA (1.66 mmol, 1.3 Äq.), und 300 µL *tert*-Butylhydroperoxid (5.5 M Lösung in *n*-Decan, 1.66 mmol, 1.3 Äq) sowie 45 mL MeCN und 1.5 mL DMF

Experimentalteil

eingesetzt. Reinigung erfolgte am Chromatotron (CH_2Cl_2/ MeOH-Gradient 0-10% + 0.1% AcOH).

Ausbeute: 261 mg (0.487 mmol, 38%) einer farblosen Watte als Gemisch zweier Diastereomere im Verhältnis 1.0:0.7.

Molgewicht M = 535.67 g/mol; R_f (CH_2Cl_2/ MeOH 9:1, v/v, +0.1% AcOH) = 0.36.

111

^{1}H-NMR (400 MHz, DMSO-d_6): δ [ppm] = 11.61 (s, 2H, 2 x NH), 7.79 (s, 1, H6), 7.77 (s, 1, H6), 7.44 - 7.40 (m, 4H, 2 x H4$_{ar}$, 2 x H6$_{ar}$), 7.30 (d, 1H, H8, $^3J_{HH}$ = 13.6 Hz), 7.29 (d, 1H, H8, $^3J_{HH}$ = 13.6 Hz), 7.17 (d, 1H, H3$_{ar}$, $^3J_{HH}$ = 8.6 Hz), 7.16 (d, 1H, H3$_{ar}$, $^3J_{HH}$ = 9.1 Hz), 6.88 (d, 1H, H7, $^3J_{HH}$ = 13.6 Hz), 6.86 (d, 1H, H7, $^3J_{HH}$ = 13.6 Hz), 6.16 (dd, 2H, 2 x H1', $^3J_{HH}$ = 6.6 Hz, $^3J_{HH}$ = 6.6 Hz), 5.55 - 5.39 (m, 6H, 2 x C$H_{2,Benzyl}$, 2 x 3'-OH), 4.43 - 4.28 (m, 4H, 2 x H5'), 4.27 - 4.22 (m, 2H, 2 x H3'), 3.97 - 3.93 (m, 2H, 2 x H4'), 2.22 - 2.16 (m, 4H, 2 x H2'); **^{13}C-NMR** (101 MHz, DMSO-d_6): δ [ppm] = 161.5 (2 x C4), 149.2 (2 x C2), 139.3, 139.2 (2 x C6), 129.7, 129.6, 129.5 (2 x C6$_{ar}$, 2 x C7), 128.2 (2 x C2$_{ar}$), 126.0 (2 x C4$_{ar}$), 122.9 (2 x C1$_{ar}$), 120.0 (2 x C3$_{ar}$), 110.1 (2 x C5), 106.9 (2 x C8), 84.6 (2 x C1'), 83.3 (2 x d, 2 x C4', $^3J_{CP}$ = 7.0 Hz, $^3J_{CP}$ = 7.0 Hz), 69.6 (2 x C3'), 68.0, 67.8 (2 x d, 2 x C5', 2 x C$H_{2,Benzyl}$, $^2J_{CP}$ = 7.0 Hz, $^2J_{CP}$ = 7.0 Hz), 38.8, 38.6 (2 x C2'); **^{31}P-NMR** (162 MHz, DMSO-d_6): δ [ppm] = -10.05 (s), -10.14 (s); **IR**: ṽ [cm^{-1}] = 1680, 1480, 1463, 1280, 1187, 1024, 942, 867, 554; **HRMS**-FAB (m/z) = ber. 534.9673, 536.9652 [M+H]$^+$, gef. 534.9673, 537.0.

Versuch der Synthese von 5-Nitro-*cyclo*Sal-thymidinmonophosphat 106

Die Reaktion wurde gemäß AAV 5 (Variante 1) durchgeführt. Es wurden 405 mg Thymidin **103** (1.67 mmol, 1 Äq.), 466 mg 5-Chlorsaligenylchlorphosphit **94** (2.09 mmol, 1.3 Äq.), 291 µL DIPEA (1.67 mmol, 1 Äq.), 2.46 g Oxone® (4.00 mmol, 2.4 Äq.) sowie 25 mL abs. MeCN und 11 mL abs. DMF eingesetzt. Die Reaktionszeit betrug 3 h. Reinigung erfolgte am Chromatotron (CH_2Cl_2/ MeOH-Gradient 0-10% + 1% AcOH).

Ausbeute: 44 mg einer farblosen Watte. Das ^{31}P-NMR-Spektrum zeigte die Signale der zwei Diastereomere (Verhältnis 1.0:0.9), das ^{1}H-NMR-Spektrum hingegen zeigte, dass kein sauberes Produkt erhalten wurde.

Molgewicht M = 455.31 g/mol; R_f (CH$_2$Cl$_2$/ MeOH 9:1, v/v, +0.1% AcOH) = 0.38.

^{31}**P-NMR** (162 MHz, DMSO-d_6): δ [ppm] = -10.63 (s), -10.68 (s).

Versuch der Synthese von 5-Nitro-*cyclo*Sal-uridinmonophosphat 118

Es wurden 315 mg 2', 3'-O-Cyclopentyl-geschützter Triester **114** als Rohprodukt in 10 mL MeCN gelöst und mit 3.3 mL TFA und 2 mL Wasser versetzt. Es wurde 4 h bis zur vollständigen Umsetzung des Triesters (DC-Kontrolle CH$_2$Cl$_2$/ MeOH 9:1, v/v, + 0.1% AcOH) gerührt. Das Lösungsmittel wurde im Ölpumpenvakuum entfernt und der Rückstand in MeCN/ H$_2$O (1:2, v/v) aufgenommen und lyophilisiert.

Ausbeute: Es wurde kein Produkt sauber isoliert, sondern hauptsächlich Uridin-5'-monophosphat erhalten.

5-Acetyl-*cyclo*Sal-thymidinmonophosphat 105

Die Reaktion wurde gemäß AAV 5 (Variante 1) durchgeführt. Es wurden 2.12 g Thymidin **103** (8.75 mmol, 1 Äq.), 2.42 g 5-Acetylsaligenylchlorphosphit **97** (10.5 mmol, 1.2 Äq.), 3.05 mL DIPEA (17.5 mmol, 2 Äq.), 12.9 g Oxone® (21.0 mmol, 2.4 Äq.) sowie 150 mL abs. MeCN und 53 mL abs. DMF eingesetzt. Reinigung erfolgte am Chromatotron (CH$_2$Cl$_2$/ MeOH-Gradient 0-10% + 0.1% AcOH).

Ausbeute: Nach Extraktion wurden 2.50 g (5.53 mmol, 63%) eines farblosen Feststoffes erhalten. Nach Reinigung am Chromatotron wurden 805 mg (1.78 mmol, 20%) **105**, erneut als farbloser Feststoff und als Gemisch zweier Diastereomere im Verhältnis 1.0:0.9, erhalten.

Molgewicht M = 452.35 g/mol; R_f (CH_2Cl_2/ MeOH 9:1, v/v, +0.1% AcOH) = 0.37.

^{1}H-NMR (400 MHz, DMSO-d_6): δ [ppm] = 11.30 (s, 2H, 2 x NH), 7.97 - 7.91 (m, 4H, 2 x H4$_{ar}$, 2 x H6$_{ar}$), 7.43 (d, 1H, H6, $^4J_{HH}$ = 1.2 Hz), 7.40 (d, 1H, H6, $^4J_{HH}$ = 1.2 Hz), 7.25 (d, 1H, H3$_{ar}$, $^3J_{HH}$ = 8.6 Hz), 7.24 (d, 1H, H3$_{ar}$, $^3J_{HH}$ = 8.5 Hz), 6.16 (dd, 2H, H1', $^3J_{HH}$ = 7.1 Hz, $^3J_{HH}$ = 6.5 Hz), 6.64 - 6.44 (m, 6H, 2 x C$H_{2,Benzyl}$, 2 x 3'-OH), 4.42 - 4.26 (m, 6H, 2 x H5', 2 x H3'), 3.92 - 3.89 (m, 2H, 2 x H4'), 2.55 (s, 6H, 2 x C$H_{3,Acetyl}$), 2.18 - 2.04 (m, 4H, 2 x H2'), 1.74 (d, 3H, C$H_{3,T}$, $^4J_{HH}$ = 1.0 Hz), 1.70 (d, 3H, C$H_{3,T}$, $^4J_{HH}$ = 1.0 Hz); **^{13}C-NMR** (101 MHz, DMSO-d_6): δ [ppm] = 196.2 (C(O)CH$_3$), 163.6 (2 x C4), 152.8 (2 x C2$_{ar}$), 150.3 (2 x C2), 135.8 (2 x C6), 133.0 (2 x C5$_{ar}$), 130.1 (2 x C4$_{ar}$), 126.7 (2 x C6$_{ar}$), 121.1 (d, 2 x C1$_{ar}$, $^3J_{CP}$ = 9.5 Hz), 118.5 (d, 2 x C3$_{ar}$, $^3J_{CP}$ = 8.0 Hz), 109.7 (2 x C5), 84.0, 83.9 (2 x C1', 2 x C4'), 69.8 (2 x C3'), 68.3 (d, 2 x C$H_{2,Benzyl}$, $^2J_{CP}$ = 7.9 Hz), 67.9 (d, 2 x C5', $^2J_{CP}$ = 6.3 Hz), 38.6 (2 x C2'), 26.6 (2 x C$H_{3,Acetyl}$), 12.0, 11.9 (2 x C$H_{3,T}$); **^{31}P-NMR** (162 MHz, DMSO-d_6): δ [ppm] = -10.16 (s), -10.26 (s); **IR**: $\tilde{v}$ [cm^{-1}] = 2987, 2971, 1680, 1469, 1364, 1260, 1179, 1026, 1179, 1026, 937, 837; **HRMS**-FAB (m/z) = ber. 453.1063 [*M*+H]$^+$, gef. 453.1066.

5-Acetyl-*cyclo*Sal-uridinmonophosphat 119

Es wurden 300 mg 2',3'-O-Cyclopentyl-geschützter Triester **115** (0.576 mmol, 1 Äq.) in 2.5 mL MeCN gelöst und mit 0.83 mL TFA (11 mmol, 19 Äq.) und 0.5 mL Wasser versetzt. Es wurde 2.5 h bis zur vollständigen Entschützung (DC-Kontrolle CH_2Cl_2/ MeOH 9:1, v/v) gerührt. Das Lösungsmittel wurde im Ölpumpenvakuum entfernt und der Rückstand in MeCN/ H_2O (1:2, v/v) aufgenommen und lyophilisiert. Säulenchromatographische Reinigung (CH_2Cl_2/ MeOH 9:1, v/v, + 0.1% AcOH) ergab das entschützte Produkt.

Experimentalteil

Ausbeute: 135 mg (0.297 mmol, 52%) als farblose Watte und als Gemisch zweier Diastereomere im Verhältnis 1.0:1.0.

Molgewicht M = 454.32 g/mol; R_f (CH$_2$Cl$_2$/ MeOH 9:1, v/v, +0.1% AcOH) = 0.27.

119

^{1}H-NMR (400 MHz, DMSO-d_6): δ [ppm] = 11.34 (s, 2H, 2 x N*H*), 7.96 (d, 2H, 2 x H4$_{ar}$, $^3J_{HH}$ = 8.6 Hz), 7.93 - 7.91 (m, 2H, 2 x H6$_{ar}$), 7.53 (d, 1H, H6, $^3J_{HH}$ = 7.8 Hz), 7.49 (d, 1H, H6, $^3J_{HH}$ = 8.3 Hz), 7.28 (d, 1H, H3$_{ar}$, $^3J_{HH}$ = 8.8 Hz), 7.26 (d, 1H, H3$_{ar}$, $^3J_{HH}$ = 8.8 Hz), 5.72 (d, 2H, 2 x H1', $^3J_{HH}$ = 5.0 Hz), 5.64 - 5.44 (m, 8H, 2 x C*H*$_{2,Benzyl}$, 2 x H5, 2 x 2'-OH), 5.38 - 5.28 (2 x 3'-OH), 4.44 - 4.27 (m, 4H, 2 x H5'), 4.06 - 4.00 (m, 2H, 2 x H2'), 3.99 - 3.90 (m, 4H, 2 x H3', 2 x H4'), 2.55 (s, 6H, 2 x C*H*$_{3,Acetyl}$); **^{13}C-NMR** (101 MHz, DMSO-d_6): δ [ppm] = 196.3 (2 x *C*(O)CH$_3$), 162.9 (2 x C4), 150.5 (2 x C2), 140.6, 140.5 (2 x C6), 133.1 (2 x C5$_{ar}$), 130.1 (2 x C4$_{ar}$), 126.7 (2 x C6$_{ar}$), 121.1 (d, 2 x C1$_{ar}$, $^3J_{CP}$ = 9.8 Hz), 118.6 (d, 2 x C3$_{ar}$, $^3J_{CP}$ = 8.8 Hz), 101.9, 101.8 (2 x C5), 88.7 (2 x C1'), 81.5 (d, 2 x C4', $^3J_{CP}$ = 6.9 Hz), 72.5, 72.4 (2 x C2'), 69.2 (2 x C3'), 68.3 (2 x d, 2 x *C*H$_{2,Benzyl}$, $^2J_{CP}$ = 6.9 Hz, $^2J_{CP}$ = 7.0 Hz), 67.7 (d, 2 x C5', $^2J_{CP}$ = 5.7 Hz), 26.6 (2 x CH$_{3,Acetyl}$); **^{31}P-NMR** (162 MHz, DMSO-d_6): δ [ppm] = -10.20 (s), -10.28 (s); **IR**: ṽ [cm^{-1}] = 1668, 1460, 1383, 1258, 1204, 1110, 1027, 988, 820, 544; **HRMS**-FAB (m/z) = ber. 455.0850 [*M*+H]$^+$, gef. 455.0872.

8.2.5.3 Synthese von 2'- oder 3'-O-Succinyl-verknüpften cycloSal-Nucleotiden

Anmerkung: Bezüglich der Ausbeuten der im Folgenden beschriebenen 2'- oder 3'-O-Succinyl-*cyclo*Sal-Nucleotid-Synthesen ist häufig die Ausbeute nach der Extraktion neben jener nach der chromatographischen Reinigung angegeben. In diesen Fällen zeigten die NMR-Spektren der Rohprodukte nahezu reine Verbindungen nach Extraktion. Zur Abtrennung von vermuteten, in NMR-Spektren nicht sichtbaren Salzrückständen (z.B. von Oxone®) diente die chromatographische Reinigung.

Bei Durchführung der Succinyl-Anknüpfung nach der AAV 2 wurde die Verunreinigung durch Bernsteinsäureanhydrid mittels der in Abb. 107 (S. 153) dargestellten Formel berechnet.

Experimentalteil

5-Chlor-*cyclo*Sal-3'-*O*-succinyl-thymidinmonophosphat 63

Synthese 1: Die Reaktion wurde unter Stickstoff als Inertgas durchgeführt. 30 mg 5-Chlor-*cyclo*Sal-TMP **104** (0.067 mmol, 1 Äq.) wurden mit 10 mg Bernsteinsäure-anhydrid (0.10 mmol, 1.5 Äq.) in 5 mL abs. CH_2Cl_2 gelöst und bei Rt 17 h gerührt. DC-Kontrolle (CH_2Cl_2/ MeOH 9:1) zeigte keine Produktbildung, sodass 9 µL Et_3N (0.07 mmol, 1 Äq.) zugegeben wurden. Nach 1 h wurden 18 µL Et_3N (0.13 mmol, 2 Äq.) sowie 10 mg Bernsteinsäureanhydrid (0.10 mmol, 1.5 Äq.) zugegeben. Nach 17 h Rühren bei Rt war kein Edukt mehr vorhanden, sodass das Lösungsmittel im Ölpumpenvakuum entfernt wurde, der Rückstand mit CH_2Cl_2 versetzt und mit Natriumacetat-Puffer (pH = 5) gewaschen wurde. Die organische Phase wurde über Natriumsulfat getrrocknet und per Rotationsverdampfer vom Lösungsmittel befreit. Es konnte kein Produkt isoliert werden.

Synthese 2: Die Reaktion wurde unter Stickstoff als Inertgas durchgeführt. 81 mg 5-Chlor-*cyclo*Sal-TMP **104** (0.18 mmol, 1 Äq.) wurden mit 27 mg Bernsteinsäure-anhydrid (0.27 mmol, 1.5 Äq.) in 6 mL abs. CH_2Cl_2 gelöst, mit 73 µL Et_3N (0.55 mmol, 3 Äq.) versetzt und bei Rt 17 h gerührt. Anschließend wurde das Lösungsmittel im Ölpumpenvakuum entfernt. Das Rohprodukt wurde am Chromatotron gereinigt (CH_2Cl_2/ MeOH-Gradient 0-5%). Es konnte kein Produkt isoliert werden.

Erfolgreich wurde die Reaktion wurde nach zwei verschiedenen AAVs durchgeführt:

Synthese 3: Die Reaktion wurde gemäß AAV 2 durchgeführt. Es wurden 1.07 g 5-Chlor-*cyclo*Sal-thymidinmonophosphat **104** (2.41 mmol, 1 Äq.), 362 mg Bernstein-säureanhydrid (3.62 mmol, 1.5 Äq.), 360 µL DBU (2.41 mmol, 1 Äq.), 289 µL Essigsäure (4.82 mmol, 2 Äq.) sowie 40 mL CH_2Cl_2 eingesetzt. Die Reaktionszeit betrug 45 min.

Ausbeute: Nach Extraktion wurden 1.09 g eines farblosen Feststoffes als Gemisch zweier Diastereomere im Verhältnis 1.0:0.9 erhalten, welcher noch zu 9% mit Bernsteinsäureanhydrid verunreinigt war. Die tatsächliche Ausbeute an **63** berechnet sich daraus zu 1.07 g (1.96 mmol, 81%).

Experimentalteil

Synthese 4: Die Reaktion wurde gemäß AAV 5 (Variante 3) durchgeführt. Es wurden 1.59 g 3'-O-Succinyl-thymidin **81** (4.65 mmol, 1 Äq.), 1.35 g 5-Chlorsaligenyl-chlorphosphit **94** (6.04 mmol, 1.3 Äq.), 1.62 mL DIPEA (9.29 mmol, 2 Äq.), und 7.42 g Oxone® (12.1 mmol, 2.6 Äq) sowie 40 mL MeCN und 2 mL DMF eingesetzt. Das Rohprodukt wurde am Chromatotron gereinigt (CH_2Cl_2/ MeOH-Gradient 0-10% + 0.1% AcOH) und lyophilisiert.

Ausbeute: Nach Extraktion wurden 1.65 g (3.03 mmol, 65%) einer farblosen Watte als Rohprodukt erhalten. Nach Reinigung am Chromatotron wurden 1.22 g (2.23 mmol, 48%) **63**, erneut als farblose Watte und als Gemisch zweier Diastereomere im Verhältnis 1.0:1.0, erhalten.

Molgewicht M = 544.83 g/mol; R_f (CH_2Cl_2/ MeOH 9:1, v/v, +0.1% AcOH) = 0.48.

^{1}H-NMR (400 MHz, DMSO-d_6): δ [ppm] = 12.21 (s, 2H, 2 x COO*H*), 11.34 (s, 2H, 2 x N*H*), 7.49 - 7.41 (m, 6H, 2 x H6, 2 x H4$_{ar}$, 2 x H6$_{ar}$), 7.18 - 7.15 (m, 2H, 2 x H3$_{ar}$), 6.18 - 6.13 (m, 2H, 2 x H1'), 5.55 - 5.40 (m, 4H, 2 x C*H$_2$*-Benzyl), 5.20 - 5.16 (m, 2H, 2 x H3'), 4.44 - 4.31 (m, 4H, 2 x H5'), 4.16 - 4.11 (m, 2H, 2 x H4'), 2.58 - 2.48 (m, 8H, 2 x H2'', 2 x H3''), 2.39 - 2.33 (m, 2H, 2 x H2'a), 2.26 (dd, 2H, 2 x H2'b, $^2J_{HH}$ = 13.0 Hz, $^3J_{HH}$ = 5.0 Hz), 1.76 (s, 3H, C*H$_{3,T}$*), 1.73 (s, 3H, C*H$_{3,T}$*); **^{13}C-NMR** (101 MHz, DMSO-d_6): δ [ppm] = 173.3 (2 x C4''), 171.8 (2 x C1''), 163.5 (2 x C4), 150.3 (2 x C2), 135.7 (2 x C6), 129.5 (2 x C4$_{ar}$), 128.3 (2 x C1$_{ar}$), 126.0 (2 x C6$_{ar}$), 120.1 (d, C3$_{ar}$, $^3J_{CP}$ = 8.7 Hz), 120.0 (d, C3$_{ar}$, $^3J_{CP}$ = 8.8 Hz), 109.9 (2 x C5), 84.2 (2 x C1'), 81.5 (d, C4', $^3J_{CP}$ = 7.6 Hz), 81.4 (d, C4', $^3J_{CP}$ = 7.6 Hz), 73.5, 73.4 (2 x C3'), 68.0 (d, CH$_{2,Benzyl}$, $^2J_{CP}$ = 7.3 Hz), 67.9 (d, CH$_{2,Benzy}$, $^2J_{CP}$ = 7.3 Hz), 67.6 (2 x C5'), 35.5, 35.4 (2 x C2'), 28.7, 28.6 (2 x C3'', 2 x C2''), 12.0, 11.9 (2 x CH$_{3,T}$); **^{31}P-NMR** (162 MHz, DMSO-d_6): δ [ppm] = -9.47 (s), -9.65 (s); **IR**: $\tilde{\nu}$ [cm^{-1}] = 3198, 3079, 1692, 1481, 1419, 1384, 1275, 1246, 1187, 1160, 1025, 995, 942, 869, 820, 720, 615, 547, 419; **HRMS**-ESI$^-$ (m/z) = ber. 543.0600 [*M*-H]$^+$, gef. 543.0580.

Experimentalteil

5-Chlor-*cyclo*Sal-2'- oder -3'-*O*-acetyl-2'- oder -3'-*O*-succinyl-uridinmonophosphat 65

Die Reaktion wurde erfolgreich nach zwei verschiedenen AAVs durchgeführt:

Synthese 1: Die Reaktion wurde gemäß AAV 2 durchgeführt. Es wurden 32 mg 5-Chlor-*cyclo*Sal-2'- oder -3'-*O*-acetyl-uridinmonophosphat 107 (65 µmol, 1 Äq.), 10 mg Bernsteinsäureanhydrid (0.11 mmol, 1.5 Äq.), 10 µL DBU (65 µmol, 1 Äq.), 8.0 µL Essigsäure (0.13 mmol, 2 Äq.) sowie 5 mL CH_2Cl_2 eingesetzt. Die Reaktionszeit betrug 15 min.

Ausbeute: Nach Extraktion wurden 32 mg eines farblosen Feststoffes als Gemisch von theoretisch zweimal zwei Diastereomeren erhalten, dessen Verhältnis nicht bestimmbar war, und welcher noch zu 20% mit Bernsteinsäureanhydrid verunreinigt war. Die tatsächliche Ausbeute an 107 berechnet sich daraus zu 31 mg (53 µmol, 82%). Es ist ein Gemisch aus 2'- oder 3'-*O*-acetyliertem und 2'- oder 3'-*O*-Succinyl-*cyclo*Sal-Nucleotid 107a und 107b entstanden, das als 107 bezeichnet wird.

Synthese 2: Die Reaktion wurde gemäß AAV 5 (Variante 3) durchgeführt. Es wurden 345 mg 2'- oder 3'-*O*-Acetyl-2'- oder -3'-*O*-succinyl-uridin 82 (0.893 mmol, 1 Äq.), 259 mg 5-Chlorsaligenylchlorphosphit 94 (1.16 mmol, 1.3 Äq.), 310 µL DIPEA (1.78 mmol, 2 Äq.), und 1.43 g Oxone® (2.33 mmol, 2.6 Äq) sowie 12 mL MeCN eingesetzt. Das Rohprodukt wurde am Chromatotron gereinigt (CH_2Cl_2/ MeOH-Gradient 0-10% + 1% AcOH) und lyophilisiert.

Ausbeute: Nach Extraktion wurden 403 mg (0.684 mmol, 77%) einer farblosen Watte als Rohprodukt erhalten. Nach Reinigung am Chromatotron wurden 277 mg (0.470 mmol, 53%) 65, erneut als farblose Watte, erhalten. Es ist ein Gemisch aus 2'- oder 3'-*O*-acetyliertem und 2'- oder 3'-*O*-succinyl-*cyclo*Sal-Nucleotid 65a und 65b entstanden, das als 65 bezeichnet wird. Es sollte ein Gemisch von zweimal zwei Diastereomeren entstanden sein, wobei nur zwei Signale im ^{31}P-NMR-Spektrum gesehen wurden, da die Signale vermutlich zusammen fielen.

Experimentalteil

Molgewicht M = 588.84 g/mol; R_f (CH_2Cl_2/ MeOH 9:1, v/v, +0.1% AcOH) = 0.20.

¹H-NMR (400 MHz, DMSO-d_6): δ [ppm] = 12.25 (s, 4H, 4 x COO*H*), 11.48 - 11.45 (m, 4H, 4 x N*H*), 7.64 - 7.60 (m, 4H, 4 x H6), 7.44 - 7.40 (m, 8H, 4 x H4$_{ar}$, 4 x H6$_{ar}$), 7.20 – 7.15 (m, 4H, 4 x H3$_{ar}$, $^3J_{HH}$ = 8.9 Hz), 5.87 - 5.83 (m, 4H, 4 x H-1'), 5.65 - 5.61 (m, 4H, 4 x H5), 5.56 - 5.45 (m, 8H, 4 x C*H*$_{2,Benzyl}$), 5.43 - 5.39 (m, 4H, 4 x H2'), 5.35 - 5.26 (m, 4H, 4 x H3'), 4.48 - 4.31 (m, 8H, 4 x H5'), 4.26 - 4.24 (m, 4H, 4 x H4'), 2.59 - 2.45 (m, 16H, 4 x H2'', 4 x H3''), 2.06, 2.04 (s, 12H, 4 x C*H*$_{3,Acetyl}$); **¹³C-NMR** (101 MHz, DMSO-d_6): δ [ppm] = 173.0 (4 x C4''), 171.1 (4 x C1''), 169.3 (4 x *C*(O)CH$_3$), 162.9 (4 x C4), 150.2 (4 x C2, 4 x C2$_{arom}$), 148.1 (4 x C5$_{ar}$), 141.5 (4 x C6), 129.5, (4 x C4$_{ar}$), 128.3, 125.9 (4 x C6$_{ar}$), 122.8 (d, C1$_{ar}$, $^3J_{CP}$ = 9.6 Hz), 120.1 (d, C3$_{ar}$, $^3J_{CP}$ = 8.8 Hz), 102.4 , 102.3 (4 x C5), 88.4, 88.3, 88.0 (4 x C1'), 79.3, 79.2 (4 x C4'), 71.9, 71.4 (4 x C2'), 69.3, 68.8, 68.7 (4 x C3'), 68.1 (d, CH$_{2,Benzyl}$, $^2J_{CP}$ = 7.3 Hz), 68.1 (d, CH$_{2,Benzyl}$, $^2J_{CP}$ = 6.7 Hz), 66.8, 66.6 (4 x C5'), 28.5, 28.4 (4 x C2'', 4 x C3''), 20.2 (4 x CH$_{3,Acetyl}$); **³¹P-NMR** (162 MHz, DMSO-d_6): δ [ppm] = -10.58 (s), -10.60 (s); **IR**: $\tilde{\nu}$ [cm^{-1}]= 2972, 2901, 1744, 1692, 1481, 1379, 1229, 1187, 1153, 1048, 814, 434; **HRMS**-FAB (m/z) = ber. 589.0626 [*M*+H]⁺, gef. 589.0608.

R¹= Succ.,R²= Ac **65a**
R¹= Ac, R²= Succ. **65b**

5-Chlor-*cyclo*Sal-3'-*O*-succinyl-2'-desoxyadenosinmonophosphat 123

Die Reaktion wurde gemäß AAV 5 (Variante 3) durchgeführt. Es wurden 359 mg 3'-*O*-Succinyl-2'-desoxyadenosin **83** (1.02 mmol, 1 Äq.), 296 mg 5-Chlorsaligenyl-chlorphosphit **94** (1.13 mmol, 1.1 Äq.), 355 µL DIPEA (2.04 mmol, 2 Äq.), 1.63 g Oxone® (2.65 mmol, 2.6 Äq) sowie 18 mL MeCN und 2 mL DMF eingesetzt. Das Rohprodukt wurde am Chromatotron gereinigt (CH$_2$Cl$_2$/ MeOH-Gradient 0-10% + 1% AcOH) und lyophilisiert.

Experimentalteil

Ausbeute: Nach Extraktion wurden 417 mg (0.753 mmol, 74%) einer farblosen Watte als Rohprodukt erhalten. Nach Reinigung am Chromatotron wurden 181 mg (0.326 mmol, 32%) **123**, erneut als farblose Watte und als Gemisch zweier Diastereomere im Verhältnis 1.0:1.0, erhalten.

Molgewicht M = 553.85 g/mol; R_f (CH_2Cl_2/ MeOH 8:1, v/v, +0.1% AcOH) = 0.20.

^{1}H-NMR (400 MHz, DMSO-d_6): δ [ppm] = 12.26, 12.25 (s, 2H, 2 x COO*H*), 8.30 (s, 1H, H8), 8.29 (s, 1H, H8), 8.12 (s, 1H, H2), 8.11 (s, 1H, H2), 7.41 - 7.32 (m, 8H, 2 x H4$_{ar}$, 2 x H6$_{ar}$, 2 x N*H*$_2$), 7.13 (d, 1H, H3$_{ar}$, $^3J_{HH}$ = 8.7 Hz), 6.97 (d, 1H, H3$_{ar}$, $^3J_{HH}$ = 8.8 Hz), 6.38 - 6.33 (m, 2H, 2 x H1'), 5.49 - 5.31 (m, 6H, 2 x C*H*$_2$-Benzyl, 2 x H3'), 4.46 - 4.35 (m, 4H, 2 x H5'), 4.23 - 4.22 (m, 2H, 2 x H4'), 3.12 - 3.06 (m, 2H, 2 x H2'a), 2.59 - 2.48 (m, 10H, 2 x H2'', 2 x H3'', 2 x H2'b); **^{13}C-NMR** (101 MHz, DMSO-d_6): δ [ppm] = 173.4 (2 x C4''), 171.8 (2 x C1''), 156.1 (2 x C6), 152.6 (2 x C2), 149.0 (2 x C4), 148.2 (2 x C2$_{arom}$), 139.6 (2 x C8), 129.5, 129.3 (2 x C4$_{ar}$), 128.2, 128.1 (2 x C5$_{arom}$), 125.8 (2 x C6$_{ar}$), 122.8 (d, C1$_{ar}$, $^3J_{CP}$ = 10.1 Hz), 120.0 (2 x C3$_{ar}$), 119.2 (2 x C5), 83.7, 83.6 (2 x C1'), 82.0 (d, C4', $^3J_{CP}$ = 8.6 Hz), 81.9 (d, C4', $^3J_{CP}$ = 8.2 Hz), 73.9 (2 x C3'), 67.7 (d, *C*H$_2$-Benzyl, $^2J_{CP}$ = 7.7 Hz), 67.8 (d, *C*H$_2$-Benzyl, $^2J_{CP}$ = 7.6 Hz), 67.5 (2 x C5'), 35.1 (2 x C2'), 28.7, 28.6 (2 x C2'', 2 x C3''); **^{31}P-NMR** (162 MHz, DMSO-d_6): δ [ppm] = -10.48 (s), -10.54 (s); **IR**: $\tilde{\nu}$ [cm^{-1}]= 2912, 1729, 1640, 1480, 1296, 1248, 1187, 1157, 1114, 1024, 938, 864, 829, 724, 648, 615; **HRMS**-ESI$^+$ (m/z) = ber. 554.0838 [*M*+H]$^+$, gef. 554.0843.

5-Chlor-*cyclo*Sal-*N^6*-dibenzoyl-3'-*O*-succinyl-2'-desoxyadenosinmonophosphat 66

Die Reaktion wurde gemäß AAV 2 durchgeführt. Es wurden 41 mg 5-Chlor-*cyclo*Sal-*N^6*-dibenzoyl-2'-desoxyadenosinmonophosphat **110** (62 μmol, 1 Äq.), 9.2 mg Bernsteinsäureanhydrid (92 μmol, 1.5 Äq.), 9.0 μL DBU (61 μmol, 1 Äq.), 7.0 μL Essigsäure (0.12 mmol, 2 Äq.) sowie 10 mL CH_2Cl_2 eingesetzt. Die Reaktionszeit betrug 10 min.

Experimentalteil

Ausbeute: Nach Extraktion wurden 47 mg eines farblosen Feststoffes als Gemisch zweier Diastereomere im Verhältnis 1.0:1.0 erhalten, welcher noch zu 26% mit Bernsteinsäure-anhydrid verunreinigt war. Die tatsächliche Ausbeute an **66** berechnet sich daraus zu 35 mg (46 µmol, 74%).

Molgewicht M = 762.06 g/mol; R_f (CH$_2$Cl$_2$/ MeOH 8:1, v/v, +0.1% AcOH) = 0.22.

^{1}H-NMR (400 MHz, DMSO-d_6): δ [ppm] = 12.31 (2 x COOH), 8.77 (s, 1H, H8), 8.76 (s, 1H, H8), 8.67 (s, 1H, H2), 8.66 (s, 1H, H2), 7.80 (d, 8H, 8 x H$_o$, $^3J_{HH}$ = 8.5 Hz, $^4J_{HH}$ = 1.2 Hz), 7.60 (dd, 4H, 4 x H$_p$, $^3J_{HH}$ = 7.5 Hz, $^3J_{HH}$ = 7.4 Hz), 7.47 (dd, 8H, 8 x H$_m$, $^3J_{HH}$ = 7.7 Hz, $^3J_{HH}$ = 7.7 Hz), 7.38 - 7.30 (m, 3H, H4$_{ar}$, 2 x H6$_{ar}$), 7.26 (d, 1H, H4$_{ar}$, $^3J_{HH}$ = 8.9 Hz), 6.88 (d, 1H, H3$_{ar}$, $^3J_{HH}$ = 8.8 Hz), 6.81 (d, 1H, H3$_{ar}$, $^3J_{HH}$ = 8.6 Hz), 6.54 - 6.45 (m, 2H, 2 x H1'), 5.49 - 5.24 (m, 6H, 2 x H3', 2 x C$H_{2,Benzyl}$), 4.45 - 4.36 (m, 4H, 2 x H5'), 4.33 - 4.25 (m, 2H, 2 x H4'), 3.19 - 3.07 (m, 2H, 2 x H2'a), 2.65 - 2.50 (m, 10H, 2 x H2'b, 4 x H2'', 4 x H3''); **^{13}C-NMR** (101 MHz, DMSO-d_6): δ [ppm] = 173.3, 172.0, 171.8, 171.7 (4 x C(O)), 152.5 (2 x C2), 151.1 (2 x C4), 151.0 (2 x C6), 144.9 (2 x C8), 133.4 (4 x C$_i$), 132.9 (4 x C$_p$), 129.1 (2 x C4$_{ar}$), 128.6 (8 x C$_o$), 128.5 (8 x C$_m$), 127.7 (2 x C5), 127.4 (2 x C6$_{ar}$), 119.3 (2 x C3$_{ar}$), 81.9 (2 x C4'), 83.6 (2 x C1'), 73.3 (2 x C3'), 67.2 (2 x C$H_{2,Benzyl}$), 67.0 (2 x C5'), 39.5 (2 x C2'), 28.7, 28.6 (2 x C2'', 2 x C3''); **^{31}P-NMR** (162 MHz, DMSO-d_6): δ [ppm] = -10.4 (s), -10.6 (s); **HRMS**-FAB (m/z) = ber. 762.1362 [M+H]$^+$, gef. 762.1379.

5-Chlor-*cyclo*Sal-N^4-(4,4'-dimethoxytrityl)-3'-O-succinyl-2'-desoxycytidin-monophosphat 124

Die Reaktion wurde gemäß AAV 5 (Variante 3) durchgeführt. Es wurden 374 mg N^4-(4,4'-Dimethoxytrityl)-3'-O-succinyl-2'-desoxycytidin **84** (0.594 mmol, 1 Äq.), 172 mg 5-Chlorsaligenylchlorphosphit **94** (0.771 mmol, 1.3 Äq.), 207 µL DIPEA (1.19 mmol, 2 Äq.), 0.95 g Oxone® (1.55 mmol, 2.6 Äq) sowie 23 mL MeCN und 4 mL DMF eingesetzt. Das Rohprodukt wurde am Chromatotron gereinigt (CH$_2$Cl$_2$/ MeOH-Gradient 0-10% + 0.2% AcOH) und lyophilisiert.

Experimentalteil

Ausbeute: Nach Extraktion wurden 409 mg (0.491 mmol, 83%) einer farblosen Watte als Rohprodukt erhalten. Nach Reinigung am Chromatotron wurden 168 mg (0.202 mmol, 34%) **124**, erneut als farblose Watte und als Gemisch zweier Diastereomere im Verhältnis 1.0:0.9, erhalten.

Molgewicht M = 832.19 g/mol; R_f (CH$_2$Cl$_2$/ MeOH 8:1, v/v, +0.1% AcOH) = 0.41.

^{1}H-NMR (400 MHz, DMSO-d_6): δ [ppm] = 12.22 (s, 2H, 2 x COOH), 8.43 (s, 2H, 2 x NH), 7.49 (d, 1H, H6, $^3J_{HH}$ = 7.2 Hz), 7.49 (d, 1H, H6, $^3J_{HH}$ = 7.5 Hz), 7.45 - 7.06 (m, 24H, 2 x H4$_{ar}$, 2 x H6$_{ar}$, 2 x H3$_{ar}$, 18 x DMTr-H), 6.91 - 6.82 (m, 8H, 8 x DMTr-H$_m$), 6.25 (d, 1H, H5, $^3J_{HH}$ = 7.6 Hz), 6.23 (d, 1H, H5, $^3J_{HH}$ = 7.4 Hz), 6.06 - 6.02 (m, 2H, 2 x H1'), 5.54 - 5.38 (m, 4H, 2 x C$H_{2,Benzyl}$), 5.12 - 5.08 (m, 2H, 2 x H3'), 4.38 - 4.26 (m, 4H, 2 x H5'), 4.09 - 4.04 (m, 2H, 2 x H4'), 3.72 (s, 12H, 4 x OC$H_{3,DMTr}$), 2.56 - 2.45 (m, 8H, 2 x H2'', 2 x H3''), 2.17 - 2.14 (m, 4H, 2 x H2'); **^{13}C-NMR** (101 MHz, DMSO-d_6): δ [ppm] = 173.3 (2 x C4''), 171.8 (2 x C1''), 163.2 (2 x C2), 157.4 (4 x DMTr-C), 153.7 (2 x C4, 2 x C2$_{ar}$), 148.1 (DMTr-C), 145.0 (DMTr-C), 139.3 (2 x C6), 136.8 (DMTr-C), 129.9 (DMTr-C), 129.5 (2 x C4$_{ar}$), 128.5 (DMTr-C), 128.3, 128.2 (2 x C5$_{ar}$, DMTr-C), 127.4 (DMTr-C), 126.1 (DMTr-C), 125.9 (2 x C6$_{ar}$), 122.9 (2 x C1$_{ar}$), 120.1 (2 x C3$_{ar}$), 112.7 (8 x DMTr-C), 96.8 (2 x C5), 85.1, 85.0 (2 x C1'), 81.4 (2 x C4'), 73.7 (2 x C3'), 69.4 (2 x C$H_{2,Benzyl}$), 68.1, 67.7 (2 x C5'), 55.0 (4 x OC$H_{3,DMTr}$), 35.9 (2 x C2'), 28.7, 28.6 (2 x C2'', 2 x C3''); **^{31}P-NMR** (162 MHz, DMSO-d_6): δ [ppm] = -10.31 (s), -10.46 (s); **IR**: $\tilde{\nu}$ [cm^{-1}]= 2929, 2837, 1732, 1640, 1507, 1297, 1250, 1182, 1117, 1029, 942, 870, 828, 782, 703, 587, 469; **HRMS**-ESI$^+$ (m/z) = ber. 832.2033 [*M*+H]$^+$, gef. 832.2018.

5-Chlor-*cyclo*Sal-3'-*O*-succinyl-BVdUmonophosphat 67

Die Reaktion wurde erfolgreich nach zwei verschiedenen AAVs durchgeführt:

Synthese 1: Die Reaktion wurde gemäß AAV 2 durchgeführt (mit 1.1 statt 1.5 Äq. Bernsteinsäureanhydrid). Es wurden 218 mg 5-Chlor-*cyclo*Sal-BVdUmonophosphat

Experimentalteil

111 (0.407 mmol, 1 Äq.), 45 mg Bernsteinsäureanhydrid (0.45 mmol, 1.1 Äq.), 61 µL DBU (0.41 mmol, 1 Äq.), 47 µL Essigsäure (0.81 mmol, 2 Äq.) sowie 50 mL CH_2Cl_2 und 2 mL DMF eingesetzt. Die Reaktionszeit betrug 15 min. Das Rohprodukt wurde am Chromatotron gereinigt (CH_2Cl_2/ MeOH 9:1, v/v, + 0.2% AcOH).

Ausbeute: Nach Extraktion wurden 193 mg eines farblosen Feststoffes erhalten, welcher noch zu 8% mit Bernsteinsäureanhydrid verunreinigt war. Die tatsächliche Ausbeute an **67** berechnet sich daraus zu 190 mg (0.299 mmol, 73%). Nach Reinigung am Chromatotron wurden 162 mg (0.255 mmol, 63%) **67**, erneut als farbloser Feststoff und als Gemisch zweier Diastereomere im Verhältnis 1.0:0.9, erhalten.

Synthese 2: Die Reaktion wurde gemäß AAV 5 (Variante 3) durchgeführt. Es wurden 130 mg 3'-O-Succinyl-BVdU **85** (0.300 mmol, 1 Äq.), 100 mg 5-Chlorsaligenyl-chlorphosphit **94** (0.450 mmol, 1.5 Äq.), 105 µL DIPEA (0.600 mmol, 2 Äq.) und 553 mg Oxone® (0.900 mmol, 3 Äq) sowie 5 mL MeCN und 0.6 mL DMF eingesetzt. Das Rohprodukt wurde am Chromatotron gereinigt (CH_2Cl_2/ MeOH-Gradient 0-10% + 0.1% AcOH) und lyophilisiert.

Ausbeute: Nach Extraktion wurden 125 mg (0.197 mmol, 66%) einer farblosen Watte als Rohprodukt erhalten. Nach Reinigung am Chromatotron wurden 26 mg (0.041 mmol, 14%) **67** als farblose Watte und als Gemisch zweier Diastereomere im Verhältnis 1.0:0.7 erhalten.

Molgewicht M = 635.74 g/mol; R_f (CH_2Cl_2/ MeOH 9:1 v/v, + 0.1% AcOH) = 0.54.

^{1}H-NMR (400 MHz, DMSO-d_6): δ [ppm] = 12.27 (s, 2H, COO*H*), 11.65 (s, 2H, 2 x N*H*), 7.86 (s, 1H, H6), 7.84 (s, 1H, H6), 7.44 - 7.37 (m, 4H, 2 x H4$_{ar}$, 2 x H6$_{ar}$), 7.30 (d, 1H, H8, $^3J_{HH}$ = 13.7 Hz), 7.29 (d, 1H, H8, $^3J_{HH}$ = 13.6 Hz), 7.16 (d, 1H, H3$_{ar}$, $^3J_{HH}$ = 8.6 Hz), 7.14 (d, 1H, H3$_{ar}$, $^3J_{HH}$ = 9.5 Hz), 6.85 (d, 1H, H7, $^3J_{HH}$ = 13.6 Hz), 6.83 (d, 1H, H7, $^3J_{HH}$ = 13.6 Hz), 6.17 - 6.11 (m, 2H, 2 x H1'), 5.55 - 5.39 (m, 4H, 2 x C$H_{2,Benzyl}$), 5.23 - 5.18 (m, 2H, 2 x H3'), 4.46 - 4.33 (m, 4H, 2 x H5'), 4.22 - 4.17 (m, 2H, 2 x H4'), 2.58 - 2.48 (m, 8H, 2 x H2'', 2 x H3''), 2.44 - 2.30 (m, 4H, 2 x H2');
^{13}C-NMR (101 MHz, DMSO-d_6): δ [ppm] = 173.8 (C4''), 172.2 (C1''), 161.5 (2 x C4),

Experimentalteil

149.2 (2 x C2), 139.3, 139.2 (2 x C6), 129.7, 129.6, 129.5 (2 x C6$_{ar}$, 2 x C7), 128.2 (2 x C2$_{ar}$), 126.0 (2 x C4$_{ar}$), 122.9 (2 x C1$_{ar}$), 120.0 (2 x C3$_{ar}$), 110.1 (2 x C5), 106.9 (2 x C8), 84.6 (2 x C1'), 83.3 (2 x d, 2 x C4', $^3J_{CP}$ = 7.0 Hz, $^3J_{CP}$ = 7.0 Hz), 69.6 (2 x C3'), 68.0, 67.8 (2 x d, 2 x C5', 2 x CH$_{2,Benzyl}$, $^2J_{CP}$ = 7.0 Hz, $^2J_{CP}$ = 7.0 Hz), 38.8, 38.6 (2 x C2'), 28.7, 28.6 (2 x C2'', 2 x C3''); **^{31}P-NMR** (162 MHz, DMSO-d_6): δ [ppm] = -10.05 (s), -10.14 (s); **IR**: $\tilde{\nu}$ [cm^{-1}] = 2955, 1709, 1480, 1280, 1187, 1025, 943, 819; **HRMS**-FAB (m/z) = ber. 636.9813, 634.9828 [*M*+H]$^+$, gef. 637.0, 634.9820.

5-Methylsulfonyl-*cyclo*Sal-3'-*O*-succinyl-thymidinmonophosphat 120

Die Reaktion wurde gemäß AAV 5 (Variante 3) durchgeführt. Es wurden 510 mg 3'-*O*-Succinyl-thymidin **81** (1.49 mmol, 1 Äq.), 610 mg 5-Methylsulfonyl-saligenylchlorphosphit **95** (2.29 mmol, 1.5 Äq.), 519 µL DIPEA (2.98 mmol, 2 Äq.), 2.81 g Oxone® (4.57 mmol, 3 Äq) sowie 40 mL MeCN und 1.7 mL DMF eingesetzt. Das Rohprodukt wurde am Chromatotron gereinigt (CH$_2$Cl$_2$/ MeOH-Gradient 0-10% + 1% AcOH) und lyophilisiert.

Ausbeute: Nach Extraktion wurden 494 mg (0.839 mmol, 56%) einer farblosen Watte als Rohprodukt erhalten. Nach Reinigung am Chromatotron wurden 180 mg (0.306 mmol, 21%) **120**, erneut als farblose Watte und als Gemisch zweier Diastereomere im Verhältnis 1.0:0.9, erhalten.

Molgewicht M = 588.48 g/mol; R_f (CH$_2$Cl$_2$/ MeOH 9:1, v/v, +1% AcOH) = 0.31.

^{1}H-NMR (400 MHz, DMSO-d_6): δ [ppm] = 12.28 (s, 2H, 2 x COO*H*), 11.40 (s, 1H, N*H*), 11.39 (s, 1H, N*H*), 7.94 - 7.90 (m, 4H, 2 x H4$_{ar}$, 2 x H6$_{ar}$), 7.52 (d, 1H, H6, $^4J_{HH}$ = 1.2 Hz), 7.49 (d, 1H, H6, $^4J_{HH}$ = 1.1 Hz), 7.40 (d, 1H, H3$_{ar}$, $^3J_{HH}$ = 9.2 Hz), 7.37 (d, 1H, H3$_{ar}$, $^3J_{HH}$ = 8.5 Hz), 6.19 - 6.13 (m, 2H, 2 x H1'), 5.69 - 5.50 (m, 4H, 2 x C*H$_2$*,Benzyl), 5.20 - 5.18 (m, 2H, H3'), 4.48 - 4.35 (m, 4H, 4 x H5'), 4.17 - 4.13 (m, 2H, 2 x H4'), 3.22 (s, 6H, 2 x C*H*$_{3,S}$), 2.56 - 2.47 (m, 8H, H2'', H3''), 2.41 - 2.32 (m, 2H, 2 x H2'a), 2.30 - 2.23 (ddd, 2H, 2 x H2'b, $^2J_{HH}$ = 14.2 Hz, $^3J_{HH}$ = 6.0 Hz, $^4J_{HH}$ = 2.2 Hz), 1.75 (d, 3H, C*H*$_{3,T}$, $^4J_{HH}$ = 1.0 Hz), 1.72 (d, 3H, C*H*$_{3,T}$, $^4J_{HH}$ = 1.0 Hz); **^{13}C-NMR** (101

MHz, DMSO-d_6): δ [ppm] = 173.3 (2 x C4''), 171.8 (2 x C1''), 163.6 (2 x C4), 152.9 (m, 2 x C2$_{ar}$), 150.3 (2 x C2), 136.7 (2 x C5$_{ar}$), 135.8 (2 x C6), 129.1, 129.0 (2 x C4$_{ar}$), 126.0 (2 x C6$_{ar}$), 121.9 (2 x C1$_{ar}$), 119.4 (d, 2 x C3$_{ar}$, $^3J_{CP}$ = 9.6 Hz), 109.9 (2 x C5), 84.3, 84.2 (2 x C1'), 81.4 (2 x d, 2 x C4', $^3J_{CP}$ = 7.3 Hz, $^3J_{CP}$ = 6.9 Hz), 73.5, 73.4 (2 x C3'), 68.2 (d, 2 x CH$_{2,Benzyl}$, $^2J_{CP}$ = 7.4 Hz), 67.9 (2 x C5'), 43.6 (s, 2 x CH$_{3,S}$), 35.4, 35.3 (2 x C2'), 28.7, 28.6 (2 x C2'', C x C3''), 12.0 (2 x CH$_{3,T}$); **^{31}P-NMR** (162 MHz, DMSO-d_6): δ [ppm] = -10.39 (s), -10.56 (s); **IR**: $\tilde{\nu}$ [cm^{-1}] = 1735, 1606, 1248, 1174, 1075, 1031; **HRMS**-ESI$^+$ (m/z) = ber. 589.0888 [*M*+H]$^+$, gef. 589.0883.

5-Methylsulfonyl-*cyclo*Sal-2'- oder -3'-*O*-acetyl-2'- oder -3'-*O*-succiny-uridin-monophosphat 122

Die Reaktion wurde gemäß AAV 5 (Variante 3) durchgeführt. Es wurden 328 mg 2'- oder 3'-*O*-Acetyl-2'- oder -3'-*O*-succinyl-uridin **69** (0.846 mmol, 1 Äq.), 364 mg 5-Methylsulfonylsaligenylchlorphosphit **95** (1.37 mmol, 1.5 Äq.), 296 µL DIPEA (1.69 mmol, 2 Äq.), 1.68 g Oxone® (2.73 mmol, 3 Äq) sowie 20 mL MeCN eingesetzt. Das Rohprodukt wurde am Chromatotron gereinigt (CH$_2$Cl$_2$/ MeOH-Gradient 0-10% + 1% AcOH) und lyophilisiert.

Ausbeute: Nach Extraktion wurden 385 mg (0.609 mmol, 72%) einer farblosen Watte als Rohprodukt erhalten. Nach Reinigung am Chromatotron wurden 64 mg (0.102 mmol, 12%) **122**, erneut als farblose Watte, erhalten. Es ist ein Gemisch aus 2'- oder 3'-*O*-acetyliertem und 2'- oder 3'-*O*-succinyl-*cyclo*Sal-Nucleotid **122a** und **122b** entstanden, das als **122** bezeichnet wird. Es sollte ein Gemisch von zweimal zwei Diastereomeren entstanden sein, wobei nur zwei Signale im ^{31}P-NMR-Spektrum gesehen wurden, da die Signale vermutlich zusammen fielen

Molgewicht M = 632.49 g/mol; R_f (CH$_2$Cl$_2$/ MeOH 9:1, v/v, +0.1% AcOH) = 0.26.

Experimentalteil

¹H-NMR (400 MHz, DMSO-d_6): δ [ppm] = 12.28 (s, 4H, 4 x COOH), 11.46 - 11.43 (m, 4H, 4 x NH), 7.93 - 7.91 (m, 8H, 4 x H4$_{ar}$, 4 x H6$_{ar}$), 7.66 (d, 2H, 2 x H6, $^3J_{HH}$ = 8.1 Hz), 7.64 (d, 2H, 2 x H6, $^3J_{HH}$ = 8.1 Hz), 7.40 (d, 2H, 2 x H3$_{ar}$, $^3J_{HH}$ = 9.2 Hz), 7.37 (d, 2H, 2 x H3$_{ar}$, $^3J_{HH}$ = 9.2 Hz), 5.89 - 5.83 (m, 4H, 4 x H1'), 5.68 - 5.62 (m, 12H, 4 x C$H_{2,Benzyl}$, 4 x H5), 5.45 - 5.41 (m, 4H, 4 x H2'), 5.35 - 5.26 (m, 4H, 4 x H3'), 4.51 - 4.35 (m, 8H, 8 x H5'), 4.30 - 4.24 (m, 4H, 4 x H4'), 3.22 (s, 12H, 4 x C$H_{3,S}$), 2.58 - 2.44 (m, 16H, 4 x H2", 4 x H3"), 2.05, 2.03 (s, 12H, 4 x C$H_{3,Acetyl}$); **¹³C-NMR** (101 MHz, DMSO-d_6): δ [ppm] = 173.0 (4 x C4"), 171.1 (4 x C1"), 169.3 (4 x C(O)CH$_3$), 162.9 (4 x C4), 153.0 (2 x C2$_{arom}$), 150.2 (4 x C2), 141.5 (4 x C6), 136.7 (4 x C5$_{ar}$), 129.5, 128.3 (4 x C4$_{ar}$), 125.9 (4 x C6$_{ar}$), 122.8 (d, 4 x C1$_{ar}$, $^3J_{CP}$ = 9.6 Hz), 120.1 (d, 4 x C3$_{ar}$, $^3J_{CP}$ = 8.8 Hz), 102.4, 102.3 (4 x C5), 88.4, 88.3, 88.0 (4 x C1'), 79.3, 79.2 (4 x C4'), 71.9, 71.4 (4 x C2'), 69.3, 68.8, 68.7 (4 x C3'), 68.1 (d, 2 x CH$_{2,Benzyl}$, $^2J_{CP}$ = 7.3 Hz), 68.1 (d, 2 x CH$_{2,Benzyl}$, $^2J_{CP}$ = 6.7 Hz), 66.8, 66.6 (4 x C5'), 43.6 (4 x CH$_{3,S}$), 28.5, 28.4 (4 x C2", 4 x C3"), 20.2 (4 x CH$_{3,Acetyl}$); **³¹P-NMR** (162 MHz, DMSO-d_6): δ [ppm] = -10.70 (s), -10.82 (s); **IR**: $\tilde{\nu}$ [cm^{-1}]= 1693, 1486, 1379, 1296, 1228, 1143, 1118, 1030, 937, 768, 543; **HRMS**-ESI$^+$ (m/z) = ber. 633.0786 [M+H]$^+$, gef. 633.0784.

5-Nitro-3'-*O*-succinyl-*cyclo*Sal-thymidinmonophosphat 121

Anmerkung: Zu den Bedeutungen der Bezeichnungen **121a** und **121b** siehe S. 82.

Die Reaktion wurde gemäß AAV 5 (Variante 3) durchgeführt. Es wurden 633 mg 3'-*O*-Succinyl-thymidin **81** (1.85 mmol, 1 Äq.), 648 mg 5-Nitrosaligenylchlorphosphit **96** (2.77 mmol, 1.5 Äq.), 645 µL DIPEA (4.26 mmol, 2 Äq.), und 3.41 g Oxone® (5.55 mmol, 3 Äq) sowie 36 mL MeCN und 3 mL DMF eingesetzt. Das Rohprodukt wurde lyophilisiert.

Ausbeute: Nach Extraktion wurden 2.34 g einer farblosen Watte als Rohprodukt **121a** als Gemisch zweier Diastereomere im Verhältnis 1.0:0.6 erhalten, welches vermutlich durch in NMR-Spektren nicht sichtbare Salze verunreinigt war.

Experimentalteil

Molgewicht M = 555.39 g/mol; R_f (CH$_2$Cl$_2$/ MeOH 8:2, v/v, +1% AcOH) = 0.70.

Reinigung: Die Reinigung von 370 mg Rohprodukt eines anderen Reaktionsansatzes erfolgte am Chromatotron (CH$_2$Cl$_2$/ MeOH-Gradient 0-5%, v/v, +1% AcOH). Danach wurden 46 mg von **121b** erhalten, welches als Gemisch zweier Diastereomere vorgelegen haben sollte. Es waren jedoch vier Signale im ^{31}P-NMR-Spektrum zu erkennen. Deshalb basieren die folgenden analytischen Daten auf **121a**.

^{1}**H-NMR** (400 MHz, DMSO-d_6): δ [ppm] = 11.36 (s, 2H, 2 x N*H*), 8.30 - 8.22 (m, 4H, 2 x H4$_{ar}$, 2 x H6$_{ar}$), 7.50 (d, 1H, H6, $^{4}J_{HH}$ = 1.1 Hz), 7.47 (d, 1H, H6, $^{4}J_{HH}$ = 1.2 Hz), 7.39 (d, 1H, H3$_{ar}$, $^{3}J_{HH}$ = 8.9 Hz), 7.37 (d, 1H, H3$_{ar}$, $^{3}J_{HH}$ = 9.0 Hz), 6.17 - 6.11 (m, 2H, 2 x H1'), 5.71 - 5.22 (m, 4H, 2 x C*H*$_{2,Benzyl}$), 5.20 - 5.16 (m, 2H, H3'), 4.50 - 4.37 (m, 4H, 2 x H5'), 4.17 - 4.11 (m, 2H, 2 x H4'), 2.55 - 2.44 (m, 8H, H2'', H3''), 2.33 - 2.22 (m, 4H, 2 x H2'), 1.75 (d, 3H, C*H*$_{3,T}$, $^{4}J_{HH}$ = 1.0 Hz), 1.73 (d, 3H, C*H*$_{3,T}$, $^{4}J_{HH}$ = 1.1 Hz); ^{13}**C-NMR** (101 MHz, DMSO-d_6): δ [ppm] = 173.3 (2 x C4''), 171.9 (2 x C1''), 163.7 (2 x C4), 150.3 (2 x C2), 135.6 (2 x C6), 125.2 (2 x C4$_{ar}$), 122.6 (2 x C1$_{ar}$), 122.2 (2 x C6$_{ar}$), 119.5 (2 x C3$_{ar}$), 110.0 (2 x C5), 84.0 (2 x C1'), 81.2 (2 x C4'), 73.3 (2 x C3'), 67.8 (2 x CH$_{2,Benzyl}$), 67.7 (2 x C5'), 35.6, 35.3 (2 x C2'), 28.6, 28.5 (2 x C3'', 2 x C2''), 12.0 (2 x CH$_{3,T}$); ^{31}**P-NMR** (162 MHz, DMSO-d_6): δ [ppm] = -10.73 (s), -10.93 (s) (zwei Diastereomere im Verhältnis 1.0:0.6); **HRMS**-FAB (m/z) = ber. 556.0963 [*M*+H]$^{+}$, gef. 556.0989.

Versuch der Synthese von 5-Acetyl-*cyclo*Sal-3'-*O*-succinyl-thymidinmonophosphat 64

Die Reaktion wurde gemäß AAV 2 durchgeführt. Es wurden 76 mg 5-Acetyl-*cyclo*Sal-thymidinmonophosphat **105** (0.17 mmol, 1 Äq.), 25 mg Bernsteinsäureanhydrid (0.25 mmol, 1.5 Äq.), 25 µL DBU (0.17 mmol, 1 Äq.), 20 µL Essigsäure (0.34 mmol, 2 Äq.) sowie 10 mL CH$_2$Cl$_2$ eingesetzt. Die Reaktionszeit betrug 50 min. Das Lösungsmittel wurde direkt nach der Reaktion im Ölpumpenvakuum entfernt. Das Rohprodukt wurde am Chromatotron gereinigt (CH$_2$Cl$_2$/ MeOH-Gradient 0-20% + 0.1% AcOH). Es konnte kein Produkt isoliert werden.

Experimentalteil

Molgewicht M = 552.42 g/mol; R_f (CH$_2$Cl$_2$/ MeOH 8:2, v/v, +0.1% AcOH) = 0.64.

64

8.2.6 Synthese der Nucleophile

Anmerkung: Die molare Masse M eines Produktes wurde aus den dem ^{1}H-NMR-Spektrum zu entnehmenden anteilig gewichteten Massen berechnet, wobei fehlende positive Ladungen mit Protonen ergänzt wurden. In folgenden Reaktionen, in denen die hier aufgelisteten Nucleophile verwendet wurden, wurden z.T. andere Produktchargen verwendet, bei denen eine leicht veränderte Anzahl Gegenionen vorgelegen haben kann. Es wurden dann die für diese Salze berechneten Molmassen verwendet. Zudem wurden nicht bei allen Salzen mit Tetra-*n*-butylammonium als Gegenion die ^{13}C-NMR-spektroskopischen Daten angegeben, da diese nahezu unverändert blieben. Ein typisches Beispiel ist für **127** angegeben.

Tetra-*n*-butylammonium-dihydrogenphosphat 127

Der Ionenaustausch wurde gemäß AAV 7 durchgeführt. Es wurden 0.50 mL 85%-ige Phosphorsäure sowie 40%-ige Tetra-*n*-butylammoniumhydroxid-Lösung in Wasser zur Titration eingesetzt.

Ausbeute: 1.59 g (4.68 mmol) eines stark hygroskopischen Feststoffes.

Molgewicht M = 339.45 g/mol.

127

^{1}**H-NMR** (400 MHz, D$_2$O): δ [ppm] = 3.22 (t, 8H, H1$_{NBu4}$, $^3J_{HH}$ = 8.2 Hz), 1.68 (tt, 8H, H2$_{NBu4}$, $^3J_{HH}$ = 7.7 Hz, $^3J_{HH}$ = 7.5 Hz), 1.44 - 1.34 (m, 8H, H3$_{NBu4}$), 0.97 (t, 12H, H4$_{NBu4}$, $^3J_{HH}$ = 7.3 Hz); ^{13}**C-NMR** (101 MHz, D$_2$O): δ [ppm] = 56.5 (C1$_{NBu4}$), 23.4 (C2$_{NBu4}$), 19.5 (C3$_{NBu4}$), 13.2 (C4$_{NBu4}$); ^{31}**P-NMR** (162 MHz, D$_2$O): δ [ppm] = 0.06 (s).

Experimentalteil

Bis-(tetra-*n*-butylammonium)dihydrogenpyrophosphat 27b

Der Ionenaustausch wurde gemäß AAV 7 durchgeführt. Es wurden 727 mg Dinatriumdihydrogenpyrophosphat (3.28 mmol) sowie 40%-ige Tetra-*n*-butylammoniumhydroxid-Lösung in Wasser zur Titration eingesetzt.

Ausbeute: 1.97 g (2.98 mmol, 91%) eines farblosen, hygroskopischen Feststoffes.

Molgewicht M = 660.89 g/mol.

^{1}H-NMR (400 MHz, D$_2$O): δ [ppm] = 3.20 (t, 16H, H1$_{NBu4}$, $^3J_{HH}$ = 8.2 Hz), 1.69 (tt, 16H, H2$_{NBu4}$, $^3J_{HH}$ = 7.7 Hz, $^3J_{HH}$ = 7.5 Hz), 1.45 - 1.33 (m, 16H, H3$_{NBu4}$), 0.98 (t, 24H, H4$_{NBu4}$, $^3J_{HH}$ = 7.3 Hz); **^{31}P-NMR** (162 MHz, D$_2$O): δ [ppm] = -10.8 (s, 2P).

Bis-(tetra-*n*-butylammonium)dihydrogenmethylenpyrophosphat 128

Anmerkung: Generell würde Methylenpyrophosphorsäure als Edukt für den Ionenaustausch eingesetzt werden. Da jedoch von *S. Warnecke* Tris-(triethylammonium)hydrogenmethylenpyrophosphat bereit gestellt wurde, wurde dies verwendet.

Der Ionenaustausch wurde gemäß AAV 7 durchgeführt. Es wurden 1.34 g Tris-(triethylammonium)hydrogenmethylenpyrophosphat (2.79 mmol) sowie 40%-ige Tetra-*n*-butylammoniumhydroxid-Lösung in Wasser zur Titration eingesetzt.

Ausbeute: 1.80 g (2.73 mmol, 98%) eines farblosen, hygroskopischen Feststoffes.

Molgewicht M = 658.91 g/mol.

^{1}H-NMR (400 MHz, D$_2$O): δ [ppm] = 3.17 (t, 16H, H1$_{NBu4}$, $^3J_{HH}$ = 8.7 Hz), 2.10 (dd, 2H, PC*H$_2$*P, $^2J_{HP}$ = 19.7 Hz, $^2J_{HP}$ = 19.7 Hz), 1.62 (tt, 16H, H2$_{NBu4}$, $^3J_{HH}$ = 8.2 Hz, $^3J_{HH}$ = 7.7 Hz), 1.38 - 1.29 (m, 16H, H3$_{NBu4}$), 0.92 (t, 24H, H4$_{NBu4}$, $^3J_{HH}$ = 7.4 Hz); **^{31}P-NMR** (162 MHz, D$_2$O): δ [ppm] = 15.9 (s, 2P).

Experimentalteil

Tetra-*n*-butylammonium-uridinmonophosphat 135

Der Ionenaustausch wurde gemäß AAV 7 durchgeführt. Es wurden 1.07 g Dinatriumuridin-5'-monophosphat (2.91 mmol) sowie 40%-ige Tetra-*n*-butylammoniumhydroxid-Lösung in Wasser zur Titration eingesetzt.

Ausbeute: 1.51 g (2.67 mmol, 92%) eines stark hygroskopischen Feststoffes.

Molgewicht M = 565.64 g/mol.

^{1}**H-NMR** (400 MHz, D$_2$O): δ [ppm] = 7.98 (d, 1H, H6, $^3J_{HH}$ = 8.2 Hz), 5.96 (d, 1H, H5, $^3J_{HH}$ = 5.0 Hz), 5.93 (d, 1H, H1', $^3J_{HH}$ = 8.1 Hz), 4.36 - 4.29 (m, 2H, H2', H3'), 4.26 - 4.23 (m, 1H, H4'), 4.13 - 4.00 (m, 2H, H5'), 3.17 (t, 8H, H1$_{NBu4}$, $^3J_{HH}$ = 8.6 Hz), 1.62 (tt, 8H, H2$_{NBu4}$, $^3J_{HH}$ = 8.3 Hz, $^3J_{HH}$ = 7.8 Hz), 1.38 - 1.29 (m, 8H, H3$_{NBu4}$), 0.92 (t, 12H, H4$_{NBu4}$, $^3J_{HH}$ = 7.4 Hz); ^{31}**P-NMR** (162 MHz, D$_2$O): δ [ppm] = 0.6 (s).

Bis-(tetra-*n*-butylammonium)thymidindiphosphat 136

Anmerkung: Das Edukt Thymidin-5'-diphosphat war eigens synthetisiert worden und zeigte nach der Reinigung an RP-18 Silicagel keine Gegenionen in den NMR-Spektren an, daher wird keine Molmenge angegeben.

Der Ionenaustausch wurde gemäß AAV 7 durchgeführt. Es wurden 100 mg Thymidin-5'-diphosphat sowie 40%-ige Tetra-*n*-butylammoniumhydroxid-Lösung in Wasser zur Titration eingesetzt.

Experimentalteil

Ausbeute: 132 mg (0.149 mmol) einer farblosen Watte.

Molgewicht M = 884.09 g/mol.

^{1}H-NMR (400 MHz, D$_2$O): δ [ppm] = 7.74 (d, 1H, H6, $^3J_{HH}$ = 1.0 Hz), 6.33 (dd, 1H, H1', $^3J_{HH}$ = 6.8 Hz), 4.65 - 4.62 (m, 1H, H3'), 4.21 - 4.15 (m, 3H, H5', H4'), 3.18 (t, 16H, H1$_{NBu4}$, $^3J_{HH}$ = 8.6 Hz), 2.41 - 2.29 (m, 2H, H2'), 1.91 (d, 3H, C$H_{3,T}$, $^3J_{HH}$ = 0.8 Hz), 1.63 (tt, 16H, H2$_{NBu4}$, $^3J_{HH}$ = 8.3 Hz, $^3J_{HH}$ = 7.8 Hz), 1.40 - 1.29 (m, 16H, H3$_{NBu4}$), 0.93 (t, 24H, H4$_{NBu4}$, $^3J_{HH}$ = 7.3 Hz); **^{31}P-NMR** (162 MHz, D$_2$O): δ [ppm] = -9.96 (d, P$_β$, $^2J_{PP}$ = 19.7 Hz), -11.44 (d, P$_α$, $^2J_{PP}$ = 21.7 Hz);

Tris-(tetra-*n*-butylammonium)adenosintriphosphat 2

Der Ionenaustausch wurde gemäß AAV 7 durchgeführt. Es wurden 922 mg Dinatriumadenosin-5'-triphosphat (1.67 mmol) sowie 40%-ige Tetra-*n*-butyl-ammoniumhydroxid-Lösung in Wasser zur Titration eingesetzt.

Ausbeute: 1.59 g (1.45 mmol, 87%) einer farblosen Watte.

Molgewicht M = 1110.81 g/mol (mit 2.5 (*n*-Bu)$_4$N-Ionen sowie 1.5 H$^+$).

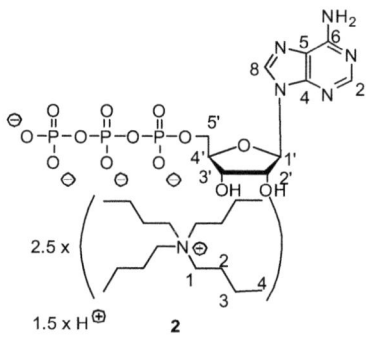

^{1}H-NMR (400 MHz, D$_2$O): δ [ppm] = 8.49 (s, 1H, H8), 8.24 (s, 1H, H2), 6.04 (d, 1H, H1', $^3J_{HH}$ = 5.8 Hz), 4.70 - 4.66 (m, 1H, H2'), 4.48 (dd, 1H, H3', $^3J_{HH}$ = 5.0 Hz, $^3J_{HH}$ = 3.5 Hz), 4.32 - 4.28 (m, 1H, H4'), 4.20 - 4.11 (m, 2H, H5'), 3.08 (t, 20H, H1$_{NBu4}$, $^3J_{HH}$ = 8.4 Hz), 1.53 (tt, 20H, H2$_{NBu4}$, $^3J_{HH}$ = 8.1 Hz, $^3J_{HH}$ = 7.7 Hz), 1.29 - 1.20 (m, 20H, H3$_{NBu4}$), 0.83 (t, 30H, H4$_{NBu4}$, $^3J_{HH}$ = 7.4 Hz); **^{31}P-NMR** (162 MHz, D$_2$O): δ [ppm] = -10.92 (d, P$_γ$, $^2J_{PP}$ = 18.4 Hz), -11.45 (d, P$_α$, $^2J_{PP}$ = 20.0 Hz), -23.27 (dd, P$_β$, $^2J_{PP}$ = 17.4 Hz, $^2J_{PP}$ = 18.3 Hz).

Experimentalteil

2,3,4,6-Tetra-O-acetyl-1-brom-α-D-glucose 130

Die Reaktion wurde unter Stickstoff als Inertgas durchgeführt. Es wurden 5.00 g 1,2,3,4,6-Penta-O-acetyl-D-glucose **131** (12.8 mmol, 1 Äq.) in 50 mL abs. CH_2Cl_2 gelöst und auf 0 °C gekühlt. Innerhalb von 30 min wurden 10.5 mL HBr in Essigsäure (33%ig, 38.4 mmol, 3 Äq.) zugetropft und im Anschluss 16 h bei Rt gerührt. Nach Zugabe von 100 mL Eiswasser wurde mit EE extrahiert, die organische Phase je dreimal mit $NaHCO_3$-Lösung und NaCl-Lösung gewaschen, über Natriumsulfat getrocknet und am Rotationsverdampfer vom Lösungsmittel befreit. Das Rohprodukt wurde säulenchromatographisch (PE/ EE 4:5, v/v) gereinigt.

Ausbeute: 4.74 g (11.5 mmol, 90%) eines hellbraunen Feststoffes, α-anomerenrein.

Molgewicht M = 411.20 g/mol; R_f (PE/ EE 4:5, v/v) = 0.54.

¹H-NMR (400 MHz, $CDCl_3$): δ [ppm] = 6.61 (d, 1H, H1, $^3J_{HH}$ = 4.0 Hz), 5.56 (dd, 1H, H4, $^3J_{HH}$ = 9.8 Hz, $^3J_{HH}$ = 9.6 Hz), 5.16 (d, 1H, H3, $^3J_{HH}$ = 9.8 Hz, $^3J_{HH}$ = 9.8 Hz), 4.83 (dd, 1H, H2, $^3J_{HH}$ = 9.8 Hz, $^3J_{HH}$ = 4.0 Hz), 4.35 - 4.27 (m, 2H, H6), 4.13 (d, 1H, H5, $^3J_{HH}$ = 10.8 Hz), 2.10 (s, 6H, 2 x $CH_{3,Acetyl}$), 2.05 (s, 3H, $CH_{3,Acetyl}$), 2.04 (s, 3H, $CH_{3,Acetyl}$); **¹³C-NMR** (101 MHz, $CDCl_3$): δ [ppm] = 170.4, 169.8, 169.7, 169.4 (4 x $C(O)CH_3$), 86.6 (C1), 72.2 (C5), 70.6 (C2), 70.2 (C3), 67.2 (C4), 61.0 (C6), 20.6 (4 x $CH_{3,Acetyl}$); **IR**: $\tilde{\nu}$ [cm⁻¹] = 1740, 1362, 1242, 1225, 1076, 1037, 553; **Smp.** = 84 °C; $[\alpha]_D^{26}$ = +199.0 ° (c = 0.36, $CHCl_3$).

2,3,4,6-Tetra-O-acetyl-1-(dibenzylphosphat)-β-D-glucose 132

Die Reaktion wurde unter Stickstoff als Inertgas durchgeführt. 5.72 g Dibenzylphosphat (20.6 mmol, 1.8 Äq.) wurden in 60 mL abs. MeCN und 60 mL abs. CH_2Cl_2 gelöst und über aktiviertem Molsieb 3Å 0.5 h gelagert. 4.70 g 2,3,4,6-Tetra-O-acetyl-1-brom-α-D-glucose **130** (11.4 mmol, 1 Äq.) wurden in 30 mL abs. CH_2Cl_2 gelöst und bei 0 °C innerhalb von 100 min zu dem gelösten Phosphat getropft. Anschließend wurden 3.15 g Ag_2CO_3 (11.4 mmol, 1 Äq.) zugefügt und das Reaktionsgemisch 22 h bei Rt gerührt. Nach Filtration über Celite wurde das Lösungsmittel am Rotations verdampfer entfernt und das Rohprodukt säulenchromatographisch gereinigt (PE/ EE 1:1).

Ausbeute: 5.06 g (8.32 mmol, 73%) eines gelben Öls, β-anomerenrein.

Molgewicht M = 608.53 g/mol; R_f (PE/ EE 1:2, v/v) = 0.39.

132

^{1}H-NMR (400 MHz, CDCl$_3$): δ [ppm] = 7.38 - 7.28 (m, 10H, H$_{arom}$), 5.34 (dd, 1H, H1, $^3J_{HH\,od\,HP}$ = 7.7 Hz, $^3J_{HH\,od\,HP}$ = 8.1 Hz), 5.22 (dd, 1H, H3, $^3J_{HH}$ = 9.4 Hz, $^3J_{HH}$ = 9.4 Hz), 5.15 - 5.06 (m, 4H, H2, H4, CH$_{2,Benzyl}$), 5.01 (d, 2H, CH$_{2,Benzyl}$, $^3J_{HP}$ = 7.1 Hz), 4.24 (dd, 1H, H6a, $^2J_{HH}$ = 12.2 Hz, $^3J_{HH}$ = 4.9 Hz), 4.14 - 4.09 (m, 1H, H6b), 3.80 (ddd, 1H, H5, $^3J_{HH}$ = 9.8 Hz, $^3J_{HH}$ = 4.8 Hz, $^3J_{HH}$ = 2.2 Hz), 2.04, 2.03, 2.00 (3 x s, 12H, 4 x CH$_{3,Acetyl}$); **^{13}C-NMR** (101 MHz, CDCl$_3$): δ [ppm] = 170.4, 170.0, 169.3, 169.2 (4 x C(O)CH$_3$), 135.4 (C$_i$), 128.6 (C$_m$ oder C$_p$), 128.6 (C$_m$ oder C$_p$), 127.8 (C$_o$), 96.3 (C1), 72.7 (C5), 72.4 (C3), 71.3 (C2), 69.7 (2 x CH$_{2,Benzyl}$), 67.8 (C4) 61.5 (C6), 20.6 (4 x CH$_{3,Acetyl}$); **^{31}P-NMR** (162 MHz, CDCl$_3$): δ [ppm] = -3.22; **IR**: $\tilde{\nu}$ [cm^{-1}] = 1743, 1725, 1366, 1284, 1219, 1059, 1032, 993, 749, 735; **Smp.** = 70 °C; $[\alpha]_D^{26}$ = +1.8 ° (c = 0.38, CHCl$_3$); **MS**-FAB (m/z) = ber. 609.2 [M+H]$^+$, gef. 609.3.

Triethylammonium-2,3,4,6-tetra-O-acetyl-β-D-glucose-1-phosphat 129a

Die Reaktion wurde unter Stickstoff als Inertgas durchgeführt. 4.39 g geschütztes β-D-Glucose-1-phosphat **132** (7.21 mmol, 1 Äq.) wurden in 50 mL abs. 1,4-Dioxan gelöst und mit 1.92 mL Et$_3$N (14.4 mmol, 2 Äq.) sowie Pd/ C versetzt und in einer Wasserstoffatmosphäre 70 h bei Rt gerührt. Nach Filtration über Celite wurden dreimal mit je 50 mL CH$_2$Cl$_2$ gewaschen, die vereinigten organischen Phasen mit Wasser extrahiert und die vereinigten wässrigen Phasen lyophilisiert.

Ausbeute: 3.41 g (6.44 mmol, 89%) eines leicht gelblichen, hygroskopischen Feststoffes, β-anomerenrein.

Experimentalteil

Molgewicht M = 529.47 g/mol; R_f (MeCN/ H$_2$O 1:1, v/v) = 0.68.

^{1}H-NMR (400 MHz, DMSO-d_6): δ [ppm] = 5.23 (dd, 1H, H3, $^3J_{HH}$ = 10.0 Hz, $^3J_{HH}$ = 9.6 Hz), 5.18 (dd, 1H, H1, $^3J_{HH\ od\ HP}$ = 8.3 Hz, $^3J_{HH\ od\ HP}$ = 8.1 Hz), 4.90 (dd, 1H, H4, $^3J_{HH}$ = 9.8 Hz, $^3J_{HH}$ = 9.6 Hz), 4.72 (dd, 1H, H2, $^3J_{HH}$ = 9.8 Hz, $^3J_{HH}$ = 8.0 Hz), 4.16 (dd, 1H, H6a, $^2J_{HH}$ = 12.4 Hz, $^3J_{HH}$ = 4.3 Hz), 3.99 (dd, 1H, H6b, $^2J_{HH}$ = 12.2 Hz, $^3J_{HH}$ = 2.3 Hz), 3.93 (ddd, 1H, H5, $^3J_{HH}$ = 9.9 Hz, $^3J_{HH}$ = 4.2 Hz, $^3J_{HH}$ = 2.5 Hz), 2.82 (q, 7H, C$H_{2,Et3NH}$, $^3J_{HH}$ = 7.3 Hz), 2.01, 1.98, 1.96, 1.93 (4 x s, 12H, 4 x C$H_{3,Acetyl}$), 1.10 (t, 11H, C$H_{3,Et3NH}$, $^3J_{HH}$ = 7.2 Hz); **^{13}C-NMR** (101 MHz, DMSO-d_6): δ [ppm] = 170.0, 169.4, 169.2 (4 x C(O)CH$_3$), 94.8 (d, C1, $^2J_{CP}$ = 4.1 Hz), 72.2 (C3), 71.8 (d, C2, $^3J_{CP}$ = 6.9 Hz), 70.6 (C5), 68.1 (C4), 61.7 (C6), 45.2 (CH$_{2,Et3NH}$), 20.6, 20.5, 20.3, 20.2 (4 x CH$_{3,Acetyl}$), 9.2 (CH$_{3,Et3NH}$); **^{31}P-NMR** (162 MHz, DMSO-d_6): δ [ppm] = -1.90; **IR:** $\tilde{v}$ [cm^{-1}] = 1744, 1367, 1219, 1035, 911, 820, 582, 521; $[\alpha]_D^{26}$ = +2.4 ° (c = 1.0, CHCl$_3$); **MS-ESI$^-$** (m/z) = ber. 427.06 [M-H]$^+$, gef. 427.07.

Tetra-n-butylammonium-2,3,4,6-tetra-O-acetyl-β-D-glucose-1-phosphat 129b

Anmerkung: **129b** wurde durch Reisolierung von **129a** nach einer Festphasenreaktion und anschließendem Umsalzen erhalten.

Die Reaktionslösung einer beendeten NDP-Zucker-Synthese, in der theoretisch 1.67 mmol Zuckerphosphat **129a** überschüssig waren, wurde im Ölpumpenvakuum von DMF befreit und im Anschluss gründlich getrocknet. Der Rückstand wurde an Silicagel mit MeCN/ H$_2$O 1:1, v/v, chromatographiert. Es wurden 744 mg des sauberen 2,3,4,6-Tetra-O-acetyl-β-D-glucose-1-phosphats **129a** erhalten, welches noch 0.1 Gegenionen Et$_3$NH$^+$ aufwies. Davon wurden 716 mg gemäß AAV 7 umgesalzen, wobei 40%-ige wässrige Tetra-n-butylammoniuhydroxid-Lösung zur Titration eingesetzt wurde.

Ausbeute: 852 mg (1.37 mmol, 82% bezogen auf die Reisolierung) eines leicht gelblichen Feststoffes, β-anomerenrein.

Experimentalteil

Molgewicht M = 622.46 g/mol; R_f (MeCN/ H$_2$O 1:1, v/v) = 0.68.

^{1}H-NMR (400 MHz, D$_2$O): δ [ppm] = 5.41 (dd, 1H, H3, $^3J_{HH}$ = 9.6 Hz, $^3J_{HH}$ = 9.3 Hz), 5.27 (dd, 1H, H1, $^3J_{HH\,od\,HP}$ = 8.6 Hz, $^3J_{HH\,od\,HP}$ = 8.0 Hz), 5.14 (dd, 1H, H4, $^3J_{HH}$ = 9.8 Hz, $^3J_{HH}$ = 9.6 Hz), 5.01 (dd, 1H, H2, $^3J_{HH}$ = 9.6 Hz, $^3J_{HH}$ = 8.1 Hz), 4.41 (dd, 1H, H6a, $^2J_{HH}$ = 12.6 Hz, $^3J_{HH}$ = 3.5 Hz), 4.22 (dd, 1H, H6b, $^2J_{HH}$ = 12.8 Hz, $^3J_{HH}$ = 2.3 Hz), 4.11 (ddd, 1H, H5, $^3J_{HH}$ = 10.0 Hz, $^3J_{HH}$ = 5.8 Hz, $^3J_{HH}$ = 3.5 Hz), 3.19 (t, 7H, H1$_{NBu4}$, $^3J_{HH}$ = 8.6 Hz), 2.12, 2.09, 2.06 (3 x s, 12H, CH$_{3,Acetyl}$), 1.64 (tt, 7H, H2$_{NBu4}$, $^3J_{HH}$ = 8.0 Hz, $^3J_{HH}$ = 7.8 Hz), 1.40 - 1.31 (m, 7H, H3$_{NBu4}$), 0.94 (t, 10H, H4$_{NBu4}$, $^3J_{HH}$ = 7.3 Hz); **^{13}C-NMR** (101 MHz, D$_2$O): δ [ppm] = 173.8, 173.1, 172.8 (4 x *C*(O)CH$_3$), 95.1 (d, C1, $^2J_{CP}$ = 4.0 Hz), 73.0 (C3), 72.1 (d, C2, $^3J_{CP}$ = 8.1 Hz), 71.6 (C5), 68.1 (C4), 61.7 (C6), 58.2 (C1$_{NBu4}$), 23.2 (C2$_{NBu4}$), 20.3, 20.2, 20.1 (4 x CH$_{3,Acetyl}$), 19.2 (C3$_{NBu4}$), 12.8 (C4$_{NBu4}$); **^{31}P-NMR** (162 MHz, D$_2$O): δ [ppm] = -1.84.

Tri-*n*-octylammonium-2,3,4,6-tetra-*O*-acetyl-β-D-glucose-1-phosphat 129c

Der Ionenaustausch wurde gemäß AAV 7 durchgeführt. Es wurden 330 mg Triethylammonium-2,3,4,6-tetra-*O*-acetyl-1-phosphat-β-D-glucose **129a** (0.714 mmol; *Anmerkung*: Molmasse 462.02 g/mol, da 0.33 Gegenionen Et$_3$NH$^+$, übrige 0.66 wurden als H$^+$ angenommen) sowie Tri-*n*-octylamin zur Titration eingesetzt. Zudem wurden wegen der Löslichkeit vor der Titration 5 mL THF zugefügt, welche nach der Titration und vor dem Lyophilisieren am Rotationsverdampfer wieder entfernt wurden.

Ausbeute: 642 mg eines bräunlichen, hygroskopischen Feststoffes, β-anomerenrein.

Molgewicht M = 729.91 g/mol (berechnet mit 0.85 Tri-*n*-octylammonium- und 1.15 Protonen als Gegenionen).

^{1}H-NMR (400 MHz, D$_2$O): δ [ppm] = 5.42 (dd, 1H, H3, $^3J_{HH}$ = 9.5 Hz, $^3J_{HH}$ = 9.6 Hz), 5.31 (dd, 1H, H1, $^3J_{HH}$ = 8.4 Hz, $^3J_{HH}$ = 8.3 Hz), 5.15 (dd, 1H, H4, $^3J_{HH}$ = 9.8 Hz, $^3J_{HH}$ = 9.6 Hz), 5.02 (dd, 1H, H2, $^3J_{HH}$ = 8.0 Hz, $^3J_{HH}$ = 8.0

Hz), 4.47 (dd, 1H, H6a, $^2J_{HH}$ = 12.6 Hz, $^3J_{HH}$ = 3.4 Hz), 4.27 (dd, 1H, H6b, $^2J_{HH}$ = 12.6 Hz, $^3J_{HH}$ = 1.9 Hz), 4.16 - 4.11 (m, 1H, H5), 2.58 - 2.41 (m, 5.1H, H1$_{Octyl}$), 2.19, 2.18, 2.15, 2.12 (4 x s, 12H, C$H_{3,Acetyl}$), 1.63 - 1.35 (m, 30.6H, H2-H7$_{Octyl}$), 1.13 - 1.00 (m, 7.7 H, H8$_{Octyl}$); ^{13}**C-NMR** (101 MHz, D$_2$O): δ [ppm] = 173.2, 172.6, 172.4, 172.2 (4 x C(O)CH$_3$), 95.1 (d, C1, $^2J_{CP}$ = 4.2 Hz), 73.0 (C3), 72.1 (d, C2, $^3J_{CP}$ = 7.6 Hz), 71.5 (C5), 68.0 (C4), 61.7 (C6), 54.2 (C1$_{Octyl}$), 32.1 (C2$_{Octyl}$), 29.8 (C3$_{Octyl}$), 29.6 (C4$_{Octyl}$), 27.7 (C5$_{Octyl}$), 27.6 (C6$_{Octyl}$), 22.8 (C7$_{Octyl}$), 20.5, 20.5, 20.3, 20.3 (4 x CH$_{3,Acetyl}$), 14.1 (C8$_{Octyl}$); ^{31}**P-NMR** (162 MHz, D$_2$O): δ [ppm] = -2.30.

Tetra-*n*-butylammonium-α-D-glucose-1-phosphat 133

Der Ionenaustausch wurde gemäß AAV 7 durchgeführt. Es wurden 500 mg Dinatrium-α-D-glucose-1-phosphat (1.64 mmol) sowie 40%-ige wässrige Tetra-*n*-butylammoniumhydroxid-Lösung zur Titration eingesetzt.

Ausbeute: 474 mg (944 µmol, 58%) eines gelblichen, hygroskopischen Feststoffes, α-anomerenrein.

Molgewicht M = 501.59 g/mol.

^{1}**H-NMR** (400 MHz, D$_2$O): δ [ppm] = 5.45 (dd, 1H, H1, $^3J_{HH}$ = 3.4 Hz, $^3J_{HH}$ = 3.6 Hz), 3.88 - 3.69 (m, 4H, H2, H3, H4, H6a), 3.54 - 3.36 (m, 2H, H5, H6b), 3.21 - 3.12 (m, 8H, H1$_{NBu4}$), 1.70 - 1.54 (m, 8H, H2$_{NBu4}$), 1.38 - 1.24 (m, 8H, H3$_{NBu4}$), 0.92 (t, 12H, H3$_{NBu4}$, $^3J_{HH}$ = 7.0 Hz); ^{31}**P-NMR** (162 MHz, D$_2$O): δ [ppm] = -0.68.

8.2.7 Synthese von 6-(Formyl-phenoxy)hexansäure 147

6-(Formyl-phenoxy)hexansäureethylester 146

Die Reaktion wurde unter Stickstoff als Inertgas durchgeführt. Es wurden 2.05 g *p*-Hydroxybenzaldehyd **144** (16.9 mmol, 1 Äq.), 3.0 mL Ethyl-6-brom-hexanoat **145** (17 mmol, 1 Äq.) und 4.66 g Kaliumcarbonat (33.7 mmol, 2 Äq.) in 12 mL abs. DMF suspendiert und bei 50 °C 21 h gerührt. Anschließend wurde von Kaliumcarbonat filtriert, letzteres mit DMF gewaschen und Filtrat im Ölpumpenvakuum vom DMF befreit. Der Rückstand wurde in Ethylacetat gelöst und 3x mit ges. NaCl-Lösung gewaschen. Die wässrige Phase wurde mehrfach mit Ethylacetat extrahiert, die organische Phase über Natriumsulfat getrocknet, filtriert und das Lösungsmittel am Rotationsverdampfer entfernt.

Ausbeute: 3.94 g (14.9 mmol, 88%) eines gelblichen Feststoffes.

Molgewicht M = 264.31 g/mol; R_f (CH$_2$Cl$_2$/ MeOH 10:1, v/v) = 0.70.

Die analytischen Daten entsprechen denen der Literatur.[63]

6-(Formyl-phenoxy)hexansäure 147

Es wurden 3.91 g des Esters **146** (14.8 mmol, 1 Äq.) in 34 mL MeOH suspendiert und mit einer Lösung von 1.79 g NaOH (44.8 mmol, 3 Äq.) in 15 mL Wasser versetzt, woraufhin die Lösung klar wurde und bei Rt 0.5 h gerührt wurde. Im Anschluss wurden 44.8 mL 1 M HCl (44.8 mmol, 3 Äq.) langsam zugetropft, wobei die Säure **147** farblos ausfiel. Der Feststoff wurde filtriert, zweimal mit Wasser und zweimal mit Et$_2$O gewaschen und im Ölpumpenvakuum getrocknet.

Ausbeute: 2.72 g (11.5 mmol, 78%) eines farblosen Feststoffes.

Molgewicht M = 236.26 g/mol; R_f (CH$_2$Cl$_2$/ MeOH 9:1, v/v) = 0.46.

^{1}H-NMR (400 MHz, DMSO-d_6): δ [ppm] = 9.86 (s, 1H, H1), 7.85 (dd, 2H, H4, $^3J_{HH}$ = 7.2 Hz, $^4J_{HH}$ = 2.0 Hz), 7.11 (dd, 2H, H3, $^3J_{HH}$ = 6.9 Hz, $^4J_{HH}$ = 1.8 Hz), 4.08 (t, 2H, H6, $^3J_{HH}$ = 6.4 Hz), 2.23 (t, 2H, H10, $^3J_{HH}$ = 7.4 Hz), 1.74 (tt, 2H, H7, $^3J_{HH}$ = 7.6 Hz, $^3J_{HH}$ = 6.6 Hz), 1.56 (tt, 2H, H9, $^3J_{HH}$ = 7.6 Hz, $^3J_{HH}$ = 7.1 Hz), 1.46 - 1.39 (m, 2H, H8); **^{13}C-NMR** (101 MHz, DMSO-d_6): δ [ppm] = 191.6 (C1), 174.8 (C11), 164.0 (C5), 132.2 (2 x C3), 129.9 (C2), 115.3 (2 x C4), 68.3 (C6), 34.0 (C10), 28.6 (C7), 25.4 (C8), 24.6 (C9); **IR**: $\tilde{v}$ [cm^{-1}] = 2942, 1720, 1651, 1592, 1510, 1253, 1166, 1004, 619, 521; **HRMS**-FAB (m/z) = ber. 237.1127 [M+H]$^+$, gef. 237.1117.

Experimentalteil

8.2.8 Synthese der β-Hydroxythioether-Linker 174 und 185

Ethyl-5-[(2-hydroxyethyl)thio]pentanoat 180

Die Reaktion wurde unter Stickstoff als Inertgas durchgeführt. Es wurden 2.00 g Ethyl-5-bromvalerat **179** (9.57 mmol, 1 Äq.), 1.35 mL 2-Mercaptoethanol (19.2 mmol, 2 Äq.) und 3.97 g Kaliumcarbonat (28.7 mmol, 3 Äq.) in 10 mL abs. DMF suspendiert und 16 h bei 60 °C gerührt. Im Anschluss wurde mit 5 mL des. Wasser hydrolysiert. Das Lösungsmittel wurde im Vakuum entfernt. Der Rückstand wurde in Dichlormethan aufgenommen und fünfmal mit dest. Wasser gewaschen. Die vereinigten wässrigen Phasen wurden mit Dichlormethan extrahiert. Die vereinigten organischen Phasen wurden über Natriumsulfat getrocknet, das Lösungsmittel am Rotationsverdampfer entfernt und das erhaltene Rohprodukt säulenchromatographisch gereinigt (PE/ EE 2:1, v/v).

Ausbeute: 1.60 g (7.76 mmol, 81%) eines hellgelben Feststoffes.

Molgewicht M = 206.30 g/mol; R_f (CH_2Cl_2/ MeOH 9:1, v/v) = 0.75.

^{1}H-NMR (400 MHz, $CDCl_3$): δ [ppm] = 4.12 (q, 2H, H8, $^3J_{HH}$ = 7.1 Hz), 3.71 (d, 2H, H1, $^3J_{HH}$ = 5.9 Hz), 2.72 (d, 2H, H2, $^3J_{HH}$ = 5.9 Hz), 2.53 (t, 2H, H3, $^3J_{HH}$ = 7.3 Hz), 2.32 (t, 2H, H6, $^3J_{HH}$ = 7.3 Hz), 1.71 (dt, 2H, H5, $^3J_{HH}$ = 7.8 Hz, $^3J_{HH}$ = 7.4 Hz), 1.63 (dt, 2H, H4, $^3J_{HH}$ = 7.4 Hz, $^3J_{HH}$ = 7.3 Hz), 1.25 (t, 3H, H9, $^3J_{HH}$ = 7.2 Hz); **^{13}C-NMR** (101 MHz, $CDCl_3$): δ [ppm] = 173.5 (C7), 60.4 (C8), 60.2 (C1), 35.3 (2), 33.8 (C6), 31.2 (C3), 29.1 (C4), 24.0 (C5), 14.3 (C9); **IR**: ṽ [cm^{-1}] = 3438, 2979, 2936, 2870, 1731, 1447, 1420, 1184, 1045.

Ethyl-5-[(2-(4,4′-dimethoxytriphenylmethyl)hydroxyethyl)thio]pentanoat 181

Die Reaktion wurde gemäß AAV 1 durchgeführt. Es wurden 294 mg **180** (1.91 mmol, 1 Äq.), 777 mg DMTrCl (2.29 mmol, 1.2 Äq.), 12 mg DMAP (96 µmol, 0.05 Äq.) und 6 mL Pyridin eingesetzt. Auf einen Zusatz von Et_3N wurde verzichtet. Die

Experimentalteil

Reaktionszeit betrug 20 h. Nach vollständiger Umsetzung von **180** (DC-Kontrolle PE/ EE 2:1, v/v, + 0.1% Et$_3$N) wurden 5 mL Wasser statt MeOH zugefügt. Reinigung am Chromatotron erfolgte mit PE/ EE 10:1, + 0.1% Et$_3$N, v/v.

Ausbeute: 829 mg (1.63 mmol, 85%) eines hellgelben Feststoffes.

Molgewicht M = 508.67 g/mol; R_f (PE/ EE 2:1, v/v) = 0.55.

^{1}H-NMR (400 MHz, MeOH-d_4): δ [ppm] = 7.49 - 7.21 (m, 9H, DMTr-H), 6.89 (d, 4H, DMTr-H$_m$, $^3J_{HH}$ = 8.9 Hz), 4.13 (q, 2H, H8, $^3J_{HH}$ = 7.1 Hz), 3.80 (s, 6H, 2 x OC$H_{3,DMTr}$), 3.25 (t, 2H, H1, $^3J_{HH}$ = 6.7 Hz), 2.67 (t, 2H, H2, $^3J_{HH}$ = 6.6 Hz), 2.50 (t, 2H, H3, $^3J_{HH}$ = 7.2 Hz), 2.30 (t, 2H, H6, $^3J_{HH}$ = 7.3 Hz), 1.67 (dt, 2H, H5, $^3J_{HH}$ = 7.1 Hz, $^3J_{HH}$ = 7.1 Hz), 1.55 (dt, 2H, H4, $^3J_{HH}$ = 7.3 Hz, $^3J_{HH}$ = 7.1 Hz), 1.25 (t, 3H, H9, $^3J_{HH}$ = 7.3 Hz); **^{13}C-NMR** (101 MHz, MeOH-d_4): δ [ppm] = 172.7 (C7), 160.0 (DMTr-C$_p$), 146.7, 137.6, 131.6, 129.4, 128.8, 127.8 (6 x DMTr-C), 114.3 (DMTr-C$_m$), 87.5 (DMTr-C$_a$), 64.7 (C1), 61.3 (C8), 55.8 (2 x OC$H_{3,DMTr}$), 34.6 (C6), 32.9 (C3), 32.8 (C2), 30.2 (C4), 25.1 (C5), 14.7 (C9); **IR**: ṽ [cm^{-1}] = 2951, 2933, 2920, 1733, 1509, 1445, 1177, 1034; **MS-FAB** (m/z) = ber. 531.2 [*M*+Na]$^+$, gef. 531.3.

5-[(2-(4,4´-Dimethoxytriphenylmethyl)hydroxyethyl)thio]pentansäure 174

Es wurden 381 mg des Esters **181** (0.749 mmol, 1 Äq.) mit 50 mL einer 0.5 M NaOH-Lösung in MeOH/ H$_2$O (1:1, v/v, 25 mmol, 34 Äq.) versetzt und 18 h bei Rt gerührt. Nach vollständiger Umsetzung von **181** (DC-Kontrolle PE/ EE 5:1, + 0.1% Et$_3$N, v/v) wurden zur Neutralisation 1.5 mL AcOH (25 mmol, 34 Äq.) zugefügt und im Anschluss die Lösungsmittel am Rotationsverdampfer entfernt. Es wurde CH$_2$Cl$_2$/ H$_2$O (1:1, v/v) zugefügt, die wässrige Phase dreimal mit CH$_2$Cl$_2$ extrahiert, die vereinigten organischen Phasen einmal mit Wasser gewaschen, über Natriumsulfat getrocknet und das Lösungsmittel am Rotationsverdampfer entfernt. Das Rohprodukt wurde am Chromatotron gereinigt (CH$_2$Cl$_2$/ MeOH-Gradient 1-3%, + 0.1% Et$_3$N, v/v).

Experimentalteil

Ausbeute: 295 mg (0.614 mmol, 82%) eines gelben Öls.

Molgewicht M = 480.62 g/mol; R_f (CH$_2$Cl$_2$/ MeOH 97:3, v/v, + 0.1% Et$_3$N, v/v) = 0.27.

174

^{1}H-NMR (400 MHz, MeOH-d_4): δ [ppm] = 7.49 - 7.21 (m, 9H, DMTr-H), 6.89 (d, 4H, DMTr-H$_m$, $^3J_{HH}$ = 9.0 Hz), 3.80 (s, 6H, 2 x OC$H_{3,DMTr}$), 3.24 (t, 2H, H1, $^3J_{HH}$ = 6.7 Hz), 2.67 (t, 2H, H2, $^3J_{HH}$ = 6.7 Hz), 2.50 (t, 2H, H3, $^3J_{HH}$ = 7.3 Hz), 2.21 (t, 2H, H6, $^3J_{HH}$ = 7.0 Hz), 1.69 - 1.53 (m, 4H, H4, H5); **^{13}C-NMR** (101 MHz, MeOH-d_4): δ [ppm] = 180.5 (C7), 160.8 (C$_p$), 147.5, 138.3, 132.0, 130.1, 129.6, 128.6 (6 x DMTr-C), 114.9 (DMTr-C$_m$), 65.4 (C1), 56.6 (2 x OC$H_{3,DMTr}$), 33.8 (6), 33.6 (C3), 31.4 (C2), 26.8 (C4, C5); **MS**-FAB (m/z) = ber. 480.2 [M]$^+$, gef. 480.1.

Versuche der Oxidation der β-Hydroxythioether-Funktion von 181 zum Sulfon

Die Synthesen wurden gemäß AAV 8 durchgeführt:

Synthese 1: Es wurden 32 mg Ethyl-5-[(2-(4,4´-dimethoxytriphenylmethyl)hydroxyethyl)-thio]pentanoat **181** (63 µmol, 1 Äq.), 0.3 mL Essigsäure und 64 µL 30%-iges wässriges Wasserstoffperoxid (0.63 mmol, 10 Äq.) eingesetzt. Die Reaktionszeit betrug 20 h.

Ausbeute: 25 mg eines gelben Öls.

Synthese 2: Es wurden 493 mg Ethyl-5-[(2-(4,4´-dimethoxytriphenylmethyl)hydroxyethyl)-thio]pentanoat **181** (0.969 mmol, 1 Äq.), 4.6 mL Essigsäure und 1.98 mL 30%-iges wässriges Wasserstoffperoxid (19.4 mmol, 20 Äq.) eingesetzt. Die Reaktionszeit betrug 48 h.

Ausbeute: 288 mg eines gelben Öls.

Synthese 3: Es wurden 280 mg des Produktes von Synthese 2, 5 mL Essigsäure und 1.98 mL 30%-iges wässriges Wasserstoffperoxid (19.4 mmol, 20 Äq.) eingesetzt. Die Reaktionszeit betrug 48 h.

Experimentalteil

Ausbeute: 190 mg eines gelben Öls.

Bei den Synthesen 1-3 ist unklar, ob das Produkt erhalten wurde.

183

Versuche der Hydrolyse der Esterfunktion von 183

40 mg des möglicherweise entstandenen Oxidationsproduktes **183** (74 µmol, 1 Äq.) der oben beschriebenen Oxidationen wurde mit 6 mL einer 0.5 M NaOH-Lösung in MeOH/ H$_2$O (1:1, v/v, 3 mmol, 41 Äq.) versetzt und 18 h bei Rt gerührt. Nach vollständiger Umsetzung von **183** (DC-Kontrolle PE/ EE 5:1, + 0.1% Et$_3$N, v/v) wurden zur Neutralisation 172 µL AcOH (298 µmol, 41 Äq.) zugefügt und im Anschluss die Lösungsmittel am Rotationsverdampfer entfernt. Es wurde CH$_2$Cl$_2$/ H$_2$O (1:1, v/v) zugefügt, die wässrige Phase dreimal mit CH$_2$Cl$_2$ extrahiert, die vereinigten organischen Phasen einmal mit Wasser gewaschen, über Natriumsulfat getrocknet und das Lösungsmittel am Rotationsverdampfer entfernt.

Ausbeute: 26 mg eines gelben Öls. Das Produkt **184** konnte nicht isoliert werden. Es hatte Zerfall der Verbindung stattgefunden.

184

Versuche der Oxidation der β-Thioetherfunktion von 174 zum Sulfon

Die Synthese wurde gemäß AAV 8 durchgeführt. Es wurden 30 mg 5-[(2-(4,4´-Dimethoxytriphenylmethyl)hydroxyethyl)thio]pentansäure **174** (62 µmol, 1 Äq.), 0.2 mL Essigsäure und 64 µL 30%-iges wässriges Wasserstoffperoxid (0.63 mmol, 10 Äq.) eingesetzt. Die Reaktionszeit betrug 20 h.

Experimentalteil

Ausbeute: 20 mg eines gelben Öls. Es konnte kein Produkt **184** identifiziert werden.

Triethylammonium-4-[(2-hydroxyethyl)sulfanylmethyl]benzoat 187

Die Reaktion wurde unter Stickstoff als Inertgas durchgeführt. Es wurden 1.50 g 4-(Brommethyl)benzoesäure **186** (6.98 mmol, 1 Äq.) in 36 mL abs. MeOH suspendiert und mit 540 µL (7.67 mmol, 1.1 Äq.) 2-Mercaptoethanol und 1.95 mL Et$_3$N (14.7 mmol, 2.1 Äq.) versetzt, woraufhin eine Lösung entstand, welche 20 h bei Rt gerührt wurde (DC-Kontrolle EE/ MeOH 8:2, v/v). Nach Zugabe von 10 mL Wasser wurde das Lösungsmittel im Ölpumpenvakuum entfernt und der Rückstand in EE/ H$_2$O aufgenommen, woraufhin das Produkt in der Wasserphase verblieb, welche deshalb lyophilisiert wurde. Reinigung des Rückstands der lyophilisierten, wässrigen Phase am Chromatotron (EE/ MeOH-Gradient 20-50%) lieferte das Produkt.

Ausbeute: 1.98 g (6.32 mmol, 90%) als gelbes Öl.

Molgewicht M = 313.46 g/mol; R_f (EE/ MeOH 8:2, v/v) = 0.20.

^{1}H-NMR (400 MHz, DMSO-d_6): δ [ppm] = 7.87 (d, 2H, H6, $^3J_{HH}$ = 8.2 Hz), 7.38 (d, 2H, H5, $^3J_{HH}$ = 8.2 Hz), 3.80 (s, 2H, H3), 3.49 (t, 2H, H1, $^3J_{HH}$ = 6.9 Hz), 3.00 (q, 6H, C$H_{2,Et3NH}$, $^3J_{HH}$ = 8.2 Hz), 2.46 (t, 2H, H2, $^3J_{HH}$ = 6.9 Hz), 1.16 (t, 9H, C$H_{3,Et3NH}$, $^3J_{HH}$ = 7.3 Hz); ^{13}C-NMR (101 MHz, DMSO-d_6): δ [ppm] = 129.3 (C6), 128.8 (C5), 60.6 (C1), 45.7 (C$H_{2,Et3NH}$), 35.0 (C3), 33.4 (C2), 9.2 (C$H_{3,Et3NH}$); **IR**: $\tilde{v}$ [cm^{-1}] = 2974, 2935, 2737, 2674, 2490, 1592, 1541, 1473, 1431, 1396, 1170, 1034, 803, 719.

4-[(2-(4,4´-Dimethoxytriphenylmethyl)-hydroxyethyl)sulfanylmethyl]-benzoesäure 185

Die Reaktion wurde gemäß AAV 1 durchgeführt. Es wurden 1.00 g **187** (3.19 mmol, 1 Äq.), 1.84 g DMTrCl (5.42 mmol, 1.7 Äq.), 20 mg DMAP (0.16 mmol, 0.05 Äq.) und 50 mL Pyridin eingesetzt. Auf einen Zusatz von Et$_3$N wurde verzichtet. Die Reaktionszeit betrug 48 h. Es wurden 5 mL Wasser statt MeOH zugefügt. Die

Experimentalteil

Reinigung am Chromatotron erfolgte mit EE/ MeOH-Gradient 0 - 15%, v/v, + 0.1% Et$_3$N. Eine Mischfraktion, die nach der ersten Reinigung erhalten wurde, wurde erneut auf diese Weise gereinigt und mit der sauberen Fraktion der ersten Reinigung vereinigt. Eine erneute Mischfraktion wurde nicht weiter gereinigt und nicht weiter umgesetzt.

Ausbeute: 531 mg (1.03 mmol, 32%) als gelbes Öl.

Anmerkung: Da die NMR-Spektren von **185** keine Gegenionen mehr zeigten, wurde eine protonierte Carboxylgruppe angenommen.

Molgewicht M = 514.63 g/mol; R_f (EE/ MeOH 8:2, v/v) = 0.37.

^{1}H-NMR (400 MHz, DMSO-d_6): δ [ppm] = 7.83 (d, 2H, H6, $^3J_{HH}$ = 8.2 Hz), 7.37 - 7.20 (m, 11H, DMTr-H, H5), 6.88 (d, 4H, DMTr-H$_m$, $^3J_{HH}$ = 9.0 Hz), 3.74 (s, 8H, 2 x OC$H_{3,DMTr}$, H3), 3.05 (t, 2H, H1, $^3J_{HH}$ = 6.6 Hz), 2.61 (t, 2H, H2, $^3J_{HH}$ = 6.6 Hz); **^{13}C-NMR** (101 MHz, DMSO-d_6): δ [ppm] = 167.8 (C8), 158.0 (DMTr-C$_p$), 135.6 (DMTr-C), 129.6 (C6), 129.3 (DMTr-C), 128.5 (C5), 127.8 (DMTr-C), 127.6 (DMTr-C), 126.6 (DMTr-C), 113.1 (DMTr-C$_m$), 62.6 (C1), 55.0 (2 x OC$H_{3,DMTr}$), 35.3 (C3), 30.9 (C2); **IR**: $\tilde{v}$ [cm^{-1}] = 3296, 2998, 2835, 1690, 1606, 1507, 1394, 1244, 1173, 1031, 826, 700, 582; **MS**-ESI$^-$ (m/z) = ber. 513.17 [*M*-H]$^-$, gef. 513.24.

Versuche der Oxidation der β-Thioetherfunktion von 185 zum Sulfon 188

Die Synthese wurde gemäß AAV 8 durchgeführt. Es wurden 45 mg 4-[(2-(4,4´-Dimethoxytriphenylmethyl)-hydroxyethyl)sulfanylmethyl]-benzoesäure **185** (87 μmol, 1 Äq.), 1.5 mL Essigsäure und 0.40 mL 30%-iges wässriges Wasserstoffperoxid (394 μmol, 4.5 Äq.) eingesetzt. Die Reaktionszeit betrug 20 h.

Experimentalteil

Ausbeute: 22 mg eines gelben Öls. Das gewünschte Produkt konnte nicht isoliert werden.

188

8.2.9 Festphasensynthesen an Aminomethylpolystyrol

8.2.9.1 Synthese der Nucleosid-5'-diphosphate

Anmerkung: Die an RP-18 Silicagel gereinigten Produkte wiesen meist wenige oder keine in NMR-Spektren sichtbaren Gegenionen mehr auf, sodass vermutlich Alkalimetallionen und/ oder Protonen die fehlende positive Ladung darstellten. Deshalb wird im Folgenden nur die Masse des Anions als Molekülmasse und in den Überschriften nur der Name des Anions angegeben. Waren Gegenionen sichtbar, wurde für die Darstellung in Bildform auf eine ganz Zahl an Gegenionen auf- oder abgerundet.

Thymidin-5'-diphosphat 136

Synthese 1: Die Immobilisierung wurde gemäß AAV 9 (Variante 1) durchgeführt. Es wurden 235 mg AM-PS **52** (259 µmol, 0.75 Äq.), 188 mg 5-Chlor-*cyclo*Sal-3'-O-succinyl-thymidinmonophosphat **63** (345 µmol, 1 Äq.), 47 mg HOBt (0.35 mmol, 1 Äq.) und 53 µL DIC (0.35 mmol, 1 Äq.) eingesetzt. Die Reaktionszeit betrug 3 d. Der weitere Verlauf erfolgte gemäß AAV 11 mit 623 mg Tetra-*n*-butylammonium-dihydrogenphosphat **127** (1.84 mmol, 7.1 Äq./ Harz). Waschen des Harzes erfolgte mit LiCl-Lösung (4 g LiCl/ 50 mL) und anschließend mit Wasser. Abspaltung vom Harz erfolgte gemäß AAV 12 (Variante 1).

Ausbeute: 123 mg von TDP **136** als Rohprodukt und als farbloser Feststoff in einer Reinheit von 90% (gemäß ^{31}P-NMR-Spektrum).

Experimentalteil

Synthese 2: Die Immobilisierung wurde gemäß AAV 9 (Variante 3) durchgeführt. Es wurden 70 mg AM-PS **52** (77 µmol, 0.83 Äq.), 50 mg 5-Chlor-*cyclo*Sal-3'-O-succinyl-thymidinmonophosphat **63** (92 µmol, 1 Äq.), 30 mg TBTU (93 µmol, 1 Äq.) und 10 µL 4-Ethylmorpholin (78 µmol, 0.84 Äq.) sowie 9.0 µL Essigsäure (0.16 mmol, 1.7 Äq.) eingesetzt. Die Reaktionszeit betrug 3 d. Der weitere Verlauf erfolgte gemäß AAV 11 mit 250 mg Tetra-*n*-butylammonium-dihydrogenphosphat **127** (746 µmol, 9.7 Äq./ Harz). Abspaltung vom Harz erfolgte gemäß AAV 12 (Variante 1).

Ausbeute: 52 mg von TDP **136** als Rohprodukt und als farbloser Feststoff in einer Reinheit von 90% (gemäß ^{31}P-NMR-Spektrum).

Synthese 3: Die Immobilisierung wurde gemäß AAV 9 (Variante 2) durchgeführt. Es wurden 87 mg AM-PS **52** (95 µmol, 0.8 Äq.), 70 mg 5-Methylsulfonyl-*cyclo*Sal-3'-O-succinyl-thymidinmonophosphat **120** (0.12 mmol, 1 Äq.), 48 mg HOBt (0.36 mmol, 3 Äq.) und 55 µL DIC (0.36 mmol, 3 Äq.) eingesetzt. Die Reaktionszeit betrug 20 h. Der weitere Verlauf erfolgte gemäß AAV 11 mit 250 mg Tetra-*n*-butylammonium-dihydrogenphosphat **127** (746 µmol, 7.9 Äq./ Harz). Abspaltung vom Harz erfolgte gemäß AAV 12 (Variante 1).

Ausbeute: 62 mg von TDP **136** als Rohprodukt und als farbloser Feststoff in einer Reinheit von 81% (gemäß ^{31}P-NMR-Spektrum).

Reinigung: Vereinigte 329 mg TDP **136** als Rohprodukt mit (*n*-Bu)$_4$N-Ionen als Gegenionen wurden zweimal an RP-18 Silicagel gereinigt und ergaben 100 mg TDP **136** als farblosen Feststoff ohne im ^{1}H-NMR sichtbare Gegenionen.

Molgewicht M^{3-} = 399.17 g/mol.

^{1}H-NMR (400 MHz, D$_2$O): δ [ppm] = 7.73 (d, 1H, H6, $^4J_{HH}$ = 1.2 Hz), 6.33 (dd, 1H, H1', $^3J_{HH}$ = 7.2 Hz, $^3J_{HH}$ = 6.7 Hz), 4.64 - 4.61 (m, 1H, H3'), 4.18 - 4.14 (m, 3H, H4', H5'), 2.42 - 2.30 (m, 2H, H2'), 1.91 (d, 3H, C$H_{3,T}$, $^4J_{HH}$ = 0.9 Hz); **^{13}C-NMR** (101 MHz, D$_2$O): δ [ppm] = 166.5 (C4), 151.7 (C2), 137.8 (C6), 111.7 (C5), 84.9 (C4'), 84.7 (C1'), 70.7 (C3'), 65.0 (d, C5', $^2J_{CP}$ = 5.3 Hz), 38.4 (C2'), 11.6 (CH$_{3,T}$); **^{31}P-NMR** (162

Experimentalteil

MHz, D$_2$O): δ [ppm] = -9.54 (d, P$_\beta$, $^2J_{PP}$ = 20.2 Hz), -11.05 (d, P$_\alpha$, $^2J_{PP}$ = 20.2 Hz); **IR**: ṽ [cm^{-1}]= 2820, 1658, 1426, 1318, 1214, 1976, 1050, 961, 917, 824, 491; **HRMS-ESI$^-$** (m/z) = ber. 401.0157 [*M*-H]$^-$, gef. 401.0162.

Uridin-5'-diphosphat 143

Die Immobilisierung wurde gemäß AAV 9 (Variante 3) durchgeführt. Es wurden 70 mg AM-PS **52** (77 µmol, 0.83 Äq.), 58 mg 5-Methylsulfonyl-*cyclo*Sal-2'- oder 3'-*O*-acetyl-2'- oder 3'-*O*-succinyl-uridinmonophosphat **122** (92 µmol, 1 Äq.), 30 mg TBTU (93 µmol, 1 Äq.) und 10 µL 4-Ethylmorpholin (78 µmol, 0.84 Äq.) sowie 9.0 µL Essigsäure (0.16 mmol, 1.7 Äq.) eingesetzt. Die Reaktionszeit betrug 3 d. Der weitere Verlauf erfolgte gemäß AAV 11 mit 250 mg Tetra-*n*-butylammonium-dihydrogenphosphat **127** (746 µmol, 9.7 Äq./ Harz). Abspaltung vom Harz erfolgte gemäß AAV 12 (Variante 2) und wurde zweimal durchgeführt (26 h und 20 h).

Ausbeute: 42 mg von UDP **143** als Rohprodukt und als farbloser Feststoff in einer Reinheit von 61% (gemäß ^{31}P-NMR-Spektrum). Es lagen sowohl (*n*-Bu)$_4$N$^+$ und Et$_3$NH$^+$-Ionen als Gegenionen vor.

Reinigung: 21 mg UDP **143** als Rohprodukt wurden gemäß AAV 7 mit Triethylamin unter Zugabe von 3 mL THF in die Et$_3$NH$^+$-Form umgesalzen. Das so erhaltene Rohprodukt wurde an RP-18 Silicagel gereinigt und ergab 8 mg UDP **143** als farblosen Feststoff mit 1.7 Gegenionen Et$_3$NH$^+$.

Molgewicht M^{3-}= 401.14 g/mol.

^{1}H-NMR (400 MHz, D$_2$O): δ [ppm] = 7.93 (d, 1H, H6, $^3J_{HH}$ = 8.2 Hz), 5.95 (d, 1H, H1', $^3J_{HH}$ = 4.6 Hz), 5.93 (d, 1H, H5, $^3J_{HH}$ = 8.1 Hz), 8.35 - 8.34 (m, 2H, H2', H3'), 8.25 (ddd, 1H, H4', $^3J_{HH}$ = 5.3 Hz, $^3J_{HH}$ = 2.8 Hz, $^3J_{HH}$ = 2.5 Hz), 4.20 (ddd, 1H, H5'a, $^2J_{HH}$ = 11.8 Hz, $^3J_{HH}$ = 4.4 Hz, $^4J_{HP}$ = 2.4 Hz), 4.15 (ddd, 1H, H5'a, $^2J_{HH}$ = 12.0 Hz, $^3J_{HH}$ = 5.8 Hz, $^3J_{HP}$ = 3.1 Hz), 3.16 (q, 10H, C$H_{2,Et3NH}$, $^3J_{HH}$ = 7.3 Hz), 1.24 (t, 15H, C$H_{3,Et3NH}$, $^3J_{HH}$ = 7.3 Hz); **^{13}C-NMR** (101 MHz, D$_2$O): δ [ppm] = 166.3 (C4), 152.1 (C2), 141.7 (C6), 102.7 (C5), 88.3 (C1'), 83.4 (d, C4', $^3J_{CP}$ = 9.0 Hz), 73.8 (C3'), 69.7 (C2'), 64.9

Experimentalteil

(C5'), 46.7 ($CH_{2,Et3NH}$), 8.20 ($CH_{3,Et3NH}$); ^{31}**P-NMR** (162 MHz, D_2O): δ [ppm] = -8.56 (d, $P_β$, $^2J_{PP}$ = 21.8 Hz), -11.27 (d, $P_α$, $^2J_{PP}$ = 21.9 Hz); **IR:** $\tilde{v}$ [cm^{-1}]= 2984, 2691, 2503, 1677, 1458, 1387, 1217, 1057, 1036, 912, 809, 503.

2'-Desoxyadenosin-5'-diphosphat 150

Die Immobilisierung wurde gemäß AAV 9 (Variante 2) durchgeführt. Es wurden 75 mg AM-PS **52** (83 µmol, 0.9 Äq.), 50 mg 5-Chlor-*cyclo*Sal-3'-*O*-succinyl-2'-desoxyadenosinmonophosphat **123** (90 µmol, 1 Äq.), 37 mg HOBt (0.27 mmol, 3 Äq.) und 40 µL DIC (0.26 mmol, 3 Äq.) eingesetzt. Die Reaktionszeit betrug 40 h. Der weitere Verlauf erfolgte gemäß AAV 11 mit 250 mg Tetra-*n*-butylammonium-dihydrogenphosphat **127** (746 µmol, 9.0 Äq./ Harz). Abspaltung vom Harz erfolgte gemäß AAV 12 (Variante 1).

Ausbeute: 31 mg von 2'-dADP **150** als Rohprodukt in einer Reinheit von 88% (gemäß ^{31}P-NMR-Spektrum).

Molgewicht M^{3-}= 408.18 g/mol.

^{1}**H-NMR** (400 MHz, D_2O): δ [ppm] = 8.42 (s, 1H, H8), 8.12 (s, 1H, H2), 6.40 (dd, 1H, H1', $^3J_{HH}$ = 6.5 Hz, $^3J_{HH}$ = 6.5 Hz), 4.79 - 4.72 (m, 1H, H3'), 4.21 - 4.10 (m, 3H, H4', H5'), 3.11 (t, 9H, H1$_{NBu4}$, $^3J_{HH}$ = 8.4 Hz), 2.78 - 2.69 (m, 1H, H2'a), 2.57 - 2.52 (m, 1H, H2'b), 1.56 (tt, 9H, H2$_{NBu4}$, $^3J_{HH}$ = 8.1 Hz, $^3J_{HH}$ = 7.8 Hz), 1.28 (m, 9H, H3$_{NBu4}$), 0.88 (t, 13.5H, H4$_{NBu4}$, $^3J_{HH}$ = 7.4 Hz); ^{13}**C-NMR** (101 MHz, D_2O): δ [ppm] = 155.6 (C6), 152.7 (C2), 148.6 (C4), 140.0 (C8), 117.7(C5), 85.8 (d, C4', $^3J_{CP}$ = 8.7 Hz), 83.5 (C1'), 70.6 (C3'), 64.7 (d, C5', $^2J_{CP}$ = 5.4 Hz), 58.1 (C1$_{NBu4}$), 38.9 (C2'), 23.1 (C2$_{NBu4}$), 19.1 (C3$_{NBu4}$), 12.8 (C4$_{NBu4}$); ^{31}**P-NMR** (162 MHz, D_2O): δ [ppm] = -6.61 (d, $P_β$, $^2J_{PP}$ = 22.4 Hz), -10.83 (d, $P_α$, $^2J_{PP}$ = 22.6 Hz).

2'-Desoxycytidin-5'-diphosphat 151

Synthese 1: Die Immobilisierung wurde gemäß AAV 9 (Variante 2) durchgeführt. Es wurden 72 mg AM-PS **52** (79 µmol, 0.9 Äq.), 73 mg 5-Chlor-*cyclo*Sal-*N*^{4}-(4,4'-dimethoxytrityl)-3'-*O*-succinyl-2'-desoxycytidinmonophosphat **124** (88 µmol, 1 Äq.),

Experimentalteil

36 mg HOBt (0.27 mmol, 3 Äq.) und 41 µL DIC (0.26 mmol, 3 Äq.) eingesetzt. Die Reaktionszeit betrug 20 h. Das Harz wurde mit DMF und CH$_2$Cl$_2$ gewaschen. Dann wurden 4 mL TCA (3%ig in CH$_2$Cl$_2$) zu dem Harz gegeben und 25 h bei Rt geschüttelt. Im Anschluss wurde das Harz 10x mit je 5 mL abs. CH$_2$Cl$_2$ gewaschen. Der weitere Verlauf erfolgte gemäß AAV 11 mit 183 mg Tetra-*n*-butylammoniumdihydrogenphosphat **127** (539 µmol, 6.8 Äq./ Harz). Abspaltung vom Harz erfolgte gemäß AAV 12 (Variante 1).

Ausbeute: 41 mg von 2'-dCDP **151** als Rohprodukt in einer Reinheit von 42% (gemäß ^{31}P-NMR-Spektrum). Als Nebenprodukt wurde vermutlich ein 2'-dCDP-Konjugat **155a** zu ebenfalls 42% dargestellt.

Synthese 2: Die Immobilisierung wurde gemäß AAV 9 (Variante 2) durchgeführt. Es wurden 134 mg AM-PS **52** (147 µmol, 0.9 Äq.), 135 mg 5-Chlor-*cyclo*Sal-N^4-(4,4'-dimethoxytrityl)-3'-O-succinyl-2'-desoxycytidinmonophosphat **124** (162 µmol, 1 Äq.), 66 mg HOBt (0.49 mmol, 3 Äq.) und 75 µL DIC (0.48 mmol, 3 Äq.) eingesetzt. Die Reaktionszeit betrug 27 h. Das Harz wurde mit DMF und CH$_2$Cl$_2$ gewaschen. Dann wurden 3x je 5 mL TCA (3%ig in CH$_2$Cl$_2$) zu dem Harz gegeben und 24 h bei Rt geschüttelt. Nach dem letzten Mal wurde das Harz 10x mit je 5 mL abs. CH$_2$Cl$_2$ gewaschen. Der weitere Verlauf erfolgte gemäß AAV 11 mit 205 mg Tetra-*n*-butylammonium-dihydrogenphosphat **127** (604 µmol, 4.1 Äq./ Harz). Abspaltung vom Harz erfolgte gemäß AAV 12 (Variante 1).

Ausbeute: 65 mg von 2'-dCDP **151** als Rohprodukt in einer Reinheit von 44% (gemäß ^{31}P-NMR-Spektrum). Als Nebenprodukt wurde vermutlich ein 2'-dCDP-Konjugat **155a** zu ebenfalls 44% dargestellt (Charakterisierung siehe unten).

Molgewicht M^{3-} = 384.15 g/mol.

Reinigung: 56 mg 2'-dCDP **151** als Rohprodukt mit (*n*-Bu)$_4$N-Ionen als Gegenionen wurden gemäß AAV 7 mit Triethylamin unter Zugabe von 5 mL THF in die Et$_3$NH$^+$-Form umgesalzen. Das so erhaltene Rohprodukt wurde an RP-18 Silicagel gereinigt und ergab 13 mg 2'-dCDP **151** als farblosen Feststoff mit 1.3 Gegenionen Et$_3$NH$^+$.

Experimentalteil

¹H-NMR (400 MHz, D$_2$O): δ [ppm] = 8.22 (d, 1H, H6, $^3J_{HH}$ = 7.9 Hz), 6.32 - 6.27 (m, 2H, H1', H5), 4.65 - 4.60 (m, 1H, H3'), 4.27 - 4.25 (m, 1H, H4'), 4.22 - 4.12 (m, 2H, H5'), 3.21 (q, 8H, C$H_{2,Et3N}$, $^3J_{HH}$ = 7.3 Hz), 2.53 - 2.47 (ddd, 1H, H2'a, $^2J_{HH}$ = 14.2 Hz, $^3J_{HH}$ = 6.2 Hz, $^3J_{HH}$ = 3.8 Hz), 2.42 - 2.35 (m, 1H, H2'b), 1.29 (t, 12H, C$H_{3,Et3N}$, $^3J_{HH}$ = 7.3 Hz); **¹³C-NMR** (101 MHz, D$_2$O): δ [ppm] = 159.8 (C4), 149.2 (C2), 144.3 (C6), 95.2 (C5), 86.6 (C1'), 86.2 (d, C4', $^3J_{CP}$ = 9.1 Hz), 70.6 (C3'), 65.0 (d, C5', $^2J_{CP}$ = 5.4 Hz), 46.7 (C$H_{2,Et3NH}$), 39.5 (C2'), 8.2 (C$H_{3,Et3N}$); **³¹P-NMR** (162 MHz, D$_2$O): δ [ppm] = -10.83 (d, P$_\beta$, $^2J_{PP}$ = 19.3 Hz), -11.38 (d, P$_\alpha$, $^2J_{PP}$ = 19.7 Hz); **IR**: ṽ [cm^{-1}]= 2983, 2698, 2501, 1683, 1448, 1225, 1035, 927, 503; **HRMS**-ESI$^-$ (m/z) = ber. 386.0160 [*M*-H]$^-$, gef. 386.0008.

Anmerkung: Bei der Reinigung wurden 10 mg von vermutlich 2'-dCDP-Konjugat **155a** isoliert.

¹H-NMR (400 MHz, D$_2$O): δ [ppm] = 8.23 (d, 1H, H6, $^3J_{HH}$ = 7.8 Hz), 7.32 (d, 1H, H6$_{ar}$, $^4J_{HH}$ = 1.7 Hz), 7.28 (dd, 1H, H4$_{ar}$, $^3J_{HH}$ = 8.7 Hz, $^4J_{HH}$ = 2.2 Hz), 6.94 (d, 1H, H3$_{ar}$, $^3J_{HH}$ = 8.7 Hz), 6.39 (d, 1H, H5, $^3J_{HH}$ = 7.9 Hz), 6.39 (dd, 1H, H1', $^3J_{HH}$ = 6.2 Hz, $^3J_{HH}$ = 6.2 Hz), 5.18 (d, 2H, C$H_{2,Benzyl}$, $^2J_{HH}$ = 11.0 Hz), 4.65 - 4.60 (m, 1H, H3'), 4.28 - 4.16 (m, 3H, H4', H5'), 3.20 (q, 9H, C$H_{2,Et3N}$, $^3J_{HH}$ = 7.3 Hz), 2.57 - 2.50 (m, 1H, H2'a), 2.42 - 2.34 (m, 1H, H2'b), 1.28 (t, 13.5H, C$H_{3,Et3N}$, $^3J_{HH}$ = 7.3 Hz); **¹³C-NMR** (101 MHz, D$_2$O): δ [ppm] = 159.2 (C4), 152.6 (C2$_{ar}$), 148.9 (C2), 142.2 (C6), 130.0 (C6$_{ar}$), 129.0 (C4$_{ar}$), 124.8 (C5$_{ar}$), 120.8 (C1$_{ar}$), 117.3 (C3$_{ar}$), 95.6 (C5), 87.9 (C1'), 86.5 (d, C4', $^3J_{CP}$ = 8.8 Hz), 70.4 (C3'), 64.9 (d, C5', $^2J_{CP}$ = 5.0 Hz), 46.8 (C$H_{2,Et3NH}$), 42.4 (C$H_{2,Benzyl}$), 39.8 (C2'), 8.3 (C$H_{3,Et3NH}$); **³¹P-NMR** (162 MHz, D$_2$O): δ [ppm] = -10.46 (d, P$_\beta$, $^2J_{PP}$ = 20.3 Hz), -11.37 (d, P$_\alpha$, $^2J_{PP}$ = 20.4 Hz).

BVdU-5'-diphosphat 149

Die Immobilisierung wurde gemäß AAV 9 (Variante 1) durchgeführt. Es wurden 87 mg AM-PS **52** (96 μmol, 0.75 Äq.), 80 mg 5-Chlor-*cyclo*Sal-3'-O-succinyl-BVdUmonophosphat **67** (0.13 mmol, 1 Äq.), 19 mg HOBt (0.14 mmol, 1.1 Äq.) und 20 μL DIC (0.13 mmol, 1 Äq.) eingesetzt. Die Reaktionszeit betrug 5 d. Der weitere

Experimentalteil

Verlauf erfolgte gemäß AAV 11 mit 760 mg Tetra-*n*-butylammonium-dihydrogenphosphat **127** (2.24 mmol, 23 Äq./ Harz). Abspaltung vom Harz erfolgte gemäß AAV 12 (Variante 1).

Ausbeute: 72 mg von BVdUDP **149** als Rohprodukt in einer Reinheit von 91% (gemäß ^{31}P-NMR-Spektrum).

Molgewicht M^{3-} = 490.07 g/mol.

Reinigung: Es wurde versucht, **149** als Rohprodukt mit (*n*-Bu)$_4$N-Ionen als Gegenionen an RP-18 Silicagel zu reinigen. Der größte Teil verblieb jedoch auf der RP-Säule. Ein kleiner Teil eluierte, jedoch nicht sauber, und auch RP-18 Silicagel wurde in den Fraktionen gefunden.

Die analytischen Daten stimmten mit jenen der Literatur überein.[25]

^{31}**P-NMR** (162 MHz, D$_2$O): δ [ppm] = -8.57 (d, P$_\beta$, $^2J_{PP}$ = 21.2 Hz), -11.28 (d, P$_\alpha$, $^2J_{PP}$ = 22.1 Hz).

8.2.9.2 Synthese der Nucleosid-5'-triphosphate

Thymidin-5'-triphosphat 60

Synthese 1: Die Immobilisierung wurde gemäß AAV 9 (Variante 1) durchgeführt, allerdings mit veränderten Äquivalentverhältnissen. Es wurden 151 mg AM-PS **52** (166 µmol, 0.9 Äq.), 100 mg 5-Chlor-*cyclo*Sal-3'-*O*-succinyl-thymidinmonophosphat **63** (184 µmol, 1 Äq.), 56 mg HOBt (0.41 mmol, 2.2 Äq.) und 58 µL DIC (0.26 mmol, 2 Äq.) eingesetzt. Die Reaktionszeit betrug 5 d. Der weitere Verlauf erfolgte gemäß AAV 11 mit 751 mg Bis-(tetra-*n*-butylammonium)dihydrogenpyrophosphat **27b** (1.14 mmol, 6.9 Äq./ Harz). Abspaltung vom Harz erfolgte gemäß AAV 12 (Variante 1).

Ausbeute: 120 mg von TTP **60** als Rohprodukt und als farbloser Feststoff in einer Reinheit von 90% (gemäß ^{31}P-NMR-Spektrum).

Reinigung 1: 120 mg des Rohproduktes wurden an RP-18 Silicagel gereinigt und ergaben 64 mg von **60** ohne in NMR-Spektren sichtbare Gegenionen. Das entspricht einer Ausbeute von ca. 80% bezogen auf AM-PS **52**.

Experimentalteil

Synthese 2: Die Immobilisierung wurde gemäß AAV 9 (Variante 2) durchgeführt. Es wurden 153 mg AM-PS **52** (169 µmol, 0.9 Äq.), 250 mg 5-Nitro-*cyclo*Sal-3'-*O*-succinyl-thymidinmonophosphat **121a** (vermutlich durch in NMR-Spektren nicht sichtbare Salze verunreinigt, n < 0.185 mmol, 1 Äq.), 75 mg HOBt (0.56 mmol, 3 Äq.) und 86 µL DIC (0.56 mmol, 3 Äq.) eingesetzt. Die Reaktionszeit betrug 1 d. Der weitere Verlauf erfolgte gemäß AAV 11 mit 557 mg Bis-(tetra-*n*-butyl-ammonium)dihydrogenpyrophosphat **27b** (0.843 mmol, 5 Äq./ Harz). Abspaltung vom Harz erfolgte gemäß AAV 12 (Variante 1).

Ausbeute: 27 mg von TTP **60** als Rohprodukt (TTP **60** zu Thymidin-5'-phosphoramidat **158** 1:3 gemäß ^{31}P-NMR-Spektrum, dessen Charakterisierung siehe unten).

Molgewicht M^{4-} = 478.14 g/mol.

^{1}**H-NMR** (400 MHz, D$_2$O): δ [ppm] = 7.61 (d, 1H, H6, $^{4}J_{HH}$ = 1.0 Hz), 6.19 (dd, 1H, H1', $^{3}J_{HH}$ = 6.9 Hz, $^{3}J_{HH}$ = 6.8 Hz), 4.55 - 4.51 (m, 1H, H3'), 4.12 - 3.96 (m, 3H, H4', H5'), 3.02 (t, 15H, H1$_{NBu4}$, $^{3}J_{HH}$ = 8.2 Hz), 2.26 - 2.16 (m, 2H, H2'), 1.78 (s, 3H, C*H*$_{3,T}$), 1.48 (tt, 15H, H2$_{NBu4}$, $^{3}J_{HH}$ = 7.8 Hz, $^{3}J_{HH}$ = 7.8 Hz), 1.20 (m, 15H, H3$_{NBu4}$), 0.79 (t, 23H, H4$_{NBu4}$, $^{3}J_{HH}$ = 7.4 Hz); ^{13}**C-NMR** (101 MHz, D$_2$O): δ [ppm] = 166.6 (C4), 151.8 (C2), 137.4 (C6), 117.3 (C5), 111.8 (C5), 85.5 (d, C4', $^{3}J_{CP}$ = 9.3 Hz), 84.9 (C1'), 71.0 (C1'), 65.5 (d, C5', $^{2}J_{CP}$ = 5.1 Hz), 58.2 (C1$_{NBu4}$), 38.6 (C2'), 23.2 (C2$_{NBu4}$), 19.2 (C3$_{NBu4}$), 12.8 (C4$_{NBu4}$), 11.7 (CH$_{3,T}$); ^{31}**P-NMR** (162 MHz, D$_2$O): δ [ppm] = -7.14 (d, P$_\gamma$, $^{2}J_{PP}$ = 20.4 Hz), -11.47 (d, P$_\alpha$, $^{2}J_{PP}$ = 20.0 Hz), -22.39 (dd, P$_\beta$, $^{2}J_{PP}$ = 20.4 Hz, $^{2}J_{PP}$ = 19.8 Hz).

Reinigung 2: Das Rohprodukt von Synthese 2 wurde gemäß AAV 7 in die Triethymammonium-Form umgesalzen und im Anschluss an RP-18 Silicagel chromatographiert. Dabei wurden 18 mg eines Nebenproduktes isoliert, bei dem es sich um Thymidin-5'-phosphoramidat **158** handelte.

Experimentalteil

¹H-NMR (400 MHz, D₂O): δ [ppm] = 7.77 (d, 1H, H6, $^4J_{HH}$ = 1.1 Hz), 6.36 (dd, 1H, H1', $^3J_{HH}$ = 7.2 Hz, $^3J_{HH}$ = 6.8 Hz), 4.59 - 4.56 (m, 1H, H3'), 4.20 - 4.16 (m, 1H, H4'), 4.10 - 4.00 (m, 2H, H5'), 3.21 (q, 6H, C$H_{2,Et3NH}$, $^3J_{HH}$ = 7.3 Hz), 2.42 - 2.32 (m, 2H, H2'), 1.93 (d, 3H, C$H_{3,T}$, $^4J_{HH}$ = 0.8 Hz), 1.29 (t, 9H, C$H_{3,Et3NH}$, $^3J_{HH}$ = 7.3 Hz); **³¹P-NMR** (162 MHz, D₂O): δ [ppm] = 8.82 (s); **HRMS**-ESI⁻ (m/z) = ber. 320.0653 [*M*-H]⁻, gef. 320.0633.

158

Uridin-5'-triphosphat 140

Die Immobilisierung wurde gemäß AAV 9 (Variante 1) durchgeführt. Es wurden 93 mg AM-PS **52** (102 µmol, 0.75 Äq.), 80 mg 5-Chlor-*cyclo*Sal-2'- oder 3'-O-acetyl-2'- oder 3'-*O*-succinyl-uridinmonophosphat **65** (0.14 mmol, 1 Äq.), 21 mg HOBt (0.16 mmol, 1.1 Äq.) und 21 µL DIC (0.14 mmol, 1 Äq.) eingesetzt. Die Reaktionszeit betrug 5 d. Der weitere Verlauf erfolgte gemäß AAV 11 mit 560 mg Bis-(tetra-*n*-butylammonium)dihydrogenpyrophosphat **27b** (847 µmol, 8.3 Äq./ Harz). Abspaltung vom Harz erfolgte gemäß AAV 12 (Variante 2) für 28 h.

Ausbeute: 50 mg von UTP **140** als Rohprodukt in einer Reinheit von 78% (gemäß ³¹P-NMR-Spektrum). Es lagen sowohl (*n*-Bu)₄N⁺ und Et₃NH⁺-Ionen als Gegenionen vor.

Molgewicht M⁴⁻ = 480.11 g/mol.

Reinigung: Das Rohprodukt wurde mit den oben genannten Gegenionen an RP-18 Silicagel chromatographiert. Es wurden 4 mg sauberes UTP **140** als farbloser Feststoff mit 1.7 Gegenionen Et₃NH⁺ erhalten. In Großteil des Produktes verblieb aufgrund der (*n*-Bu)₄N⁺-Gegenionen auf der Säule.

140

¹H-NMR (400 MHz, D₂O): δ [ppm] = 7.95 (d, 1H, H6, $^3J_{HH}$ = 8.1 Hz), 5.99 - 5.95 (m, 2H, H1', H5), 4.41 - 4.35 (m, 2H, H2', H3'), 4.27 - 4.23 (m, 3H, H4', H5'), 3.18 (q, 10H, C$H_{2,Et3NH}$, $^3J_{HH}$ = 7.3 Hz), 1.26 (t, 15H, C$H_{3,Et3NH}$, $^3J_{HH}$ = 7.3 Hz); **³¹P-NMR** (162

Experimentalteil

MHz, D$_2$O): δ [ppm] = -10.27 (d, P$_\gamma$, $^2J_{PP}$ = 21.0 Hz), -11.52 (d, P$_\alpha$, $^2J_{PP}$ = 20.3 Hz), -23.15 (dd, P$_\beta$, $^2J_{PP}$ = 20.4 Hz , $^2J_{PP}$ = 19.5 Hz).

2'-Desoxyadenosin-5'-triphosphat 141

Synthese 1: Die Immobilisierung wurde gemäß AAV 9 (Variante 1) durchgeführt, allerdings mit veränderten Äquivalentverhältnissen. Es wurden 114 mg AM-PS **52** (125 µmol, 0.9 Äq.), 106 mg 5-Chlor-*cyclo*Sal-*N*^{6}-dibenzoyl-3'-*O*-succinyl-2'-desoxyadenosinmonophosphat **66** (139 µmol, 1 Äq.), 44 mg HOBt (0.33 mmol, 2.3 Äq.) und 45 µL DIC (0.29 mmol, 2.1 Äq.) eingesetzt. Die Reaktionszeit betrug 3 d. Der weitere Verlauf erfolgte gemäß AAV 11 mit 481 mg Bis-(tetra-*n*-butylammonium)dihydrogenpyrophosphat **27b** (728 µmol, 5.8 Äq./ Harz). Abspaltung vom Harz erfolgte gemäß AAV 12 (Variante 1).

Ausbeute: 21 mg von 2'-dATP **141** als Rohprodukt in einer Reinheit von 72% (gemäß ^{31}P-NMR-Spektrum).

Anmerkung: In diesem Fall bezieht sich die dem ^{31}P-NMR-Spektrum entnommene Reinheit nur auf die abgespaltenen phosphathaltigen Verbindungen und entspricht somit dem Umsatz. Da Benzoyl-Schutzgruppen am Molekül waren, die bei der Abspaltung als Benzoesäureamid abgespalten wurden, gab es auch nichtphosphorhaltige Abspaltprodukte.

Synthese 2: Die Immobilisierung wurde gemäß AAV 9 (Variante 2) durchgeführt. Es wurden 59 mg AM-PS **52** (65 µmol, 0.9 Äq.), 40 mg 5-Chlor-*cyclo*Sal-3'-*O*-succinyl-2'-desoxyadenosinmonophosphat **123** (72 µmol, 1 Äq.), 33 mg HOBt (0.24 mmol, 3.4 Äq.) und 34 µL DIC (0.22 mmol, 3.1 Äq.) eingesetzt. Die Reaktionszeit betrug 2 d. Der weitere Verlauf erfolgte gemäß AAV 11 mit 258 mg Bis-(tetra-*n*-butylammonium)dihydrogenpyrophosphat **27b** (390 µmol, 6 Äq./ Harz). Abspaltung vom Harz erfolgte gemäß AAV 12 (Variante 1).

Ausbeute: 20 mg von 2'-dATP **141** als Rohprodukt in einer Reinheit von 78% (gemäß ^{31}P-NMR-Spektrum) mit ca. 1.3 Gegenionen (*n*-Bu)$_4$N$^+$.

Experimentalteil

Molgewicht M⁴⁻ = 487.15 g/mol.

Die analytischen Daten stimmten mit jenen der Literatur überein.

³¹P-NMR (162 MHz, D$_2$O): δ [ppm] = -7.79 (d, P$_\gamma$, $^2J_{PP}$ = 20.1 Hz), -11.21 (d, P$_\alpha$, $^2J_{PP}$ = 19.8 Hz), -22.52 (dd, P$_\beta$, $^2J_{PP}$ = 20.3 Hz, $^2J_{PP}$ = 19.8 Hz).

BVdU-5'-triphosphat 6

Die Immobilisierung wurde gemäß AAV 9 (Variante 1) durchgeführt. Es wurden 87 mg AM-PS **52** (96 µmol, 0.75 Äq.), 80 mg 5-Chlor-*cyclo*Sal-3'-*O*-succinyl-BVdUmonophosphat **67** (0.13 mmol, 1 Äq.), 19 mg HOBt (0.14 mmol, 1.1 Äq.) und 20 µL DIC (0.13 mmol, 1 Äq.) eingesetzt. Die Reaktionszeit betrug 5 d. Der weitere Verlauf erfolgte gemäß AAV 11 mit 1.27 g Bis-(tetra-*n*-butylammonium)dihydrogenpyrophosphat **27b** (1.92 mmol, 20 Äq./ Harz). Abspaltung vom Harz erfolgte gemäß AAV 12 (Variante 1).

Ausbeute: 109 mg von BVdUTP **6** als Rohprodukt in einer Reinheit von 90% (gemäß ³¹P-NMR-Spektrum).

Molgewicht M⁴⁻ = 569.05 g/mol.

Reinigung: Es wurde versucht, **6** als Rohprodukt mit (*n*-Bu)$_4$N-Ionen als Gegenionen an RP-18 Silicagel zu reinigen. Der größte Teil verblieb jedoch auf der RP-Säule. Ein kleiner Teil eluierte, jedoch nicht sauber, und auch RP-18 Silicagel wurde in den Fraktionen gefunden.

Die analytischen Daten stimmten mit jenen der Literatur überein.[25]

³¹P-NMR (162 MHz, D$_2$O): δ [ppm] = -10.01 bis -12.14 (m, 2P, P$_\gamma$, P$_\alpha$), -22.23 bis 24.10 (m, P$_\beta$).

Experimentalteil

Thymidin-5'-β,γ-methylentriphosphat 156

Die Immobilisierung wurde gemäß AAV 9 (Variante 1) durchgeführt, allerdings mit veränderten Äquivalentverhältnissen. Es wurden 151 mg AM-PS **52** (166 µmol, 0.9 Äq.), 100 mg 5-Chlor-*cyclo*Sal-3'-O-succinyl-thymidinmonophosphat **63** (184 µmol, 1 Äq.), 56 mg HOBt (0.41 mmol, 2.2 Äq.) und 58 µL DIC (0.26 mmol, 2 Äq.) eingesetzt. Die Reaktionszeit betrug 5 d. Der weitere Verlauf erfolgte gemäß AAV 11 mit 600 mg Bis-(tetra-*n*-butylammonium)dihydrogenmethylenpyrophosphat **128** (911 µmol, 5.5 Äq./ Harz). Abspaltung vom Harz erfolgte gemäß AAV 12 (Variante 1).

Ausbeute: 87 mg von **156** als Rohprodukt in einer Reinheit von 78% (gemäß ^{31}P-NMR-Spektrum).

Molgewicht M^{4-}= 476.17 g/mol.

Reinigung: 78 mg des Rohproduktes von **156** wurden mit Tetra-*n*-butylammonium-Ionen als Gegenionen an RP-18 Silicagel chromatographiert. Danach wurden 21 mg als farbloser Feststoff erhalten. **156** konnte bis auf 4% TMP als Nebenprodukt gereinigt werden.

^{1}H-NMR (400 MHz, D$_2$O): δ [ppm] = 7.71 (s, 1H, H6), 6.31 (dd, 1H, H1', $^3J_{HH}$ = 7.1 Hz, $^3J_{HH}$ = 6.7 Hz), 4.63 - 4.59 (m, 1H, H3'), 4.15 - 4.09 (m, 3H, H4', H5'), 2.41 - 2.31 (m, 2H, H2'), 2.27 - 2.17 (dd, 2H, P-CH_2-P, $^2J_{HP}$ = 20.0 Hz, $^2J_{HP}$ = 20.2 Hz), 1.89 (s, 3H, C$H_{3,T}$); **^{13}C-NMR** (101 MHz, D$_2$O): δ [ppm] = 166.8 (C4), 151.9 (C2), 137.4 (C6), 111.8 (C5), 85.5 (d, C4', $^3J_{CP}$ = 8.1 Hz), 85.0 (C1'), 70.9 (C3'), 65.3 (d, C5', $^2J_{CP}$ = 5.0 Hz), 38.6 (C2'), 30.2 - 29.9 (m, 1C, P-CH$_2$-P), 11.7 (CH$_{3,T}$); **^{31}P-NMR** (162 MHz, D$_2$O): δ [ppm] = 13.07 (m, P$_\gamma$), 11.56 (m, P$_\beta$), -11.16 (d, $^2J_{PP}$ = 25.9 Hz, P$_\alpha$); **IR**: ṽ [cm^{-1}]= 1667, 1479, 1224, 1110, 1072, 1051, 931, 797, 529, 469; **MS**-ESI$^-$ (m/z) = ber. 479.0 [*M*-H]$^-$, gef. 479.1.

Experimentalteil

Uridin-5'-β,γ-methylentriphosphat 157

Die Immobilisierung wurde gemäß AAV 9 (Variante 2) durchgeführt. Es wurden 75 mg AM-PS **52** (83 µmol, 0.9 Äq.), 53 mg 5-Chlor-*cyclo*Sal-2'- oder 3'-*O*-acetyl-2'- oder 3'-*O*-succinyl-uridinmonophosphat **65** (90 µmol, 1 Äq.), 37 mg HOBt (0.27 mmol, 3 Äq.) und 40 µL DIC (0.26 mmol, 3 Äq.) eingesetzt. Die Reaktionszeit betrug 2 d. Der weitere Verlauf erfolgte gemäß AAV 11 mit 356 mg Bis-(tetra-*n*-butyl-ammonium)dihydrogenmethylenpyrophosphat **128** (540 µmol, 6.5 Äq./ Harz). Abspaltung vom Harz erfolgte gemäß AAV 12 (Variante 2) und wurde zweimal durchgeführt (23 h und 20 h).

Ausbeute: 32 mg von **157** als Rohprodukt in einer Reinheit von 75% (gemäß ^{31}P-NMR-Spektrum). Es lagen sowohl (*n*-Bu)$_4$N$^+$ und Et$_3$NH$^+$-Ionen als Gegenionen vor.

Molgewicht M^{4-}= 477.96 g/mol.

Reinigung: 60 mg (inklusive 37 mg des Rohproduktes eines anderen Reaktionsansatzes) **157** als Rohprodukt wurden gemäß AAV 7 mit Triethylamin unter Zugabe von 5 mL THF in die Et$_3$NH$^+$-Form umgesalzen. Das so erhaltene Rohprodukt wurde an RP-18 Silicagel gereinigt und ergab 10 mg des sauberen Produktes **157** als farblosen Feststoff.

^{1}**H-NMR** (400 MHz, D$_2$O): δ [ppm] = 7.97 (d, 1H, H6, $^3J_{HH}$ = 8.2 Hz), 5.99 (d, 1H, H1', $^3J_{HH}$ = 3.8 Hz), 5.97 (d, 1H, H5, $^3J_{HH}$ = 8.0 Hz), 4.41 - 4.37 (m, 2H, H2', H3'), 4.30 - 4.26 (m, 1H, H4'), 4.25 - 4.21 (m, 2H, H5'), 3.20 (q, 18H, CH_2,Et3NH, $^3J_{HH}$ = 7.3 Hz), 2.35 (dd, 2H, PCH_2P, $^2J_{HP}$ = 20.4 Hz, $^2J_{HP}$ = 20.3 Hz), 1.28 (t, 27H, CH_3,Et3NH, $^3J_{HH}$ = 7.3 Hz); ^{13}**C-NMR** (101 MHz, D$_2$O): δ [ppm] = 141.7 (C6), 102.8 (C5), 88.4 (C1'), 83.4 (d, C4', $^3J_{CP}$ = 9.0 Hz), 73.8 (C3'), 69.7 (C2'), 64.7 (d, C5', $^2J_{CP}$ = 5.3 Hz), 46.8 (CH$_2$,Et3NH), 29.3 (m, PCH$_2$P), 8.3 (CH$_3$,Et3NH); ^{31}**P-NMR** (162 MHz, D$_2$O): δ [ppm] = 15.36 (m, P$_\gamma$), 7.98 (m, P$_\beta$), -11.20 (d, $^2J_{PP}$ = 26.4 Hz, P$_\alpha$); **IR**: $\tilde{\nu}$ [cm^{-1}]= 2984, 1685, 1458, 1381, 1200, 1108, 1035, 927, 797, 513, 463.

Experimentalteil

8.2.9.3 Synthese von Nucleosid-5'-diphosphat-Zuckern

Anmerkung: Bei Abspaltung von NDP-Zuckern mit wäss. Ammoniak (AAV 12, Variante 1) bezieht sich die angegebene Reinheit nur auf die phosphorhaltigen abgespaltenen Produkte und entspricht damit der Umsetzung. Die Acetyl-Schutzgruppen des Zuckers wurden vermutlich in Form von Acetamid abgespalten und stellten eine nicht-phosphorhaltige Verunreinigung dar.

Thymidin-5'-diphosphat-β-D-glucose 161

Synthese 1: Die Immobilisierung wurde gemäß AAV 9 (Variante 1) durchgeführt. Es wurden 130 mg AM-PS **52** (143 µmol, 0.75 Äq.), 104 mg 5-Chlor-*cyclo*Sal-3'-O-succinyl-TMP **63** (191 µmol, 1 Äq.), 29 mg HOBt (0.22 mmol, 1.1 Äq.) und 30 µL DIC (0.19 mmol, 1 Äq.) eingesetzt. Die Reaktionszeit betrug 4 d. Der weitere Verlauf erfolgte gemäß AAV 11 mit 789 mg Tetra-*n*-butylammonium-2,3,4,6-tetra-O-acetyl-β-D-glucose-1-phosphat **129b** (1.38 mmol, 9.7 Äq./ Harz), wobei die Reaktionszeit 5 d betrug. Abspaltung vom Harz erfolgte gemäß AAV 12 (Variante 1).

Ausbeute: 131 mg von **161** als Rohprodukt in einer Reinheit von 78% (gemäß ^{31}P-NMR-Spektrum), β-anomerenrein.

Synthese 2: Die Immobilisierung wurde gemäß AAV 9 (Variante 2) durchgeführt. Es wurden 281 mg AM-PS **52** (309 µmol, 0.91 Äq.), 200 mg 5-Methylsulfonyl-*cyclo*Sal-3'-O-succinyl-TMP **120** (340 µmol, 1 Äq.), 138 mg HOBt (1.02 mmol, 3.0 Äq.) und 158 µL DIC (1.01 mmol, 3.0 Äq.) eingesetzt. Die Reaktionszeit betrug 20 h. Der weitere Verlauf erfolgte gemäß AAV 11 mit 660 mg Triethylammonium-2,3,4,6-tetra-O-acetyl-β-D-glucose-1-phosphat **129a** (1.54 mmol, 5.0 Äq./ Harz), wobei die Reaktionszeit 4 d betrug. Abspaltung vom Harz erfolgte gemäß AAV 12 (Variante 2) für 48 h.

Ausbeute: 190 mg **161** als Rohprodukt in einer Reinheit von 60% (gemäß ^{31}P-NMR-Spektrum), β-anomerenrein.

Experimentalteil

Molgewicht M^{2-} = 562.31 g/mol.

Reinigung: 180 mg des Rohproduktes von **161** wurden mit Et_3NH^+-Ionen als Gegenionen an RP-18 Silicagel gereinigt. Es wurden 67 mg sauberes Produkt **161** als farbloser Feststoff mit 2 Et_3NH^+-Ionen als Gegenionen erhalten.

^{1}H-NMR (400 MHz, D_2O): δ [ppm] = 7.75 (s, 1H, H6), 6.35 (dd, 1H, H1', $^3J_{HH}$ = 7.2 Hz, $^3J_{HH}$ = 6.8 Hz), 4.95 (dd, 1H, H1, $^3J_{HH}$ = 7.8 Hz, $^3J_{HH}$ = 7.7 Hz), 4.66 – 4.61 (m, 1H, H3'), 4.19 – 4.18 (m, 3H, H4', H5'), 3.92 (d, 1H, H4, $^3J_{HH}$ = 3.2 Hz), 3.82 (dd, 1H, H6a, $^2J_{HH}$ = 10.3 Hz, $^3J_{HH}$ = 6.9 Hz), 3.76 – 3.67 (m, 3H, H3, H5, H6b), 3.64 – 3.59 (m, 1H, H2), 3.20 (q, 12H, $CH_{2,Et3NH}$, $^3J_{HH}$ = 7.3 Hz), 2.43 – 2.31 (m, 2H, H2'), 1.93 (s, 3H, $CH_{3,T}$), 1.28 (t, 18H, $CH_{3,Et3NH}$, $^3J_{HH}$ = 7.3 Hz); **^{13}C-NMR** (101 MHz, D_2O): δ [ppm] = 166.7 ($C4_T$), 151.8 ($C2_T$), 137.4 ($C6_T$), 111.8 ($C5_T$), 98.6 (d, C1, $^2J_{CP}$ = 6.1 Hz), 85.5 (d, C4', $^3J_{CP}$ = 9.2 Hz), 85.1 (C1'), 75.9 (C5), 72.4 (C3), 71.3 (d, C2, $^3J_{CP}$ = 8.5 Hz), 71.1 (C3'), 68.7 (C4), 65.6 (d, C5', $^2J_{CP}$ = 5.6 Hz), 61.3 (C6), 46.8 ($CH_{2,Et3NH}$), 38.7 (C2'), 11.7 ($CH_{3,T}$), 8.3 ($CH_{3,Et3NH}$); **^{31}P-NMR** (162 MHz, D_2O): δ [ppm] = -11.48 (d, $P_α$, $^2J_{PP}$ = 18.5 Hz), -12.97 (d, $P_β$, $^2J_{PP}$ = 18.2 Hz); **IR:** $\tilde{ν}$ [cm^{-1}]= 2987, 2696, 2500, 1682, 1471, 1226, 1038, 956, 937, 819, 769, 492; **MS-FAB** (m/z) = ber. 666.2 $[M+HEt_3N]^+$, gef. 666.3.

Thymidin-5'-diphosphat-α-D-galactose 162

Die Immobilisierung wurde gemäß AAV 9 (Variante 2) durchgeführt. Es wurden 359 mg AM-PS **52** (395 µmol, 0.91 Äq.), 256 mg 5-Methylsulfonyl-*cyclo*Sal-3'-O-succinyl-TMP **120** (435 µmol, 1 Äq.), 176 mg HOBt (1.30 mmol, 3.0 Äq.) und 202 µL DIC (1.30 mmol, 3.0 Äq.) eingesetzt. Die Reaktionszeit betrug 20 h. Der weitere Verlauf erfolgte gemäß AAV 11 mit 720 mg Triethylammonium-2,3,4,6-tetra-*O*-acetyl-α-D-galactose-1-phosphat **134** (1.36 mmol, 3.4 Äq./ Harz), wobei die Reaktionszeit 4 d betrug. Abspaltung vom Harz erfolgte gemäß AAV 12 (Variante 2) für 24 h.

Experimentalteil

Ausbeute: 194 mg **162** als Rohprodukt in einer Reinheit von 43% (gemäß ^{31}P-NMR-Spektrum), α-anomerenrein.

Molgewicht M^{2-}= 562.31 g/mol.

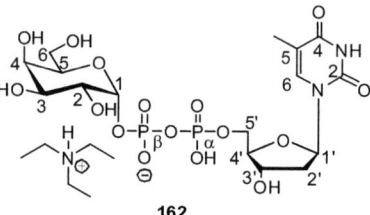

Reinigung: 180 mg des Rohproduktes von **162** wurden mit Et$_3$NH$^+$-Ionen als Gegenionen an RP-18 Silicagel gereinigt, wobei zweimalige Chromatographie nötig war, um **162** sauber zu erhalten. Es wurden 24 mg sauberes Produkt als farbloser Feststoff mit 1.3 Et$_3$NH$^+$-Ionen als Gegenionen erhalten

^{1}H-NMR (400 MHz, D$_2$O): δ [ppm] = 7.77 (s, 1H, H6), 6.39 - 6.35 (m, 1H, H1'), 5.63 (dd, 1H, H1, $^3J_{HP}$ = 7.2 Hz, $^3J_{HH}$ = 3.4 Hz), 4.68 - 4.63 (m, 1H, H3'), 4.22 - 4.21 (m, 3H, H4', H5'), 3.94 - 3.89 (m, 1H, H4), 3.89 - 3.85 (m, 1H, H6a), 3.83 - 3.78 (m, 2H, H3, H6b), 3.57 - 3.53 (m, 1H, H2), 3.51 - 3.46 (m, 1H, H5), 3.23 (q, 8H, CH$_{2,Et3NH}$, $^3J_{HH}$ = 7.3 Hz), 2.43 - 2.38 (m, 2H, H2'), 1.96 (s, 3H, CH$_{3,T}$), 1.30 (t, 12H, CH$_{3,Et3NH}$, $^3J_{HH}$ = 7.3 Hz); **^{13}C-NMR** (101 MHz, D$_2$O): δ [ppm] = 166.6 (C4$_T$), 151.8 (C2$_T$), 137.4 (C6$_T$), 111.8 (C5$_T$), 98.6 (d, C1, $^2J_{CP}$ = 6.7 Hz), 85.4 (C4'), 85.0 (C1'), 72.9 (C3), 72.8 (C4), 71.6 (d, C2, $^3J_{CP}$ = 8.9 Hz), 71.0 (C3'), 69.2 (C5), 65.5 (d, C5', $^2J_{CP}$ = 5.5 Hz), 60.3 (C6), 46.7 (CH$_{2,Et3NH}$), 38.6 (C2'), 11.6 (CH$_{3,T}$), 8.3 (CH$_{3,Et3NH}$); **^{31}P-NMR** (162 MHz, D$_2$O): δ [ppm] = -11.37 (d, P$_α$, $^2J_{PP}$ = 20.4 Hz), -12.93 (d, P$_β$, $^2J_{PP}$ = 20.6 Hz); **IR**: $\tilde{v}$ [cm^{-1}]= 2985, 2947, 2502, 1686, 1662, 1470, 1228, 1077, 1023, 918, 506; **HRMS**-ESI$^-$ (m/z) = ber. 563.0685 [*M*-H]$^-$, gef. 563.0684.

Anmerkung: Bei der Reinigung wurden 13 mg als Nebenprodukt 1,2-Cyclophosphat **164** als farbloser Feststoff erhalten.

Molgewicht M$^-$= 241.11 g/mol.

^{1}H-NMR (400 MHz, D$_2$O): δ [ppm] = 5.82 (dd, 1H, H1, ^3J = 4.8 Hz, ^3J = 2.1 Hz), 4.35 (ddd, 1H, H2, ^3J = 17.3 Hz, ^3J = 7.5 Hz, ^3J = 5.0 Hz), 3.98 (dd, 1H, H3, $^3J_{HH}$ = 8.4 Hz, $^3J_{HH}$ = 8.1 Hz), 3.92 - 3.79 (m, 3H, H5, H6), 3.53 (dd, 1H, H4, $^3J_{HH}$ = 9.3 Hz, $^3J_{HH}$ = 9.3 Hz), 3.21 (q, 1H, CH$_{2,Et3NH}$, $^3J_{HH}$ = 7.3 Hz), 1.29 (t, 2H, CH$_{3,Et3NH}$, $^3J_{HH}$ = 7.3 Hz); **^{31}P-NMR** (162 MHz, D$_2$O): δ [ppm] = 10.7; **MS**-ESI$^-$ (m/z) = ber. 241.0119 [*M*-H]$^-$, gef. 241.0117.

Experimentalteil

Uridin-5'-diphosphat-β-D-glucose 163

Die Immobilisierung wurde gemäß AAV 9 (Variante 2) durchgeführt. Es wurden 27 mg AM-PS **52** (30 µmol, 0.91 Äq.), 21 mg 5-Methylsulfonyl-*cyclo*Sal-2'- oder 3'-*O*-acetyl-2'- oder 3'-*O*-succinyl-UMP **122** (33 µmol, 1 Äq.), 14 mg HOBt (0.10 mmol, 3.2 Äq.) und 15 µL DIC (96 µmol, 3.0 Äq.) eingesetzt. Die Reaktionszeit betrug 20 h. Der weitere Verlauf erfolgte gemäß AAV 11 mit 77 mg Triethylammonium-2,3,4,6-tetra-*O*-acetyl-β-D-glucose-1-phosphat **129a** (0.15 mmol, 4.8 Äq./ Harz), wobei die Reaktionszeit 4 d betrug. Abspaltung vom Harz erfolgte gemäß AAV 12 (Variante 2) für 48 h.

Ausbeute: 15 mg **163** als Rohprodukt in einer Reinheit von 61% (gemäß ^{31}P-NMR-Spektrum), β-anomerenrein.

Molgewicht M^{2-}= 564.29 g/mol.

Die analytischen Daten entsprechen denen der Literatur.[38]

8.2.9.4 Synthese von Dinucleosid-5',5'-diphosphaten

Thymidin-uridin-5',5'-diphosphat 167

Synthese 1: Die Immobilisierung wurde gemäß AAV 9 (Variante 1) durchgeführt. Es wurden 130 mg AM-PS **52** (143 µmol, 0.75 Äq.), 104 mg 5-Chlor-*cyclo*Sal-3'-*O*-succinyl-TMP **63** (191 µmol, 1 Äq.), 29 mg HOBt (0.22 mmol, 1.1 Äq.) und 30 µL DIC (0.19 mmol, 3 Äq.) eingesetzt. Die Reaktionszeit betrug 4 d. Der weitere Verlauf erfolgte gemäß AAV 11 mit 600 mg Tetra-*n*-butylammonium-UMP **135** (1.06 mmol, 7.4 Äq./ Harz), wobei die Reaktionszeit 5 d betrug. Abspaltung vom Harz erfolgte gemäß AAV 12 (Variante 1).

Ausbeute: 100 mg **167** als Rohprodukt in einer Reinheit von 78% (gemäß ^{31}P-NMR-Spektrum).

Experimentalteil

Reinigung: Es wurden 84 mg eines Rohproduktes von **167** eines anderen Reaktionsansatzes mit (*n*-Bu)$_4$N$^+$-Ionen als Gegenionen an RP-18 Silicagel gereinigt. Es wurden 33 mg **167** als farbloser Feststoff erhalten, wobei die NMR-Spektren keine Gegenionen mehr anzeigten.

Synthese 2: Die Immobilisierung wurde gemäß AAV 9 (Variante 2) durchgeführt. Es wurden 42 mg AM-PS **52** (46 µmol, 0.90 Äq.), 30 mg 5-Methylsulfonyl-*cyclo*Sal-3'-O-succinyl-TMP **120** (51 µmol, 1 Äq.), 23 mg HOBt (0.17 mmol, 3.3 Äq.) und 24 µL DIC (0.15 mmol, 3.0 Äq.) eingesetzt. Die Reaktionszeit betrug 20 h. Der weitere Verlauf erfolgte gemäß AAV 11 mit 180 mg Tetra-*n*-butylammonium-UMP **135** (318 µmol, 6.9 Äq./ Harz), wobei die Reaktionszeit 8 d betrug. Abspaltung vom Harz erfolgte gemäß AAV 12 (Variante 1).

Ausbeute: 26 mg **167** als Rohprodukt in einer Reinheit von 70% (gemäß ^{31}P-NMR-Spektrum).

Molgewicht M^{2-}= 626.36 g/mol.

^{1}H-NMR (400 MHz, D$_2$O): δ [ppm] = 7.93 (d, 1H, H6$_U$, $^3J_{HH}$ = 8.3 Hz), 7.72 (d, 1H, H6$_T$, $^4J_{HH}$ = 1.2 Hz), 6.34 - 6.30 (m, 1H, H1'$_T$), 5.95 (d, 1H, H5$_U$, $^3J_{HH}$ = 7.9 Hz), 5.94 (d, 1H, H1'$_U$, $^3J_{HH}$ = 4.8 Hz), 4.62 - 4.59 (m, 1H, H3'$_T$), 4.36 - 4.34 (m, 2H, H2'$_U$, H3'$_U$), 4.27 - 4.15 (m, 6H, H4'$_T$, H4'$_U$, H5'$_T$, H5'$_U$), 2.37 - 2.34 (m, 2H, H2'$_T$), 1.92 (d, 3H, CH$_{3,T}$, $^4J_{HH}$ = 1.0 Hz); **^{13}C-NMR** (101 MHz, D$_2$O): δ [ppm] = 166.5 (C4$_T$), 166.1 (C4$_U$), 151.7 (2 x C, C2$_T$, C2$_U$), 141.6 (C6$_U$), 137.5 (C6$_T$), 111.7 (C5$_T$), 102.7 (C5$_U$), 88.4 (C1'$_U$), 85.3 (d, C4'$_U$, $^3J_{CP}$ = 7.5 Hz), 84.9 (C1'$_T$), 83.2 (d, C4'$_T$, $^3J_{CP}$ = 8.7 Hz), 73.8 (C3'$_T$), 70.9, 69.6 (C2'$_U$, C3'$_U$), 65.4, 64.9 (2 x d, C5'$_T$, C5'$_U$, $^2J_{CP}$ = 4.0 Hz, $^2J_{CP}$ = 4.2 Hz), 38.6 (C2'$_T$), 11.7 (CH$_{3,T}$); **^{31}P-NMR** (162 MHz, D$_2$O): δ [ppm] = -11.41 (d, 1P, $^2J_{PP}$ = 19.6 Hz), -11.57 (d, 1P, $^2J_{PP}$ = 21.5 Hz); **MS-ESI**$^-$ (m/z) = ber. 627 [*M*-H]$^-$, gef. 627.

2'-Desoxyadenosin-uridin-5',5'-diphosphat 168

Die Immobilisierung wurde gemäß AAV 9 (Variante 2) durchgeführt. Es wurden 118 mg AM-PS **52** (130 µmol, 0.91 Äq.), 79 mg 5-Chlor-*cyclo*Sal-3'-O-succinyl-2'-dAMP **123** (0.14 mmol, 1 Äq.), 58 mg HOBt (0.43 mmol, 3.0 Äq.) und 66 µL DIC

Experimentalteil

(0.42 mmol, 3.0 Äq.) eingesetzt. Die Reaktionszeit betrug 3 d. Der weitere Verlauf erfolgte gemäß AAV 11 mit 485 mg Tetra-*n*-butylammonium-UMP **135** (858 µmol, 6.6 Äq./ Harz), wobei die Reaktionszeit 5 d betrug. Abspaltung vom Harz erfolgte gemäß AAV 12 (Variante 1).

Ausbeute: 33 mg **168** als Rohprodukt in einer Reinheit von 70% (gemäß ^{31}P-NMR-Spektrum).

Reinigung: 26 mg **168** als Rohprodukt mit (*n*-Bu)$_4$N-Ionen als Gegenionen wurden gemäß AAV 7 mit Triethylamin unter Zugabe von 5 mL THF in die Et$_3$NH$^+$-Form umgesalzen. Das so erhaltene Rohprodukt wurde an RP-18 Silicagel gereinigt und ergab 10 mg des sauberen Produktes **168** als farblosen Feststoff.

Molgewicht M^{2-}= 635.37 g/mol.

^{1}H-NMR (400 MHz, D$_2$O): δ [ppm] = 8.46 (s, 1H, H8$_A$), 8.25 (s, 1H, H2$_A$), 7.68 (d, 1H, H6$_U$, $^3J_{HH}$ = 8.1 Hz), 6.48 (d, 1H, H1'$_A$, $^3J_{HH}$ = 6.8 Hz), 5.83 (d, 1H, H1'$_U$, $^3J_{HH}$ = 4.8 Hz), 5.70 (d, 1H, H5$_U$, $^3J_{HH}$ = 8.0 Hz), 4.79 - 4.69 (m, 1H, H3'$_A$), 4.27 - 4.13 (m, 8H, H4'$_A$, H5'$_A$, H2'$_U$, H3'$_U$, H4'$_U$, H5'$_U$), 3.20 (q, 12H, C$H_{2,Et3NH}$, $^3J_{HH}$ = 7.3 Hz), 2.83 (ddd, 1H, H2'a,$_A$, $^2J_{HH}$ = 14.0 Hz, $^3J_{HH}$ = 6.8 Hz, $^3J_{HH}$ = 6.2 Hz), 2.58 (ddd, 1H, H2'b,$_A$, $^2J_{HH}$ = 14.2 Hz, $^3J_{HH}$ = 6.2 Hz, $^3J_{HH}$ = 3.5 Hz), 1.28 (t, 18H, C$H_{3,Et3NH}$, $^3J_{HH}$ = 7.3 Hz); **^{13}C-NMR** (101 MHz, D$_2$O): δ [ppm] = 165.7 (C4$_U$), 153.9 (C6$_A$), 151.5 (C2$_U$), 150.1 (C2$_A$), 148.6 (C4$_A$), 141.1 (C6$_U$), 140.5 (C8$_A$), 118.4 (C5$_A$), 102.3 (C5$_U$), 88.2 (C1'$_U$), 85.9 (d, C4'$_A$, $^3J_{CP}$ = 9.5 Hz), 83.9 (C1'$_A$), 83.1 (d, C4'$_U$, $^3J_{CP}$ = 8.4 Hz), 73.9 (C3'$_U$), 71.2 (C3'$_A$), 69.5 (C2'$_U$), 65.5, 64.9 (C5'$_A$, C5'$_U$), 46.7 (C$H_{2,Et3NH}$), 39.1 (C2'$_A$), 8.2 (C$H_{3,Et3NH}$); **^{31}P-NMR** (162 MHz, D$_2$O): δ [ppm] = -11.38 (m, P$_\alpha$, P$_\beta$); **IR**: $\tilde{\nu}$ [cm^{-1}]= 2985, 2945, 2359, 1681, 1457, 1359, 1225, 1056, 1034, 930, 505; **HRMS**-ESI$^-$ (m/z) = ber. 636.0862 [*M*-H]$^-$, gef. 636.0831.

Experimentalteil

8.2.9.5 Immobilisierung und Umsetzung von 2', 3'-OH freien cycloSal-Nucleotiden

Immobilisierte 6-(4-Dimethoxymethyl-phenoxy)hexansäure 148$_i$

Die Reaktion wurde unter Stickstoff als Inertgas durchgeführt. 2.21 g Aminomethyl-polystyrol **52** (2.43 mmol, 0.75 Äq.) wurden 0.5 h im Vakuum getrocknet und anschließend 0.5 h in abs. DMF gequollen. 669 mg DCC (3.24 mmol, 1 Äq.) und 438 mg HOBt (3.24 mmol, 1 Äq.) und 765 mg (3.24 mmol, 1 Äq.) 6-(Formyl-phenoxy)hexansäure **147** wurden in 20 mL abs. DMF gelöst und für 3 d bei Raumtemperatur geschüttelt. Anschließend wurde filtriert, das Harz **147$_i$** je viermal mit je 50 mL DMF, THF, CH$_2$Cl$_2$ und zuletzt MeOH gewaschen und im Vakuum mehrere Stunden getrocknet. Zur Synthese des Dimethlacetals **148$_i$** wurde das immobilisierte Aldehyd **147$_i$** mit einer Lösung von 1.60 mL Trimethylorthoformiat (14.6 mmol, 6 Äq.) und 92 mg *para*-Toluolsulfonsäure-Monohydrat (0.49 mmol, 0.2 Äq.) in 3 mL abs. Methanol und 16 mL abs. DMF versetzt und 4 d bei Raumtemperatur geschüttelt. Im Anschluss wurde filtriert, das Harz je viermal mit 50 mL DMF und MeOH gewaschen und im Vakuum mehrere Stunden getrocknet.

148$_i$

Immobilisiertes 5-Acetyl-*cyclo*Sal-uridinmonophosphat 119$_i$

Die Reaktion wurde unter Stickstoff als Inertgas durchgeführt. Das immobilisierte Dimethylacetal **148$_i$** (max. 2.42 mmol Beladung) wurde mit 99 mg des 2'- und 3'-OH freien *cyclo*Sal-Nucleotids **119** (0.22 mmol, 0.09 Äq.) und 16 mg *para*-Toluolsulfonsäure-Monohydrat (84 µmol, 0.4 Äq./ *cyclo*Sal-Nucleotid **119**), beides gelöst in 16 mL abs. DMF, versetzt und 3 d bei 50 °C geschüttelt.

119$_i$

Experimentalteil

Danach wurde das Harz dreimal mit je 50 mL DMF, zweimal mit je 50 mL CH$_2$Cl$_2$ und dreimal mit je 50 mL MeCN gewaschen und anschließend im Vakuum getrocknet.

Natrium-uridin-5'-methylphosphat 171

Die Reaktion wurde unter Stickstoff als Inertgas durchgeführt. 36 mg Natriummethanolat (0.66 mmol, 3 Äq./ *cyclo*Sal-Nucleotid **119$_i$**) wurden in 8 mL abs. MeOH gelöst und über aktiviertem Molsieb 3Å 1 h stehen gelassen. Immobilisiertes *cyclo*Sal-Nucleotid **119$_i$** wurde in 8 mL abs. DMF 0.5 h gequollen. Die Methanolat-Lösung wurde zu dem Harz **119$_i$** gegeben und 3 d bei Rt geschüttelt. Anschließend wurde filtriert, das Harz je viermal mit je 50 mL DMF und MeOH gewaschen und im Vakuum mehrere Stunden getrocknet. Abspaltung erfolgte gemäß AAV 12 (Variante 3). Das Rohprodukt wurde säulenchromatographisch an RP-18 Silicagel mit Wasser als Eluent gereinigt.

Ausbeute: Direkt nach der Abspaltung wurden 138 mg Natrium-uridin-5'-methylphosphat **171** als Rohprodukt in einer Reinheit von 85% erhalten. Nach chromatographischer Reinigung an RP-18 Silicagel mit Wasser als Eluent wurden 55 mg sauberes **171** isoliert (0.15 mmol, 69%).

Molgewicht M = 360.19 g/mol.

^{1}**H-NMR** (400 MHz, D$_2$O): δ [ppm] = 7.89 (d, 1H, H6, $^3J_{HH}$ = 8.1 Hz), 5.93 (d, 1H, H1', $^3J_{HH}$ = 4.3 Hz), 5.90 (d, 1H, H5, $^3J_{HH}$ = 8.3 Hz), 4.33 - 4.4.28 (m, 2H, H2', H3'), 4.24 - 4.22 (m, 1H, H4'), 4.14 - 4.02 (m, 2H, H5'), 3.57 (d, 3H, C$H_{3,Phosphat}$, $^2J_{HP}$ = 10.8 Hz); ^{13}**C-NMR** (101 MHz, D$_2$O): δ [ppm] = 166.6 (C4), 151.0 (C2), 141.8 (C6), 102.9 (C5), 89.0 (C1'), 83.4 (d, C4', $^3J_{CP}$ = 8.5 Hz), 74.1 (C2'), 69.9 (C3'), 64.7 (d, C5', $^2J_{CP}$ = 4.6 Hz), 53.3 (d, $CH_{3,Phosphat}$, $^2J_{CP}$ = 6.1 Hz); ^{31}**P-NMR** (162 MHz, DMSO-d_6): δ [ppm] = 0.00.

Experimentalteil

8.2.9.6 Immobilisierung und Reaktionen des β-Hydroxythioether-Linkers 174

Immobilisierte 5-[(2-Hydroxyethyl)thio]pentansäure 175$_i$

Die Immobilisierung von **174** erfolgte gemäß AAV 9 (Variante 1), nur dass statt des *cyclo*Sal-Nucleotids der β-Hydroxythioether-Linker **174** eingesetzt wurde. Es wurden 108 mg AM-PS **52** (119 µmol, 0.75 Äq.) und 83 mg β-Hydroxythioether-Linker **174** (0.16 mmol, 1 Äq.), 25 mg HOBt (0.19 µmol, 1.2 Äq.) und 25 µL DIC (0.16 mmol, 1 Äq.), gelöst in 3 mL abs. CH$_2$Cl$_2$ und 1.5 mL abs. DMF, eingesetzt. Die Reaktionszeit betrug 4 d und Waschen des Harzes **174$_i$** erfolgte mit CH$_2$Cl$_2$, MeOH und Et$_2$O. DMTr-Abspaltung erfolgte durch ca. 20 malige Zugabe von ca. 4 mL 3%-iger TCA in CH$_2$Cl$_2$. Anschließendes Waschen von **175$_i$** wurde mit CH$_2$Cl$_2$ durchgeführt und danach wurde das Harz im Vakuum getrocknet.

Immobilisiertes 5'-*O*-DMTr-AZT 172$_i$

Die Reaktion wurde unter Stickstoff als Inertgas durchgeführt. Immobilisierter β-Hydroxythioether-Linker **175$_i$** (max. 119 µmol Beladung) und 203 mg 5'-*O*-DMTr-AZT **172** (0.356 mmol, 3 Äq.) wurden in einer Fritte dreimal mit abs. MeCN coevaporiert und 0.5 h im Vakuum getrocknet. Anschließend wurden 3 mL abs. CH$_2$Cl$_2$ zum Quellen des Harzes für eine halbe Stunde zugegeben. 1.09 g Triphenylphosphin (4.17 mmol, 35 Äq.) wurden in 3 mL abs. THF gelöst, auf 0 °C gekühlt, mit 0.82 mL Di*iso*propylazodicarboxylat (4.17 mmol, 35 Äq.) versetzt und 10 min gerührt. Die milchige Suspension von **182** wurde zu **172** und dem Harz **175$_i$** gegeben und 3 d bei Rt geschüttelt. Im Anschluss wurde das Harz **172$_i$** mit je 40 mL CH$_2$Cl$_2$, MeOH und Et$_2$O gewaschen und mehrere Stunden im Vakuum getrocknet.

Experimentalteil

Versuche der Oxidation der β-Thioetherfunktion von 172$_i$ zum Sulfon

Die Reaktion wurde unter Stickstoff als Inertgas durchgeführt. **172**$_i$ (max. 119 µmol Beladung) wurde 1.5 h im Vakuum getrocknet und 0.5 h in abs. CH_2Cl_2 gequollen (~ 1 mL/ 70 mg).

Synthese 1: Es wurden 10 mL einer 0.5 M *m*CPBA-Lösung in Dichlormethan zu **172**$_i$ gegeben und 75 min bei Rt geschüttelt. Waschen des Harzes erfolgte mit 40 mL CH_2Cl_2. Dann wurde das Harz im Vakuum getrocknet.

Synthese 2: Es wurden 5 mL einer 1 M *m*CPBA-Lösung in Dichlormethan zu **172**$_i$ gegeben und 100 min bei Rt geschüttelt. Waschen des Harzes erfolgte mit 100 mL CH_2Cl_2. Dann wurde das Harz im Vakuum getrocknet.

Synthese 3: Es wurden 219 mg Oxone® (0.356 mmol, 3 Äq.) in 5 mL Wasser gelöst und zu **172**$_i$ gegeben und 5 h bei Rt geschüttelt. Waschen des Harzes erfolgte mit 100 mL Wasser. Dann wurde das Harz im Vakuum getrocknet.

Für alle Synthesen erfolgte die Abspaltung mit 5 mL 25%-iger wässriger NH_3-Lösung bei 60 °C (Synthese 1: 20 h, Synthese 2: 15 h, Synthese 3: 18 h). Waschen der Harze erfolgte mit je 50 mL Wasser. Lyophilisation der Waschlösungen ergab nahezu keine Rückstände, nur wenige Milligramm unidentifizierbarer Substanzen.

8.2.10 Immobilisierung und Reaktionen an PEG

PEG-Succinat 192

Die Reaktion wurde unter Stickstoff als Inertgas durchgeführt. Es wurden 2.40 g Polyethylenglykol 6000 **191** (6000 g/mol, 0.400 mmol, 1 Äq.) und 200 mg Bernsteinsäureanhydrid (2.00 mmol, 5 Äq.) dreimal mit abs. Pyridin coevaporiert und nach Zugabe von 20 mg DMAP (0.16 mmol, 0.41 Äq.) in 20 mL abs. Pyridin gelöst. Nach 48 h Rühren bei Raumtemperatur wurde das Lösungsmittel im Ölpumpenvakuum entfernt und der Rückstand mehrere Stunden im Vakuum getrocknet. Im Anschluss wurde der Rückstand in 6 mL CH_2Cl_2 gelöst und bei 0 °C in ca. 14 mL kalten Et_2O getropft, wobei ein farbloser breiartiger Feststoff ausfiel, der filtriert und mit auf 0 °C gekühltem Gemisch aus Et_2O/ CH_2Cl_2 (10:1, v/v) gewaschen wurde (ca. 50 mL). Der Feststoff wurde im Vakuum getrocknet.

Experimentalteil

Ausbeute: 2.05 g eines farblosen Feststoffes. Da dem ^{13}C-NMR-Spektrum ein quantitativer Umsatz zu entnehmen war, ist die Molmasse berechenbar, nach welcher sich eine erwartete Masse von 2.44 g bei quantitativem Ausfällen des Produktes ergäbe. Die erhaltene Masse entspricht demnach einer Ausbeute von 84%.

Molgewicht M = 6100 g/mol.

^{1}H-NMR (400 MHz, CDCl$_3$): δ [ppm] = 4.24 (t, 2H, Ha, $^3J_{HH}$ = 4.6 Hz), 3.67 - 3.58 (m, OC*H$_2$*C*H$_2$*O, Hb), 2.66 - 2.58 (m, 4H, H2, H3); **^{13}C-NMR** (101 MHz, CDCl$_3$): δ [ppm] = 173.0, 172.1 (C1, C4), 70.7 (s, OCH$_2$CH$_2$O), 69.1 (Cb), 63.9 (Ca), 29.7, 29.1 (C2, C3).

PEG-Succinat-(TBDMS)$_2$-dA 98$_{PEG-i}$

Immobilisierung an PEG-Succinat **192**

Die Reaktion wurde unter Stickstoff als Inertgas durchgeführt. Es wurden 500 mg PEG-Succinat **192** (6100 g/mol, 82.0 µmol) 0.5 h im Vakuum getrocknet und in 6 mL abs. CH$_2$Cl$_2$ gelöst. 77 mg 3',5'-O-Bis-(*tert*-butyldimethylsilyl)-2'-desoxyadenosin **98** (0.16 mmol, 2 Äq.), 24 mg HOBt (0.18 mmol, 2.2 Äq.) und 50 µL DIC (0.32 mmol, 4 Äq.) wurden in 2 mL abs. DMF gelöst, zu der Lösung von **192** gegeben und zum Rückfluss erhitzt. Nach 10 h wurde die komplette Umsetzung des Edukts **192** festgestellt (DC-Kontrolle, CH$_2$Cl$_2$/ MeOH 9:1, v/v). Das Lösungsmittel wurde im Ölpumpenvakuum entfernt und der Rückstand 3 h im Vakuum getrocknet. Es wurden 5 mL CH$_2$Cl$_2$ zugefügt und die Lösung zur Ausfällung von Di*iso*propylharnstoff 16 h bei 8 °C gelagert. Danach wurde filtriert und mit wenig CH$_2$Cl$_2$ gewaschen. Das Lösungsmittel des Filtrats wurde entfernt, der Rückstand in 2 ml DMF gelöst und in 15 mL auf 0 °C gekühlten Et$_2$O getropft, wobei ein farbloser Feststoff ausfiel, der filtriert und mit kaltem Et$_2$O (ca. 4 x 5 mL) gewaschen wurde. Der Rückstand wurde aus Ethanol umkristallisiert und 16 h bei 8 °C gelagert, wobei ein farbloser Feststoff ausfiel, der filtriert und mit wenig kaltem Ethanol gewaschen wurde.

Experimentalteil

Ausbeute: 156 mg eines farblosen Feststoffes.

Anmerkung: Das ^{1}H-NMR-Spektrum in CDCl$_3$ zeigt eindeutig die Signale der Protonen des (TBDMS)$_2$-2'-dAs **98**, jedoch als sehr breite Signale, sodass die Daten hier nicht aufgeführt werden.

R_f (CH$_2$Cl$_2$/ MeOH 9:1, v/v) = 0.20.

98$_{PEG-i}$

Abspaltung von **98** von PEG-Succinat **98**$_{PEG-i}$

Abspaltung erfolgte durch Zugabe von 5 mL 25%-iger wässriger NH$_3$-Lösung zu 113 mg **98**$_{PEG-i}$ und Rühren für 1 h bei Rt. DC-Kontrolle zeigte eindeutig die komplette Abspaltung von **98** (R_f von **98** (CH$_2$Cl$_2$/MeOH 9:1, v/v) = 0.48).

Versuch der Immobilisierung und Umsetzung von 5-Chlor-*cyclo*Sal-2'-dAMP 108 an PEG-Succinat 192 zu 2'-dATP 141

Die Reaktion wurde unter Stickstoff als Inertgas durchgeführt. Es wurden 500 mg PEG-Succinat **192** (6100 g/mol, 82.0 µmol) 0.5 h im Vakuum getrocknet und in 6 mL abs. CH$_2$Cl$_2$ gelöst. 55 mg 5-Chlor-*cyclo*Sal-2'-dAMP **108** (0.12 mmol, 1.5 Äq.), 24 mg HOBt (0.18 mmol, 2.2 Äq.) und 50 µL DIC (0.32 mmol, 4 Äq.) wurden in 6 mL abs. DMF gelöst, zu der Lösung von **192** gegeben und zum Rückfluss erhitzt. Nach 29 h wurde kein Edukt mehr festgestellt (DC-Kontrolle CH$_2$Cl$_2$/ MeOH 7:3, +0.1% AcOH). Das Lösungsmittel wurde im Ölpumpenvakuum entfernt und der Rückstand im Vakuum getrocknet. Es wurden 6 mL CH$_2$Cl$_2$ zugefügt und die Lösung zur Ausfällung von Di*iso*propylharnstoff 5 d bei 8 °C gelagert. Danach wurde filtriert und mit wenig CH$_2$Cl$_2$ gewaschen. Das Lösungsmittel des Filtrats wurde entfernt, der Rückstand in 2 ml DMF gelöst und in 20 mL auf 0 °C gekühlten Et$_2$O getropft, wobei ein farbloser Feststoff ausfiel, der filtriert und mit kaltem Et$_2$O (ca. 4 x 5 mL) gewaschen wurde (**108**$_{PEG-i}$).

108$_{PEG-i}$

Der Feststoff **108**$_{PEG-i}$ (max. 82.0 µmol) wurde mehrere Stunden im Vakuum getrocknet, ebenso wie 217 mg Bis-(tetra-*n*-butylammonium)dihydrogenpyrophos

Experimentalteil

phat **27b** (480 µmol, min. 5.8 Äq.). **27b** wurde in 3 mL abs. DMF gelöst und 2 h über aktiviertem Molsieb 4Å stehen gelassen. Das PEG-Derivat **108**$_{PEG-i}$ wurde in 2 mL abs. DMF gelöst, mit der Lösung von **27b** versetzt und 4 d bei Rt gerührt. Danach wurde das Lösungsmittel entfernt, der Rückstand mit Wasser sowie CH_2Cl_2 versetzt, die Phasen getrennt, die wässrige mit CH_2Cl_2 extrahiert und die organischen mit Wasser gewaschen. Die vereinigten organischen Phasen wurden vom Lösungsmittel befreit und der Rückstand in 5 mL CH_2Cl_2 gelöst und in 60 mL kalten Et_2O getropft, wobei ein farbloser Feststoff ausfiel, der filtriert, mit wenig kaltem Et_2O gewaschen und im Vakuum getrocknet wurde.

141$_{PEG-i}$

Abspaltung von **141** von PEG-Succinat **141**$_{PEG-i}$

Abspaltung erfolgte durch Zugabe von 8 mL 25%-iger wässriger NH_3-Lösung zu 300 mg **141**$_{PEG-i}$ und Rühren für 1 h bei Rt. Die Reaktionslösung wurde mit Wasser verdünnt und lyophilisiert. Der Rückstand wurde an RP-18 Silicagel gereinigt, wobei kein Produkt **141** isoliert wurde, sondern hauptsächlich Pyrophosphat.

Gefahrstoffverzeichnis

9 Gefahrstoffverzeichnis

In dem folgenden Verzeichnis sind Verbindungen und Lösungsmittel aufgelistet, mit denen während dieser Promotion gearbeitet wurde. Für diese Gefahrstoffe sind die gültigen Gefahrensymbole sowie die R- und S-Sätze angegeben. Die Stoffe, für die keine bekannte Einstufung existiert, sind als gefährlich einzustufen. Es ist unbedingt zu vermeiden, sich oder andere Personen mit diesen Substanzen zu kontaminieren und diese Stoffe in die Umwelt einzubringen.

Substanz	Gefahrensymbol	R-Sätze	S-Sätze
Acetanhydrid	C	10-20/22-34	(1/2-)26-36/37/39-45
Acetonitril	F, T	11-23/24/25	16-27-45
Acetylchlorid	F, C	1-14-34	9-16-26-45
Aminomethylpolystyrol	Xn	36/37/38-20	26-36-22-24/25
Ammoniak (25%-ige wässrige Lösung)	C, N	34-50	26-36/37/39-45.1-61
Ammoniak (7 M methanolische Lösung)	T, N	10-23-34-50	(1/2-)9-16-26-36/37/39-45-61
Benzophenon	Xi, N	36/37/38-50/53	26-36-60-61
O-(Benzotriazol-1-yl)-*N,N,N',N'*-tetramethyluroniumtetrafluoroborat	Xi	36/37/38	26-36
Benzoylchlorid	C	20/21/22-34-43	(1/2-)26-36/37/39-45
Bernsteinsäureanhydrid	Xn	22-36/37	(2-)25-46
Boran-THF-Komplex	F, Xi	11-19-22-14/15-36/37/38-66-67	16-26-29-33-36
4-(Brommethyl)benzoesäure	Xi	36/37/38	26-36

Gefahrstoffverzeichnis

Substanz	Gefahren-symbol	R-Sätze	S-Sätze
Bromwasserstoff in Essigsäure (33%-ig)	C	36/37/38	(1/2-)7/9-26-45
tert-Butylhydroperoxid	O, C	7-10-21	3/7-26-36/37/39-45
Calciumcarbonat	Xi	37/38-41	26-39
Calciumhydrid	F	15	24/25-43.1-7/8
Calciumchlorid	Xi	36	(2-)22-24
Celite	Xn	68/20	22
Chloroform-d_1	Xn	63-68-45-22-38-40-48/20/22	(2-)36/37
5-Chlorsalicylsäure	Xi	36/37/38	26-36
2'-Desoxyadenosin	Xn	22	24/25
2'-Desoxycytidin	/	/	/
Deuteriumoxid	/	/	/
1,8-Diazabicyclo-[5.4.0]undec-7-en	C, Xn, N	22-34-52/53	26-36/37/39-45
Dibenzylphosphat	/	/	22-24/25
Dichlormethan	Xn	40	23.2-24/25-36/37
Dicyclohexylcarbodiimid	T	24-22-41-43	24-26-37/39-45
Diethylether	F+	12-19-22-66-67	(2-)-9-16-29-33
Di*iso*propylamin	F, C	11-22-34-52/53	16-26-36/37/39-45-60

Gefahrstoffverzeichnis

Substanz	Gefahren-symbol	R-Sätze	S-Sätze
Di*iso*propylazodicarboxylat	Xn, N	36/37/38-40-48/20/22-51/53	26-36/37-61
Di*iso*propylcarbodiimid	T+	26-36/37/38-41-42/43	26-36/37/39-45
4,4'-Dimethoxytritylchlorid	/	/	22-24/25
4-(Dimethylamino)pyridin	T	25-27-36/37/38	26-28.2-36/37/39-45
N,N-Dimethylformamid	T	61-E20/21-36	53-45
N,N-Dimethylformamid-diethylacetal	Xi	10-36/37/38	16-26-36
Dimethylsulfoxid-d_6	Xi	36/38	26
Dinatriumdihydrogenpyrophosphat	/	/	/
Dinatriumuridinmonophosphat	/	/	/
1,4-Dioxan	F, Xn	11-19-36/37-40-66	9-16-36/37-46
DOWEX 50x8	Xi	36/37/38	26-36
Essigsäure (Eisessig)	C	10-35	23.2-26-45
Ethanol	F	11	7-16
Ethylacetat	F	11-36-66-67	16-26-33
Ethyl-6-bromhexanoat	Xi	36/37/38	26-36
Ethyl-5-bromvalerat	Xi	36/37/38	26-36
4-Ethylmorpholin	C, Xn	10-21/22-34	26-36/37/39-45
para-Formaldehyd	Xn	20/22-37/38-40-41-43	26-36/37/39-45
Hydraziniumacetat	T	45-46-23/24/25-34	53-23-26-27-28-36/37/39-45

Gefahrstoffverzeichnis

Substanz	Gefahren-symbol	R-Sätze	S-Sätze
para-Hydroxyacetophenon	Xn	22	22-24/25
para-Hydroxybenzaldehyd	Xi	36/37/38	26-36
1-Hydroxybenzotriazol	E	2	16-35
Imidazol	C, Xn	22-34	26-36/37/39-45
Iod	Xn, N	20/21-50	(2-)23-25-61
iso-Propanol	F, Xi	11-36-67	7-16-24/25-26
Kalium	F, C	14/15-34	(1/2-)5*-8-45
Kaliumcarbonat	Xn	22-36/37/38	26-36
Kaliumhydroxid	C	22-35	(1/2-)26-36/37/39-45
Lithiumchlorid	Xn	22-36/37/38	26-36/37/39
2-Mercaptoethanol	T, C, N	20/22-24-34-51/53	26-36/37/39-45-61
meta-Chlorperbenzoesäure	C, O, Xn	7-22-34	3/7-14-26-36/37/39-45
Methanol	F, T	11-23/25	7-16-24-45
4-Methylmercaptophenol	Xn	22-37/38-41	26-36/39
Natrium	F, C	14/15-34	8-43.12-45
Natriumacetat	/	/	/
Natriumborhydrid	F, T	60-61-15	53-43-45
Natriumchlorid	/	/	/
Natriumcyanid	T+, N	26/27/28-32-50/53	(1/2-)7-28-29-45-60-61
Natriumhydrogencarbonat	/	/	/
Natriumhydrogensulfit	Xn	22-31	(2-)25-46

Gefahrstoffverzeichnis

Substanz	Gefahren-symbol	R-Sätze	S-Sätze
Natriumhydroxid	C	35	26-37/39-45
Natriummethanolat	F, C	11-14-34	(1/2-)8-16-26-43-45
Natriumsulfat	/	/	/
Ninhydrin	Xn	22-36/37/38	26
5-Nitrosalicylaldehyd	Xi	36/38	26-36
n-Octylamin	C, Xn, N	20/21/22-35-50	26-36/37/39-45-61
Oxone®	C, O, Xn	8-22-34	26-36/37/39-45
Palladium/ Kohle	/	/	14.1-22
Petrolether	F, Xn	11-52/53-65	9-16-23.2-24-33-62
Phenol	T, C	23/24/25-34-48/20/21/22-68	(1/2-)24/25-26-28-36/37/39-45
Phenylboronsäure	Xn	22	22-24/25
Phosphorpentoxid	C	35	(1/2-)22-26-45
Phosphorsäure 85%-ig	C	34	(1/2-)26-45
Phosphortrichlorid	T+, C	14-26/28-29-35-48/20	26-36/37/39-45-7/8
Polyethylenglykol	/	/	/
Propionsäure	C	34	(1/2-)23-36-45
Pyridin	F, Xn	11-20/21/22	26-28.1
Salzsäure, 37%-ig	C	34-37	26-36/37/39-45
Silbercarbonat	Xi	36/37/38	26-36
Silicagel	Xn	40-37	26-37/39

Gefahrstoffverzeichnis

Substanz	Gefahren-symbol	R-Sätze	S-Sätze
tert-Butyldimethyl-silylchlorid	F, C	11-35-37	16-26-36/37/39-45
tert-Butylhydroperoxid (5.5 M Lösung in *n*-Decan)	C, O	65	36/37/39-45-62
Tetra-*n*-butylammonium-fluorid, 1M in THF	F, C	11-19-34	16-26-36/37/39-45
Tetra-*n*-butylammonium-hydroxid	C	34	26-36/37/39-45
Tetrahydrofuran	Xi, F	11-19-36/37	16-29-33
Thymidin	/	/	22-24/25
Toluol	F, Xn	11-20	16-25-29-33
para-Toluolsulfonsäure	Xi	36/37/38	(2-)26-37
Trichloressigsäure (3%-ig in CH$_2$Cl$_2$)	C, N	35-50/53	(1/2-)26-36/37/39-45-60-61
Triethylamin	F, C	11-20/21/22-35	3-16-26-29-36/37/39-45
Triethylamintrihydrofluorid	T+, C	26/27/28-35	7/9-26-28.1-36/37/39-45
Trifluoressigsäure	C	20-35-52/53	26-36/37/39-45
Trimethylorthoformiat	F, Xi	11-36	9-16-26
Triphenylphosphin	Xn, N	22-43-53	36/37-60
Uridin	/	/	/
Wasserstoff	F	12	9-16-33
Wasserstoffperoxid (33%-ig in Wasser)	Xn	22-41	26-39

10   Literaturverzeichnis

[1] C. A. Sucato, T. G. Upton, B. A. Kashemirov, V. K. Batra, V. Martínek, Y. Xiang, W. A. Beard, L. C. Pedersen, S. H. Wilson, C. E. McKenna, J. Florián, A. Warshel, M. F. Goodman, Modifying the β,γ-Leaving-Group Bridging Oxygen Alters Nucleotide Incorporation Efficiency, Fidelity, and the Catalytic Mechanism of DNA Polymerase β, *Biochemistry* **2007**, *46*, 461 - 471.

[2] W. M. Watkins, Glycosyltransferases, early history, development and future prospects, *Carbohydr. Res.* **1986**, *149*, 1 - 12.

[3] A. Yu. Skoblov, V. V. Sosunow, L. S. Victorova, Yu. S. Skoblov, M. K. Kukhanova, Substrate Properties of Dinucleoside-5',5''-Oligophosphates in the Reactions Catalyzed by HIV Reverse Transcriptase, *E.coli* DNA-Polymerase I, and *E.coli* RNA-Polymerase, *Russ. J. Bioorg. Chem.* **2005**, *31*, 48 - 57.

[4] R. B. Merrifield, Solid phase peptide synthesis I. The synthesis of a tetrapeptide; *J. Am. Chem. Soc.* **1963**, *85*, 2149 - 2154.

[5] J. S. Früchtel, G. Jung, Organische Chemie an fester Phase, *Angew. Chem.* **1996**, *108*, 19 - 46.

[6] J. Balzarini, P. Herdewijn, E. De Clercq, Differential Patterns of intracellular Metabolism of 2',3'-Didehydro-2',3'-dideoxythymidine and 3'-Azido-2',3'-dideoxythymidine, two potent Anti-human Immunodeficiency Virus Compounds, *J. Biol. Chem.* **1989**, *264*, 6127 - 6133.

[7] C. R. Wagner, V.V. Iyer, E. J. McIntee, Pronucleotides: Towards the In Vivo Delivery of Antiviral and Anticancer Nucleotides, *Med. Res. Rev.* **2000**, *20*, 417 - 451.

[8] C. Meier, 2-Nucleos-5'-O-yl-4H-1,3,2-benzodioxaphosphin-2-oxides - A New Concept for lipophilic, potential Prodrugs of biologically active Nucleoside Monophosphates, *Angew. Chem.* **1996**, *108*, 77 - 79, *Angew. Chem. Int. Ed. Engl.* **1996**, *35*, 70 - 73.

[9] C. Meier, *Cyclo*Sal Phosphates as Chemical Trojan Horses for Intracellular Nucleotide and Glycosylmonophosphate Delivery - Chemistry Meets Biology; *Eur. J. Org. Chem.* **2006**, 1081 - 1102.

10 C. Meier, M. Lorey, E. De Clercq, J. Balzarini, *Cyclo*Sal-2´,3´-dideoxy-2´,3´-didehydrothymidine Monophosphate (*cyclo*Sal-d4TMP): Synthesis and Antiviral Evaluation of a New d4TMP Delivery System, *J. Med. Chem.* **1998**, *41*, 1417 - 1427.

11 C. Meier, T. Knispel, E. de Clercq, J. Balzarini, *Cyclo*Sal-Pronucleotides of 2',3'-Dideoxyadenosine and 2',3'-Dideoxy-2',3'-didehydroadenosine: Synthesis and antiviral Evaluation of a highly efficient Nucleotide delivery system, *J. Med. Chem.* **1999**, *42*, 1604 - 1614.

12 C. Meier, L. Habel, F. Haller-Meier, A. Lomp, M. Herderich, R. Klocking, A. Meerbach, P. Wutzler, Chemistry and anti-herpes simplex virus type 1 evaluation of *cyclo*Sal-nucleotides of acyclic nucleoside analogs, *Antiviral Chem. Chemother.* **1998**, *9*, 389 - 402.

13 J. Balzarini, F. Haller-Meier, E. De Clercq, C. Meier, Antiviral activity of *cyclo*saligenyl prodrugs of acyclovir, carbovir, and abacavir, *Antiviral Chem. Chemother.* **2001**, *12*, 301 - 306.

14 C. Meier, A. Lomp, A. Meerbach, P. Wutzler, *Cyclo*Saligenyl-5-[(E)-2-bromovinyl]-2'-deoxyuridine monophosphate (*cyclo*Sal-BVdUMP) pronucleotides active against Epstein-Barr virus, *ChemBioChem* **2001**, *2*, 283 - 285.

15 C. Ducho, U. Goerbig, S. Jessel, N. Gisch, J. Balzarini, C. Meier, Bis-*cyclo*Sal-d4T-monophosphates: Drugs That Deliver Two Molecules of Bioactive Nucleotides, *J. Med. Chem.* **2007**, *50*, 1335 - 1346.

16 C. Meier, N. Gisch, C. Ducho, J. Balzarini, *Cyclo*Saligenyl-di-d4TMP: Highly Loaded *Cyclo*Sal-Pronucleotides that Release Two Equivalents of Nucleotides and Leaving One Masking Unit, *Antiviral Res.* **2009**, *82*, A61.

17 N. Gisch, J. Balzarini, C. Meier, Doubly Loaded *cyclo*Saligenyl-Pronucleotides. 5,5'-Bis(*cyclo*Saligenyl-2',3'-dideoxy-2',3'-didehydrothymidine Monophosphates), *J. Med. Chem.* **2009**, *52*, 3464 - 3473.

18 H. J. Jessen, V. Tonn, C. Meier, Intracellular Trapping of *cyclo*Sal-Pronucleotides by enzymatic cleavage, *Nucleosides Nucleotides Nucleic Acids* **2007**, *26*, 827 - 830.

[19] M. Yoshikawa, T. Kato, T. Takenishi, Studies to Phosphorylation. III. Selective Phosphorylation of Unprotected Nucleosides, *Bull. Chem. Soc. Jap.* **1969**, *42*, 3505 - 3508.

[20] J. Ludwig, A new Route to Nucleoside-5'-triphosphates, *Acta. Biochim. et Biophys. Acad. Sci. Hung.* **1981**, *16*, 131 - 133.

[21] J. Ludwig, F. Eckstein, Rapid and Efficient Synthesis of Nucleoside 5'-*O*-(1-thiotriphosphates), -5'-triphosphates and 2',3'-Cyclophosphorothioates Using 2-Chloro-4*H*-1,3,2-benzodioxaphosphorin-4-one, *J. Org. Chem.* **1989**, *54*, 631 - 635.

[22] D. E. Hoard, D. G. Ott, Conversion of Mono- and Oligonucleotides to 5'-Triphosphates, *J. Am. Chem. Soc.* **1965**, *87*, 1785 - 1788.

[23] W. Wu, C. L. Freel Meyers, R. F. Borch, A Novel Method for the Preparation of Nucleoside Triphosphates from Activated Nucleoside Phosphoramidates, *Org. Lett.* **2004**, *6*, 2257 - 2260.

[24] Q. Sun, J. P. Edathil, R. Wu, E. D. Smidansky, C. E. Cameron, B. R. Peterson, One-Pot Synthesis of Nucleoside 5'-Triphosphates from Nucleoside 5'-*H*-Phosphonates, *Org. Lett.* **2008**, *10*, 1703 - 1706.

[25] S. Warnecke, C. Meier, Synthesis of Nucleoside Di- and Triphosphates and Dinucleoside Polyphosphates with *cyclo*Sal-Nucleotides, *J. Org. Chem.* **2009**, *74*, 3024 - 3030.

[26] S. Warnecke, Neue Synthese phosphorylierter Biokonjugate aus *cyclo*Sal-aktivierten Nucleotiden, *Dissertation*, Hamburg **2010**.

[27] G. K. Wagner, T. Pesnot, R. A. Field, A survey of chemical methods for sugar-nucleotide synthesis, *Nat. Prod. Rep.* **2009**, *26*, 1172 - 1194.

[28] J. G. Moffatt, H. G. Khorana, Nucleoside Polyphosphates. VIII. New and Improved Syntheses of Uridine Diphosphate Glucose and Flavin Adenine Dinucleotide Using Nucleoside-5'-Phosphoramidates, *J. Am. Chem. Soc.* **1958**, *80*, 3756 - 3761.

[29] J. G. Moffatt, H. G. Khorana, Nucleoside Polyphosphates. X. The Synthesis and Some Reactions of Nucleoside-5'-Phosphormorpholidates and Related polyphosphates, *J. Am. Chem. Soc.* **1961**, *83*, 649 - 658.

Literaturverzeichnis

30 S. Roseman, J. J. Distler, J. G. Moffatt, H. G. Khorana, Nucleoside Polyphosphates. XI. An Improved General Method for the Synthesis of Nucleotide Coenzymes. Syntheses of Uridine-5 '-, Cytidine-5'- and Guanosine-5'-Diphosphate Derivatives, *J. Am. Chem. Soc.* **1961**, *83*, 659 - 663.

31 V. Wittmann, C.-H. Wong, 1*H*-Tetrazole as Catalyst in Phosphormorpholidate Coupling Reactions: Efficient Synthesis of GDP-Fucose, GDP-Mannose, and UDP-Galactose, *J. Org. Chem.* **1997**, *62*, 2144 - 2147.

32 M. Arlt, O. Hindsgaul, Rapid Chemical Synthesis of Sugar Nucleotides in a Form Suitable for Enzymatic Oligosaccharide Synthesis, *J. Org. Chem.* **1995**, *60*, 14 - 15.

33 S. C. Timmons, D. L. Jakeman, Stereoselective Chemical Synthesis of Sugar Nucleotides via Direct Displacement of Acylated Glycosyl Bromides, *Org. Lett.* **2007**, *9*, 1227 - 1230.

34 R. Stiller, J. Thiem, Enzymatic synthesis of β-L-fucose-1-phosphate and GDP-fucose, *Liebigs Ann. Chem.* **1992**, 467 - 471.

35 P. Stangier, J. Thiem, Enzymes in Carbohydrate Synthesis (Ed. M. D. Bednarski, E. S. Simon), *ACS Symposium Series 466, ACS, Washington D.C.*, **1991**, 63 - 78.

36 S. Wendicke, S. Warnecke, C. Meier, Effiziente Synthese von Nucleosiddiphosphat-Glycopyranosen, *Angew. Chem.* **2008**, *120*, 1523 - 1525; *Angew. Chem. Int. Ed.* **2008**, Efficient Synthesis of Nucleoside Diphosphate Glycopyranoses, *47*, 1500 - 1502.

37 S. Wendicke, Neue Synthese von Nucleosiddiphosphatpyranosen mit Hilfe von *cyclo*Sal-aktivierten Phosphatdonatoren, *Dissertation*, Hamburg **2007**.

38 S. Wolf, T. Zismann, N. Lunau, C. Meier, Reliable Synthesis of Various Nucleoside Diphosphate Glycopyranoses, *Chem. Eur. J.* **2009**, *15*, 7656 -7663.

39 S. Wolf, T. Zismann, N. Lunau, S. Warnecke, S. Wendicke, C. Meier, A convienient synthesis of nucleoside diphosphate glycopyranoses and other polyphosphorylated bioconjugates, *Eur. J. Cell Biol.* **2010**, *89*, 63 - 75.

40 R. B. Merrifield, Festphasen-Synthese (Nobelvortrag), *Angew. Chem.* **1985**, *10*, 801 - 812.

41 S. L. Beaucage, R. P. Iyer, Advances in synthesis of oligonucleotides by the phosphoramidite approach, *Tetrahedron* **1992**, *48*, 2223 - 2311.

42 M. Schuster, P. Wang, J. C. Paulson, C.-H. Wong, Solid-Phase Chemical-Enzymatic Synthesis of Glycopeptides and Oligosaccharides, *J. Am. Chem. Soc.* **1994**, *116*, 1135 - 1136.

43 N. K. Terrett, *Kombinatorische Chemie*; Springer-Verlag **1998**.

44 B. Gutte. R. B. Merrifield, The Synthesis of Ribonuclease A, *J. Biol. Chem.* **1971**, *246*, 1922 - 1941.

45 E. Bayer, Auf dem Weg zur chemischen Snythese von Proteinen, *Angew. Chem.* **1991**, *103*, 117 - 133; Towards the Chemical Synthesis of Proteins, *Angew. Chem. Int. Ed. Engl.* **1991**, *30*, 113 - 216.

46 F. Albericio, M. Pons, E. Pendroso, E. Giralt, Comparative Study of Supports for Solid-Phase Coupling of Protected-Peptide Segments, *J. Org. Chem.* **1989**, *54*, 360 - 366.

47 R. B. Wang, *p*-Alkoxybenzyl Alcohol Resin and *p*-Alkoxybenzyloxycarbonyl-hydrazide Resin for Solid Phase Synthesis of Protected Peptide Fragments, *J. Am. Chem. Soc.* **1972**, *95*, 1328 - 1333.

48 M. Mergler, R. Tanner, J. Gosteli, P. Grogg, Peptide synthesis by a combination of solid-phase and solution method I: A new and very acid-labile anchor group for the solid-phase synthesis of fully protected fragments, *Tetrahedron Lett.* **1988**, *29*, 4005 - 4008.

49 M. K. W. Choi, P. H. Toy, An improved an general synthesis of monomers for incorporating trityl linker groups into polystyrene synthesis supports, *Tetrahedron* **2004**, *60*, 2903 - 2907.

50 H. Rink, Solid-Phase Synthesis of Protected Peptide Fragments using a Trialkoxy-diphenyl-methylester Resin, *Tetrahedron Lett.* **1987**, *28*, 3787.

51 R. Mauritz, Synthese und Eigenschaften von α-Hydroxybenzylphosphonat- und Phthalidyl-modifizierten Antisense-Oligonucleotiden, *Dissertation*, Würzburg **2000**.

52 S. B. Katti, P. K. Misra, W. Haq, K. B. Mathur, A New Base-labile Linker for Solid-phase Peptide Synthesis, *J. Chem. Soc., Chem. Commun.* **1992**, 843 - 844.

[53] R. K. Gaur, B. S. Sporat, G. Krupp, Novel Solid Phase Synthesis of 2'-O-Methylribonucleoside 5'-Triphosphates and Their α-Thio Analogues, *Tetrahedron Lett.* **1992**, *33*, 3301 - 3304.

[54] A. V. Lebedev, I. I. Koukhareva, T. Beck, M. M. Vaghefi, Preparation of Oligodeoxynucleotide 5'-Triphosphates using Solid Support Approach, *Nucleotides Nucleosides Nucleic Acids* **2001**, *20*, 1403 - 1409.

[55] T. Schoetzau, T. Holletz, D. Cech, A facile solid phase synthesis of 2'- and 3'-aminonucleoside triphosphates, *Chem. Commun.* **1996**, 387 - 388.

[56] K. Parang, E. J.-L. Fournier, O. Hindsgaul, A Solid Phase Reagent for the Capture Phosphorylation of Carbohydrates and Nucleosides, *Org. Lett.* **2001**, *3*, 307 - 309.

[57] Y. Ahmadibeni, K. Parang, Solid-Phase Reagent for Selective Monophosphoylation of Carbohydrates and Nucleosides, *J. Org. Chem.* **2005**, *70*, 1100 - 1103.

[58] Y. Ahmadibeni, K. Parang, Polymer-Bound Oxathiaphospholane : A Solid-Phase Reagent for Regioselektive Monothiophosphorylation and Monophosphorylation of Unprotected Nucleosides and Carbohydrates, *Org. Lett.* **2005**, *7*, 1955 - 1958.

[59] Y. Ahmadibeni, K. Parang, Selective Diphosphorylation, Dithiodiphosphorylation, Triphosphoryation and Trithiotriphosphorylation of Unprotected Carbohydrates and Nucleosides, *Org. Lett.* **2005**, *7*, 5589 - 5592.

[60] Y. Ahmadibeni, K. Parang, Application of a Solid-Phase β-Triphosphosphitylating Reagent in the Synthesis of Nucleoside β-Triphosphates, *J. Org. Chem.* **2006**, *71*, 5837 - 5839.

[61] Y. Ahmadibeni, K. Parang, Synthesis of Mono-, Di- and Triphosphoramidates from Solid-Phase *cyclo*Saligenyl Phosphitylating Reagents, *Org. Lett.* **2009**, *11*, 2157 - 2160.

[62] Y. Ahmadibeni, K. Parang, Solid-Phase Synthesis of Symmetrical 5',5'-Dinucleoside Mono-, Di-, Tri-, and Tetraphosphodiesters, *Org. Lett.* **2007**, *9*, 4483 - 4486.

[63] V. Tonn, Synthese und Reaktionen von festphasengebundenen *cyclo*Sal-Nucleotiden, *Diplomarbeit*, Hamburg **2007**.

[64] R. T. Pon, S. Yu, Linker phosphoramidite reagents for the attachment of the first nucleoside to underivatized solid-phase supports, *Nucleic Acids Res.* **2004**, *32*, 623 - 631.

[65] C. E. Elmquist, J. S. Stover, Z. Wang, C. J. Rizzo, Site-Specific Synthesis and Properties of Oligonucleotides Containing C8-Deoxyguanosine Adducts of the Dietary Mutagen IQ, *J. Am. Chem. Soc.* **2004**, *126*, 11189 - 11201.

[66] N. Böge, Synthese von Arylamin-modifizierten 2'-dG-Phosphoramiditen und deren Einbau in Oligonucleoitde, *Dissertation*, Hamburg **2008**.

[67] T. Mizukoshi, K. Hitomi, T. Todo, S. Iwai, Studies on the Chemical Synthesis of Oligonucleotides Containing the (6-4) Photoproduct of Thymine-Cytosine and Its Repair by (6-4) Photolyase, *J. Am. Chem. Soc.* **1998**, *120*, 10634 - 10642.

[68] N. M. Yoon, C. S. Pak, H. C. Brown, S. Krishnamurthy, T. P. Stocky, Selective Reductions; XIX. The Rapid Reaction of Carboxylic Acids with Borane-Tetrahydrofurane. A Remarkably Convenient Procedure for the Selective Conversion of Carboxylic Acids of the Corresponding Alcohols in the Presence of Other Functional Groups, *J. Org. Chem.* **1973**, *38*, 2786 - 2792.

[69] W. Nagata, K. Okada, T. Aoki, *ortho*-Specific α-Hydroxyalkylation of Phenols with Aldehydes. An Efficient Synthesis of Saligenol Derivatives, *Synthesis* **1979**, 365 - 368.

[70] C. Arenz, A. Giannis, Synthesis of the First Selective Irreversible Inhibitor of Neutral Sphingomyelinase, *Eur. J. Org. Chem.* **2001**, 137 - 140.

[71] N. Gisch, Synthese und Untersuchungen zur Struktur-Aktivitätsbeziehung enzymatisch aktivierbarer *cyclo*Sal-Pronucleotide, *Dissertation*, Hamburg **2008**.

[72] T. Yanagi, K. Kikuchi, H. Takeuchi, T. Ishikawa, T. Nishimura, I. Yamamoto, The Practical Synthesis of a Uterine Relaxant, Bis(2-{[(2S)-2-({(2R)-2-hydroxy-2-[4-hydroxy-3-(2-hydroxyethyl)-phenyl]-ethyl}amino)-1,2,3,4-tetrahydronaphthalen-7-yl]oxy}-N,N-dimethylacetamide) Sulfate (KUR-1246), *Chem. Pharm. Bull.* **2001**, *49*, 1018 - 1023.

[73] D. J. Buchanan, D. J. Dixon, B. E. Looker, A Short Stereoselective Synthesis of (*R*)-Salmeterol, *Synlett* **2005**, *12*, 1948 - 1950.

[74] H. J. Jessen, Untersuchungen zur intrazellulären Freisetzung von Nucleosidphosphaten, *Dissertation*, Hamburg **2008**.

75 O. R. Ludek, Synthese carbocyclischer Analoga des Thymidylats für Struktur-Aktivitätsuntersuchungen an Thymidylatkinasen, *Dissertation*, Hamburg **2005**.
76 N. Hamada, K. Kazahaya, H. Shimizu, T. Sato, An Efficient and Versatile Procedure for the Synthesis of Acetals from Aldehydes and Ketones Catalyzed by Lithium Tetrafluoroborate, *Synlett* **2004**, *6*, 1074 - 1076.
77 M. E. Menes, F. A. Luzzio, A Facile Route to Pyrimidin-Based Nucleoside Olefins: Application to the Synthesis of d4T, *J. Org. Chem.* **1994**, *59*, 7267 - 7272.
78 V. J. Davisson, A. B. Woodside, T. R. Neal, K. E. Stremler, M. Muelbacher, C. D. Poulter, Phosphorylation of Isoprenoid Alcohols, *J. Org. Chem.* **1996**, *51*, 4768 - 4779.
79 G. Baisch, R. Öhrlein, Convenient Chemoenzymatic Synthesis of β-Purine-diphosphate Sugars (GDP-fucose-analogues), *Bioorg. Med. Chem.* **1997**, *5*, 383 - 391.
80 E. Kaiser, R. L. Colescott, C. D. Bossinger, P. I. Cook, Color Test for Detection of Free Terminal Amino Groups in the Solid-Phase Synthesis of Peptides, *Anal. Biochem.* **1970**, *34*, 595 - 598.
81 V. K. Sarin, S. B. H. Kent, J. P. Tam, R. B. Merrifield, Quantitative Monitoring of Solid-Phase Peptide Synthesis by the Ninhydrin Reaction, *Anal. Biochem.* **1981**, *117*, 147 - 157.
82 L. A. Carpino, 1-Hydroxy-7-azabenzotriazole. An Efficient Peptide Coupling Additive, *J. Am. Chem. Soc.*, **1993**, *115*, 4397 - 4398.
83 W. König, R. Geiger, Eine neue Methode zur Synthese von Peptiden: Aktivierung der Carboxylgruppe mit Dicyclohexylcarbodiimid unter Zusatz von 1-Hydroxy-benzotriazolen, *Chem. Ber.* **1970**, *103*, 788 - 798.
84 R. Epple, R. Kudirka, W. A. Greenberg; Solid-Phase Synthesis of Nucleoside Analogues; *J. Comb. Chem.* **2003**, *5*, 292 - 310.
85 F. Albericio, J. M. Bofill, A. El-Faham, S. A. Kates, Use of Onium Salt-Based Coupling Reagents in Peptide Synthesis, *J. Org. Chem.* **1998**, *63*, 9678 - 9683.
86 L. A. Carpino, H. Imazumi, A. El-Faham, F. J. Ferrer, C. Zhang, Y. Lee, B. M. Foxman, P. Henklein, C. Hanay, C. Mügge, H. Wenschuh, J. Klose, M.

Beyermann, M. Bienert, The Uronium/ Guanidinium Peptide Coupling Reagents: Finally the True Uronium Salts, *Angew. Chem. Int. Ed.* **2002**, *41*, 441 - 445.

[87] K. V. Butler, R. He, K. McLaughlin, G. Vistoli, B. Langley, A. P. Kozikowski, Stereoselective HDAC Inhibition from Cysteine-Derived Zinc-Binding Groups, *ChemMedChem* **2009**, *4*, 1292 - 1301.

[88] Q. Tran-Thi, D. Franzen, F. Seela, 7-Desazaguanosin-3',5'-phosphat- ein isosteres cGMP-Analogon mit hoher Affinität zu Cyclonucleotid-Phosphodiesterase, *Angew. Chem. Suppl.* **1982**, 945 - 952.

[89] R. D. Lapper, H. H. Mantsch, I. C. P. Smith, A Carbon-13 Nuclear Magnetic Resonance Study of the Conformations of 3',5'-Cyclic Nucleotides, *J. Am. Chem. Soc.* **1973**, *95*, 2878 - 2880.

[90] T. Wada, Y. Sato, F. Honda, S. Kawahara, M. Sekine, Chemical Synthesis of Oligodeoxyribonucleotides Using *N*-Unprotected *H*-Phosphonate Monomers and Carbonium and Phosphonium Condensing Reagents: *O*-Selective Phosphonylation and Condensation, *J. Am. Chem. Soc.* **1997**, *119*, 12710 - 12721.

[91] G. van der Marel, C. A. A. van Boeckel, G. Wille, J. H. van Boom, A New Approach to the Synthesis of Phosphotriester Intermediates of Nucleosides and Nucleic Acids, *Tetrahedron Lett.* **1981**, *22*, 3887 - 3890.

[92] A. Ohkubo, K. Aoki, K. Seio, M. Sekine, A new approach for pyrophosphate bond formation starting from phosphoramidite derivatives by use of 6-trifluoromethyl-1-hydroxybenzotriazole-mediated O-N- phosphoryl migration, *Tetrahedron Lett.* **2004**, *45*, 979 - 982.

[93] A. Zamyatina, S. Gronow, M. Puchberger, A. Graziani, A. Hofinger, P. Kosma, Efficient chemical synthesis of both anomers of ADP L-*glycero*- and D-*glycero*-D-*manno*-heptopyranose, *Carbohydr. Res.* **2003**, *338*, 2571 - 2589.

[94] M. de Champdoré, L. De Napoli, G. Di Fabio, A. Messere, D. Montesarchio, G. Piccialli, New nucleoside based solid supports. Synthesis of 5', 3'-derivatized thymidine analogues, *Chem. Commun.* **2001**, 2598 - 2599.

[95] L. De Napoli, G. Di Fabio, J. D'Onofrio, D. Montesarchio, New Nucleoside-Based Polymeric Supports for the Solid Phase Synthesis of Ribose-Modified Nucleoside Analogues, *Synlett* **2004**, *11*, 1975- 1979.

Literaturverzeichnis

[96] C. García-Echeverría, A base labile handle for solid phase organic chemistry, *Tetrahedron Lett.* **1997**, *38*, 8933 - 8934.

[97] C. G. Blettner, Polymergestützte parallele Flüssigphasensynthese, *Dissertation*, Hamburg **1999**.

[98] E. Bayer, M. Mutter, Liquid Phase Synthesis of Peptides, *Nature* **1972**, *237*, 512 - 513.

[99] C. Crauste, C. Périgaud, S. Peyrottes, Insights into the Soluble PEG-Supported Synthesis of Cytosine-Containing Nucleoside 5'-Mono, Di- and Triphosphates, *J. Org. Chem.* **2009**, *74*, 9165 - 9172.

[100] C. A. G. N. Montalbetti, V. Falue, Amid bond formation and peptide coupling, *Tetrahedron* **2005**, *61*, 10827 - 10852.

[101] S.-Y. Han, Y.-A. Kim, Recent development of peptide coupling reagents in organic synthesis, *Tetrahedron* **2004**, *60*, 2447 - 2467.

[102] T. I. Al-Warhi, H. M. A. Al-Hazimi, A. El-Faham, Recent development in peptide coupling reagents, *Journal of Saudi Chemical Society* **2011**, *in press*.

[103] E. Bald, K. Saigo, T. Mukaiyama, A facile synthesis of carboxamides by using 1-methyl-2-halopyridinium iodides as coupling reagents, *Chem. Lett.* **1975**, 1162 - 1164.

[104] T. Mukaiyama, New Synthetic Reactions Based on the Onium Salts of Aza-Arenes, *Angew. Chem. Int. Ed.* **1979**, *18*, 707 - 721.

i want morebooks!

Buy your books fast and straightforward online - at one of world's fastest growing online book stores! Environmentally sound due to Print-on-Demand technologies.

Buy your books online at
www.get-morebooks.com

Kaufen Sie Ihre Bücher schnell und unkompliziert online – auf einer der am schnellsten wachsenden Buchhandelsplattformen weltweit! Dank Print-On-Demand umwelt- und ressourcenschonend produziert.

Bücher schneller online kaufen
www.morebooks.de

VDM Verlagsservicegesellschaft mbH
Heinrich-Böcking-Str. 6-8   Telefon: +49 681 3720 174   info@vdm-vsg.de
D - 66121 Saarbrücken   Telefax: +49 681 3720 1749   www.vdm-vsg.de

Printed by Books on Demand GmbH, Norderstedt / Germany